国家自然科学基金项目（61902016）
北京市数字教育研究课题（BDEC2023619041）
中国建设教育协会教育教学科研项目（2023007）
北京市教育科学“十四五”规划项目（CDDB24252，CDDB23218）
北京建筑大学研究生教育教学质量提升项目（J2023002，J2022005）

智能推荐理论与技术

万珊珊◎著

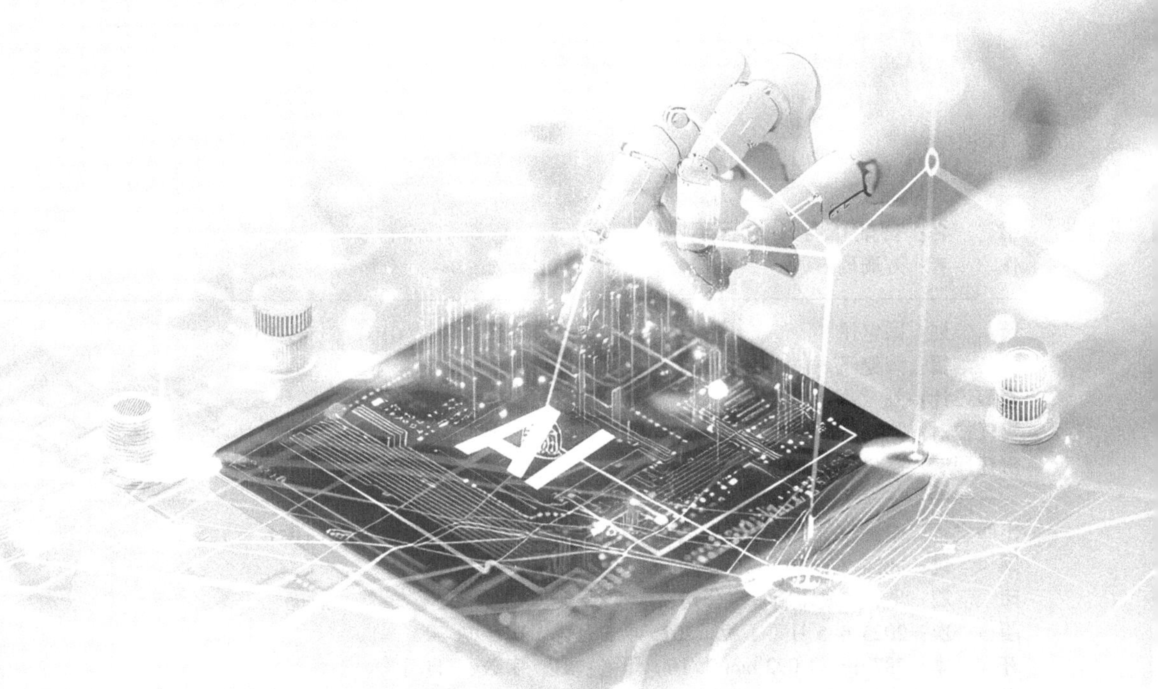

中国铁道出版社有限公司
CHINA RAILWAY PUBLISHING HOUSE CO., LTD.

内 容 简 介

本书是一部深入探讨智能推荐系统原理、算法与应用的前沿著作。本书围绕推荐系统中的图结构和用户行为等热点，剖析推荐系统关键理论，分析智能推荐技术的实现，内容涵盖推荐系统的基础理论与背景知识、基于知识图谱和超图等图结构的智能推荐理论与技术、基于用户复杂行为序列的智能推荐理论与技术、基于推荐系统特有的对偶性和自组织特性等内核特征的推荐技术，以及公平推荐和安全推荐等技术。本书理论技术新颖、算法阐释细致且理论与实践并重，以学科综合能力为根基，注重培养学生的创造性思维和综合应用能力。

本书适合作为计算机科学与技术、软件工程等专业研究生的教材，也可作为对智能推荐技术感兴趣的业界人士与本科生的参考书。

图书在版编目（CIP）数据

智能推荐理论与技术 / 万珊珊著. -- 北京 : 中国铁道出版社有限公司，2025. 5. -- ISBN 978-7-113-31837-6

Ⅰ. TP18

中国国家版本馆 CIP 数据核字第 202553BU96 号

书　　名：智能推荐理论与技术

作　　者：万珊珊

策　　划：闫钇汛　　　　**编辑部电话：**（010）63549501

责任编辑：闫钇汛　包　宁

封面设计：刘　颖

责任校对：刘　畅

责任印制：赵星辰

出版发行：中国铁道出版社有限公司（100054，北京市西城区右安门西街 8 号）

网　　址：https://www.tdpress.com/51eds

印　　刷：北京铭成印刷有限公司

版　　次：2025 年 5 月第 1 版　2025 年 5 月第 1 次印刷

开　　本：787 mm×1 092 mm 1/16　**印张：**21　**字数：**511 千

书　　号：ISBN 978-7-113-31837-6

定　　价：79.00 元

前言

智能推荐技术作为一种应对信息过载问题和提供个性化服务的有效手段，被广泛应用于电商、社交、新闻、教育等领域。本书所对应的“智能推荐算法”课程顺应了这一技术潮流与时代需求，旨在培养具有扎实理论基础与实践能力的智能推荐领域专业人才。“智能推荐算法”不仅在国内高校中占据重要地位，也是业界关注的热点，其发展前景广阔。

本书基于笔者团队国家自然科学基金项目、北京市数字教育研究课题、中国建设教育协会教育教学科研项目、北京市教育科学“十四五”规划项目、北京建筑大学研究生教育教学质量提升项目等一系列研究成果，围绕“前沿与基础并重，理论与实践相结合”的核心理念，严格遵循高等教育教学标准，在传授经典推荐算法的同时，融入最新研究成果与技术趋势。本书强调知识的系统性、创新性与实用性，旨在帮助读者全面掌握智能推荐的核心理论，并具备解决实际问题的能力。

本书主要特色：一是传统方法与现代技术的交融，既涵盖基于内容的推荐、协同过滤等传统技术，也深入探讨图结构、复杂用户行为与深度学习、强化学习等技术的结合应用，提供了全球领先的技术前沿视角；二是理论深度与实践广度相结合，既深入剖析推荐算法的数学原理，又提供丰富的实践指导和方法对比；三是经典理论与内核理论的碰撞，既关注推荐系统中基于用户和项目实体关系的推荐理论，又开创对偶性和自组织特性等独特的推荐技术视角；四是通用背景与经典案例结合，在商业推荐案例基础上，引入知识推荐案例，以利于读者拓展推荐技术的应用领域。

本书共11章。第1、2章论述推荐系统的基础理论和知识；第3~5章遵循“知识图谱—异构网络—超图”主线，融入图信息繁衍、时变图结构和超图公平推荐，论述图结构智能推荐理论；第6~8章聚焦用户行为，递进论述用户关键行为、微观行为和时序行为相关的智能推荐理论，重点给出用户关键行为的社交网络增强、用户情感解离和超行为空间的行为预测技术实现；第9~11章瞄准推荐系统的内核特征，分别从推荐任务的对偶性、自组织特性和社会传感器特性角度论述解决推荐系统冷启动、数据稀疏以及推荐安全问题的理论和技术。

使用本书进行教学时，建议至少安排40课时。第1、2章，安排4课时，每课时讲解推荐系统的基础理论和知识的一个方面，包括定义、分类、评估方法等，并通过案例分析加深理解。第3~5章，安排12课时，每课时围绕“知识图谱—异构网络—超图”主线的一个环节，详细解释图信息繁衍、时变图结构和超图公平推荐技术原理和实现。第6~8章，安排12课时，论述用户关键行为、微观行为和时序行为前沿理论，并重点讲解如何进行社交网络增强、用户情感解离和行为预测技术。第9~11章，安排12课时，每课时剖析推荐系统的一个内核特征，深入讲解如何挖掘推荐任务的对偶性、自组织特性和传感器特性，以及如何通过实践验证其解决冷启动、数据稀疏和推荐安全问题的能力。教学活动包括理论讲解、实验分析、小组讨论等。教学模式建议为线上线下混合教学模式。

本书由多位在智能推荐领域具有丰富教学与科研经验的学者共同编写。万珊珊负责本书主要内容的撰写、统稿和定稿。邱冬炜参与编写第1章，杨舒月、刘颖参与编写第2章，吕橙参与编写第3章，符泽斌参与编写第4章，朱宇涵参与编写第5章，吕厚辰参与编写第6章，周栋参与编写第7章，王娜参与编写第8章，周琦轶参与编写第9章，赵怡然参与编写第10章，黄天禹参与编写第11章，每位参与编写的编者编写内容不少于3万字。

在此特别感谢所有为本书撰写提供资料、提出建议与帮助的同事、朋友。同时，我们也深知智能推荐领域日新月异，限于我们的学识和水平，书中难免存在不足之处，恳请广大读者批评指正，我们将不胜感激，并期待在未来的修订中不断完善。

最后，希望本书能引导读者进一步探索智能推荐领域，共同推动这一领域的进步与发展。

著　者

2024年12月

目录

第1章 推荐系统概述

推荐系统通过分析用户的历史行为和兴趣偏好，为用户提供个性化的商品、服务或内容推荐。在信息爆炸的时代，它帮助用户快速筛选出感兴趣的信息，提高信息获取效率，同时也为商家提供精准营销手段。传统的推荐技术，如协同过滤、基于内容的推荐等，已经取得了显著的成果，但仍然存在一些局限性，如冷启动问题、数据稀疏性等。为了解决这些问题，新的推荐算法和技术不断涌现，如深度学习推荐、图嵌入推荐、强化学习推荐等。推荐技术的研究不仅涉及计算机科学领域的知识，还需要与数学、统计学、心理学、社会学等学科进行交叉融合。这种跨学科的融合为推荐技术的研究提供了更广阔的思路和方法，也推动了推荐技术的不断发展和创新。目前，推荐系统仍然面临着许多挑战，如隐私保护、数据安全、伦理道德等问题。本章概述推荐系统的意义和应用、不断的技术发展与创新、实际应用的需求以及挑战与机遇。

1.1 推荐系统的背景和意义

在数字化信息爆炸的时代，人们面临着前所未有的信息过载和信息匮乏的问题。Statista数据显示，2023年10月全球互联网用户规模达53亿，全球互联网渗透率达66%。但同时，在全球信息系统中，信息垃圾比例不低于50%，有的学科领域甚至占到80%，人们要付出大量时间和精力才能找到合适的信息，获取信息的成本越来越高。

面对互联网上海量的数据信息，目前常见的解决信息过载的方法是：分类目录、搜索引擎和推荐系统。分类目录是将信息分门别类，从而方便用户根据类别进行查找。但分类目录只适合用在内容少而精的网站上，大多数分类目录网站只能涵盖少数热门信息，应用场景有限。搜索引擎是指用户通过在搜索引擎上输入关键字，查找自己需要的信息，如Baidu、360等搜索引擎。但是，用户必须主动提供准确的关键词，才可能找到需要的信息。推荐系统则是通过分析用户的历史行为，对用户的兴趣进行建模，从而主动给用户推荐可能满足他们需求的信息。推荐系统相对于分类目录和搜索引擎，在某些方面有着不可替代的优势。推荐系统可以引导用户从繁杂信息中迅速定位感兴趣的信息，并帮助用户发掘自己潜在的需求。目前，推荐系统被广泛应用在各个领域，如在电子商务中，可以根据用户的购买和浏览历史推荐商品；在社交网络中，可以推荐用户可能感兴趣的朋友或话题；在新闻媒体中，能够为用户推荐感兴趣的新闻或文章；在在线教育领域，可以推荐符合用户学习需求的课程或习题；在医疗行业，可以实现辅助疾病诊断和治疗方法的推荐；在智能家居领域，可以推荐适合用户的智能家居设备和控制方案。

1. 推荐系统产生的背景

推荐系统产生的背景可以从信息过载与信息匮乏、用户和商家双赢需求以及技术的发展和推动三个角度进行分析。

1）信息过载与信息匮乏

随着移动互联网的迅猛发展，人们面临的信息量呈指数级增长。互联网上的内容种类繁多，从新闻、社交媒体帖子到在线购物选择等，用户经常被淹没在信息的海洋里。尽管信息总量巨大，但对于特定用户而言，真正有用和感兴趣的信息可能并不多。而要从如此庞大的信息海洋中筛选出有用的信息，无疑是一项极其艰巨的任务。信息过载不仅浪费了用户的时间和精力，还可能导致难以找到真正符合自己需求和兴趣的内容、或错过真正有价值的信息，造成信息匮乏。例如，图 1-1 显示了国家统计局所发布的网上零售额的消费情况，网上零售额在过去几年呈现稳步增长的趋势。一个电商平台可能有数百万种商品，用户如何在其中找到最适合自己的产品成为一个挑战。

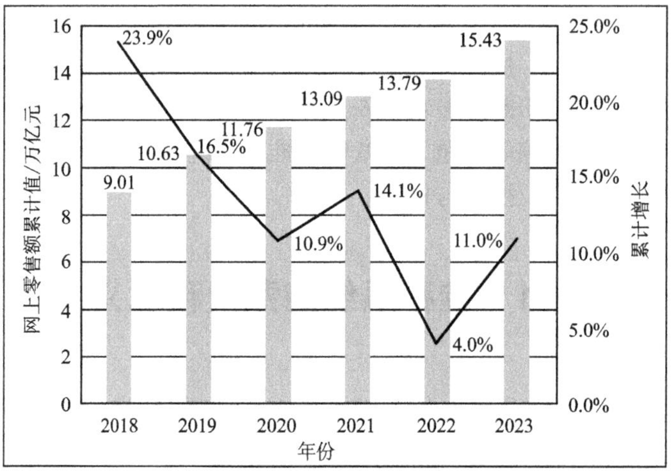

图 1-1　网上零售额增长情况

2）用户和商家双赢需求

从用户角度看，个性化服务逐渐成为一种趋势，用户希望获得更加贴合自己喜好和需求的信息和服务。传统的信息获取方式（如搜索引擎）虽然能够为用户提供大量的信息，但单一的信息展示方式往往无法满足用户的个性化需求。根据用户的兴趣、偏好、行为模式等个人信息，为用户提供与其独特需求相匹配的内容或服务是提高用户忠诚度和黏性的重要途径，而推荐系统能够理解和分析用户需求，提升推荐结果的有效性和用户的满意度。

从商家角度看，商家希望通过精准营销提高销售额和用户满意度。另外，长尾理论表明多样化物品中的非畅销品可以满足人们多样化的需求，这些需求不一定比热门物品产生的销售额小。因此，如何将这些非畅销品推荐给需要的用户，也成为一个重要问题。推荐系统不仅可以帮助用户发现对自己有价值的信息，还可以帮助商家将商品或服务准确地推送给潜在用户，让信息展现在对它感兴趣的用户面前。这样既可以提高用户的满意度和网站的点击率、转化率，也可以让信息生产者获得更多的曝光和收益。通过提高转化率和用户黏性，促进信息消费者和生产者的双赢，实现各方利益的最大化。

3）技术的发展和推动

近年来，大数据、云计算、人工智能等技术的兴起，为推荐系统的产生和发展提供了强有力的支持。其中，大数据技术的不断进步，提升了处理和分析海量用户数据的能力，从而使推荐系统能更精确地理解用户需求和偏好。机器学习、深度学习等算法能够自动学习用户的行为模式，不断优化推荐结果，为推荐系统提供了强大的支持。云计算和分布式存储技术的进步使得存储和处理大规模数据变得更加高效和经济，为推荐系统提供了强大的基础设施支持。

2. 推荐系统的意义

推荐系统的产生和发展是数字化时代信息过载和个性化需求崛起的必然结果。推荐系统的意义主要体现在以下三个方面：

（1）个性化服务的精准投放。推荐系统不仅关注用户的基本需求，还深入挖掘用户的个性化偏好。通过分析用户的浏览历史、购买记录、社交行为等数据，推荐系统通过智能算法和数据分析，帮助用户在信息过载中找到平衡，为用户提供更加精准、个性化的服务。

（2）促进信息生态的健康发展。推荐系统通过智能推荐和个性化服务，促进了信息生态的健康发展。一方面，推荐系统为用户提供了更加优质、有价值的信息资源；另一方面，推荐系统为商家提供精准的市场分析和营销策略，因此增加了曝光率，扩大了收入来源。这种良性循环不仅推动了信息生态的繁荣和发展，也促进了社会的进步和创新。

（3）推动技术创新。推荐系统的研究和应用推动了大数据、云计算、人工智能等技术的创新和发展。为了更准确地理解和预测用户的需求和兴趣，推荐系统需要不断引入新的技术和算法。这些技术和算法的应用不仅提高了推荐系统的性能和准确性，还推动了相关技术的创新和发展。

未来，随着技术的不断进步和应用场景的不断拓展，推荐系统将在更多领域发挥重要作用，为人们的生活带来更多便利和乐趣。

1.2　推荐系统框架及原理

1.2.1　定义及基本框架

推荐系统是一种基于用户行为、兴趣偏好、社交关系等信息，利用算法和技术手段，自动分析并预测用户可能感兴趣的内容或商品，进而向用户进行个性化推荐的信息过滤系统。通过深度挖掘用户数据，推荐系统不仅能够优化用户体验，还能够为企业创造更多的商业价值。

用户和项目是实现推荐技术的两个核心要素，它们提供了推荐系统所需的主要信息来源。用户的非行为数据（如年龄、性别、身高、地理位置等），显示了用户的客观特征。用户行为数据，包括浏览历史、点击记录、购买行为等，揭示了用户的个性化需求和兴趣模式，通过分析这些数据可以构建用户的个性化模型和用户画像。而项目的内容特征，如标题、描述、标签等，以及项目之间的关联关系，对推荐系统提供了推荐对象的相关信息，帮助系统理解项目之间的相似性和差异性。图 1-2 从用户和项目建模角度给出推荐系统的实现架构。

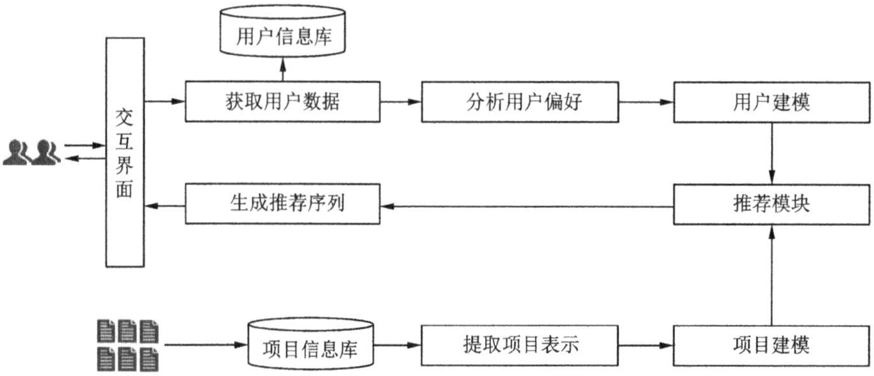

图 1-2　推荐系统实现架构

推荐系统的架构主要包括以下三部分：

（1）用户建模模块：推荐系统首先收集用户的基本信息、行为数据、偏好信息、社交关系等，并对这些数据进行清洗、整合和预处理，以形成高质量的数据集。通过分析用户数据获取能够准确反映用户兴趣、偏好和行为模式的模型。

（2）项目模块：推荐系统的项目建模是将现实世界中的商品、服务或其他推荐对象转化为推荐系统可以理解和处理的数据模型的过程。这个过程涉及对推荐对象的特征、属性、分类等信息的提取和表示，主要步骤包括特征提取、特征表示、分类和标签等。

（3）推荐模块：该模块根据用户的兴趣模型，在推荐对象集合中搜索和筛选符合用户兴趣的推荐对象，生成推荐列表或推荐结果。推荐模块是推荐系统的核心部分，决定了推荐系统的性能和效果。常见的推荐算法包括基于内容的推荐、协同过滤推荐、混合推荐等。

一个高效准确且应用价值高的推荐系统需要推荐引擎具备以下技术特点：

实时性：推荐引擎需要能够实时地响应用户的需求和行为变化，以提供及时的推荐服务。

个性化：推荐引擎能够根据用户的兴趣和行为，提供个性化的推荐服务，以满足不同用户的需求。

准确性：推荐引擎需要具有较高的预测准确性和推荐效果，以提高用户满意度和忠诚度。

可扩展性：推荐引擎需要能够处理海量的数据和复杂的业务场景，并具有良好的可扩展性和稳定性。

1.2.2　推荐系统的经典问题

在设计和实现推荐系统时，经常会面临以下问题。而这些问题的解决也是检验推荐系统性能的关键。

1. 数据稀疏性和冷启动问题

数据稀疏性是指在实际的推荐场景中，用户-物品评分矩阵往往非常稀疏，即大多数用户只评价了很少一部分物品。这导致难以直接通过传统的协同过滤等方法进行准确推荐。

冷启动问题是指新用户或新物品加入系统时，由于缺乏访问记录或相关的历史数据，推荐系统很难为它们提供准确的推荐。

2. 推荐准确性和多样性权衡

准确性是指推荐系统需要尽可能准确地预测用户可能感兴趣的物品，这通常通过各种评价指标（如准确率、召回率、F1 值等）来衡量。

多样性是指为挖掘用户的潜在兴趣并提高用户黏性，需要向用户推荐不同类型的物品，以满足用户多方面的兴趣和需求。多样性和准确性之间往往存在权衡关系。

3. 实时性和可扩展性

实时性是指随着互联网的发展，用户的行为数据在不断更新，推荐系统需要能够实时地捕捉这些变化并快速生成新的推荐结果。

可扩展性是指随着用户数量和物品数量的增加，推荐系统需要能够保持高效和稳定运行，这要求系统具有良好的可扩展性。

4. 个性化与普适性的平衡

个性化是指推荐系统需要根据每个用户的兴趣和需求进行个性化推荐，以提高用户的满意度和忠诚度。

普适性是指在某些情况下，推荐系统还需要考虑普适性，即为大多数用户提供普遍受欢迎的推荐结果，以避免过于个性化的推荐导致用户流失。其中群组和社区推荐也是普适性需求的例子。

5. 评估指标的选择与优化

推荐系统需要使用合适的评估指标来衡量推荐结果的好坏。常见的评估指标包括命中率（hit ratio）、归一化折损累计增益（NDCG）、平均倒数排名（MRR）等。这些指标各有优缺点，需要根据具体的应用场景和需求进行选择和优化。

6. 特征工程的重要性

特征工程是推荐系统中的重要环节，通过提取和构建有效的特征可以提高推荐系统的性能。这包括用户特征、物品特征以及用户-物品交互特征等。如何选择和构建合适的特征是一个需要深入研究的问题。

7. 推荐算法的选择与组合

推荐系统可以采用多种不同的推荐算法，如基于内容的推荐、协同过滤、深度学习等。每种算法都有其适用场景和优缺点。在实际应用中，可以根据具体需求和数据特点选择或组合多种算法以提高推荐效果。

8. 隐私保护与数据安全

在收集和使用用户数据时，推荐系统需要遵守相关的隐私保护和数据安全法律法规。如何在确保用户隐私和数据安全的前提下进行有效的推荐是一个需要重视的问题。

9. 推荐公平性

推荐公平性是指在为用户生成推荐列表时，能够公正、无偏见地对待所有用户和物品。如果对某些用户或物品产生歧视或偏见，将导致不公平的现象。例如，如果推荐算法基于用户的某些敏感属性（如性别、种族等）进行推荐，那么可能会加剧社会不平等。

1.3 推荐技术

1.3.1 推荐算法分类

推荐算法的起源可以追溯到20世纪90年代，当时美国的一些研究团队，如明尼苏达大学的GroupLens研究小组，开始研究个性化推荐系统，如Movielens电影推荐系统。此后，随着技术的发展和互联网的普及，推荐算法得到了广泛应用。

推荐算法是推荐模块的核心，它负责完成召回、粗排、精排和重排等任务。基于商品候选集，召回算法从不同维度匹配用户兴趣偏好，生成召回列表。然后，排序模型预测用户对商品的喜欢度，并根据预测值排序，生成最终的推荐列表。

目前，推荐算法的主要分类如图1-3所示。

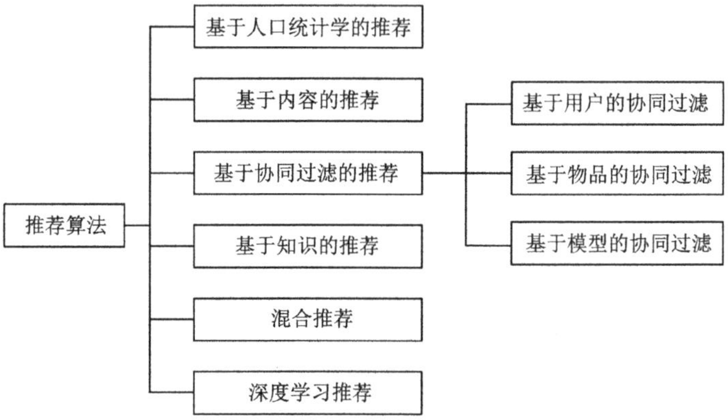

图1-3　推荐算法主要分类

1.3.2 主流推荐算法

下面简要介绍推荐算法中基于人口统计学的推荐机制（demographic-based recommendation）、基于内容（content-based，CB）推荐算法、协同过滤（collaborative filtering，CF）推荐算法、基于知识（knowledge-based，CB）推荐算法和混合过滤/混合（hybrid filtering，HF）推荐算法等。

1. 基于人口统计学的推荐

基于人口统计学的推荐是一种最易于实现的推荐方法，它只是简单地根据系统用户的基本信息发现用户的相关程度，然后将相似用户喜欢的其他物品推荐给当前用户，图1-4所示为基于人口统计学的推荐机制的工作原理。

从图1-4中可以看到，首先，系统对每个用户都有一个用户文档Profile的建模，其中包括用户的基本信息，如用户的年龄、性别等；然后，系统会根据用户的Profile计算用户的相似度，可以看到用户A的Profile和用户C一样，那么系统会认为用户A和C是相似用户，在推荐引擎中，可以称他们是“邻居”；最后，基于“邻居”用户群的喜好推荐给当前用户一些物品，图中将用户 A 喜欢的物品 a 推荐给用户 C。

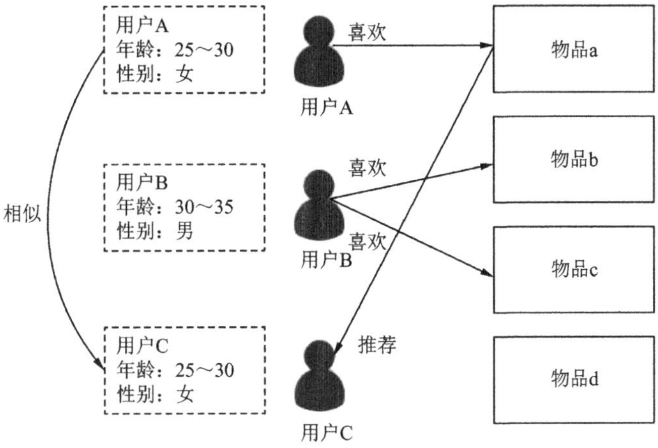

图 1-4　基于人口统计学的推荐机制的工作原理

这种基于人口统计学的推荐算法因为不使用当前用户对物品的喜好历史数据，所以对于新用户来讲没有冷启动的问题。另外，这个方法不依赖于物品本身的数据，所以这个方法在不同物品的领域都可以使用，即它是领域独立的。

但是，这种基于用户的基本信息对用户进行分类的方法过于粗糙，尤其是对品位要求较高的领域（如图书、电影和音乐等）无法得到很好的推荐效果。另外一个局限是，这个方法可能涉及一些与信息发现问题本身无关却比较敏感的信息，如用户的年龄等，这些用户信息不是很好获取。

2. 基于内容的推荐算法

基于内容的推荐算法的核心思想是：根据推荐物品或内容的元数据，发现物品或者内容的相关性，然后以用户历史的选择记录或偏好记录作为参考推荐，挖掘其他未知的记录中与参考推荐关联性高的项目作为系统推荐的内容。通过用户的显式反馈（如评价、认可度、喜欢/不喜欢等）和隐式反馈（如浏览时间、点击次数、搜索次数、停留时间等）获取用户在某段时间内的交互记录，然后学习这些记录中用户的偏好并将其标记为特征；接着计算用户偏好与待测推荐对象在内容上的相似度（或匹配度）；最后将待测推荐对象与用户偏好的相似度进行排序，从而为用户选择出符合其兴趣偏好的推荐对象。

图 1-5 所示为基于内容推荐机制的基本原理，在这个典型的电影推荐系统中，首先需要对电影的元数据进行建模，这里只简单地描述了电影的类型；然后通过电影的元数据发现电影间的相似度，因为类型都是“爱情、浪漫”，所以电影 a 和 c 被认为是相似的电影（当然，只根据类型是不够的，要得到更好的推荐，还可以考虑电影的导演、演员等）；最后实现推荐，对于用户 A，他喜欢看电影 a，那么系统就可以给他推荐类似的电影 c。

计算相似度是基于内容推荐算法的关键部分，它直接影响推荐的策略。

这种基于内容的推荐机制的好处在于它能很好地建模用户的口味，能提供更加精确的推荐，而且可以避免项目的冷启动问题。但基于内容的推荐也存在以下几个问题。

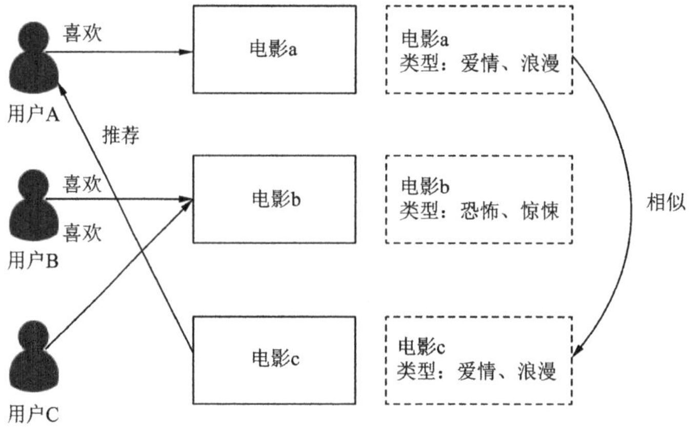

图 1-5 基于内容推荐机制的基本原理

（1）需要对物品进行分析和建模，推荐的质量依赖于对物品模型的完整和全面程度。在现在的应用中，关键词和标签被认为是描述物品元数据的一种简单有效的方法。

（2）物品相似度的分析仅仅依赖于物品本身的特征，这里没有考虑人对物品的态度。

（3）因为需要基于用户的历史喜好做出推荐，所以对于新用户有冷启动的问题。

虽然这个方法有很多不足和问题，但它还是成功地应用在一些电影、音乐、图书的社交站点，有些站点还会让专业的人员对物品进行基因编码，比如在潘多拉的推荐引擎中，每首歌有超过 100 个元数据特征，包括歌曲的风格、年份、演唱者等。

3. 基于协同过滤的推荐算法

协同过滤是一种在推荐系统中广泛采用的推荐方法。它的原理是根据用户对物品或者信息的偏好，发现物品或者内容本身的相关性，或者是发现用户的相关性，然后再基于这些关联性进行推荐。这种算法基于一个“物以类聚，人以群分”的假设，喜欢相同物品的用户更有可能具有相同的兴趣。协同过滤推荐算法的核心是通过分析评分矩阵（通常是用户对项目的评分）来得到用户、项目之间的依赖关系，并进一步预测新用户与项目之间的关联关系。

下面详细介绍这三种协同过滤的推荐机制。

基于协同过滤的推荐系统一般应用于有用户评分的系统之中，通过分数去刻画用户对于物品的喜好。基于协同过滤的推荐可以分为三个子类：基于用户的推荐（user-based recommendation）、基于物品的推荐（item-based recommendation）和基于模型的推荐（model-based recommendation）。

1）基于用户（user-based）的推荐

基于用户的协同过滤推荐的基本原理是，根据所有用户对物品或者信息偏好（评分），发现与当前用户口味和偏好相似的“邻居”用户群，在一般应用中是采用 k 近邻算法；基于这 k 个邻居的历史偏好信息，为当前用户进行推荐。

图 1-6 所示为基于用户的协同过滤推荐机制的基本原理，假设用户 A 喜欢物品 a、物品 c，用户 B 喜欢物品 b，用户 C 喜欢物品 a、物品 c 和物品 d；从这些用户的历史喜好信息中，可以发现用户 A 和用户 C 的口味及偏好是比较类似的，同时用户 C 还喜欢物品 d，

那么可以推断用户 A 可能也喜欢物品 d，因此可以将物品 d 推荐给用户 A。

基于用户的协同过滤推荐机制和基于人口统计学的推荐机制都是计算用户的相似度，并基于“邻居”用户群计算推荐，它们所不同的是如何计算用户的相似度，基于人口统计学的机制只考虑用户本身的特征，而基于用户的协同过滤机制可在用户的历史偏好的数据上计算用户的相似度，它的基本假设是，喜欢类似物品的用户可能有相同或者相似的口味和偏好。

这种推荐系统的优点在于推荐物品之间在内容上可能完全不相关，因此可以发现用户的潜在兴趣，并且针对每个用户生成其个性化的推荐结果。缺点在于一般的 Web 系统中，用户的增长速度都远远大于物品的增长速度，因此其计算量的增长巨大，系统性能容易成为瓶颈。因此在业界中单纯地使用基于用户的协同过滤系统较少。

2）基于物品（item-based）的推荐

基于物品的协同过滤和基于用户的协同过滤相似，它使用所有用户对物品或者信息的偏好（评分），发现物品和物品之间的相似度，然后根据用户的历史偏好信息，将类似的物品推荐给用户。

图 1-7 所示为基于物品的协同过滤推荐机制基本原理，假设用户 A 喜欢物品 a 和物品 c，用户 B 喜欢物品 a、物品 b 和物品 c，用户 C 喜欢物品 a，从这些用户的历史喜好可以分析出物品 a 和物品 c 是比较类似的，喜欢物品 a 的人都喜欢物品 c，基于这个数据可以推断用户 C 很有可能也喜欢物品 c，所以系统会将物品 c 推荐给用户 C。

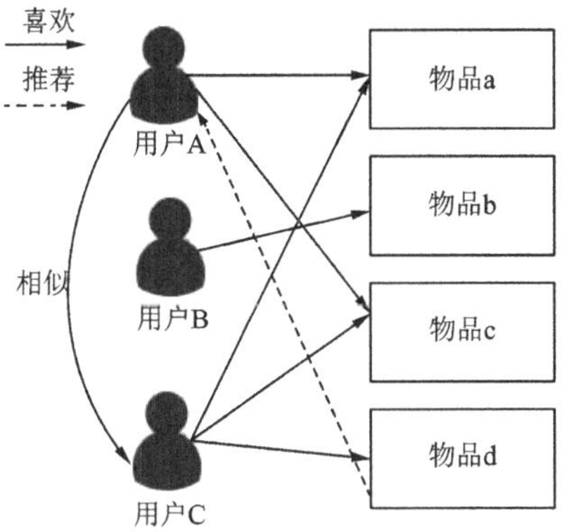

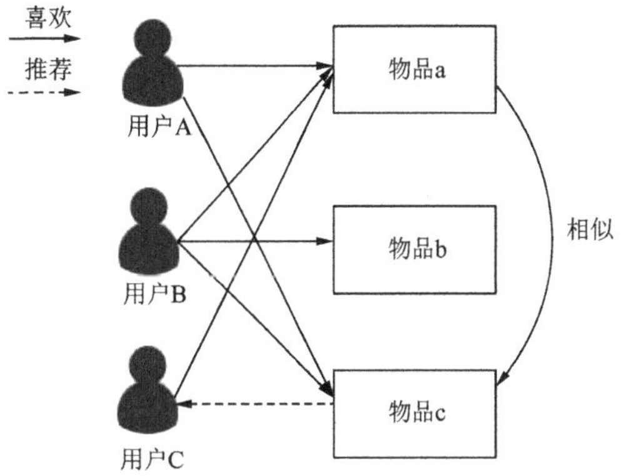

图 1-6　基于用户的协同过滤推荐机制的基本原理　**图 1-7　基于物品的协同过滤推荐机制的基本原理**

基于用户的协同过滤推荐和基于物品的推荐其实都是基于物品相似度预测推荐，只是相似度计算的方法不一样，前者是从用户历史的偏好推断，而后者是基于物品本身的属性特征信息。

基于物品的协同过滤可以看作关联规则推荐的一种退化，但由于协同过滤更多考虑了用户的实际评分，并且只是计算相似度而非寻找频繁集，因此可以认为基于物品的协同过滤准确率较高并且覆盖率更高。同基于用户的推荐相比，基于物品的推荐应用更为广泛，扩展性和算法性能更好。由于项目的增长速度一般较为平缓，因此性能变化不大。缺点就是无法提供个性化的推荐结果。

两种协同过滤：基于用户和基于物品两个策略应该如何选择？其实基于物品的协同过

滤推荐机制是 Amazon 在基于用户的机制上改良的一种策略，因为在大部分 Web 站点中，物品的个数远远小于用户的数量，而且物品的个数和相似度相对比较稳定；同时基于物品的机制比基于用户的实时性更好。但也不是所有的场景都是这样的情况，在一些新闻推荐系统中，也许物品（新闻）的个数可能大于用户的个数，而且新闻的更新速度也更快，所以它的相似度依然不稳定。所以，推荐策略的选择其实也和具体的应用场景有很大的关系。

3）基于模型的推荐算法

基于模型的协同过滤推荐就是基于样本的用户喜好信息，训练一个推荐模型，然后根据实时的用户喜好信息进行预测，为用户进行推荐。

基于模型的方法很多，主要是利用机器学习算法对目标用户建立推荐算法模型，然后对用户的爱好进行预测推荐以及对推荐的结果打分排序等。常用的模型包括 Aspect Model、pLSA、LDA、聚类、SVD、Matrix Factorization、LR、GBDT 等，这种方法训练过程比较长，但是训练完成后，推荐过程比较快且准确。因此它比较适用于实时性比较高的业务（如新闻、广告等）。当然，若是需要这种算法达到更好的效果，则需要人工干预反复地进行属性的组合和筛选，也就是特征工程。而由于新闻的时效性，系统也需要反复更新线上的数学模型，以适应变化。

4. 基于知识的推荐算法

基于知识的推荐是一种特定类型的推荐系统，它主要依赖于领域本体（ontology）来表达语义知识，并增加项目之间的关联信息。即基于知识的推荐主要原理是通过建立一个领域本体的概念，或者是建立一定的规则，根据规则先对项目进行分类再进行推荐。在领域本体中，通过结合点、边、深度和密度等因素，对相似性计算产生不同的影响。算法还会结合信息论中的互信息相关概念，对相似性计算公式进行改进，以提高运算精度。

从某种意义上讲，基于知识的推荐算法可以视为一种推理技术，它不需要对用户的行为及偏好进行太多详细的分析。这种算法可以进行离线计算，十分方便。

5. 混合推荐算法

真正的现实应用中，其实基本上很少会使用单一的推荐算法去实现推荐任务。大型成熟网站的推荐系统都是基于各种推荐算法的优缺点以及适合场景分析的情况下组合使用的“混合算法”。混合策略包括不同策略的算法加权、不同场景和阶段使用不同的算法等。具体怎么混合需要结合实际应用场景进行分析与应用。这里介绍几种比较流行的组合方法。

（1）加权的混合（weighted hybridization）：用线性公式（linear formula）将几种不同的推荐方法按照一定权重组合起来，具体权重的值需要在测试数据集上反复实验，从而达到最好的推荐效果。

（2）切换的混合（switching hybridization）：对于不同的情况（如数据量、系统运行状况、用户和物品的数目等），推荐策略可能有很大不同，那么切换的混合方式，就是允许在不同情况下，选择最为合适的推荐机制计算推荐。

（3）分区的混合（mixed hybridization）：采用多种推荐机制，并将不同的推荐结果分不同的区显示给用户。Amazon 和当当网等很多电子商务网站都采用这种方式，用户可以得到很全面的推荐，也更容易找到他们想要的东西。

（4）分层的混合（meta-level hybridization）：采用多种推荐机制，并将一个推荐机制的结果作为另一个的输入，从而综合各个推荐机制的优缺点，得到更加准确的推荐。

（5）特征提取法：包括特征融合和特征增强两种方法。前者先对一种推荐方法应用训练集进行训练，提取特征，再将特征与另一种推荐方法的特征进行融合，例如，将 CB 推荐中提取的用户模型应用到用户对产品的评分矩阵中进行推荐。与前者直接应用提取的特征作为输入不同，后者应用推荐逻辑对每个项目产生新的特征，将增强的特征作为下一种推荐方法的输入。

（6）级联法：应用分层推荐策略，使用一种推荐方法判定候选资源，给出资源评分，再将候选资源输入到另一种推荐策略中进行评分修正，得到综合评分，从而确定最终推荐结果。

（7）元层次法：类似于特征提取法，将从一种推荐方法中训练得到的模型作为下一种推荐方法的输入，进行推荐。不同的是，在第二层的输入中，该方法用训练得到的模型完全替代了最初的知识源，即不再使用原始数据进行推荐。这种方法又称推荐空间的“换基”操作。

目前，一些研究表明，级联法和特征增强混合法的性能最好，特别是在用两种方法进行混合推荐时。而且级联法以性能较优的强推荐器作为第一级推荐，利用性能稍弱的推荐器进行修正。第一级推荐将候选资源进行了提纯，第二级推荐面临的是第一级推荐的结果。这种方法在准确率、召回率等评测指标上占据了较大优势。

1.3.3　基于深度学习的推荐算法

结合深度学习技术的推荐系统在提高推荐准确性方面取得了显著进展。目前，利用深度学习优化推荐算法的策略主要体现在以下几个方面的融合：

（1）引入注意力机制来增强模型对用户兴趣的关注度，提高推荐的精准度和效果。

（2）采用序列模型来建模用户行为序列，捕捉用户的长期兴趣和行为规律，提高推荐的长期准确度。

（3）结合图神经网络挖掘用户和物品之间的复杂关系，实现更加准确的推荐。

（4）引入增强学习来优化推荐系统的策略，提高用户满意度和系统整体性能。

基于深度学习的方法利用神经网络等深度学习模型进行推荐，捕捉更复杂的用户行为和物品特征。根据其实现方式，基于深度学习的推荐包含以下四类主要方法：

（1）基于深度神经网络的推荐。常见的处理方法是在矩阵分解模型的基础上，引入深度神经网络来提高评分预测的准确性和推荐质量。有研究将深度学习与改进的机器学习模型相结合，从多个角度学习用户和项目之间的交互，增强模型的泛化能力。

（2）基于循环神经网络的推荐。常见的实现是设计具有时间遗忘的注意力机制和具有协同特性的注意力机制建模用户偏好，动态描述用户兴趣的变化。有研究结合知识图谱中的实体来推断用户的潜在兴趣，提出了基于注意力机制的知识感知推荐算法。

（3）基于卷积神经网络的推荐。通过并行的卷积神经网络可以挖掘用户和项目评论数据中的隐含特征，提高对评论文本内容的特征和隐含信息的提取能力。有研究将卷积神经网络扩展到多个通道，多维度提取项目特征，丰富项目信息。

（4）基于图神经网络的推荐。例如，很多研究认为项目类别对项目有聚合作用，使用图神经网络计算项目类别的嵌入表示。

深度神经网络能够学习复杂的用户行为和项目特征之间的非线性关系，具有较强的表达能力。但是需要大量的训练数据和计算资源，而且模型结构复杂、参数多，容易出现过拟合问题。循环神经网络能够有效地捕捉用户行为序列中的时序信息，对于考虑用户历史行为的推荐任务效果较好。而且能够较好地处理变长序列，适用于各种长度的用户行为历史。然而传统的循环神经网络容易出现长期依赖问题和梯度消失问题，导致模型难以捕捉长期的用户兴趣演变。卷积神经网络能够自动学习到数据的空间特征，适用于处理图像、文本等非结构化数据，具有良好的特征提取能力。但卷积神经网络无法直接处理用户行为序列等结构化数据，且训练过程相对较慢，需要更多的计算资源。而基于图神经网络的推荐充分利用节点之间的连接信息，能够有效地捕捉用户和物品之间的复杂关系。但其计算和存储开销较大、训练时间较长，成为实现模型的阻碍因素。将上述几种方法进行融合，实现推荐算法是一个热点研究趋势。

1.4 社交网络推荐

1.4.1 社交网络概念

社交网络又称社会性网络服务（social network service，SNS），专指为了帮助人们建立社会性网络的互联应用服务。

2003 年，在线社交网络首次被提出，但是 2006 年才开始出现 SNS 比较完整的定义。社交网络的核心在于用户之间的联系，其理论主要源于六度分隔理论。该理论认为，任何两个陌生人之间可以通过六个人就可以有所联系，通过这一理论，任何人的社交网络圈子都会继续扩张，形成一个关联全部人员的社会化网络。

网络作为 21 世纪人们互动的平台，给予人类另外一个包含大量资源的世界。人们可以方便快捷地获取所要的资源。早期的社交网络，主要指 Web 1.0 社区，主要是由论坛、聊天室等组成，这一时期的社交网络系统单一，规模也不大。出现 Web 2.0 社区之后，逐渐出现了社交网站，社交网站拥有 Web 2.0 的特点，并希望能够为用户提供一种类似真实社会交流的网络服务平台。

当前，社交网络规模巨大。在美国，Facebook 被很多民众使用；在日本，Mix 被人们熟知；在中国，新浪微博、微信等几乎全民使用。

社交网络使得网络与人的关系更加紧密，但同时也产生了大量的数据，这些数据的产生不仅给互联网公司造成了烦恼，更使得用户面对海量的数据信息不知如何选择。现今的社交网络，通过分析用户的行为为用户选择他们所感兴趣的资源，从而有效地保持网站用户量并且获得更多的用户，促进产品的开发以及企业更好的运营。

1.4.2 基于邻域的社会化推荐算法

基于邻域的社会化推荐算法是一种利用用户社交网络中的关系信息进行推荐的方法。这种算法考虑了用户之间的社交联系，认为用户更有可能对其社交圈子中的物品感兴趣。以下是基于邻域的社会化推荐算法的一般步骤和关键概念。

（1）建立用户社交网络：收集用户之间的社交关系数据，通常表示为图结构，其中用户是节点，社交关系是边。用户社交网络可以基于用户之间的好友关系、关注关系、共同兴趣等信息来构建。

（2）用户相似性计算：计算用户之间的社交相似性或邻域关系。这可以通过计算共同好友数量、共同关注的人数、共同兴趣标签等来衡量。常用的相似性度量包括余弦相似度、Jaccard 相似度等。

（3）邻域扩展：对于每个用户，确定其在社交网络中的邻域（即社交联系的用户集合）。这些邻域用户可以是直接的好友，也可以是二度或更远的关联用户，具体取决于应用的需求。

（4）评估邻域用户的兴趣：对于每个用户，分析其邻域用户对物品的兴趣。可以通过统计邻域用户的行为数据，如购买历史、评分、点击等，来了解其兴趣。

（5）推荐生成：根据邻域用户的兴趣，生成个性化的推荐列表。可以使用不同的推荐算法，如基于协同过滤的方法、基于内容的方法或混合方法。

（6）过滤和排序：对生成的推荐列表进行过滤和排序，以确保只推荐最相关和高质量的物品。考虑用户的历史行为、喜好和物品的热度等因素进行排序。

（7）实时更新和改进：在实际应用中，用户社交网络可能会不断变化，因此需要实时更新用户的社交邻域和推荐结果。可以使用增量学习或定期的批量更新来保持模型的准确性。

基于邻域的社会化推荐算法能够更好地捕捉用户的社交影响和兴趣，提供个性化的推荐。然而，它也面临一些挑战，如冷启动问题（对于新用户或物品如何进行推荐）和规模化问题（如何处理大规模的社交网络数据和高并发请求），需要在实际应用中综合考虑这些因素。同时基于领域的推荐方法也要考虑隐私和安全性，确保不泄露敏感信息。

1.4.3　基于社交网络图的好友推荐

基于社交网络图的好友推荐是一种利用用户在社交网络中的关系信息来建议新的社交连接的方法。这个过程通常涉及分析社交网络图的拓扑结构、用户的行为和兴趣，以识别潜在的好友推荐。以下是基于社交网络图的好友推荐的一般性步骤和关键概念。

（1）社交网络数据收集：收集用户在社交网络上的关系数据，包括用户之间的好友关系、关注关系、社交互动等。这些数据通常以图的形式表示，其中用户是节点，关系是边。

（2）图分析：分析社交网络图的拓扑结构，了解用户之间的连接和群体结构。基本的图分析方法包括节点度中心性、社区检测、中介性分析等。

（3）特征工程：提取用户及其好友的特征，这些特征可以包括社交活跃度、共同兴趣、共同好友、地理位置等。使用这些特征来描述用户之间的相似性和关系强度。

（4）好友推荐算法：使用不同的好友推荐算法，这些算法可以基于不同的策略，如基于相似性、共同兴趣、社交路径、中介性等。常见的算法包括基于协同过滤的方法、基于图的推荐方法、基于机器学习的方法等。

（5）候选集生成：根据算法生成的推荐分数，筛选出一组候选好友。这通常是一个排名列表，其中包含了最有可能成为新好友的用户。

（6）评估和过滤：对于生成的候选好友列表，可以进行进一步的评估和过滤，以确保推荐的好友是合适的。这可以包括排除已有的好友、排除不活跃的用户、考虑用户的隐私偏好等。

（7）推荐结果呈现：将最终的好友推荐呈现给用户，通常以列表或卡片的形式展示。可以附带推荐理由或共同兴趣等信息，通过增加可理解性提高用户的接受度。

（8）实时更新和反馈：在实际应用中，社交网络数据可能会不断变化，因此需要实时更新好友推荐。即收集用户反馈和行为数据，以不断改进好友推荐算法。

基于社交网络图的好友推荐是社交网络平台的重要功能之一，它有助于用户扩展其社交圈子并增强用户体验。然而，也需要考虑用户隐私、数据安全和滥用问题，并采取适当的措施来保护用户的信息。

1.5 推荐的常用数据集及评价方法

1.5.1 常用数据集

1. MovieLens 电影评分数据集

MovieLens 电影评分数据集是推荐算法研究中最常用的数据集之一，由美国明尼苏达大学（University of Minnesota）的 GroupLens 研究组收集和发布，包含了多个在不同时间段内收集到的规模各不相同的子数据集，例如，最经典的由 943 个用户对 1 682 部电影的 100 000 条评分记录组成的 MovieLens 100K 数据集（1998 年 4 月发布）、由 6 040 个用户对 3 952 部电影的 1 000 209 条评分记录组成的 MovieLens 1M 数据集（2003 年 2 月发布）、由 71 567 个用户对 10 681 部电影的 10 000 054 条评分记录组成的 MovieLens 10M 数据集（2009 年 1 月发布），以及在 2019 年 12 月发布的 MovieLens 25M 数据集，等等。考虑到推荐系统数据的稀疏性问题，MovieLens 数据集中仅保留了评分记录数不小于 20 的用户的数据。并且，除了最基本的（用户 ID、物品 ID、评分、时间戳）信息外，MovieLens 数据集还提供了一些用户的基本信息（如性别、年龄和职业）和物品的描述信息（如电影名、电影类型和上映日期）。

2. Netflix 电影评分数据集

Netflix 电影评分数据集也是一个推荐算法研究中常用的历史比较悠久的数据集，由电影租赁网站 Netflix 在 2005 年底发布，用于 Netflix 百万美元竞赛，以激励人们设计和开发更好的推荐算法。Netflix 数据集中包含了 1998 年 10 月至 2005 年 12 月期间，480 189 个匿名的 Netflix 用户对 17 770 部电影的 99 072 112 条评分记录（包含评分日期），并且包含了电影的标题和发行年份信息。

3. Amazon 电商评论数据集

美国加州大学圣迭戈分校（University of California，San Diego）的 Julian McAuley 教授在其个人主页上发布了他的研究团队收集的一些推荐系统数据集，其中有一个从知名电商平台 Amazon 上收集到的关于商品的评论数据集。Amazon 数据集包含了 1996 年 5 月至 2014 年 7 月期间的约 1.4 亿条评论数据（每条评论由评分及文字评论等组成），并且给出了一些商品的描述、类别、价格、品牌和图像特征等信息。为了方便研究，研究人员还将原数据集按照商品类别分为 24 个较小的子数据集，如图书数据集、电子产品数据集和电子游戏数据集等。

4. Jester 数据集

Jester 是由 Ken Goldberg 和他在加州大学伯克利分校的小组发展的，包含 150 个笑话大约 600 万的评分。像 MovieLens 一样，Jester 评分由互联网上的用户提供。与其他数据集相比，Jester 有两个方面是特殊的：它使用−10～10 的连续等级，并且在量级上具有最高的评分密度。评分密度的意思是大概“平均每个用户评价多少个项目”。如果每个用户都对每个项目进行了评分，那么评级密度将为 100%。如果没有人评价过任何东西，那将是 0%。Jester 的密度约为 30%，这意味着一个用户平均对 30% 的笑话进行了评分。作为比较，MovieLens 1M 的密度为 4.6%（其他数据集的密度低于 1%）。当然不是那么简单。不是每个用户都评价相同数量的项目。相反，一些用户对许多项目进行评分，大多数用户只评价一些项目。

5. Book-Crossings 数据集

Book-Crossings 是由 Cai-Nicolas Ziegler 根据 bookcrossing.com 的数据编写的图书评分数据集。它包含 90 000 个用户的 270 000 本书的 110 万个评分。评分范围为 1～10，包括显式和隐式的评分。Book-Crossings 数据集是最不密集的数据集之一，也是具有明确评分的最不密集的数据集。

6. Last.fm 数据集

Last.fm 提供基于音乐社交平台的音乐推荐数据集。数据集中主要包括用户对艺术家添加的标签信息、艺术家的元数据信息、用户对艺术家的收藏操作、用户好友关系、所有可用的标签及其描述等内容。该数据集可以用于音乐社交分析、用户行为分析和音乐推荐系统设计。例如，Last.fm 1K 收集了从 2005 年 7 月到 2009 年 5 月，992 个用户的全部收听历史记录（约 2 000 万条），包含两个表，其中用户历史交互记录表包括 userID、event timestamp、artistID、artist_name、songID、song_name 等信息，而用户特征表包括性别、年龄、国家、注册时间等信息。

1.5.2　评价指标

推荐系统的常见评价指标多种多样，它们从不同角度衡量推荐系统的性能。以下是推荐系统中常用的一些评价指标。

（1）准确率（accuracy）：预测正确的样本数占总样本数的比例。但在推荐系统中，由于推荐列表通常是排序的，并且用户只关注排名靠前的物品，因此准确率通常不是主要的评价指标。

（2）精确率（precision）：推荐的物品中用户真正感兴趣的物品所占的比例。对于 Top-N 推荐，精确率是指推荐列表中用户实际喜欢的物品数除以推荐列表的长度 N。

（3）召回率（recall）：用户真正感兴趣的物品中，被推荐系统找出的比例。召回率越高，代表推荐系统找到用户真正喜欢的物品越多。

（4）F1 值（F1-score）：精确率和召回率的调和平均数，用于平衡两者的重要性。F1

值越高，代表推荐系统性能越好。

（5）AUC（area under the curve）：ROC 曲线（receiver operating characteristic curve）下的面积，用于衡量推荐系统在不同阈值下的性能。AUC 值越大，代表推荐系统的性能越好。

（6）排序指标（ranking metrics）：如 NDCG（normalized discounted cumulative gain）和 MRR（mean reciprocal rank）等，用于衡量推荐列表中物品排序的质量。这些指标考虑了物品在推荐列表中的位置，越靠前的物品权重越大。

（7）覆盖率（coverage）：推荐系统能够推荐给用户的物品占总物品集合的比例。覆盖率越高，代表推荐系统能够覆盖更多的物品，发掘长尾物品的能力越强。

（8）多样性（diversity）：衡量推荐列表中物品之间的不相似性。多样性高的推荐列表能够覆盖用户多方面的兴趣，提高用户满意度。

（9）新颖性（novelty）：衡量推荐列表中物品对于用户的未知程度。新颖性高的推荐能够给用户带来惊喜和新鲜感。

（10）满意度（satisfaction）：直接通过用户调查或用户反馈来衡量用户对推荐结果的满意度。满意度是推荐系统最终追求的目标之一。

（11）点击率（click-through rate，CTR）：在在线广告或推荐系统中，用户点击推荐物品的比例。点击率是衡量推荐效果的重要指标之一，尤其是在以点击为主要目标的场景中。

（12）转化率（conversion rate）：用户点击推荐物品后，进行购买、注册等进一步操作的比例。转化率是衡量推荐系统商业价值的重要指标。

（13）用户留存率（retention rate）：用户在使用推荐系统后，继续访问或使用的比例。用户留存率是衡量推荐系统长期效果的重要指标。

在选择评价指标时，需要根据推荐系统的具体应用场景和目标来选择合适的指标。同时，由于不同指标之间可能存在矛盾，因此需要在多个指标之间进行权衡和取舍。

评价分类算法性能的主要指标有：正确率、召回率、F1 值、分类精确率等。而这些指标都是基于混淆矩阵（confusion matrix）进行计算的。

表 1-1 描述了混淆矩阵的构成。

表 1-1　混淆矩阵构成

	实际属于该类	实际不属于该类
判定为该类	TP	FP
判定不属于该类	FN	TN

将“在类中”视为正例，正例分为实际正例（实际属于该类）和预测正例（预测属于该类），“不在类中”视为负例，同样分为实际正例和预测正例。混淆矩阵包含的四种数据含义如下：

TP：实际为正例、被预测为正例，即预测正例正确的值

FP：实际为负例、被预测为正例，即预测负例错误的值

FN：实际为正例、被预测为负例，即预测正例错误的值

TN：实际为负例、被预测为负例，即预测负例正确的值

由以上四种数据得到的主要评价性能指标为：

正确率/查准率 precision = TP/(TP+FP)

召回率/查全率 recall = TP/(TP+FN)

精确率 accuracy = (TP+TN)/(TP+FP+FN+TN)

F1 即 precision 和 recall 的调和平均值，用于综合衡量模型的整体表现，即

$$F1 = 2\times\frac{\text{precision}\times\text{recall}}{\text{precision}+\text{recall}}$$

假正率（false positive rate，FPR）= FP/(FP+TN)

真正率（true positive rate，TPR）= TP/(TP+FN) = recall

【例 1-1】 分析表 1-2 中混淆矩阵的含义。

表 1-2　混淆矩阵举例

	in the class （实际属于该类）	not in the class （实际不属于该类）
predicted to be in the class （判定为该类）	100	50
predicted to not be in the class （判定不属于该类）	40	80

正确率 precision = 100/(100+50)

召回率 recall = 100/(100+40)

精确率 accuracy = (100+80)/(100+50+40+80)

另外，ROC 曲线和 AUC 值常被用来评价一个二值分类器（binary classifier）的优劣。

与 ROC 相关的几个指标是灵敏度（sensitivity）、特异度（specificity）、真正率和假正率。

sensitivity = TP/(TP+FN)

specificity = TN/(FP+TN)

TPR = sensitivity = TP/(TP+FN)

FPR = (1−specificity) = FP/(FP+TN)

可以看出，TPR 就是召回率。FPR 就是检查有多少比例的负样本被预测为了正样本。TPR 和 FPR 两个指标就可以无视样本不平衡的问题，因为 TPR 仅关注正样本的覆盖率，而 FPR 仅关注错误正样本的覆盖率。ROC 使用 TPR 和 FPR 作为指标绘制曲线。

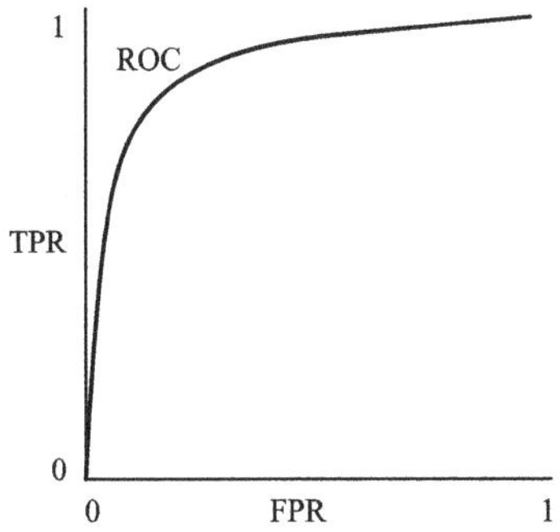

图 1-8　ROC 曲线示例

典型的 ROC 曲线如图 1-8 所示。可以看出，初始阶段 TPR 增速较快，FPR 增速较慢，但之后两者增速趋缓甚至持平。这是因为阈值越小召回率就越高，同时假阳率也越高。

最优模型表现为 ROC 曲线尽可能陡峭且靠近左上角（TPR≈1，FPR≈0），即阈值在很小的范围内就可以实现 FPR 低而 TPR 高的能力，表明在极低误报率下仍能覆盖绝

大多数正样本。

AUC 值是衡量分类器性能的一个重要指标，其取值范围为 [0,1]。当 AUC=0.5 时，表示分类器的性能与随机猜测相当；当 AUC>0.5 时，分类器的性能优于随机猜测。AUC 值越接近 1，表示分类器的性能越好。因此，AUC 成为衡量分类器性能的重要指标之一。AUC 的具体判别指标参照如下：

AUC=1，表示完美分类器，即分类器在所有阈值下都能做出完美预测。

AUC=[0.85,0.95]，表示分类器的效果很好。

AUC=[0.7,0.85]，表示分类器的效果一般。

AUC=[0.5,0.7]，表示分类器的效果较低。

AUC=0.5，表示分类器的性能与随机猜测相同。

AUC<0.5，表示分类器的性能比随机猜测还差；但只要总是反预测而行，就优于随机猜测。

AUC 可以通过衡量模型对正负样本的排序能力获得，包括基于正负样本对的排序概率和基于全局排序的 Rank 值进行表示。

基于正负样本对的排序概率指的是随机选取一个正样本和一个负样本时，模型判定正样本的得分高于负样本的概率（若得分相等则需通过特定规则处理，如按概率平均）。即 AUC=P（正样本得分>负样本得分）。这里的 P 表示概率，而得分指模型输出的任意实数分值，不一定是概率。

基于全局排序 Rank 值的 AUC 计算方法如下：

将正负样本两两组合，共有 M（正样本个数）×N（负样本个数）个组合，其中有 Q 对组合是正样本得分>负样本得分的。故 AUC=$Q/(M\times N)$。AUC 的计算方法为：

- 对预测概率从高到低排序。
- 对每一个预测概率值设一个 rank 值（最高预测概率的 rank 为 n，第二高的为 $n-1$）。
- rank 实际上代表了该 score（预测概率）超过的样本的数目，预测概率相等时，取均值。

在有 M 个正样本，N 个负样本的数据集里。一共可构成 $M\times N$ 个样本对（一对样本即一个正样本与一个负样本）。统计这 $M\times N$ 对样本中，正样本的预测概率大于负样本的预测概率的个数。

rank_i 表示第 i 个正样本的预测概率排名。

$$\text{AUC}=\frac{\sum\limits_{i\in\text{正样本}}\text{rank}_i-\dfrac{M(1+M)}{2}}{MN}\tag{1-1}$$

AUC 的值也等于 ROC 曲线下方的面积。

$$\text{AUC}=\int_0^1\text{TPR}(\text{FPR})\,\text{d FPR}\tag{1-2}$$

其中，TPR(FPR)是指 FPR 与 TPR 之间的函数关系。

1.5.3 评价方法

推荐系统的评价方法可以分为多个维度，以确保全面评估其性能。以下是一些主要的评价方法，按照不同的角度进行归纳：

（1）离线测试：离线测试是推荐系统测试中最简单的方法之一，它适用于基于历史数据的推荐系统。离线使用历史数据集构建一个离线测试集，然后利用推荐系统算法生成一份推荐列表。通过比对推荐列表和离线测试集中用户的实际行为，来评估推荐系统的性能。离线测试的主要指标有准确率、召回率、覆盖率等。

（2）在线测试：在线测试更加贴近实际应用情况，能够考虑到用户实时反馈和推荐系统的动态变化等因素。在线测试包括 A/B 测试、多变量测试、对照组测试。

- A/B 测试：将用户随机分为两个组，分别暴露给不同的推荐算法或策略，然后比较两组用户在关键指标上的差异。
- 多变量测试：在 A/B 测试的基础上，引入更多的变量，以评估多个因素对推荐系统性能的影响。
- 对照组测试：将多个推荐算法或系统进行比较，通过对比关键指标的差异，来评估其性能。

（3）用户调查：用户调查指直接从用户获取反馈和评价，了解用户对推荐系统的满意度、使用体验和改进建议等。用户调查的主要方法是设计合适的问卷或进行面谈等形式的调查。

（4）实时数据监控：实时数据监控指通过监控用户的实时数据，如点击次数、购买转化率和页面停留时间等，来评估推荐系统的实时性能。实时数据监控的具体评价指标有准确度、覆盖率、多样性、新颖性和用户体验等。

- 预测的准确度：评分预测常用均方根误差（RMSE）和平均绝对误差（MAE）来评估；Top-N 推荐常用召回率和精确率两个衡量指标。
- 覆盖率：描述推荐系统对物品长尾的发掘能力，通常通过信息熵或其他方式来衡量。
- 多样性：推荐结果需要覆盖用户不同的兴趣领域，满足用户广泛的兴趣需求。
- 新颖性：推荐给用户以前没听说过的但可能会感兴趣的物品，常用推荐列表的平均流行程度来衡量。
- 用户体验：优质的体验表现为用户对产品的评价、回访、黏性、口碑等角度。

（5）整体视角评估：好的推荐系统应实现用户、平台、创作者三方的共赢，创造用户价值的同时，为企业带来商业价值的实现，拓展产品边界，优化销售边界和利润。

推荐系统的评价方法是一个综合性的过程，需要结合离线测试、在线测试、用户调查和实时数据监控等手段，以及具体的评价指标来全面评估其性能。

第2章 推荐系统中的数据挖掘

数据挖掘是推荐系统的核心技术之一。它涉及从大量数据中提取有用信息的过程，这些信息对于理解用户行为、商品特性以及它们之间的关系至关重要。在推荐系统中，数据挖掘技术被用于实时更新用户和商品的特征，进行特征提取与表示，计算用户和商品之间的相似度，以及分析用户行为等关键步骤，特别是数据挖掘中的聚类、分类和关联规则等对推荐系统的实现至关重要。

2.1 数据挖掘概述

2.1.1 数据挖掘背景

面对浩瀚的数据海洋，如何让数据产生价值，如何最大化地获取隐藏在数据中的有用信息，引起各行各业人们的广泛关注。例如，连锁超市和电商已经开始使用大数据技术对商品的售价、销售总额、顾客特点、经济环境等因素进行分析，根据分析得到的数据，变换营销策略，并向用户推荐其偏好的商品。在京东商城或者亚马逊等购物平台，用户会看到“猜你喜欢”“根据您的浏览历史为您推荐”“购买此商品的顾客同时也购买了某某商品”“浏览了该商品的顾客最终购买了商品”等信息，这些都是推荐引擎对平台大数据进行运算的结果。

物流公司利用大数据技术对交货时间、各地交通情况和天气预报等数据进行分析，选择适合的运货道路，提高运货效率。美国 NBA 篮球队的教练利用 IBM 公司提供的数据挖掘技术，临场决定替换队员，使其团队得分最大化，一度被传为佳话。阿根廷的信贷公司 Credilogros 利用 SPSS Inc. 的数据挖掘软件 PASW Modeler 将用于处理信用数据和提供最终信用评分的时间缩短到了 8 s 以内，快速决策批准或拒绝信贷请求，同时该决策引擎还使 Credilogros 能够最小化每个客户必须提供的身份证明文档，大大提高了业务准确度和执行效率。

邮箱系统根据 E-mail 的来源、主题和内容判定一封邮件是不是垃圾邮件，从而对邮件进行自动的归类或拦截；银行客户经理推广某些产品计划时，根据顾客的性别、存款、理财记录、职业等信息，判定他是不是潜在的可发展客户；在网络平台中，可以通过用户的访问日志分析出用户之间的关系网络，判定用户群体；海洋学家通过采集到的数据发现海洋生物分布与海底资源位置之间的关系；国家安全部门通过分析人们的各种行为、消费记录等预判人们的安全级别；智能建筑系统通过分析住户的生活行为习惯，拟合智能控制程序，以提高用户的舒适度并降低建筑能耗。工程领域，利用无人机等方法对建筑物和构筑物进行大量的图像采集，然后通过图像数据的处理，实现建筑物和构筑物的破坏或损坏检测。

上述例子通过对数据的分析，挖掘出重要的、有价值的信息或知识，从而产生不可估量的效益。从浩瀚无际的数据海洋中发现潜在的、有价值的知识，是这个大数据时代的一个标志性工作。虽然大量的样本可以揭示出一些未被注意到的细节，产生丰富的信息，但对比存在的数据与获得的信息，人们仍面临数据爆炸与信息匮乏的矛盾。未来学家约翰·奈比斯特指出："人类正被数据淹没，却饥渴于信息。"在很多领域，人们经常对数据束手无策。例如，尽管数据的积累量在变大，但是癌症治疗并没有取得太多突破，因为新生成的数据只是用来描述癌症惊人的多样性，即使是单一肿瘤也会包含成千上万种基因突变；许多研究尝试利用社交媒体数据和医学数据识别有抑郁倾向的人群，进行早期干预，但准确率受限，因为人的内在思维和外在行为的必然联系很难被识别。

在进行数据分析时面临的主要困难有：

（1）数据的多样性。数据的来源和种类较多，而且不同来源的数据没有互相连接的接口，整合困难。数据结构类型包括结构化、半结构化和非结构化的数据。结构化的数据是指可以使用关系型数据库表示和存储，表现为二维形式的数据，如包含商品、单价、销量等字段的商品销售记录。半结构数据并不符合关系型数据库或其他数据表形式关联起来的数据模型结构，但包含相关标记，用来分隔语义元素以及对记录和字段进行分层，如 XML、HTML 文档就是半结构化数据。非结构化数据是数据结构不规则或不完整，没有预定义的数据模型，譬如网络日志、音视频、图片和地理位置等。

（2）数据价值密度相对较低。随着互联网以及物联网的广泛应用，信息感知无处不在，信息海量的获取更加容易。但是相对于人们亟待从数据中提取的知识而言，数据的价值密度较低，或者数据隐含的价值容易被忽略。如何结合业务逻辑并通过数据挖掘算法来挖掘数据价值，是亟待解决的问题。

（3）数据的准确性和可信赖度有待考证。对数据进行挖掘的基础是数据必须准确、可信。但由于受数据的提供者、采集方式、处理方式、存储方式等多种因素共同影响，很难保证数据的质量。

（4）数据的生成和更新速度快，对数据处理的时效性要求高。随着物联网、互联网、社交网络、电子商务的迅速发展，大数据呈现前所未有的增长速度。因此，在进行数据分析时需要关注从数据中提取的信息是否具有适应性，以及提取信息的速度是否能匹配数据更新的速度。

所以，面对快速增长的数据，如果没有强有力的处理方法和处理工具，数据的拥有者和决策者很难去理解使用它，结果会使收集数据的数据库变成了"没有"价值、不会再被访问的数据坟墓。数据和信息之间的鸿沟迫切需要数据挖掘工具，从杂乱无章的数据中挖掘知识，将数据坟墓转换成知识金砖。所以，从大量数据中提取或挖掘知识的数据挖掘技术应运而生。

2.1.2 数据挖掘的定义

数据挖掘（data mining，DM）又称数据库中的知识发现（knowledge discover in database，KDD）。数据挖掘较为普遍的定义是：数据挖掘是指从大量的、多样化的、不完全的、有噪声的数据中提取隐含的、事先未知的、有潜在价值信息或知识的过程。简单地说，数据挖掘是从大量数据中提取或挖掘知识的过程。数据挖掘主要基于人工智能、机器学习、模式识别、统计学、数据库、可视化技术、高性能计算等，高度自动化地分析企业的数据，做出归纳性的推理，从中挖掘出潜在的模式。

从数据挖掘的定义可以总结出数据挖掘的特点：

（1）数据挖掘要处理的数据经常是庞大的数据集。少量的数据样本一般用统计分析方法即可。

（2）数据挖掘面对的原始数据是多样化的。可以是结构化、半结构化和非结构化的数据，或分布在网络上的异构型数据。

（3）数据挖掘中的数据经常是不完全的或有噪声的。不完整数据指数据项缺失，噪声数据是指数据中存在着错误或异常（偏离期望值）的数据。

（4）数据挖掘输出的结果通常是模型或规则。例如，挖掘用户购物行为模式、预测商品之间的关联并进行推荐。

（5）数据挖掘的目标是挖掘未知的但是潜在有价值的信息。这些知识的前提是存在的而且针对特定的需求者是有价值的。

通过数据挖掘得到的知识可以被用于信息管理、查询优化、决策支持、过程控制，以及数据本身的维护。数据挖掘主要采用决策树、神经网络、关联规则、聚类分析等统计学、人工智能、机器学习等方法完成，因此数据挖掘是一门应用较广的交叉学科。

数据挖掘主要侧重解决四类问题：分类、聚类、关联和预测（定量、定性）。分类问题是预测一个未知类别的项目属于哪个已知的类别；聚类是根据选定的指标，对一群用户进行划分，形成具有各自特征的类别；关联规则是从数据背后发现事物之间可能存在的关联或联系；预测是指根据一系列的数据表或其他数据源中的数据对未知的数据和形式进行预判，预测的目标变量一般是连续变量。

2.1.3 数据挖掘步骤和主要问题

1. 数据挖掘的步骤

数据挖掘的过程被认为是知识发现的过程，即在大量数据中发现有用的令人感兴趣的信息的过程。数据挖掘的步骤可以分为数据准备、数据挖掘、解释评估三大步。而数据准备阶段又包含三个子步骤：数据采集、数据探索和数据预处理。数据挖掘过程如图 2-1 所示。

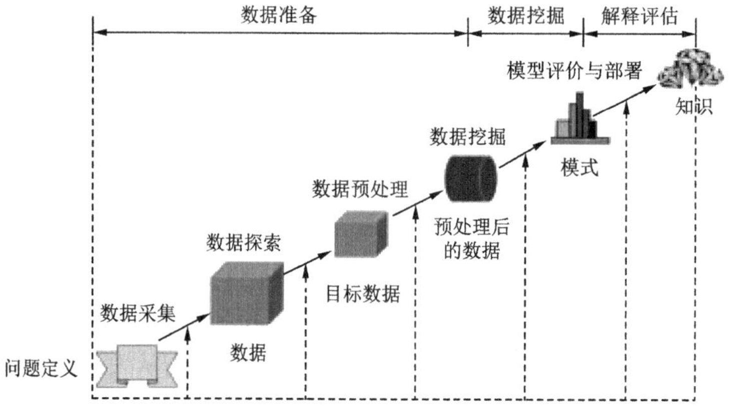

图 2-1　数据挖掘过程

上述步骤简要分析如下：

（1）问题定义。问题定义主要是分析任务需求，定义问题的范围，确定数据挖掘的对象和特定目标，以及挖掘模型所用的度量方法等。问题定义包括从哪些数据中挖掘、数据如何分布、数据是否可以反映任务的业务流程、挖掘什么性质的规律或关系、如何度量挖掘结果的质量等。

（2）数据采集。数据采集的目的是获取发现任务的操作对象，即目标数据，是根据用户的需要从原始数据库中抽取某些数据。

（3）数据探索。数据探索是对抽取的样本数据进行探索、审核和必要的加工处理。这一步是保证最终挖掘模型质量的必要条件。

（4）数据预处理。数据预处理是数据挖掘过程中的一个重要步骤，特别是对噪声数据、不完整数据或者不一致数据进行挖掘时，需要对于数据挖掘所涉及的数据对象进行数据预处理。预处理一般包括数据清洗、数据集成、数据变换和数据归约。

（5）数据挖掘。数据挖掘阶段是数据挖掘过程的基本步骤，是指在数据预处理后，可以根据问题定义，选择合适的算法进行挖掘。

（6）模型评价与知识表示。对同一个问题采用不同的算法，会得到不同的模型。模型评价是根据效率、约束条件等度量指标，选择最好的模型。知识表示是使用可视化和知识表示等技术，向用户提供他们能够理解和读取的知识。

2. 数据挖掘面临的主要问题

数据挖掘的目标是从现有数据中获得信息，通常用于获取概念性知识、关联知识、分类知识、预测性知识和偏差性知识等。但数据挖掘也不是万能的，它主要面临以下问题。

（1）数据问题。对于数据挖掘任务来说，数据的质量是比较关键的。但是获取被准确标注的数据往往要耗费大量的人力物力，这导致数据缺乏成为数据挖掘面临的主要困难之一。另外，考虑隐私和安全问题，人们倾向于保护自己的基本信息或行为数据，这使得很多领域的数据获取较为困难。

（2）模型问题。很多数据挖掘的模型在训练集上的表现很好，但在测试集和新数据上的表现很差。例如在机器学习，试图让模型在已知数据上表现最优，结果通常会导致过拟合，即一个模型在训练数据上能够获得较好的拟合，但是在测试集上却不能很好地拟合数据。出现这种现象的主要原因是训练数据中存在噪声或者训练数据太少。解决这个问题的典型方法是重抽样技术。

（3）目标问题。数据挖掘的目标要与业务应用的目标一致。数据挖掘模型的目标通常引起更多的关注，譬如分类中的精确度、模型的收敛性等。但实际应用中却较少用到这些目标。譬如电信欺诈侦测关注的是如何描述正常通话的特征，然后据此发现异常通话行为，而不是在一般的通话中把欺诈和非欺诈行为进行分类。

所以数据挖掘的主要要素是结合丰富的业务知识和思维模式，保障设计目标的正确性和完整性，按照正确的思维模式去实现数据挖掘任务。

2.2 数据采集

数据是数据挖掘的基石。没有充足、有效、高质量的数据，就不能够进行数据分析挖掘，不能获取有价值的知识。

2.2.1 数据类型和数据来源

1. 数据类型

数据挖掘所依赖的数据是多种多样的，不同类型的数据在进行数据分析或数据挖掘时采用的方法也不尽相同。

所有的数据都可分为两大类：定量数据（quantitative data）或定性数据（qualitative data）。

定量数据是指以数量形式存在的属性，并因此可以对其进行测量。以物理量为例，距离、质量、时间等都是定量数据。又比如某产品当月的销售额，某商场每天的客流量，建筑材料用量，隧道的监测形变量，空气 PM 值等都是定量数据。

定性数据是一组表示事物性质、规定事物类别的文字表述型数据。定性数据不能用数值尺度记录，它可以区分为单值变量、二值变量、分类变量和长文本变量。单值变量是指只包含一个类别的变量，也就是变量的取值是一个单一的值，比如家用电压取值为 220 V；二值变量是指变量的分类有两个类别，比如贷款用户是否发生了违约行为（是，否）；类似的分类数多于两个类别的变量称为分类变量，比如消费者对某产品的满意程度（十分满意，一般，不满意）等。长文本变量则是指较长的字符串或分类数特别多的文字型变量，如家庭住址、顾客对商品的评论等。其中，单值变量通常对建模是没有实际意义的，很多时候可以直接剔除，预测目标通常是二值变量，而长文本变量一般是无法直接利用的，需要人工提取有用信息。

2. 数据来源

数据来源主要取决于问题存在的领域和数据挖掘的目的。常见的数据来源有关系数据库、事务数据库、文本数据库和多媒体数据库等。

1）关系数据库

关系数据库是数据挖掘最常见、最丰富的信息源，因此它是数据挖掘的主要数据来源之一。各个领域的日常运行业务经常以关系数据库形式保存，如银行或保险公司的客户信息、高校学生的选课信息、居民不同时刻的用电量以及交通部门的车辆数据库等。从关系数据库中可以方便地挖掘有趣模式，即那些潜在的、新颖的、有价值的、使用户感兴趣的、易被理解和运用的数据模式。表 2-1 所示为银行顾客信息的关系数据库示例。

表 2-1 关系数据库记录举例

NO	姓名	性别	年龄	婚否	存款	理财	信用
3456	张三	男	56	是	120 万元	200 万元	好
3457	李四	男	35	否	5 万元	10 万元	一般
⋮	⋮	⋮	⋮	⋮	⋮	⋮	⋮

2）事务数据库

事务数据库是挖掘行为模型的常用数据库。事务数据库中的每个记录代表一个事务，如顾客的一次购物、用户的一次网页点击等。通常一个事务包含唯一的事务标识号，以及一个组成事务的项列表。事务数据库中可能有一些与之相关联的附加表，包含关于事务的其他信息，如商品描述、销售人员信息等。表 2-2 所示为事务数据库的记录举例。

表 2-2　事务数据库关系举例

Trans_ID	商品 ID 的列表
T100	I2,I4,I6,I9,I18
T200	I1,I2,I4,I12,I20
⋮	⋮

3）数据仓库

数据仓库是一个面向主题的、集成的、随时间变化的、但信息本身相对稳定的数据集合，用于对管理决策过程的支持。数据挖掘是分析数据未知模式的过程，而数据仓库是对数据进行收集和管理的过程。数据仓库是企业对大量信息的电子存储，旨在进行查询和分析，而不是事务处理。

为便于决策，数据仓库中的数据围绕主题（如顾客、商品、供应商和活动）进行组织。数据仓库存储从历史的角度提供信息，并且通常是汇总的。

通常，数据仓库存储使用数据立方体（data cube）的多维数据结构建模。其中，每个维对应于模式中的一个或一组属性，而每个单元存放某种聚集度量值，如 count 或 sum。通过提供多维数据视图和汇总数据的预计算，数据仓库非常适合联机分析处理（online analysis processing，OLAP）。OLAP 操作使用所研究的数据的领域背景知识，允许在不同的抽象层提供数据。这些操作适合不同的用户角度。

4）文本数据库

文本数据库是指以文本形式存储的数据库资源，包括文件、新闻网页等。文本章节文档是一种重要的信息来源，利用数据挖掘的方法可以从一系列文档中检索有价值的文本，发现文档中的规律。文档可以看作单词和标点的序列。比如今日头条就是一款基于数据挖掘的推荐引擎。网站中的每一篇文档都是一个新闻专线文章。

5）多媒体数据库

多媒体数据库是基于数据库技术和多媒体技术的，主要存储声、文、图等信息。多媒体数据库通常数据量巨大，而且数据在库中的组织方法和存储方法复杂。多媒体数据库主要应用于基于内容的图片检索、声音传递系统、视频点播系统、基于语音识别的系统界面等。图数据还包括网络结构数据和分子结构数据等。针对多媒体数据库的数据挖掘目的主要是图像挖掘、视频挖掘、音频挖掘、Web 挖掘和多媒体综合挖掘。

6）其他类型的数据

除以上数据来源外，还有许多其他类型的数据，它们具有各种各样的形式和结构。如时间相关或序列数据（如历史记录、股票交易数据、时间序列和生物学序列数据）、数据流（如视频监控和传感器数据）、空间数据（如地图数据、影像数据、地形数据）、工程设计数据（如建筑数据、系统部件或集成电路）、图和网状数据（如社会和信息网络）和万维网（Internet 提供的信息存储库）等。

由于数据来源的多样性和数据的复杂性，导致数据清理和数据集成都比较困难。但是由于某个领域的多个数据源之间可以进行数据内容和数据质量的提升与加强，挖掘复杂对象的多个数据源常常会有更多的发现。

2.2.2 数据采集方法与考虑因素

数据采集又称数据获取。当采集的数据量越来越大时，能提取出来的有用数据通常会更多。

1. 数据采集方法

不同应用领域的大数据具有不同的特点，其数据量、用户群体均不相同，所以通常可以根据数据源的物理性质和数据分析的目标采取不同的数据采集方法。常用的数据来源包括：传感器数据、日志文件、网络爬虫数据和统计数据等。

1）传感器

传感器通常用于测量物理变量，一般包括声音、温度、湿度、距离、电流等。通过传感器等外部硬件设备与系统进行通信，将传感器监测到的数据传至系统中进行采集使用。

2）日志文件

日志文件数据一般由数据源系统产生，用于记录数据源执行的各种操作活动，比如网络监控的流量管理、金融应用的股票记账和 Web 服务器记录的用户访问行为。

很多互联网企业都有自己的海量数据采集工具，多用于系统日志采集，如 Hadoop 的 Chukwa，Cloudera 的 Flume，Facebook 的 Scribe 等，这些工具均采用分布式架构，能满足每秒数百兆字节（MB）的日志数据采集和传输需求。

3）Web 爬虫

网络爬虫是指为搜索引擎下载并存储网页的程序，它是搜索引擎和 Web 缓存的主要数据采集方式。通过网络爬虫或网站公开 API 等方式从网站上获取数据信息。该方法可以将非结构化数据从网页中抽取出来，将其存储为统一的本地数据文件，并以结构化的方式存储。它支持图片、音频、视频等文件或附件的采集，附件与正文可以自动关联。

此外，对于企业生产经营数据上的客户数据、财务数据等保密性要求较高的数据，可以通过与数据技术服务商合作，使用特定系统接口方式采集数据。

4）统计数据收集方法

统计数据收集方法包括直接观察法、访问法、网络调查法、实验法和文献检索法等。

（1）直接观察法是指调查人员通过深入现场、实地采样等方式，对调查对象（包括人的行为和客观事物）进行现场观察、计量并准确记录（包括测绘、录音、录像、拍照、笔录等）调研情况以取得资料的方法。

（2）访问法是调查者与被调查者通过面对面的交谈从而得到所需资料的调查方法。访问法包括面访式、电话式、自填式。

(3) 网络调查法指通过计算机通信、数字交互媒体和计算机网络发布、传递和存储的各种信息，常用方法包括网上问卷调查法、在线交流调查法、网络观察法、网络实验法等。

(4) 实验法指通过实验过程获取其他手段难以获得的信息或结论，此方法的优点是收集到的数据准确性很高，但是未知性很大，因为不管实验的周期还是实验的结果都是不确定性的。

(5) 文献检索法是指通过查阅书籍、记录等资料来得到自己想要的数据，可以使用手工检索和计算机检索。

统计数据收集也分为全面调查和抽样调查。全面调查指对需要调查的对象进行逐个调查，此方法所得资料较为全面可靠，但是调查的成本高，且花费时间较长，所以只在样本很少的情况下适合采用。抽样调查是从全部调查研究对象中，抽选一部分对象进行调查，并据以对全部调查研究对象做出估计和推断的一种调查方法，适合样本数量较多情况下的数据收集。

2. 数据采集考虑因素

因为数据获取方式很多，所以在进行数据采集时主要考虑以下因素：

1) 全面性

数据量必须具有足够的分析价值，数据面必须能支撑分析需求。比如对于“查看商品详情”这一行为，需要采集用户触发时的环境信息、会话，以及背后的用户 ID，最后需要统计这一行为在某一时段触发的人数、次数、人均次数、活跃比等。

2) 多维性

数据采集要求能满足分析需求。采集数据时要灵活、快速、准确地定义数据的多种属性和不同类型，从而满足不同的分析目标。比如要分析顾客的网购行为，需要先设置商品的品牌、作用、价格、类型、商品 id、退换货比例、顾客评价等属性。从而知道用户看过哪些商品、什么类型的商品被查看得多、某一个商品被查看了多少次、销量如何、得到什么样的评论，这样才能准确分析顾客的购买行为模式。

3) 高效性

高效性包含技术执行的高效性、团队内部成员协同的高效性以及数据分析需求和目标实现的高效性。也就是说采集数据一定要明确采集目的，带着问题搜集信息，使信息采集更高效、更有针对性。此外，还要考虑数据的及时性。

2.3 数据探索

数据探索使用统计量来检查数据特征，主要是检查数据的集中程度、离散程度和分布形状等。通过数据探索可以把握数据整体的性质，对后续的数据挖掘有很大的参考作用。

数据探索的主要角度有分布分析、统计分析、相关性分析、贡献度分析、贡对比分析和周期性分析。

2.3.1 分布分析

分布分析能揭示数据的分布特征和分布类型。分布分析可以从定性数据分布分析和定量数据分布分析两个方面展开。

1. 定性数据分布分析

定性数据分布分析即按照指定的分类来统计不同类别的分布数值，较关注占比。比如统计某个院校男女生的占比。定性数据分布分析通常以条形图或饼形图的形式呈现结果。

2. 定量数据分布分析

定量数据分布分析是把数据分成一个个固定的区间，然后统计不同区间的分布数值。主要步骤包括：

- 求频数、频率、极差等；
- 决定组距和组数；
- 决定分区点；
- 列出频率分布表；
- 绘制频率分布直方图。

定量数据分析的第一步就是将数据进行分类，即分组，归纳为一张表，这种表又称频数表。频数表中各组所分配到的总体单位数称为频数或次数；将各组单位数与总体单位数相比，得到的用百分比表示的各组次数与总次数的比值称为频率或比率。累积频数是将各类别的频数逐级累加起来。通过累积频数，可以很容易看出某一类别以上或以下的频数之和。累积频数包括向上累积和向下累积两种。

【例 2-1】 全班有 50 名学生，男生 30 人，女生 20 人。频数表见表 2-3。

表 2-3 频数表举例

	频 数	频 率	向上累积频数
男生	30	60%	30
女生	20	40%	50

在频数表中，按照某个标志将资料加以分类，划分成各个等级，这种方法一般称为分组。例如，上例中按性别进行分组。与分组相关的几个概念有：

极差：极差是最大值和最小值的差值，即

$$极差=最大值-最小值 \tag{2-1}$$

组距：就是组的宽度，是每组观测值的最大差，即每组观测值变化的范围。

$$组距=\frac{最大值-最小值}{组数} \tag{2-2}$$

组限：组与组之间的界限，即每组观测值变化的范围，组限包括上组限和下组限，其中各个组的起点值为下组限，终点值为上组限。

组中值：在频数表中，上组限和下组限的中点称为组中值。

$$组中值=\frac{上组限+下组限}{2} \tag{2-3}$$

其中，组数的确定方法有两种。一种是确定总体各单位在选定的数量分组标志下的差别，有几种性质的差别就分几组。例如，学生成绩分为优、良、中、及格、不及格五种。

另一种方法是根据数据的多少、数据差异的大小来确定，一般数据越多，差异越大，组数就越多；反之组数就越小。分组遵循的主要原则有：各组之间必须是互相排斥的、所有数据都要归到分组中，各组的组宽最好相等（即等距分组）。当总体单位的标志值变动有急剧增长或下降，或波动较大时，往往采取异距分组。

下面介绍三种常见的分组或分箱方法，即等宽（每组数据极差相同）、等频/等深（每组数据的个数相同）和聚类分箱法（组间距最大）。

等宽分箱法又称等距离分箱法，是将连续变量的取值范围均匀地划分为若干个区间，每个区间的宽度相等。例如，对于年龄数据，可以将其划分为 0~10 岁、10~20 岁、20~30 岁等区间，每个区间的宽度都是 10 岁。这种方法简单易懂，但可能无法捕捉变量内部的分布特征。

等深分箱法，又称等频率分箱法。它按照数据集中对象的个数来划分，确保每个分箱中包含大致相同数量的样本。这种方法通过控制每个箱子的记录数（即箱子深度），来实现数据的均衡分布。等深分箱法有助于平滑数据分布。

聚类分箱法通过聚类算法将连续型变量数据进行分组，使得同一组内的数据尽可能相似，不同组间的数据差异明显。这种方法基于 k 均值聚类等算法，实现数据的有序分箱，有助于后续的数据分析和建模。

【例 2-2】 一组排好序的数据为：2，4，5，7，8，9，12，15，16，20，28，38。用等宽法、等深法和聚类法分别将数据离散化为三组。

解：

等宽法：每桶宽度=(最大值-最小值)/组数=12。所以，第一组的数值范围：2~14；第二组：15~27，第三组：28~40。等宽分箱法的结果为：箱 1（2，4，5，7，8，9，12）；箱 2（15，16，20）；箱 3（28，38）。

等深法：每桶个数=总个数/桶数=12/3 =4。即每桶四个数。等深法划分结果为：箱 1（2，4，5，7）；箱 2（8，9，12，15）；箱 3（16，20，28，38）。

聚类法：计算两两数据之间的间隔，按间隔降序标准进行分类。由于要分成三组，取间隔最大的两个进行分箱划分。最大间隔为 38-28=10，然后是 28-20=8。聚类分箱法为：箱 1（2，4，5，7，8，9，12，15，16，20）；箱 2（28）；箱 3（38）。

2.3.2　统计分析

统计分析常从集中趋势和离散趋势两个方面进行分析。

反映平均水平的指标是对个体集中趋势的度量，使用最广泛的是均值、中位数和众数等。

均值又包括算术平均值、加权平均数、调和平均数、几何平均数等。假设有 n 个数，$x_1, x_2, \cdots, x_n$，各种平均数的计算方法如下：

算术平均数：$\bar{x}=\dfrac{x_1+x_2+\cdots+x_n}{n}$，是最常见的平均数计算方法。

加权平均数：$\bar{x}=\dfrac{x_1f_1+x_2f_2+\cdots+x_nf_n}{n}$，$f_1, f_2, \cdots, f_n$ 对应各个变量的权值。适用于数值具有不同权值的均值计算。

调和平均数：$\bar{x}=\dfrac{n}{\dfrac{1}{x_1}+\dfrac{1}{x_2}+\cdots+\dfrac{1}{x_n}}$，调和平均数又称倒数平均数。

加权调和平均数：$\bar{x}=\dfrac{\sum_{i=1}^{n}x_i f_i}{\sum_{i=1}^{n}f_i}$，适用于分组资料的计算。

几何平均数：$G_n=\sqrt[n]{a_1a_2\cdots a_n}$，主要用于对比率、指数等进行平均；计算平均发展速度；复利下的平均年利率；连续作业的车间求产品的平均合格率。

其他的集中趋势分析指标有：

众数：一组数中出现次数最多的数。例如，一组数（23，29，20，32，23，21，33，25）中的众数是23。

中程数：又称中列数。

$$中程数=\frac{最小值+最大值}{2}$$

中位数：表示位置中间的数。计算中位数时需要将数组排序，得 $x_1,x_2,\cdots,x_n$。样本数量为奇数时，公式为

$$m_{0.5}=x_{(n+1)/2}$$

样本数量为偶数时，公式为

$$m_{0.5}=\frac{x_{(\frac{n}{2})}+x_{(\frac{n}{2}+1)}}{2}$$

当测试数据的数量很大时，中位数的计算开销很大。对于数值属性，可以用以下公式计算中位数的近似值。

$$\text{median}=L_1+\left(\frac{\frac{N}{2}-(\sum \text{freq})_1}{\text{freq}_{\text{median}}}\right)\text{width}$$

式中，L_1 为中位数区间的下限；N 为数据集数据个数；$(\sum \text{freq})_1$ 表示低于中位数区间的所有区间的频数和；$\text{freq}_{\text{median}}$ 是中位数区间的频数；width 为中位数区域的宽度。

【例 2-3】 假设给定数据集的值已经分组为区间，区间和对应的频数见表 2-4。

表 2-4 频数表

年龄	频数
1~5	200
5~15	450
15~20	300
20~50	1 500
50~80	700
80~110	44

计算数据的近似中位数。

解：

（1）先判断中位数所在区间。

因为：$N=200+450+300+1\,500+700+44=3\,194$。

样本数据总量为 3 194，一半为 $N/2=1\,597$。

200+450+300=950；200+450+300+1 500=2 450。

所以中位数所在区间为：950~2 450，即 20~50 岁

（2）计算中位数。

① $L_1=20$　　中位数区间的下限；

② $N/2=1\,597$　　样本数据量的一半；

③ $(\sum \text{freq})_1 = 950$　　低于中位数区间的所有区间的频数和；

④ $\text{freq}_{\text{median}}=1\,500$　　中位数区间的频数；

⑤ $\text{width}=30$　　中位数区域的宽度。

（3）Median=20+(1 597−950)/1 500×30=32.94（岁）。

离散趋势反映变异程度的指标则是个体离开水平的度量，使用最广泛的是标准差（方差）、四分位差。离散趋势分析常用的指标有：

极差：又称为全距，是最大值和最小值的差。

$$极差=\max-\min$$

离差：又称平均差，是总体各单位的标志值与算术平均数之差。公式为

$$AD=\frac{\sum |x_i-\bar{x}|}{n}$$

注意离差的和为 0，不便于计算，所以需要对离差进行取绝对值，消除负号带来的影响。

方差：将各离差求平方和来消除负号影响，然后再求平均，即为方差。方差公式为

$$\sigma^2=\frac{\sum_{i=1}^{n}(x_i-\bar{x})^2}{n-1}$$

标准差：方差的算术平方根为标准差 σ。

离散系数：无论是标准差，还是方差，都是带量纲的，比如用厘米和毫米做单位，得到的标准差是不同的。所以，在比较两种不同性质或不同单位总体差异时，常采用离散系数来比较离散程度。离散系数公式为 $V_\sigma=\frac{\sigma}{\bar{x}}$，即用标准差除以均值。

2.3.3　相关性分析

相关性分析是指对两个或多个具备相关性的变量元素进行分析，从而衡量两个变量因素的相关密切程度。元素之间需要存在一定的联系或者概率才可以进行相关性分析。

在考察两种现象之间的是否存在关联时，一般有函数关系、相关关系和没有关系等情况。函数关系是指一种现象的每个值，另一个现象必定有一个或多个数值与之对应；没有关系是指一种现象对另一种现象无任何影响；相关关系是指两个现象之间确实存在一定联系、而关系值不确定的数量依存关系。

皮尔逊（Pearson）相关关系系数是常用的相关性判别方法。

设现象 X 的变化引起现象 Y 的变化，X 的取值为 $x_1,x_2,\cdots,x_n$，Y 的取值为 $y_1,y_2,\cdots,y_n$，

则二者之间的简单线性相关系数 r 公式为 $r = \dfrac{n\sum x_i y_i - \sum x_i \sum y_i}{\sqrt{n\sum x_i^2 - (\sum x_i)^2} \cdot \sqrt{n\sum y_i^2 - (\sum y_i)^2}}$，$r$ 的取值范围为 $-1 \sim 1$。

当 $r>0$ 时为正相关，$r<0$ 时为负相关。

$|r|=1$，表示完全线性相关，即函数关系。

$|r|=0$，表示不存在线性相关关系。

$|r|\leqslant 0.3$ 为不存在线性相关。

$0.3<|r|\leqslant 0.5$ 为低度线性相关。

$0.5<|r|\leqslant 0.8$ 为显著线性相关。

$|r|>0.8$ 为高度线性相关。

判断两变量是否具有线性相关的最直观的方法是绘制散点图。需要同时考察多个变量间的相关关系时，可以绘制散点矩阵图，从而快速发现多个变量间的主要相关性。

2.3.4 贡献度分析

贡献度分析又称帕累托分析，原理是 20/80 定律，即 80% 的利润常常来自 20% 的产品。所以又称 2-8 法则。通过绘制累计频率百分比，能够体现帕累托原则，即数据的绝大部分存在于很少类别中，极少剩下的数据分散在大部分类别中。这两组经常被称为“至关重要的极少数”和“微不足道的大多数”。贡献度分析有助于在之后的数据挖掘工作中分析重要的类别和因素。

图 2-2 给出了某商场销售商品和盈利收入的帕累托分析例子。可以看出，23.3% 的商品为商场贡献了 80.1% 的业绩，商场管理者可以根据帕累托分析图优化相关资源配置。

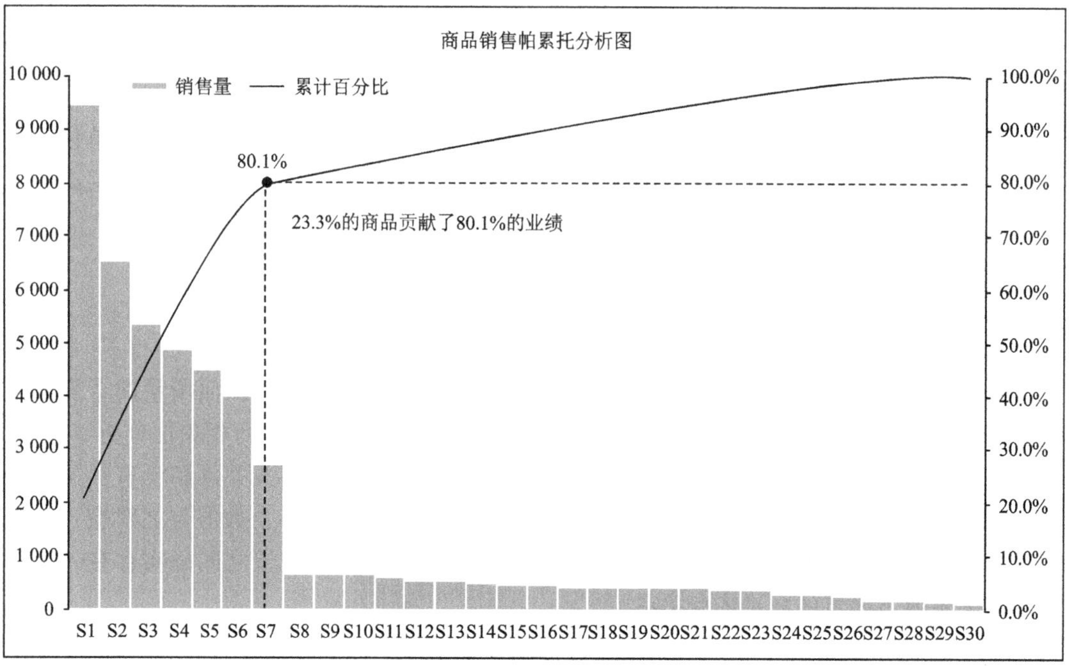

图 2-2 帕累托分析图举例

2.4　数据预处理

数据预处理是数据分析以及数据挖掘过程中非常重要的一环。数据预处理是指在对数据进行数据挖掘的主要处理以前，先对原始数据进行必要的清洗、集成、转换、离散、规约等一系列处理工作，达到挖掘算法进行知识获取要求的最低规范和标准。

数据预处理主要包括数据清洗、数据集成、数据变换和数据规约。

2.4.1　数据清洗

数据清洗是指发现并纠正数据文件中可识别的错误，包括缺失值分析、异常处理、噪声数据处理和一致性分析。

1. 缺失值分析

数据的缺失主要包括记录的缺失和记录中的某个字段信息的缺失，两者都会影响分析挖掘结果的准确性。产生缺失值的主要原因有：由于输入时认为不重要、忘记填写或对数据理解错误等一些人为因素而遗漏的；有些信息暂时无法获取，比如儿童的信用等级；有些信息获取的代价太大或暂时不能获取。

缺失值会对数据挖掘建模的准确度造成影响，也会使建模过程更加困难。通过简单的统计分析，可以得到含有缺失值的属性个数，以及每个属性的未缺失数、缺失数和缺失率等。

如果发现数据源中一些记录的某些属性值为空，比如银行客户的收入属性为空，可以用以下方法进行缺失数据处理。

（1）忽略该条记录。若一条记录中有属性值缺失，则将此记录排除在数据挖掘过程之外。或某个属性的值缺失较多，则删除此属性。当缺失值比例较大时，这种方法会影响挖掘的效果。

（2）固定值替换法：又称利用默认值填补法。比如银行客户的收入属性缺失，可以用当年的城市居民的平均收入替代。这种方法比较简单，但属性值遗漏较多时，无差别的固定值替换会误导挖掘的进程。通常需要对填补后的数据进行数据分析，避免对最终结果产生较大的误差。

（3）均值/众数填补法：就是用平均值或众数进行替换。平均值或众数是从缺失值所属属性值的其他记录值中获取的。例如，一个顾客的年龄缺失，则统计其他顾客的年龄的均值或众数填充年龄缺失值。

（4）同类别均值填补法：与均值填补法不同，同类别均值填补法用同一类别中缺失值属性的平均值去替代缺失值。例如，针对银行客户的收入缺失值，首先计算与缺失值记录具有同样信用等级的收入属性的平均值，再用它去填补在同样信用等级下收入的缺失值。例如，如果一个用户收入值缺失，该用户信用等级为优良。则先计算信用等级为优良类别的用户的收入平均值，用计算的值填补用户的收入缺失值。这种方法通常用于分类挖掘中。

（5）插值法插补：是利用已知点建立合适的插值函数 $f(x)$，未知值由对应点 x_i，求出近似的函数$f(x_i)$来代替。

（6）利用最可能值插补：利用回归分析、贝叶斯公式或决策树等方法判断出该条记录特定属性的最大可能的取值。例如，利用数据集中其他顾客的属性值，构造一个决策树来预测收入的缺失值。

最后一种方法应用最为广泛，它最大限度地利用了当前数据包含的信息来帮助预测缺失值。

2. 异常值处理

异常值是指样本中的个别值，其数值明显偏离其他观测值，异常值又称离群点。在大规模数据集中，由于噪声、扰动、采样过程误差等原因，会有一些数据点偏移整个数据集。而数据挖掘算法对数据分布都存在着一定的假设或期待数据集较为“正常”。如果把异常值直接纳入数据挖掘的数据源中，会对挖掘结果的准确性产生影响。因此，在数据挖掘中，常常需要在预处理中去除该类离群点，让算法能更好地发现“正常”数据间存在的关系。

异常值检测可以应用于很多领域。例如，通过离群点检测信用卡欺诈、偷窃电等行为；通过识别离群值对工业生产过程中的不良产品进行检测；通过实时监测手机活跃度，实现手机诈骗行为检测等。

对于异常值的处理方法有以下三种：

（1）简单统计分析。先对变量做一个描述性统计，进而查看哪些数据是不合理的。最常用的统计量是最小值和最大值。用来判断这个变量的取值是否超过了合理的范围。如银行客户年龄的最大值为223岁，则说明该变量的取值存在异常。

（2）3σ原则：若数据符合正态分布，在3σ原则下，异常值被定义为一组测定值与平均值的偏差超过三倍的值。若数据不符合正态分布，可以用远离平均值多少倍的标准差来描述。

（3）箱线图：又称盒须图、盒式图或箱形图，是一种用于显示一组数据分散情况的统计图。箱线图的绘制方法是：先找出一组数据的最大值、最小值、中位数和两个四分位数；然后，连接两个四分位数，画出箱子；再将最大值和最小值与箱子相连接。

图2-3所示为箱线图。其中Q_1是第一四分位数，表示有25%的数据小于此值。Q_3是第三四分位数，表示有75%的数据小于等于该值。Q_2是中位数，即一组数据从小到大排列中间的那个数字。如果数据个数是偶数，中位数就是中间两个数字的平均值。Q_1和Q_3之间的竖型的矩形框称为四分位间距框。整个四分位间距框所代表的是数据集中50%（即25%~75%）的数据。Q_3与Q_1的差值称为该组数的内距R。

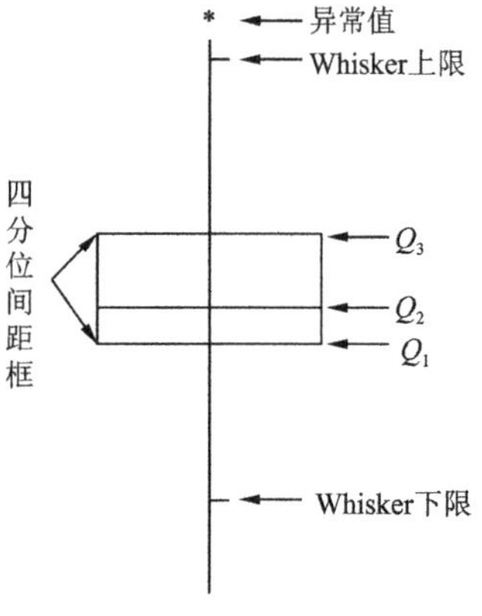

图2-3　箱线图构成

Whisker上限是延伸至四分位间距框顶部的1.5倍框高范围内的最大数据点，Whisker下限是延伸至四分位间距框底部1.5倍框高范围内的最小数据点，超出Whisker上限或下限的数值为异常点。Whisker上限值为$Q_3+1.5R$，Whisker下限值为$Q_1-1.5R$。

【例 2-4】 画出以下一组数据的箱线图，并求出最大值、最小值、内距、异常点。

14　6　3　2　4　15　11　8　−14　7　2　−8　3　4　10　28　25

解：

将数组排序：−14　−8　2　2　3　3　4　4　6　7　8　10　11　14　15　25　28

数组元素个数 $n=17$，最小值 min = −14，最大值 max = 28，中位数 median = 6。

第一四分位数 $Q_1=(2+3)/2=2.5$，第三四分位数 $Q_3=(11+14)/2=12.5$

内距：$R=Q_3-Q_1=10$

Whisker 下限：$Q_1-1.5R=2.5-15=-12.5$

Whisker 上限：$Q_3+1.5R=12.5+15=27.5$

外限下限：$Q_1-3R=2.5-30=-27.5$

外限上限：$Q_3+3R=12.5+30=42.5$

比较数组中数据与 Whisker 下限和上限的大小关系，得知异常值为−14 和 28。

本例的箱线图如图 2-4 所示。

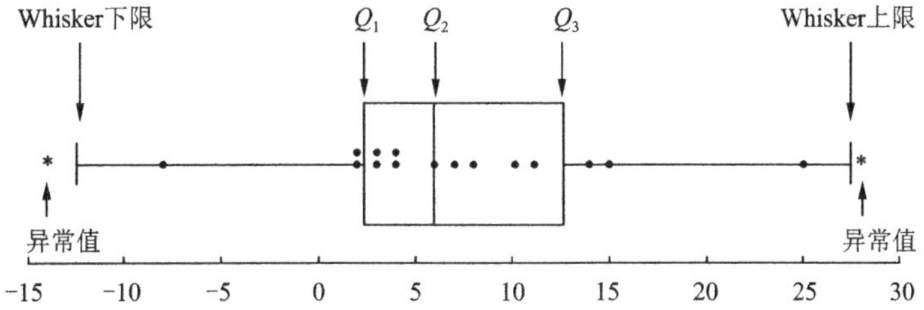

图 2-4　箱线图示例

在绘制箱线图时，还经常用到外限的概念。Whisker 上限值和 Whisker 下限值表示数据组的内限，而 Q_3+3R 和 Q_1-3R 两个值分别为外限上限和外限下限，即这两个点表示了数据组的外限。在内限与外限之间的异常值为温和的异常值（mild outliers），在外限以外的为极端的异常值（extreme outliers）。可以得知，上例中的异常值都是温和的异常值。

3. 噪声数据处理

噪声是测量变量的随机错误或偏差。常采用分箱、聚类、回归等数据平滑技术去除噪声、平滑数据。

1）分箱

分箱法通过考察数据周围的值来平滑存储数据的值。分箱方法有等宽（每组数据极差相同）、等频/等深（每组数据的个数相同）和聚类分箱法（组间距最大）。

在经过等宽法、等深法或聚类法进行统计分析后，可以采用几种不同的策略对分箱后的数据进行平滑，分别是箱均值平滑、箱中值平滑和箱边界平滑。其中箱均值平滑即每个箱中的每个属性值被替换为该箱中的平均值。箱中值平滑即每个箱中的每一个值被该箱中的中位数替代。箱边界平滑即给定箱中最大值和最小值，将其视为箱边界，箱中的每一个值都被替换成离它最近的边界值。

【例 2-5】 将例 2-2 中的数据先进行等深分箱，再分别利用箱均值平滑、箱中值平滑和箱边界平滑方法进行数据平滑。

解：等深法划分数据后，箱 1（2，4，5，7）；箱 2（8，9，12，15）；箱 3（16，20，28，38）。

箱均值平滑法：先计算每箱中的平均值分别为 4.5、11 和 25.5。平滑结果如下：箱 1（4.5，4.5，4.5，4.5）；箱 2（11，11，11，11）；箱 3（25.5，25.5，25.5，25.5）。

箱中值平滑法：计算每箱中的中值分别为 4.5、10.5 和 24。平滑结果如下：箱 1（4.5，4.5，4.5，4.5）；箱 2（10.5，10.5，10.5，10.5）；箱 3（24，24，24，24）。

箱边界平滑法：箱中的最大值和最小值被视为边界。箱中的每一个值被距其最近的边界值替换。平滑结果如下：箱 1（2，2，7，7）；箱 2（8，8，15，15）；箱 3（16，16，38，38）。

2）聚类

通过聚类分析可以发现数据中的异常值。相似或相邻近的数据聚合在一起形成各个聚类集合，而那些位于这些聚类集合之外的数据对象被认为是异常数据。聚类分析方法的具体内容将在本章后面详细介绍。

3）回归

可以利用拟合函数对数据进行平滑，例如，借助线性回归方法可以获得多个变量之间的拟合关系，从而达到利用一个（或一组）变量值来帮助预测另一个变量取值的目的。利用回归分析方法所获得的拟合函数，能够帮助平滑数据及除去其中的噪声。

4. 一致性分析

数据不一致是指数据的矛盾性、不相容性。直接对不一致的数据进行挖掘，可能会产生与实际规模或模式相违背的结果。

对于有些事务，所记录的数据可能存在不一致的情况。有些数据不一致可以利用它们与外部的关联，手工加以解决。例如，输入发生的数据录入错误一般可以与原稿进行对比来加以纠正。知识工程工具也可以帮助发现违反数据约束条件的情况。例如，知道属性间的函数依赖，可以查找违反函数依赖关系的值。

由于同一属性在不同数据库中的取名不规范，常常使得在进行数据集成时，导致不一致情况的发生。在进行数据集成时，当不同数据源的数据聚集在一起，会出现实体识别问题和属性冗余识别问题，需要将同名异义、异名同义这样的属性值进行修改。另外，增加数据库之间相互通信确认的次数，可以保证更严谨的一致性。

2.4.2 数据集成

数据挖掘需要的数据往往分布在不同的数据源中，来自多个数据源的现实世界实体的表达形式是不一样的，有可能不匹配。数据集成要把多种数据源合成一个统一的数据集合，以便为数据挖掘工作的顺利完成提供完整的数据基础。

在数据集成过程中，主要解决以下几个问题：

（1）模式集成问题。模式集成要考虑如何使来自多个数据源的现实世界的实体相互匹配，其中就涉及实体识别问题。例如，如何确定一个数据库中的 stu_id 与另一个数据库中的“student_number”表示同一个实体。由于数据库与数据仓库通常包含元数据，元数据即数据的数据，主要用于描述数据的属性。通常利用元数据信息的比对避免在模式集成时发生错误。

（2）冗余问题。冗余问题是数据集成中经常遇到的问题。若一个属性能从其他属性中推演出来，那这个属性就是冗余属性。例如，一张学生信息表中的平均成绩属性就是冗余属性，因为它可以从之前的各科成绩中推算出来。属性或维命名的不一致也可能导致数据集中的冗余。

有些冗余可以通过相关性分析技术检测到。通常，两个属性 A 和 B 的相关性大于 0，表明 A 和 B 是正相关的，而且相关性越大，意味着一个属性随另一个属性增加而增加，一个属性蕴含另一个属性的可能性越大。因此其中的一个属性可以作为冗余而被去掉。如果相关性等于 0，则 A 和 B 是独立的，它们之间不相关。如果相关性小于 0，则 A 和 B 是负相关的，即一个值随另一个值的减少而增加，这表明一个属性阻止另一个属性出现。当负相关性的绝对值较大时，也可以考虑属性的删减。

（3）数据值冲突检测与消除。对于现实世界的同一个实体，其在不同数据源中的属性值可能会不同。这主要是因为表示形式、单位差异以及编码差异造成的。例如，在成绩表中，有的成绩用优、良、中、及格、不及格表示，有的用 5 到 1 的分值表示；对于温度，有的用华氏度，有的用摄氏度；对数值表示，有的采用十进制，有的采用十六进制。这些表示或语义的差异为数据集成提出很多问题。通常可以采用人机配合检验法，借助编码转换方法和模式识别方法识别冲突值。

2.4.3　数据变换

数据变换是将数据进行转换或归并，从而构成一个适合数据处理的描述形式，以适用于挖掘任务及算法的需要。

数据变换主要包括函数变换、规范化、离散化和属性构造等方法。

1. 函数变换

简单的函数变换包括平方、开方、取对数、差分运算等，可以将不具有正态分布的数据变换成具有正态分布的数据。为了保留原始数据的特征，要求变换函数必须是单调的。

例如，采用开方乘十的方法处理竞赛成绩，将结果作为最终分数。分析时间序列时，通过差分运算将非平稳序列（包含趋势、季节性或周期性的序列）转换成平稳序列（基本上不存在趋势的序列），再构造序列模型。

2. 规范化

规范化就是将一个属性取值范围投射到一个特定的范围之内，以消除数值型属性因大小不一而造成挖掘结果的偏差。规范化处理通常用于神经网络、基于距离计算的数据与处理中。对于神经网络，采用规格化后的数据不仅有助于确保学习结果的正确性，而且也会提高学习的速度。对于基于距离计算的挖掘，规范化可以消除因属性取值范围不同而导致挖掘结果公正性较低的问题。

常用的规范化处理方法有：

① 最小最大规范化，是对原始数据的线性变换，将数值映射到［0,1］区间。转换公式为

$$x^{*}=\frac{x-x_{\min}}{x_{\max}-x_{\min}}$$

这种方法的优点是保留了原来数据中存在的关系，是消除量纲和数据取值范围影响的最简单方法，但这种处理方法的缺点是若数据集中或某个数值很大，则规范化后各值会接近0，并且会相差不多。

② 零-均值规范：又称标准差标准化，经过处理的数据的均值为0，标准差为1。公式为 $x^* = \frac{x-\bar{x}}{\sigma}$，这种方法是当前用得最多的数据标准化方法，常用于属性的最大值与最小值位置，或使用最大最小规范化方法出现异常数据的情况。但是零-均值规范中，均值和标准差受离群点的影响很大。

③小数定标规范：通过移动属性值的小数位数，将属性值映射到［-1,1］之间，移动的小数位取决于属性值绝对值的最大值。转换公式为

$$x^* = \frac{x}{10^k}$$

3. 离散化

有些数据挖掘算法，特别是某些分类算法（如朴素贝叶斯），要求数据是分类属性形式（类别型属性）这样常常需要将连续属性变换成分类属性，即进行离散化。另外，如果一个分类属性（或特征）具有大量不同值，或者某些值出现不频繁，则对于某些数据挖掘任务，可以通过合并某些值减少类别的数目。

与数据清洗中的分箱法和基于聚类的方法也是常用的离散化方法。

进行分箱之后，将在同一个组内的属性值作为统一标记。离散化的特征相对于连续性特征更容易理解，更接近知识层面的表达。

4. 属性构造

属性构造是由给定属性构造出新的属性，并加入现有的属性集合中以帮助挖掘更深层次的模式识别，提高挖掘结果的准确性。例如，可以根据高度和宽度属性，构造出面积属性。并添加到现有的属性集合中。通过数形结合可以帮助发现所遗漏的属性间的相互关系，这对于数据挖掘过程是十分重要的。

例如，为了判断是否有大用户存在窃漏电行为，可以构造一个新的指标——线损率，即

$$线损率=(供入电量-供出电量)/供入电量\times100\%$$

线损率的正常范围一般在3%~15%，如果远远超过该范围，就可以认为该条线路的大用户很可能存在窃漏电等用电异常行为。而设计线损率的过程就是构造属性。

2.4.4 数据规约

在大数据集上进行复杂的数据分析和挖掘，将需要很长的时间，这增加了数据挖掘的难度。数据规约可以产生更小的，但保持原数据完整性的新数据集，在规约后的数据集上进行分析和挖掘将更有效率。

在大数据集上进行复杂的数据分析和挖掘需要很长的时间，数据规约能产生更小但保持原数据完整性的新数据集。在规约后的数据集上进行分析和挖掘将更有效率。数据规约

的意义在于降低无效、错误数据对建模的影响，提高建模的准确性，挖掘出来的结果与使用原有数据集所获得的结果基本相同。少量且具有代表性的数据将大幅度缩减数据挖掘所需的时间，降低存储数据的成本。

数据规约的主要策略有以下几种：

1. 数据立方合计

数据立方合计主要用于构造数据立方。例如，目前已经收集的数据是连续三年、每个季度的销售额，如图 2-5 左侧所示。当数据挖掘需要年销售额时，就可以对原始数据进行再聚集，得到图 2-5 右侧部分的表格。此时，数据量小很多，而且不会丢失分析任务所需的信息。

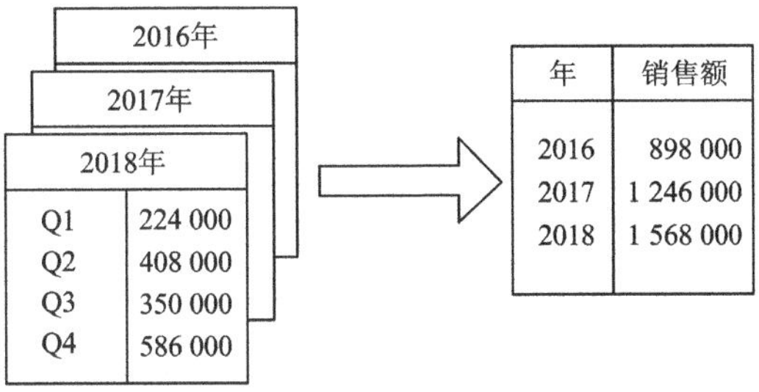

图 2-5　数据合计描述示意

如果公司主要销售四种商品，而且公司有四个分部构成。当需要对所有分部的每类商品年销售进行多维数据分析，就可以用数据立方合计表示，如图 2-6 所示。它从时间、公司分支以及商品类型三个维度描述相应时空的销售额，对应于一个小立方块。每个属性都可以对应一个概念层次数，以帮助进行多抽象层次的数据分析。图 2-6 中，最低层次所建立的数据立方称为基立方，而最高抽象层次的数据立方称为顶立方。顶立方代表整个公司三年、所有分支、所有类型商品的销售总额。显然，每个层次的数据立方都是对其低一层数的进一步抽象，因此它是一种有效的数据规约。

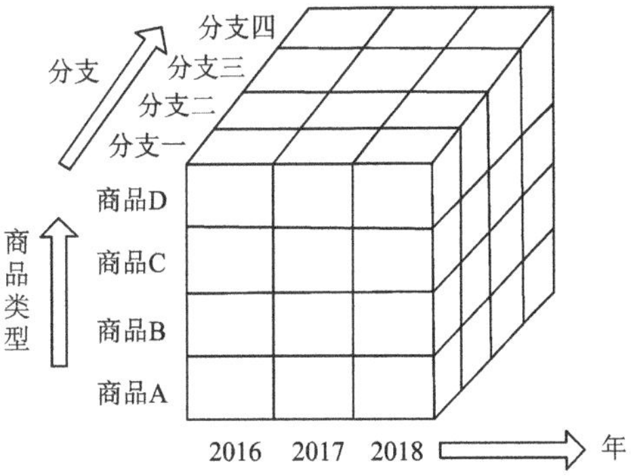

图 2-6　数据立方合计描述示意图

2. 维数消减

采集的源数据可能包含数以百计的属性，其中大部分属性挖掘任务不相关，是冗余属性。比如推荐任务是根据用户的历史观影数据，向用户推荐新电影，这个任务与用户的身高、住址等属性无关。即便领域专家可能找到其中的某些联系，但这会是一项困难的工作。留下不相关的属性会导致挖掘算法无所适从，从而影响挖掘模式的质量。另外，不相关或冗余属性的存在增加了数据量，会影响数据挖掘的进程。

数据规约包括属性规约和数值规约。其中，属性规约又称维规约，通过删除不相关的属性（维）减少数据量。属性规约的目标是找出最小属性集，使得数据类的概率分布尽可能接近原来使用所有属性的原分布。使用属性规约后，能够减少出现在发现模式上的属性数目，使得模式易于理解。

属性规约的主要方法有：属性合并、删除无用属性、主成分分析（principal component analysis，PCA）以及决策树方法等。其中主成分分析是数据规约的一种常用方法，用较少的变量去解释原始数据中的大部分变量，即将许多相关性很高的变量转化成彼此相互独立或不相关的变量。所以主成分分析的思想是降维，把多指标转化为少数几个综合指标。在实际问题研究中，为了全面、系统地分析问题，必须考虑众多影响因素（指标或变量）。因为每个变量都在不同程度上反映了所研究问题的某些信息，并且指标之间彼此有一定的相关性，因而所得的统计数据反映的信息在一定程度上有重叠。在用统计方法研究多变量问题时，变量太多会增加计算量和增加分析问题的复杂性，人们希望在进行定量分析的过程中，涉及的变量较少，得到的信息量较多。主成分分析的主要方法有特征值分解、SVD（奇异值分解）等。

数值规约通过选择替代的、较少的数据来减少数据量，包括有参数方法和无参数方法。有参数方法是通过一个模型来评估数据，只需要模型参数，不需要存放实际数据，如回归模型。无参数方法需要存放实际数据。常见的无参数方法有直方图、聚类和抽样等。直方图法是利用分箱方法对数据分布情况进行近似，它是一种常用的数据规约方法。聚类是对数据进行分析，使其组成不同的类别。聚类的特点是同一类中的对象彼此相似而不同类中的对象彼此不相似。采样是指利用一小部分子集来代表一个大数据集，从而消减数据。

2.5 机器学习

机器学习是人工智能的一个子集。机器学习的主要目标就是利用数学模型来理解数据，发现数据中的规律，用作数据分析和预测。

机器学习算法是从数据中自动分析和获取规则并使用规则预测未知数据的方法。在机器学习中，算法会不断进行训练，从大型数据集中发现模式和相关性，然后根据数据分析结果做出最佳决策和预测。机器学习技术的应用无处不在，比如，人们的家居生活、购物、娱乐媒体以及医疗保健等。

2.5.1 机器学习概念

在信息化时代，人工智能、机器学习和深度学习这些概念逐渐渗透人们生活的各个角落，被人们所了解和使用，如手机等智能设备中的语音助手，就是人工智能应用于生活的典型代表。人工智能、机器学习以及深度学习三者并非相互独立的概念，而是从大到小的包含关系，通俗来讲，是一个“同心圆”，如图 2-7 所示。

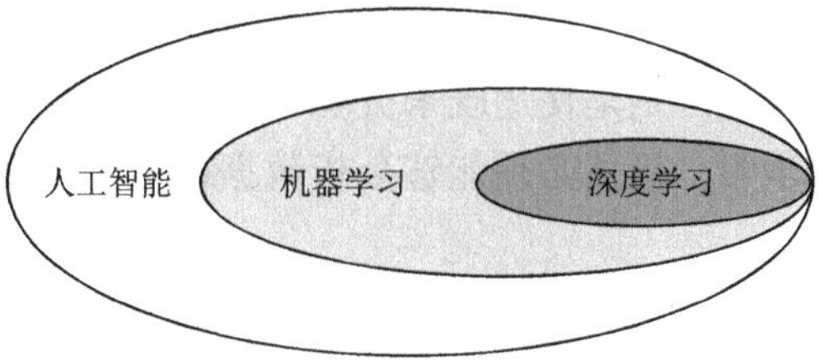

图 2-7　人工智能、机器学习、深度学习的关系

人工智能（artificial intelligence，AI）的概念在 1956 年夏天的达特茅斯会议上被首次提出，其长远目标是希望最终使机器实现类人智能。目前的科研工作主要集中在弱人工智能领域，如人脸识别、文本审查等。弱人工智能只能专注于某一个领域，某些方面能够展现出和人相似甚至更高的能力。而要想实现强人工智能，使它能像人类一样有感情地、批判性地去思考，仍然需要一段时间。

实现人工智能的途径就是让计算机不断地学习，也就是喂给它大量的数据，让它从数据中积累经验，逐渐形成认知，而这个过程就是机器学习。机器学习是实现人工智能的一种方法，也是人工智能的重要分支。它通过数据分析获得数据规律，并将这些规律应用于预测或判定其他未知数据。机器学习的核心是计算机利用已获取的数据得出某一模型，然后利用此模型进行预测的一种方法，这个过程与人的学习过程有些类似，比如人获取一定的经验，可以对新问题进行预测。现在，机器学习已经广泛应用于数据挖掘、自然语言处理、语音识别等，尤其是在搜索引擎领域。

而深度学习和机器学习的不同之处在于每个算法如何学习。深度学习可以自动执行过程中的大部分特征提取，消除某些必需的人工干预，并能够使用更大的数据集，神经网络则是深度学习的一个子领域。深度即层数，通常将 8 层以上的神经网络模型称为深度学习。2006 年，加拿大多伦多大学教授 Geoffrey Hinton 对传统的神经网络算法进行了优化，在此基础上提出了 Deep Neural Network 的概念，即深度神经网络，可大致理解为包含多个隐含层的神经网络结构，由此推动了深度学习的发展。深度学习解决了很多使用传统机器学习算法无法解决的“智能”问题，例如，在图片识别、语义理解和语音识别等方面，深度学习的效果优异。

机器学习的分类有监督学习、无监督学习、半监督学习和强化学习。

1. 监督学习

监督学习就是训练机器学习模型的训练样本数据有对应的目标值，通过对数据样本因子和已知的结果建立联系，提取特征值和映射关系，通过从过去的数据中学习已知的结果，并将学习结果应用到当前的数据中，不断地学习和训练，对新的数据进行结果的预测。

监督学习通常用于分类和回归。比如手机识别垃圾短信、电子邮箱识别垃圾邮件，都是通过对一些历史短信、历史邮件做垃圾分类的标记，对这些带有标记的数据进行模型训练，然后在获取到新的短信或是新的邮件时，进行模型匹配，来识别此邮件是或不是垃圾邮件，这就是监督学习下分类的预测。

在监督学习中，算法是由已经标记并具有预定义输出的数据集进行训练的。监督机器学习的例子包括线性和逻辑回归、多类别分类和支持向量机等。

2. 无监督学习

无监督学习与监督学习的区别是使用既未分类也未被标记的数据。这意味着无法提供训练数据，机器只能自行学习。机器必须能够分析数据内在的规律，而无须事先提供任何有关数据的信息。

无监督学习方法能够发现信息的相似性和差异，因此是探索性数据分析、交叉销售策略、客户细分、图像和模式识别的理想解决方案。该方法还通过主要成分分析和奇异值分解等方法进行降维，减少模型中特征的数量。在无监督学习中使用的算法包括神经网络、k-均值聚类、概率聚类方法等。

无监督学习的一个例子是对客户进行聚类分析。比如通过客户的消费指标，如消费次数、最近消费时间、消费金额等，来对客户进行聚类，判别哪些是重要价值客户，哪些是重要发展客户，哪些是重要挽留客户。

3. 半监督学习

半监督学习是监督学习和无监督学习相互结合的一种学习方法，通过半监督学习的方法可以实现分类、回归、聚类的结合使用。

半监督分类是在无类标签样例的帮助下训练有类标签的样本，获得比只用有类标签的样本训练得到更优的分类；半监督回归是在无输出的输入的帮助下训练有输出的输入，获得比只用有输出的输入训练得到的回归器性能更好的回归；半监督聚类是在有类标签的样本的信息帮助下获得比只用无类标签的样例得到的结果更好的簇，提高聚类方法的精度；半监督降维是在有类标签的样本的信息帮助下找到高维输入数据的低维结构，同时保持原始高维数据和成对约束的结构不变。

4. 强化学习

强化学习是指系统与外界环境不断进行交互，得到环境的反馈信息并调整自己的策略，最终完成特定的目标或者使得某个行为利益最大化。它主要是针对流程中不断需要推理的场景，比如无人汽车驾驶。著名的 AlphaGo 也是基于强化学习训练而成的。

2.5.2 分类

分类和预测是两种数据分析的形式，主要用于提取描述重要数据类的模型或预测未来的数据趋势。分类和预测的区别是，分类是预测数据或记录的分类标号或从属的某个离散值。例如，判断一个银行客户是不是新业务推广的潜在客户。而预测是建立连续值函数模型，预测给定自变量所对应的因变量的值。例如，预测银行客户在未来两年内在理财产品上的投入、预测下一年的房价走势等。下面介绍数据分类和数据预测的常用算法。

分类是一种重要的数据挖掘技术，其目的是根据数据集的特点构造一个分类函数或分类模型（又称分类器），该模型能把未知类别的样本映射到给定的类别当中。简单地说，分类就是按照某种标准给对象贴标签。例如，常用的贝叶斯分类在进行分类时需要将数据集分为两部分，一部分是训练集，用于机器训练，通过归纳分析训练样本集，来建立分类模型，得到分类规则；另一部分是测试集，利用测试集评估分类规则的准确率，如果准确率是可以接受的，则使用该模型对未知类标号的待测样本集进行分类或预测。

分类被广泛应用到现实生活中，譬如判断邮件是不是垃圾邮件、判断客户的信用等级等。客观分类如性别、民族、学历、血型等，主观分类如好人、坏人。按照类别数目可以分为二类问题或多类问题，比如国内新闻/国外新闻属于二类分类问题，而提供政治/经济/军事/科技/娱乐/体育等类别的新闻分类属于多类分类问题。按照每个对象可能归属的类别数目，可以分成单标签分类和多标签分类。例如，一个人只能是老/中/青/少/幼类别中的一个，属于单标签分类。一件衣服同时归属于棉质/秋装/男装/运动装四个类别，则属于多标签分类。

常见的分类方法有朴素贝叶斯、决策树分类、k-近邻分类、人工神经网络以及支持向量机等，下面主要介绍前三种方法。

1. 朴素贝叶斯分类

朴素贝叶斯分类方法是基于贝叶斯定理和条件独立假设的一种分类方法。它的工作原理是：计算给定的待分类项被分给各个类别的条件概率（后验概率），并将该待分类项指派给概率最大的候选分类。

贝叶斯定理是关于随机事件 A 和 B 的条件概率的一则定理。贝叶斯定理的公式为

$$P(B \mid A)=\frac{P(A \mid B)P(B)}{P(A)} \tag{2-4}$$

式中，$P(A)$和$P(B)$分别表示事件 A 和事件 B 发生的概率，称为先验概率；$P(B \mid A)$是在 A 发生的情况下 B 发生的概率，称为条件概率。贝叶斯定理就是在已知 $P(A \mid B)$、$P(A)$和 $P(B)$的情况下求得后验概率 $P(B \mid A)$。

条件独立假设是指当待分类项包含多个属性时，一个属性值对给定类的影响独立于其他属性的值，在这种假定下的分类称为朴素贝叶斯。朴素贝叶斯分类的主要定义如下：设 $x=\{x_1,x_2,\cdots,x_m\}$为一个待分类项，每个 x_i 为 x 的一个属性。候选类别集合为 $C=\{y_1,y_2,\cdots,y_n\}$。计算 $P(y_1 \mid x),P(y_2 \mid x),\cdots,P(y_n \mid x)$。如果 $P(y_k \mid x)=\max\{P(y_1 \mid x),P(y_2 \mid x),\cdots,P(y_n \mid x)\}$，则 $x \in y_k$。

计算朴素贝叶斯分类的步骤如下：

（1）找到一个已知分类的待分类项集合，即训练样本集。

（2）统计得到在各类别下各特征属性的条件概率估计。

（3）如果各特征属性是条件独立的，则贝叶斯定理公式为

$$P(y_i \mid x)=\frac{P(x \mid y_i)P(y_i)}{P(x)} \tag{2-5}$$

根据 $P(y_i \mid x)$的取值判断样本 x 所属的类别。因为该公式的分母对于所有类别为常数，所以只需考虑比较分子的大小，就能判定样本 x 的分类。当样本 x 包含 m 个属性时，即 $x=\{x_1,x_2,\cdots,x_m\}$，有

$$P(x \mid y_i)=P(x_1 \mid y_i)P(x_2 \mid y_i)\cdots P(x_m \mid y_i) \tag{2-6}$$

【例 2-6】 有表 2-5 所示的数据库，数据库描述了客户的属性，包括年龄、收入、是否为学生和信用等级。按照客户是否购买计算机将其分成“是”和“否”两类。假定有一条新的客户记录要添加到数据库中，但并不知道这个客户是否会购买计算机。为此，可以构

造和使用分类模型，对该客户进行分类。该客户记录为 $x=\{30$ 岁以下，中等收入，学生，信用等级一般$\}$，用朴素贝叶斯分类方法判断该客户是否购买计算机？

表 2-5 分类样本

编号	年龄	收入	学生	信用等级	购买计算机
1	≤30	高	否	一般	否
2	≤30	高	否	良好	否
3	[31,40]	高	否	一般	是
4	>40	中等	否	一般	是
5	>40	低	是	一般	是
6	>40	低	是	良好	否
7	[31,40]	低	是	良好	是
8	≤30	中等	否	一般	否
9	≤30	低	是	一般	是
10	>40	中等	是	一般	是
11	≤30	中等	是	良好	是
12	[31,40]	中等	是	良好	是
13	[31,40]	高	是	一般	是
14	>40	中等	否	良好	否

解：

使用朴素贝叶斯分类。$x=\{x_1,x_2,x_3,x_4\}=\{30$ 岁以下，中等收入，学生，信用等级一般$\}$，$C=\{y_1,y_2\}=\{$是，否$\}$，其中是/否分别表示买/不买计算机。

首先计算 $P(y_1|x)$ 即 x 样本的购买属性为“是”的概率。由于

$$P(y_i|x)=\frac{P(x|y_i)P(y_i)}{P(x)}$$

$$P(y_1|x)=\frac{P(x|y_1)P(y_1)}{P(x)}=\frac{P(x_1|y_1)P(x_2|y_1)P(x_3|y_1)P(x_4|y_1)P(y_1)}{P(x)}$$

$$=\frac{\frac{2}{9}\times\frac{4}{9}\times\frac{6}{9}\times\frac{6}{9}\times\frac{9}{14}}{P(x)}=\frac{0.028}{P(x)}$$

同理，求得 $P(y_2|x)=\frac{0.007}{P(x)}$。

由于 $P(y_1|x)>P(y_2|x)$，所以，样本 x 购买属性应为“是”。

2. 决策树分类

决策树分类的基本原理是采用概率论原理，用决策点代表决策问题，用方案分支代表可供选择的方案，用概率分支代表方案可能出现的各种结果，经过对各种方案在各种结果条件下损益值的计算比较，为决策者提供决策依据。

譬如银行判断是否通过一个客户的贷款申请，主要根据图 2-8 所示的策略。

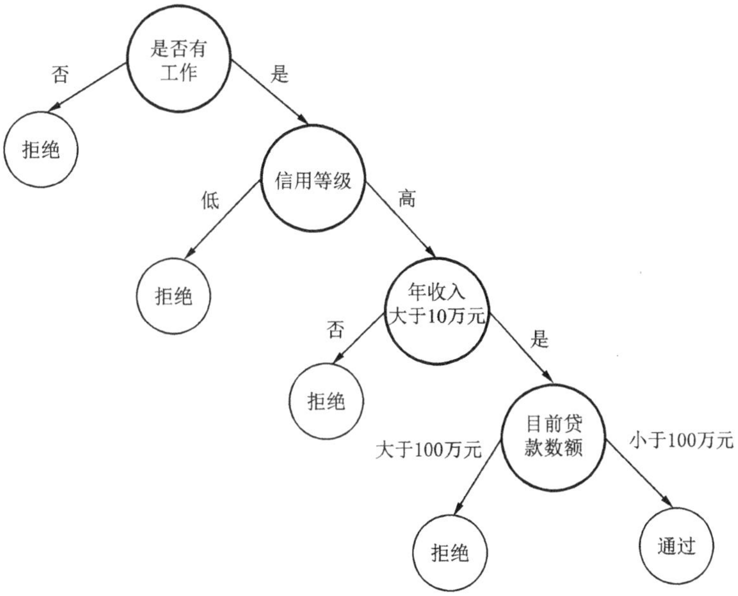

图 2-8　决策树过程

如图 2-8 所示，粗框节点表示判断条件，细框节点表示决策结果。可以将图 2-8 看作一棵决策树，通过工作、信用、年收入和贷款历史情况，将用户申请结果分类为拒绝和通过。其中第一个粗框节点称为根节点，即例图中“是否有工作”。其他粗框节点称为子节点。细框节点称为叶子节点，如图中“拒绝”和“通过”。

信息熵可以被用于度量样本集合的有序程序，即集合的纯度。样本越有序，纯度越高，信息熵越低。信息增益就是信息熵的差值。决策树分类中选择分类节点的原则是，利用节点对样本进行分类后，要使分类前后产生的信息增益最大。以根节点为例，希望根节点产生的分支节点所包含的样本集合尽可能属于同一类别，即保证分类的高纯度。最大信息增益的选择标准又称最大降熵，它可以最大限度地消除分类的不确定性。

决策树有很多算法，最典型的是 ID3 算法和 C4. 5 算法，下面介绍 ID3 算法生成决策树的过程。

设 D 为训练元组，在 D 样本集合中有 m 个类别，则样本集合 D 固有的信息熵为

$$\inf(D) = -\sum_{i=1}^{m} p_i \log_2 p_i \tag{2-7}$$

p_i 表示第 i 个类别在整个样本集合中出现的概率，可以用此类别样本的数量除以 D 中总的样本数量得到 p_i。

如果将样本集合 D 按其中的一个特征 A 进行划分，则特征 A 对 D 进行划分后，产生的子集的信息熵为

$$\inf_A(D) = \sum_{j=1}^{v} \left(\frac{|D_j|}{D} \inf(D_j) \right) \tag{2-8}$$

式中，v 为划分的子集数量，该数量与特征 A 的属性值数目一致。$\frac{|D_j|}{D}$中的分母表示样本

集合的总样本数量。分子表示根据特征 A 划分子集后，每个子集的样本数量。$\inf(D_j)$ 为每个子集的信息熵。

信息增益即为两者的差值：

$$\text{gain}_A(D)=\inf(D)-\inf_A(D) \tag{2-9}$$

ID3 算法就是在每次需要分裂时，计算每个特征的增益率，然后选择增益率最大的特征进行分裂。

【例 2-7】 表 2-6 中是根据 SNS 社区中不真实账号检测的例子，描述如何使用 ID3 算法构造决策树。表中给出 10 条训练集记录，其中 s、m 和 l 分别表示小（small）、中（medium）和大（large）。

表 2-6　分类样本

日志密度	好友密度	是否使用真实头像	账号是否真实
s	s	no	no
s	l	yes	yes
l	m	yes	yes
m	m	yes	yes
l	m	yes	yes
m	l	no	yes
m	s	no	no
l	m	no	yes
m	s	no	yes
s	s	yes	no

解： 设 L、F、H 和 R 分别表示日志密度、好友密度、是否使用真实头像和账号是否真实这四个特征，下面计算分别利用各特征对样本进行划分后产生的信息增益。

以日志密度的信息增益 $\text{gain}(L)$ 为例，即

$$\inf(D)=-\sum_{i=1}^{m}p_i\log_2 p_i=-(0.7\times\log_2 0.7+0.3\times\log_2 0.3)=0.879$$

0.7 和 0.3 分别表示"账号是否真实"属性为 yes 和 no 的概率。

$$\inf_L(D)=\sum_{j=1}^{v}\left(\frac{|D_j|}{D}\inf(D_j)\right)=0.3\times\left(0-\frac{3}{3}\log_2\frac{3}{3}\right)+$$
$$0.4\times\left(-\frac{1}{4}\log_2\frac{1}{4}-\frac{3}{4}\log_2\frac{3}{4}\right)+0.3\times\left(-\frac{1}{3}\log_2\frac{1}{3}-\frac{2}{3}\log_2\frac{2}{3}\right)=0.603^{①}$$

以第二项为例，0.4 是日志密度为 m 的记录比例，$\frac{1}{4}$是日志密度为 m 的记录中"账号是否真实"属性为 no 的概率。$\frac{3}{4}$是日志密度为 m 的记录中"账号是否真实"属性为 yes 的概率。

① 在计算信息熵时，如果某个事件的概率 $p=0$，通常规定信息熵 $p\log_2 p=0$。

$$\text{gain}_L(D)=0.879-0.603=0.276$$

同理，获得 $\text{gain}_H(D)=0.033$、$\text{gain}_F(D)=0.553$。比较得知，特征 F 具有最大的信息增益，所以第一次分裂选择 F 为分裂特征。分裂后的结果如图 2-9 所示。

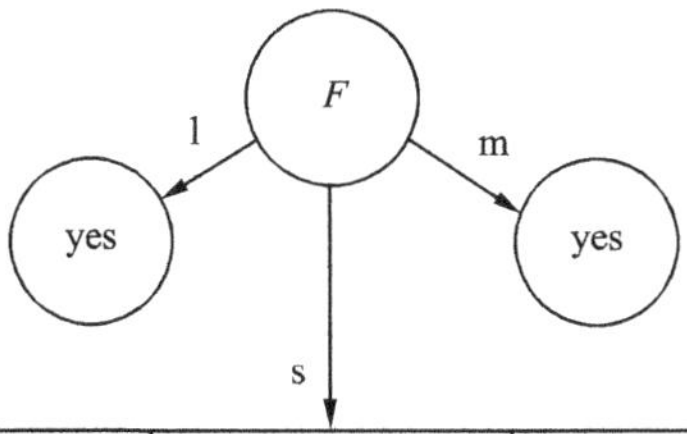

日志密度	是否使用真实头像	账号是否真实
s	no	no
m	no	no
m	no	yes
s	yes	no

图 2-9　第一次分裂后的结果示意图

在图 2-9 的基础上，递归使用上述方法计算子节点的分类属性，最终就可以得到整个决策树。

另外，在实际构造决策树时，通常要进行剪枝，这是为了处理由于数据中的噪声和离群点导致的过拟合问题。剪枝有两种：

- 先剪枝——在构造过程中，当某个节点满足剪枝条件，则直接停止此分支的构造。
- 后剪枝——先构造完成完整的决策树，再通过某些条件遍历树进行剪枝。

3. *k*-近邻（*k*-nearest neighbor，kNN）算法

kNN 算法是通过测量不同特征值之间的距离进行分类。它的思路是：当给定一个新的样本时，首先在训练集中寻找距离新样本最邻近的 k 个样本，如果这 k 个样本多数属于某个类，则将新样本归类为该类。其中 k 通常是不大于 20 的整数。kNN 算法中，所选择的邻居都是已经被正确分类的对象。

衡量两个样本之间相似度的方法是距离。距离包括多种，如绝对距离、欧式距离、曼哈顿距离、明式距离、切式距离等。其中以欧氏距离和曼哈顿距离最为常用。

下面通过一个简单的例子说明 kNN 算法的分类思想。图 2-10 中间的圆点属于哪个类？是三角形还是正方形？如果 $k=3$，则距离新样本最近的 3 个样本中有 2 个是三角形，即三角形所占比例为 2/3，圆点将被赋予三角形类。如果 $k=5$，由于正方形比例为 3/5，因此圆点被赋予正方形类。由此也说明了 kNN 算法的结果很大程度取决于 k 的选择。

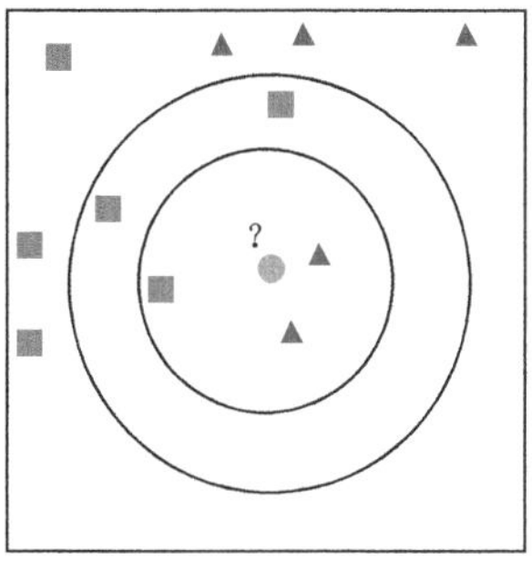

图 2-10　分类样本示意图

kNN 算法通过计算对象间距离来作为各个对象之间的非相似性指标，避免了对象之间的匹配问题。同时，kNN 依据 k 个对象中占优的类别进行决策，而不是根据单一的对象进行类别决策。采用这种方法可以较好地避免样本的不平衡问题。另外，由于 kNN 方法主要是

靠周围有限的邻近样本，而不是靠判别类域的方法确定所属类别，因此，对于类域的交叉或重叠较多的待分样本集来说，kNN 方法较其他方法更为合适。

kNN 方法的不足之处是计算量较大，因为对每个待分类的样本，都要计算其到全体已知样本的距离才能求得它的 k 个最邻近点。针对该不足，主要有以下两类改进方法：

- 对于计算量大的问题目前常用的解决方法是事先对已知样本点进行剪除，事先去除对分类作用不大的样本。
- 对样本进行组织与整理，分群分层，尽可能将计算压缩在接近测试样本领域的小范围内，避免盲目地与训练样本集中的每个样本进行距离计算。

kNN 算法的适应性强，尤其适用于样本容量较大的自动分类问题，而那些样本容量较小的分类问题采用这种方法会容易出现误分。

分类算法的评估方法：评价必须基于测试数据进行，而且该测试数据是与训练数据完全隔离的，即两者样本之间无交集。评价分类算法性能的主要指标有正确率、召回率、F1 值、分类精确率等。

2.5.3 预测

分类是判断一个新样本属于哪个已知类别，需要得到一个类别标签。如果需要预测一个连续的值，而不是一个分类标签，则可以使用回归技术进行建模，得到预测值。

常用的预测方法是线性回归模型。线性回归是确定两种或两种以上变量间相互依赖的定量关系的一种统计分析方法。回归分析按照涉及的变量多少，分为一元回归和多元回归分析；按照因变量的多少，可分为简单回归分析和多重回归分析；按照自变量和因变量之间的关系类型，可分为线性回归分析和非线性回归分析。如果在回归分析中，只包括一个自变量和一个因变量，且二者的关系可用一条直线近似表示，这种回归分析称为一元线性回归分析。如果回归分析中包括两个或两个以上的自变量，且自变量之间存在线性相关，则称为多重线性回归分析。

1. 一元线性回归分析与预测

一元线性回归是最为简单和基本的回归分析，分析一个因变量与一个自变量之间的线性关系的预测方法。一般通过测定相关系数，了解两组数据之间存在的依存关系。通过拟合回归直线，描述这两组数据之间的数量变化关系。所以，一元线性回归分析中，最重要的是求出直线的斜率和截距，从而得出回归直线方程：$y=a+bx$，其中，a 和 b 为回归系数。通常用最小平方法求解回归系数。给定 s 个样本或者 s 个数据点为(x_1,y_1)，(x_2,y_2)，(x_3,y_3)，$\cdots$，(x_s,y_s)，则回归系数计算公式为

$$b=\frac{\sum_{i=1}^{s}(x_i-\bar{x})(y_i-\bar{y})}{\sum_{i=1}^{s}(x_i-\bar{x})^2} \tag{2-10}$$

$$a=\bar{y}-b\bar{x} \tag{2-11}$$

式中，$\bar{x}$ 和 $\bar{y}$ 分别为变量 x 和 y 的样本均值。

【例 2-8】 给出一组年薪数据，如表 2-7 所示。其中 x 表示大学毕业后工作的年数，而 y 表示对应的收入。预测毕业后工作的第十个年头对应的收入是多少。

解： 利用公式计算，可得 $b=3.5375$，$a=23.21$。所以，$y=a+bx=23.21+3.5375x$。当 $x=10$ 时，$y=58.585$。得到的一元线性回归图如图 2-11 所示。

表 2-7　年薪样本数据

x	y
3	30
6	43
8	57
11	59
9	64
21	90
13	72
1	20
3	36
16	83

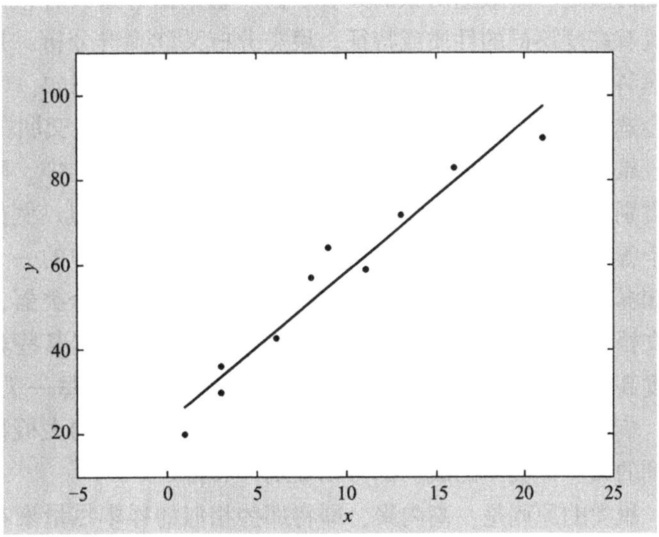

图 2-11　一元线性回归

通常，在得到回归参数的基础上，需要进行一元线性回归的统计检验，主要包括回归参数的拟合度检验和显著性检验。拟合度检验是对回归结果总体拟合程度的检验，拟合度越高，说明回归方程所描述的自变量和因变量之间的关系和实际情况越符合。变量的显著性检验是指在得到回归方程后，对方程各个自变量的系数在一定置信度范围内进行 T 检验，如果检验结果是在置信度范围内，则认为该系数可信，能够用来描述这一自变量和因变量的关系，反之则为不显著。

2. 多元线性回归

在回归分析中，如果有两个或两个以上的自变量，就称为多元回归。事实上，一种现象常常是与多个因素相联系的，由多个自变量的最优组合共同来预测或估计因变量，比只用一个自变量进行预测或估计更有效，更符合实际。因此多元线性回归比一元线性回归的实用意义更大。

以二元线性回归模型为例，二元线性回归模型如下：

$$y_i=b_0+b_1x_1+b_2x_2+u_i \tag{2-12}$$

通常使用最小二乘法进行参数估计。另外，有时需要对不呈现线性依赖的数据进行预测建模，即给定的响应变量和预测变量之间的关系可以用多项式函数表示。这时候可以在基本线性模型上添加多项式项，利用多项式回归建模，通过对变量进行变换，将非线性模型转换成线性的，再用最小平方法求解。

2.5.4 聚类

1. 聚类的概念

将物理或抽象对象的集合分成由相似对象组成的多个类的过程被称为聚类。由聚类所生成的簇是一组数据对象的集合。同一组数据对象具有相似的性质或特征，不同组数据对象具有高度不同的性质或特征。聚类分析又称集群分析，是一种重要的数据挖掘技术。在自然科学和社会科学中，存在着大量的聚类问题。例如，“物以类聚，人以群分。”通常人们会选择与其具有同等价值观或者同样兴趣爱好的人交朋友，形成不同的朋友圈。

聚类和分类的最终目的都是将新样本归到某个类中。两者的主要区别是：分类是用已知类别的样本训练集来设计分类器，属于有监督学习。例如，将成绩设为优、良、中、差四个等级。每个同学的成绩可以直接归到四个等级中的一个，这就是分类。而聚类是事先不知样本的类别，需要利用样本的先验知识来构造分类器，属于无监督学习。例如，对一些文档进行分类，但事先不知道划分标准，只是根据某些算法判断文档之间的相似性，相似度高的就放在一起，这就是聚类。完成聚类前，每一类的特点是不可知的。完成聚类后，借助经验来分析聚类结果，才能知道每个聚类的大概特点。在很多应用中，聚类分析得到的每一个类中的成员都可以被统一看待。

聚类的原则是：高内聚，即将那些相似的样本尽量聚在同一个类中；低耦合，即将相异的样本尽可能分散到不同的类中。描述两个样本之间相似程度的指标通常有距离、夹角余弦等。常用的距离公式是绝对距离和欧式距离。

聚类的用途很广泛。例如，在商业上可以帮助市场分析人员从消费者数据库中区分出不同的消费群体，并概括出每一类消费者的消费模式或习惯。在生物学中，可以用聚类辅助研究动植物的分类，可以用来分类具有相似功能的基因，还可以用来发现人群中一些潜在的模式或者结构等。聚类还经常用来从万维网上分类不同类型的文档。另外，聚类分析也可以用于数据挖掘算法的预处理。

聚类分析的算法大致可以分为分层法、分裂法、基于密度的方法、基于网格的方法和基于模型的方法等。下面主要介绍分层法中的系统聚类法和分类法中的 k-均值聚类法。这两种算法分别是聚类类别未知和聚类类别已知的聚类算法代表。

2. 系统聚类法

系统聚类法有最短距离法和最长距离法。系统聚类法将样本按照距离准则逐步分类，类别由多到少，最终可以聚为一类。根据分类要求确定最终的分类数目。

以最短距离法为例，介绍系统聚类法的步骤如下：

（1）构造 n 个类，每个类中只包含一个样品。

（2）计算 n 个样品两两间的距离 $\{d_{ij}\}$，记作 $\boldsymbol{D}_0=\{d_{ij}\}$。

（3）合并距离最近的两类为一个新类。

（4）计算新类与当前各类的距离。若类个数为 1，转到步骤（5），否则，回到步骤（3）。

（5）画聚类图。

（6）决定类的个数和类。

计算样本距离的常用公式有：

- 绝对距离：$d(\boldsymbol{x},\boldsymbol{y})=\sum_{k=1}^{p}|x_{ik}-x_{jk}|$。
- 欧氏距离：$d(\boldsymbol{x},\boldsymbol{y})=\sqrt{\sum_{k=1}^{p}(x_{ik}-x_{jk})^2}$。
- 明氏距离：$d(\boldsymbol{x},\boldsymbol{y})=\sqrt[q]{\sum_{k=1}^{p}(x_{ik}-x_{jk})^q}$。
- 切氏距离：$d(\boldsymbol{x},\boldsymbol{y})=\max\limits_{i\leqslant k\leqslant p}|x_{ik}-x_{jk}|$。
- 兰氏距离（Lance、Williams）：$d(\boldsymbol{x},\boldsymbol{y})=\sum_{i=1}^{n}\frac{|x_i-y_i|}{|x_i+y_i|}$。
- 马氏距离：$d^2(\boldsymbol{x},\boldsymbol{y})=(\boldsymbol{x}_i-\boldsymbol{x}_j)^{\mathrm{T}}V^{-1}(\boldsymbol{x}_i-\boldsymbol{x}_j)$，其中，$V=\frac{1}{m-1}\sum_{i=1}^{m}(\boldsymbol{x}_i-\bar{\boldsymbol{x}}_i)(\boldsymbol{x}_i-\bar{\boldsymbol{x}}_i)^{\mathrm{T}}$，

$\bar{\boldsymbol{x}}_i=\frac{1}{m}\sum_{i=1}^{m}\boldsymbol{x}_i$。

【例 2-9】 表 2-8 是 1991 年 5 省份城镇居民月人均消费数据。

表 2-8　聚类样本

	X_1	X_2	X_3	X_4	X_5	X_6	X_7	X_8
辽宁	7.90	39.77	8.49	12.94	19.27	11.05	2.04	13.29
浙江	7.68	50.37	11.35	13.30	19.25	14.59	2.75	14.87
河南	9.42	27.93	8.20	8.14	16.17	9.42	1.55	9.76
甘肃	9.16	27.98	9.01	9.32	15.99	9.10	1.82	11.35
青海	10.06	28.64	10.52	10.05	16.18	8.39	1.96	10.81

其中，X_1 表示粮食支出，X_2 表示副食支出，X_3 表示烟酒茶支出，X_4 表示其他副食支出，X_5 表示服装支出，X_6 表示日用品支出，X_7 表示燃料支出，X_8 表示非商品支出。

用系统聚类的方法对表 2-8 进行聚类分析。给出聚类的全过程。

解： 构造 5 个类（$n=5$），即每一个省份是一个单独的类。$G_1=\{1\}$，$G_2=\{2\}$，$G_3=\{3\}$，$G_4=\{4\}$，$G_5=\{5\}$。1，2，3，4，5 表示的省份见表 2-9。

计算 n 个样品两两间的距离 $\{d_{ij}\}$，记作 $\boldsymbol{D}_0=\{d_{ij}\}$。其中 $\boldsymbol{D}_0$ 的值见表 2-9。

表 2-9　距离矩阵 $\boldsymbol{D}_0$

	1	2	3	4	5
辽宁　1	0				
浙江　2	11.67	0			
河南　3	13.80	24.63	0		
甘肃　4	13.12	24.06	2.20	0	
青海　5	12.80	23.54	3.51	2.21	0

辽宁和浙江的距离计算公式为

$$d_{21}=\sqrt{(7.90-7.68)^2+(39.77-50.37)^2+\cdots+(13.29-14.87)^2}$$
$$=11.67$$

同样，可以获得其他省份之间的距离。

然后合并最近的两类为一个新类。在 $\boldsymbol{D}_0$ 距离矩阵中找最小值为 2.20，所以将河南 G_3 和甘肃 G_4 合并为一个新类，用 G_6 代替，$G_6=\{3,4\}$。在距离矩阵 $\boldsymbol{D}_0$ 中消去 3、4 所对应的行和列，添加上由 $\{3,4\}$ 构成的新类 G_6。计算 G_6 与 G_1、G_2、G_5 之间的距离。$D(6,j)=\min\{D(3,i),D(4,i)\}$，$i=1,2,5$。计算得：

$$d_{61}=\min\{d_{31},d_{41}\}=\min\{13.80,13.12\}=13.12$$

$$d_{62}=\min\{d_{32},d_{42}\}=\min\{24.63,24.06\}=24.06$$

$$d_{65}=\min\{d_{35},d_{45}\}=\min\{3.51,2.21\}=2.21$$

得到表 2-10 所示的距离矩阵 $\boldsymbol{D}_1$。

表 2-10　距离矩阵 $\boldsymbol{D}_1$

	G_6	G_1	G_2	G_5
$G_6=\{3,4\}$	0			
G_1	13.12	0		
G_2	24.06	11.67	0	
G_5	2.21	12.80	23.54	0

由于聚类个数不为 1，重复类的合并步骤，在距离矩阵 $\boldsymbol{D}_1$ 中找到最小值 2.21，因此合并类 G_6 和 G_5 得到新类 $G_7=\{6,5\}=\{3,4,5\}$，再利用 $D(7,j)=\min\{D(5,i),D(6,i)\}$，$i=1,2$。计算得：

$$d_{7,1}=\min\{d_{51},d_{61}\}=\min\{12.80,13.12\}=12.80$$

$$d_{7,2}=\min\{d_{52},d_{62}\}=\min\{23.54\ 24.06\}=23.54$$

得到表 2-11 所示的新的距离矩阵 $\boldsymbol{D}_2$。

表 2-11　距离矩阵 $\boldsymbol{D}_2$

	G_7	G_1	G_2
$G_7=\{3,4,5\}$	0		
G_1	12.80	0	
G_2	23.54	11.67	0

由于聚类个数不为 1，重复类的合并步骤，在距离矩阵 $\boldsymbol{D}_2$ 中找到最小值 11.67，因此合并类 G_1 和 G_2 得到新类 $G_8=\{1,2\}$。这样，只有两个不同的类 G_7 和 G_8，这两个类别的距离为

$$d_{78}=\min\{d_{71},d_{72}\}=\{12.80,\ 23.54\}=12.80$$

得到新的距离矩阵 $\boldsymbol{D}_3$，见表 2-12。

表 2-12　距离矩阵 $\boldsymbol{D}_3$

	G_7	G_8
$G_7=\{3,4,5\}$	0	
$G_8=\{1,2\}$	12.80	0

将 G_7 和 G_8 合并成一个类，这样得到一个包含所有样本的类别 $G_9=\{1,2,3,4,5\}$。根据以上类间合并的距离绘制谱系聚类如图 2-12 所示。

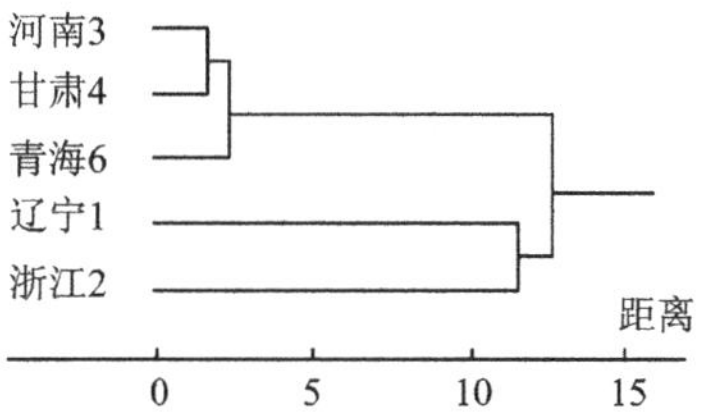

图 2-12　距离聚类结果

从这张谱系图可以看出，如果距离阈值取大于 12.80，小于 15，则所有省份为一类。如果阈值为 2.21 到 12.80 之间，那么当前聚类为两个类，G_1 和 G_2 是一类，其他省份是一类。所以可以根据实际需要确定距离阈值，再决定类的个数和类别。

3. *k*-均值聚类法

k-均值是聚类算法中最常用的一种，该算法最大的特点是简单，容易理解，运算速度快，但是只能应用于连续型的数据，并且一定要在聚类前指定要分成几类。

k-均值算法的基本思想是使聚类性能指标最小化，所用的聚类准则函数是聚类集中每一个样本点到该类中心的距离平方之和，并使其最小化。*k*-均值聚类过程简单描述如下：

（1）输入 k 的值，即希望将数据集经过聚类得到 k 个分组。

（2）从数据集中随机选择 k 个数据点作为初始质心，质心是指各个类别的中心位置。

（3）对集合中每一个数据点，计算其与每个质心的距离。数据点离哪个质心近，就跟这个质心属于同一组。

（4）使用每个聚类的样本均值作为新的质心，该质心可能是实际存在的点，也可能是一个不存在的数据点，即虚拟质心。

（5）如果每个聚类中原质心和新质心之间的距离小于某个设置的阈值，表示质心的位置变化不大，聚类趋于稳定，或者说收敛。认为聚类效果已经达到期望的结果，算法终止。

（6）如果每个聚类中原质心和新质心的差距很大，需要迭代步骤（3）~（5），直至质心不发生变化，或者质心的变化小于阈值。

下面通过一个例子介绍下 *k*-均值算法的聚类过程。

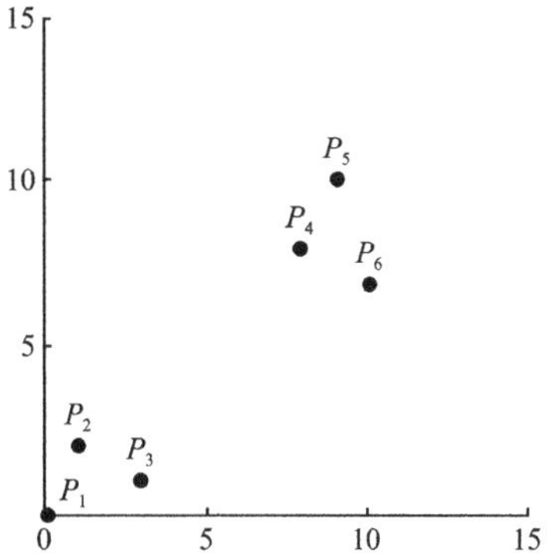

图 2-13　待聚类样本

【例 2-10】　图 2-13 中有六个点，各点的坐标见表 2-13，请用 *k*-均值方法将六个点聚为两类。

表 2-13　样本点坐标

	X	Y
P_1	0	0
P_2	1	2
P_3	3	1
P_4	8	8
P_5	9	10
P_6	10	7

解：

（1）随机选择初始质心 $P_A=P_1$，$P_B=P_2$。

（2）计算其余每个点到 P_A 和 P_B 的距离，结果见表 2-14。

表 2-14　初始聚类距离表

	P_A	P_B
P_3	3.16	2.24
P_4	11.3	9.22
P_5	13.5	11.3
P_6	12.2	10.3

考虑每个点到 P_A 和 P_B 距离的最小值，得到第一次聚类分组的结果：

组 A：P_1

组 B：P_2、P_3、P_4、P_5、P_6

（3）计算分组的新质心。A 组质心还是 A，$P_A'=P_A$。B 组的新质心为五个点的坐标均值，计算可得点的坐标 $P_B'=((1+3+8+9+10)/5,(2+1+8+10+7)/5)=(6.2,5.6)$。

（4）再次计算各个数据点分别到 P_A' 和 P_B' 的距离，计算结果见表 2-15。

表 2-15　第二次聚类距离表

	P_A'	P_B'
P_2	2.24	6.33
P_3	3.16	5.60
P_4	11.3	3
P_5	13.5	5.22
P_6	12.2	4.05

考虑每个点到 P_A' 和 P_B' 距离的最小值，得到第二次聚类分组的结果为：

组 A：P_1、P_2、P_3

组 B：P_4、P_5、P_6

（5）计算分组的新质心。A 组的质心 $P_A''=(1.33,1)$。B 组的质心为 $P_B''=(9,8.33)$。

（6）第三次计算各点到质心的距离，结果见表 2-16。

表 2-16　第三次聚类距离表

	P_A''	P_B''
P_1	1.4	12
P_2	0.6	10
P_3	1.4	9.5
P_4	47	1.1
P_5	70	1.7
P_6	56	1.7

根据表 2-16 距离进行第三次聚类分组，结果为：

组 A：P_1、P_2、P_3

组 B：P_4、P_5、P_6

通过比较，发现这次聚类分组的结果和第二次没有任何变化了，说明已经收敛，聚类结束。

在使用 k-均值算法时需要注意几个问题：①k 值的确定方法主要取决于经验和实验，通常的做法是多试几个 k 值，看哪种聚类结果更好解释，更符合分析的目的。或者通过计算聚类结果的和方差等指标，取使和方差最小的 k 值。②初始的 k 个质心通常是随机选择的。有的优化方法选择彼此距离最远的点，即先选第一个点，然后选离第一个点最远的点当第二个点，然后选到第一、第二两点的距离之和最小的点作为第三个点，依此类推。还有的方法利用初步聚类的结果，从每个分类中选择一个点作为质心。③判断每个点与质心之间的距离通常用欧几里得距离和余弦相似度。欧几里得距离是两点之间的真实距离。余弦相似度用向量空间中两个向量夹角的余弦值来衡量两个个体间差异的大小。相比距离度量，余弦相似度更加注重两个向量在方向上的差异，而非距离或长度上的差异。

2.5.5　关联规则

关联规则挖掘方法旨在发现大量数据中项集与项集之间存在的有趣的关联或相关关系。从大量商务事务记录中发现有趣的关联关系，可以应用于顾客购物分析、目录设计、商品广告邮寄分类、追加销售、仓储规划、网络故障分析等。关联规则的数据挖掘在商业等领域中的广泛应用，使它成为数据挖掘中最成熟、最主要的研究内容之一。

关联规则挖掘的典型例子是购物篮分析。该过程通过发现顾客放入其购物篮中不同商品之间的联系，分析顾客的购买习惯。通过分析哪些商品频繁地被顾客同时购买，得到商品之间的关联，这种关联可以应用于市场规划、广告策划、分类分析等。例如，通过购物篮分析，得知如果顾客购买了面包，那他购买果酱的可能性很大。这种结果可以帮助经理设计不同的商店布局。如果采取将两者放在一起的策略，可能有助于增加二者的销售；如果将两者放在距离较远的位置，可以刺激顾客在选择这两种商品的途中购买其他商品。

1. 关联规则挖掘的基本概念

将任务相关的数据 D 称为事务数据。事务数据项的集合为 $I=\{i_1,i_2,\cdots,i_m\}$，每个事务 T 是 I 中某些项的集合，$T\subseteq I$。每一个事务都有一个标识符，称为 TID。包含 k 个项的集合称为 k-项集。例如，在购物篮分析中，$I=\{i_1,i_2,\cdots,i_m\}$ 表示所有购物篮中包含 m 种商品，TID 为 001 的事务 $001=\{i_1,i_4,i_7,i_{12}\}$，表示该事务中包含 4 个项集，即 4 项集（该购物篮有 4 种商品）。D 包含从 TID 为 001 到 100 之间事务集合，表明待分析的事务共 100 项。

设有 A 和 B 两个事务，$A\subset I$，$B\subset I$，且 $A\cap B=\varnothing$，关联规则是形如 $A\rightarrow B$ 的蕴含式。规则 $A\rightarrow B$ 在事务集 D 中成立，具有支持度 s。s 是 D 中包含 $A\cup B$（即 A 和 B 的并集）的百分比，记为 $\text{support\_count}(A\rightarrow B)=P(A\cup B)$。

规则 $A\rightarrow B$ 在事务集 D 中成立，具有置信度 c。c 是 D 中包含事务 A 同时也包含事务 B 的百分比，记为 $\text{confidence}(A\rightarrow B)$。

$$\text{confidence}(A\rightarrow B)=P(B\mid A)=\frac{\text{support\_count}(A\cup B)}{\text{support\_count}(A)} \tag{2-13}$$

例如，有 10 000 个顾客购买了商品。其中，购买尿布的有 1 000 人，购买啤酒的有

3 000人，同时购买尿布和啤酒的有 600 人。

$$\{尿布，啤酒\}\ 的支持度 = 600/10\ 000 = 0.06$$

$$（尿布 \rightarrow 啤酒）\ 的置信度 = 600/1\ 000 = 0.6$$

$$（啤酒 \rightarrow 尿布）\ 的置信度 = 600/3\ 000 = 0.2$$

{尿布，啤酒} 的支持度与 {啤酒，尿布} 的支持度相等。（尿布→啤酒）的置信度与（啤酒→尿布）的置信度不相等。

包含项集的事务数简称项集的频率、项集的支持计数或计数。如果项集满足最小支持度 min_sup，则称它为频繁项集，频繁 k-项集的集合通常记作 L_k。最小置信度的阈值记为 min_conf。同时满足最小支持度和最小置信度阈值的规则称为强关联规则。例如，上例中 {尿布} 的频数为 1 000，{啤酒} 的频数为 3 000。如果最小支持度 min_sup 为 2 000，则 {尿布} 为频繁项集，记作 $L_{3\ 000}$。如果 min_conf 为 55%，则（尿布→啤酒）是强关联规则。

关联规则的挖掘步骤主要有两步，第一步是找出所有的频繁项集，根据频繁项集的定义，这些找到的项集出现的频繁性不小于最小支持度计数。第二步是由频繁项集产生强关联规则。根据强关联规则和频繁项集定义，找到的规则必须满足最小支持度和最小置信度。

2. Apriori 算法

关联算法是数据挖掘中的一类重要算法。1993 年，R. Agrawal 等人首次提出了挖掘顾客交易数据中项目集间的关联规则问题，其核心是基于两阶段频繁集思想的递推算法。基于该规则的典型算法是 Apriori 算法。

Apriori 算法将发现关联规则的过程分为两个步骤：第一步通过迭代检索出事务数据库中的所有频繁项集，即支持度不低于用户设定的阈值的项集；第二步利用频繁项集构造出满足用户最小信任度的规则。其中，挖掘或识别出所有频繁项集是该算法的核心，占整个计算量的大部分。

Apriori 算法的具体步骤为：首先将所有的 1 项集视为候选 1 项集 C_1，对每个候选 1 项集进行支持度计数，找出频繁 1 项集，记为 L_1；然后利用 L_1 产生候选 2 项集 C_2，对 C2 中的项进行判定，挖掘出 L_2，即频繁 2 项集；不断循环，直到无法发现更多的频繁 k 项集为止。每挖掘一层 L_k 就需要扫描一遍整个数据库。

Apriori 算法的主要性质为：任一频繁项集的所有非空子集必须也是频繁的。也就是说，生成一个 k 项集的候选项时，如果这个候选项中的一些子集不在频繁（k-1）项集中，那么就不需要对这个候选项进行支持度判断，可以直接删除这个 k 项集的候选项。具体而言，Apriori 算法性质体现在连接和剪枝两个操作步骤中：

（1）连接：通过将 L_{k-1}（所有的频繁 k-1 项集的集合）与自身连接产生候选 k 项集的集合。

（2）剪枝：如果某个候选的非空子集不是频繁的，那么该候选肯定不是频繁的，从而可以将其从 C_k 中删除。

【例 2-11】 AllElectrionics 事务数据库中有 9 个事务，每个事务包含的项集见表 2-17。设最小支持度计数为 2，置信度 70%，挖掘该数据库中的关联规则。表 2-17 中的 I_1、I_2、I_3、I_4 和 I_5 分别代表不同的物品，TID 是指事务数据库中的事务编号，每个编号代表一次购买行为，如一个购物小票。

解：

应用 Apriori 算法进行关联规则挖掘的步骤如下：

(1) 从事务数据库中找出候选 1 项集 C_1，统计 1 项集的支持度计数，见表 2-18。再选出支持度计数大于 2 的 1 项集构成频繁-项集 L_1，得到表 2-19。由于 C_1 中每个项集的支持度计数均大于或等于 2，所以每个项集都是频繁-项集，即 C_1 和 L_1 相同。

表 2-17　AllElectronics 事务数据库

TID	项　集
T100	I_1,I_2,I_5
T200	I_2,I_4
T300	I_2,I_3
T400	I_1,I_2,I_4
T500	I_1,I_3
T600	I_2,I_3
T700	I_1,I_3
T800	I_1,I_2,I_3,I_5
T900	I_1,I_2,I_3

表 2-18　C_1

项　集	支持度计数
$\{I_1\}$	6
$\{I_2\}$	7
$\{I_3\}$	6
$\{I_4\}$	2
$\{I_5\}$	2

表 2-19　L_1

项　集	支持度计数
$\{I_1\}$	6
$\{I_2\}$	7
$\{I_3\}$	6
$\{I_4\}$	2
$\{I_5\}$	2

(2)对 L_1 进行自身连接,即对所有频繁 1 项集进行组合,构成候选 2 项集 C_2,统计 2 项集的支持度计数,得到表 2-20。选出支持度大于或等于 2 的项集构成频繁 2 项集 L_2,见表 2-21。

表 2-20　C_2

项　集	支持度计数
$\{I_1,I_2\}$	4
$\{I_1,I_3\}$	4
$\{I_1,I_4\}$	1
$\{I_1,I_5\}$	2
$\{I_2,I_3\}$	4
$\{I_2,I_4\}$	2
$\{I_2,I_5\}$	2
$\{I_3,I_4\}$	0
$\{I_3,I_5\}$	1
$\{I_4,I_5\}$	0

表 2-21　L_2

项　集	支持度计数
$\{I_1,I_2\}$	4
$\{I_1,I_3\}$	4
$\{I_1,I_5\}$	2
$\{I_2,I_3\}$	4
$\{I_2,I_4\}$	2
$\{I_2,I_5\}$	2

(3) 对 L_2 进行自身连接，构成候选 3 项集 C_3。在连接时同时可以完成剪枝。例如，由于$\{I_1,I_2\}$、$\{I_1,I_3\}$和$\{I_2,I_3\}$都是频繁 2 项集，所以$\{I_1,I_2,I_3\}$是候选 3 项集。虽然$\{I_2,I_3\}$和$\{I_2,I_4\}$是频繁 2 项集，但是$\{I_3,I_4\}$不是频繁 2 项集，所以，$\{I_2,I_3,I_4\}$不是候选 3 项集。统计 3 项集的支持度计数，得到表 2-22。选出支持度大于或等于 2 的项集构成频繁 3 项集 L_3，见表 2-23。

表 2-22 C_3

项　集	支持度计数
$\{I_1,I_2,I_3\}$	2
$\{I_1,I_2,I_5\}$	2

表 2-23 L_3

项　集	支持度计数
$\{I_1,I_2,I_3\}$	2
$\{I_1,I_2,I_5\}$	2

(4) 对 L_3 进行自连接，由于$\{I_1,I_3,I_5\}$、$\{I_2,I_3,I_5\}$不是频繁 3 项集，所以不能够由 L_3 产生候选 4 项集。所以满足最小支持度 2 的频繁项集有两个，即$\{I_1,I_2,I_3\}$和$\{I_1,I_2,I_5\}$。算法的连接和剪枝步骤结束。

(5) 计算频繁项集的置信度，产生强关联规则。频繁项集$\{I_1,I_2,I_3\}$的非空子集有$\{I_1\}$，$\{I_2\}$，$\{I_3\}$，$\{I_1,I_2\}$，$\{I_1,I_3\}$，$\{I_2,I_3\}$，即可产生 6 条规则。根据置信度公式计算各个规则的置信度如下：

$$I_1 \wedge I_2 \rightarrow I_3 \qquad \text{confidence} = 2/4 = 50\%$$
$$I_1 \wedge I_3 \rightarrow I_2 \qquad \text{confidence} = 2/4 = 50\%$$
$$I_2 \wedge I_3 \rightarrow I_1 \qquad \text{confidence} = 2/4 = 50\%$$
$$I_1 \rightarrow I_2 \wedge I_3 \qquad \text{confidence} = 2/6 = 33\%$$
$$I_2 \rightarrow I_1 \wedge I_3 \qquad \text{confidence} = 2/7 = 29\%$$
$$I_3 \rightarrow I_1 \wedge I_2 \qquad \text{confidence} = 2/6 = 33\%$$

上述规则的置信度均小于给定的置信度阈值 70%，所以没有强关联规则。

频繁项集$\{I_1,I_2,I_5\}$的非空子集有 $\{I_1\}$，$\{I_2\}$，$\{I_5\}$，$\{I_1,I_2\}$，$\{I_1,I_5\}$，$\{I_2,I_5\}$，即可产生 6 条规则。根据置信度公式计算各个规则的置信度如下：

$$I_1 \wedge I_2 \rightarrow I_5 \qquad \text{confidence} = 2/4 = 50\%$$
$$I_1 \wedge I_5 \rightarrow I_2 \qquad \text{confidence} = 2/2 = 100\%$$
$$I_2 \wedge I_5 \rightarrow I_1 \qquad \text{confidence} = 2/2 = 100\%$$
$$I_1 \rightarrow I_2 \wedge I_5 \qquad \text{confidence} = 2/6 = 33\%$$
$$I_2 \rightarrow I_1 \wedge I_5 \qquad \text{confidence} = 2/7 = 29\%$$
$$I_5 \rightarrow I_1 \wedge I_2 \qquad \text{confidence} = 2/2 = 100\%$$

上述规则的置信度均有三个超过给定的置信度阈值 70%。所以强关联规则为：

$I_1 \wedge I_5 \rightarrow I_2$，$I_2 \wedge I_5 \rightarrow I_1$，$I_5 \rightarrow I_1 \wedge I_2$。

2.6　深度学习

深度学习（deep learning，DL）是机器学习领域中一个新的研究方向，它的概念源于人工神经网络的研究，用于训练计算机以受人脑启发的方式处理数据。深度学习模型常用于识别图片、文本、声音和其他数据中的复杂模式，从而生成准确的见解和预测。

深度学习应用的一个领域是自然语言处理，其中包括语言翻译、自动摘要、共指解析、语篇分析、形态分割、命名实体识别、自然语言生成、自然语言理解、词性标记、情感分析和语音识别。深度学习的另一个主要领域是图像分类，其中包括具有定位、对象检测、对象分割、图像样式转换、图像着色、图像重建、图像超分辨率和图像合成的图像分类。下面介绍人工神经网络和深度学习的几个模型。

2.6.1　人工神经网络

2006 年 Geoffrey Hinton 提出深度学习的概念，但深度学习的核心还是人工神经网络算法，所以下面先介绍人工神经网络。

人工神经网络（artificial neural network，ANN）是一个仿生学概念。人类发现神经元之间通过相互协作可以完成信息的处理和传递，于是提出了人工神经网络的概念，用于进行信息处理。人工神经网络是模拟人脑结构、复现人脑思考规律、以制造和人相似的智慧为目标的算法。

大脑的生物神经网络由大约 1 000 亿个神经元组成，这是大脑的基本处理单元，神经元结构如图 2-14 所示。在人类进行学习或思考时，电信号会在神经元上传入、传出，并逐渐被大脑所理解。神经元通过彼此之间巨大的连接（称为突触）来执行其功能。人工神经网络的核心成分即人工神经元。

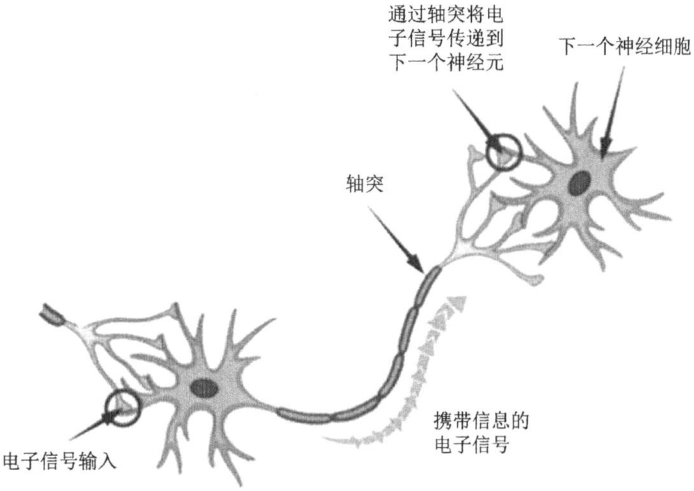

图 2-14　人类神经元

图 2-15 所示为人工神经元的简单模型。将每个神经元用圆来表示，用线来模拟“轴突”，数据就是电信号，从神经元左侧输入数据，让神经元处理数据，并从右侧输出预测结果。

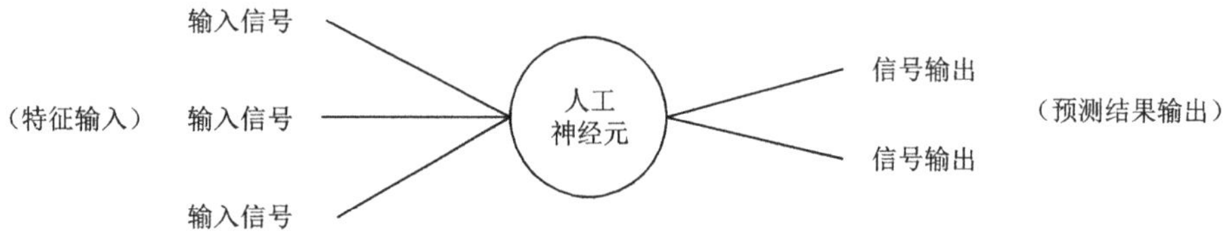

图 2-15　人工神经元

1943 年，心理学家 McCulloch 和数学家 Pitts 参考了生物神经元的结构，发表了抽象的神经元模型 MP（McCulloch-Pitts model），他们将神经元模型抽象为一个包含输入、输出与计算功能的模型。所以，人工神经网络是一种运算模型，由大量的节点（又称神经元）之间相互连接构成。每个节点代表一种特定的输出函数，称为激活函数（activation function）。每两个节点间的连接都代表一个对于通过该连接信号的加权值，称为权重，这相当于人工神经网络的记忆。

图 2-16 所示为典型的神经元模型，它包含 3 个输入，1 个输出，以及 2 个计算功能。中间的箭头线称为连接，每个线上有一个表示该连接重要性的权值。将神经元图中的所有变量用符号表示，得到输出的计算公式，即

$$z=g(a_1w_1+a_2w_2+a_3w_3) \tag{2-14}$$

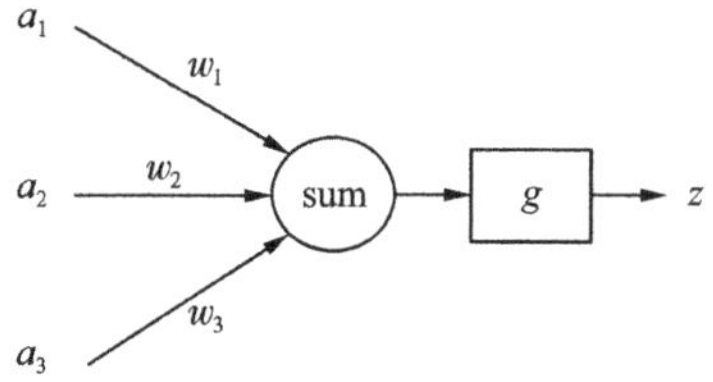

图 2-16　神经元模型

z 是在输入和权值的线性加权和叠加了一个函数 g 的值。在 MP 模型中，函数 g 是 sgn 函数，也就是符号函数。当输入大于 0 时，这个函数输出 1，否则输出 0。

该图中的神经元模型可以这样理解：一个样本数据有四个属性，其中三个属性 a_1、a_2、a_3 已知，一个属性 z 未知。其中，已知的属性称为特征，未知的属性称为目标。假设特征与目标之间确实是线性关系，并且已经得到表示这个关系的权值 w_1、w_2、w_3。那么，就可以通过神经元模型预测新样本的目标。一个神经网络的训练算法就是让权重的值调整到最佳，以使得整个网络的预测效果最好。

图 2-16 中的符号函数是一种激活函数。激活函数是一种非线性变换，它对输入信息进行非线性变换，然后将变换后的输出信息作为输入信息传给下一层神经元。单层感知机只能表示线性空间，不能线性划分。激活函数是连接感知机和神经网络的桥梁。如果没有激活函数，每一层输出都是上层输入的线性函数，无论神经网络有多少层，输出都是输入的线性组合。而激活函数给神经元引入了非线性因素，使得神经网络可以任意逼近任何非线性函数，这样神经网络就可以应用到众多的非线性模型中。激活函数也可以看作滤波器，接收外界各种各样的信号，通过调整函数，输出期望值。

激活函数除了符号函数外，还有很多其他函数，如阈值函数、sigmoid 函数、双曲正切函数、ReLU 及其变体等。人工神经网络通常采用四类激活函数，即阈值函数、sigmoid 函

数、tanh 函数、和 ReLU 函数。

1. 单极性阈值函数

单极性阈值函数又称阶跃函数，阶跃函数的输出只有 0 和 1 两种数值，当激活函数的输入小于 0 时输出 0，代表类别 0；当输入大于或等于 0 时输出 1，代表类别 1。阶跃函数在输入为 0 处是不连续的，其他位置导数为 0，无法利用梯度下降算法进行参数优化。单极性阈值函数示意图如图 2-17 所示，单极性阈值函数的公式如下：

$$\mathrm{sgn}(x)=\begin{cases}1, & x\geqslant 0\\ 0, & x<0\end{cases} \tag{2-15}$$

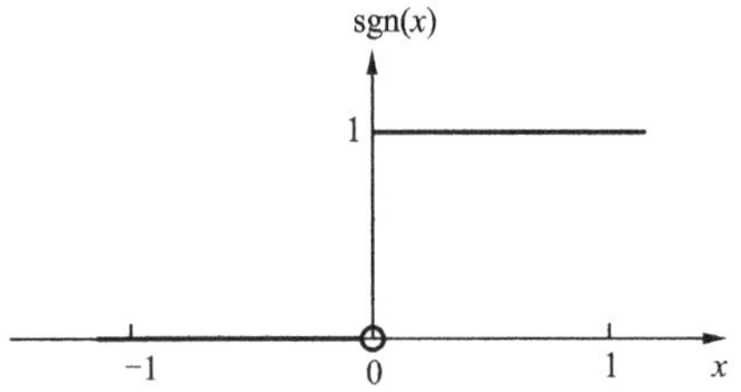

图 2-17　阈值函数

2. sigmoid 函数

sigmoid 函数是一个 S 形函数，当自变量 z 趋近正无穷时，因变量 $g(z)$ 趋近于 1，而当 z 趋近负无穷时，$g(z)$ 趋近于 0，因此它能够将任何实数映射到（0,1）区间，使其可用于将任意值函数转换为更适合二分类的函数，如图 2-18 所示。sigmoid 函数的公式如下：

$$\mathrm{sigmoid}(x)=\frac{1}{1+\mathrm{e}^{-x}} \tag{2-16}$$

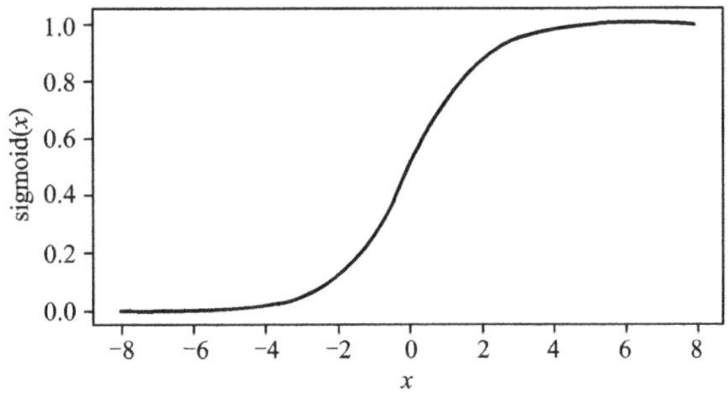

图 2-18　sigmoid 函数

阈值函数和 sigmoid 函数都可以完成二分类的任务。在神经网络的二分类中，sigmoid 函数是较为常用的激活函数。sigmoid 函数的缺点是会造成梯度消失，而且 sigmoid 函数的中心不是 0。sigmoid 函数的优点是输出的值介于 0 与 1 之间，可以视为概率值。

3. tanh 函数

tanh 函数和 sigmoid 函数类似，也是使用指数进行非线性变换，其公式如下：

$$\tanh(x)=\frac{\mathrm{e}^{x}-\mathrm{e}^{-x}}{\mathrm{e}^{x}+\mathrm{e}^{-x}} \tag{2-17}$$

tanh 函数的定义域是（$-\infty,+\infty$），值域是（$-1,1$）。图 2-19 所示为 tanh 函数的图像。

tanh 函数的优点在于其值域在（$-1,1$）之间，是以 0 为中心的。但是 tanh 函数和 sigmoid函数一样，也有梯度消失的情况。

4. ReLU 函数

为了解决 sigmoid 函数梯度消失的问题，引入了 ReLU 函数，ReLU 是一个分段函数，其公式如下：

$$\mathrm{ReLU}(x)=\begin{cases}x, & x\geqslant 0\\ 0, & x<0\end{cases} \tag{2-18}$$

ReLU 激活函数的定义域是（$-\infty,+\infty$），值域是（$0,+\infty$）。图 2-20 所示为 ReLU 函数的图像。

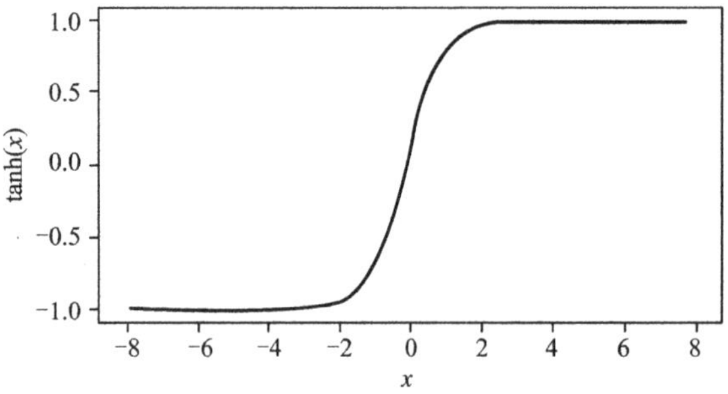

图 2-19　tanh 函数

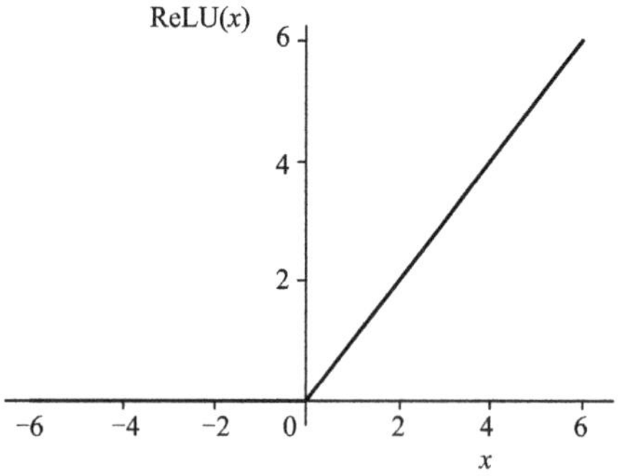

图 2-20　ReLU 函数

ReLU 函数的优点是解决了梯度消失、爆炸等问题。而且 ReLU 函数只有线性关系，不需要指数计算，不管在前向传播还是反向传播，计算速度都比 sigmoid 和 tanh 快。

ReLU 函数的缺点是它的输出不是“零中心”；而且随着训练的进行，可能会出现神经元死亡，权重无法更新的情况。

2.6.2　单层神经网络

1958 年，计算科学家 Rosenblatt 提出了由两层神经元组成的神经网络，并将其命名为感知器（perceptron）。感知器即在原来 MP 模型的输入位置添加神经元节点，标志其为输入单元，其余不变，图 2-21 是单层神经网络的示意图。

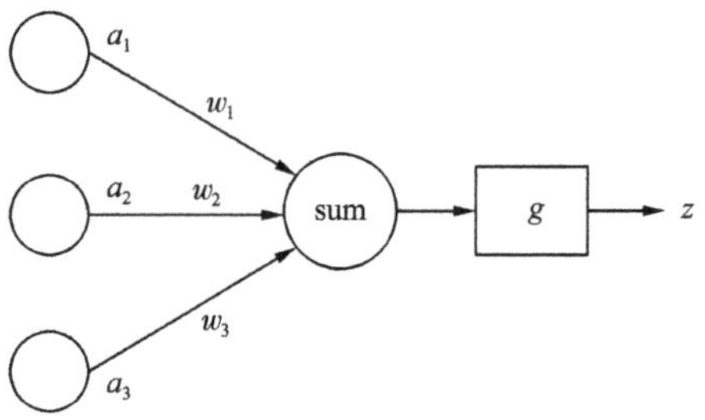

图 2-21　单层神经网络

在神经网络中，竖着排列在一起的一组神经元视为一层网络，在感知器中，有两个层次：分别是输入层和输出层。在所有神经网络中，输入层永远只有一层，且每个神经元上只能承载一个特征或一个常量。输出层由大于或等于一个神经元组成，输出层用于获取预测结果。输入层的输入单元只负责传输数据，不做计算；输出层中的输出单元则需要对前面一层的输入进行计算。从图 2-21 来看，线性回归的网络结构有两层，但被称为单层神经网络。其原因是在描述神经网络的层数时不考虑输入层。所以，把输入层之后只有一层的神经网络称为单层神经网络。

单层神经网络分为回归单层神经网络、二分类单层神经网络和多分类单层神经网络。

1. 回归单层神经网络

多元线性回归指的是一个样本有多个特征的线性回归问题。对于一个有 n 个特征的样本而言，它的回归结果可以写为

$$\hat{z}_i = b + w_1 x_{i1} + w_2 x_{i2} + \cdots + w_n x_{in} \tag{2-19}$$

式中，w 和 b 是模型的参数，其中 b 称为截距（intercept），又称偏差（bias），$w_1 \sim w_n$ 称为回归系数（regression coefficient），又称权重（weight）。

假设数据只有两个特征，则线性回归方程为

$$\hat{z} = b + x_1 w_1 + x_2 w_2 \tag{2-20}$$

此时，只要对模型输入特征 x_1、x_2 的取值，就可以得出对应的预测值 $\hat{z}$。使用一个神经网络来表达线性回归的过程，如图 2-22 所示。

因为二元线性回归只有两个特征，所以输入层上只需要三个神经元，包括两个特征和一个常量，其中这里的常量仅用来乘以偏差。对于没有偏差的线性回归来说，可以不设置常量 1。在线性回归中，输出层的功能为“加和”，当把加和替换成其他功能时，就能够形成各种不同的神经网络。

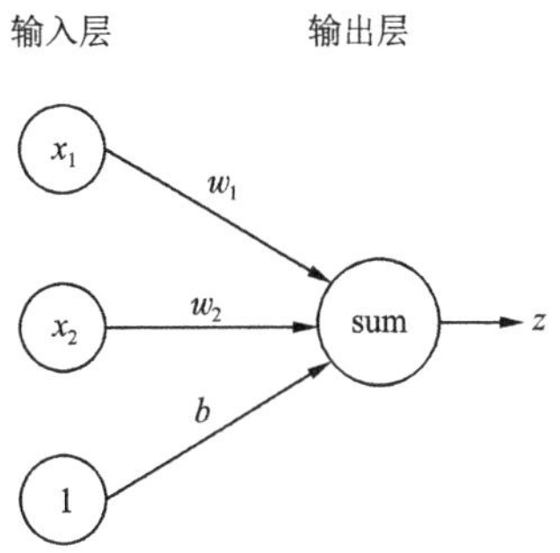

图 2-22　回归单层神经网络

在神经元之间相互连接的线表示了数据流动的方向，神经元之间连接线上的权重也代表了信息可通过的强度。例如，当 w_1 为 0.5 时，在特征 x_1 上的信息就只有 0.5 能够传递到下一层神经元中，因为被输入到下层神经元中去进行计算的实际值是 $0.5x_1$。

【例 2-12】　使用简单的代码实现回归神经网络。以表 2-24 所示的数据为例。

表 2-24　第三次聚类距离表

x_1	x_2	z
0	0	-0.2
1	0	-0.05
0	1	-0.05
1	1	0.1

代码：

```
#首先使用 numpy 来创建数据
import numpy as np
X = np.array([[0,0],[1,0],[0,1],[1,1]])
z_reg = np.array([-0.2, -0.05, -0.05, 0.1])
#定义实现简单线性回归的函数
def LinearR(x1,x2):
    w1, w2, b = 0.15, 0.15,-0.2              #给定一组系数 w 和 b
    z = x1*w1 + x2*w2 + b                     #z 是系数×特征后加和的结果
    return z
LinearR(X[:,0],X[:,1])
```

2. 二分类单层神经网络

使用 sigmoid 函数将回归类算法转换成分类算法逻辑回归，根据上述函数公式 $g(z)=\frac{1}{1+e^{-z}}$，通常来说，自变量 z 往往是回归类算法（如线性回归）的结果。将回归类算法的连续型数值压缩到（0,1）之间后，使用阈值 0.5 将其转化为分类。即当 $g(z)$ 大于 0.5 时，则认为样本 z_i 对应的分类结果为 1 类，反之则为 0 类。

表 2-25 中的数据与表 2-24 中的回归数据的特征（x_1，x_2）完全一致，只不过标签 y 由连续型结果转变为分类型。这一组分类的规律如下：当两个特征都为 1 时标签为 1，否则标签为 0。这一组特殊的数据体现了“与门”（AND gate）的功能。

表 2-25　第三次聚类距离表

x_1	x_2	y_and
0	0	0
1	0	0
0	1	0
1	1	1

代码：

```
#重新定义数据中的标签
y_and = [0,0,0,1]
#根据 sigmoid 公式定义 sigmoid 函数
def sigmoid(z):
    return 1/(1 + np.exp(-z))
def AND_sigmoid(x1,x2):
    w1, w2, b = 0.15, 0.15,-0.2            #给定的系数 w 和 b 不变
    z = x1* w1 + x2* w2 + b
    o = sigmoid(z)                         #使用 sigmoid 函数将回归结果转换到(0,1)之间
    #根据阈值 0.5,将(0,1)之间的概率转变为分类 0 和 1
    y = [int(x) for x in o >= 0.5]
    return o, y
#o:sigmoid 函数返回的概率结果
#y:对概率结果按阈值进行划分后,形成的 0 和 1,也就是分类标签
o, y_sigm = AND_sigmoid(X[:,0],X[:,1])
```

二分类回归算法在神经网络中的表示如图 2-23 所示。

这个结构与线性回归的神经网络唯一不同的就是输出层中多出了一个 $g(z)$。将 $g(z)$ 设定为一定的阈值，就可以判断任意样本的预测标签。

3. 多分类单层神经网络

可以继续将二分类神经网络推广到多分类，使用 softmax 函数对神经网络进行多分类。假设现在神经网络是用于三分类数据，且三个分类分别是苹果、柠檬和百香果，序号则分别是分类 1、分类 2 和分类 3。则使用 softmax 函数的神经网络的模型如图 2-24 所示。

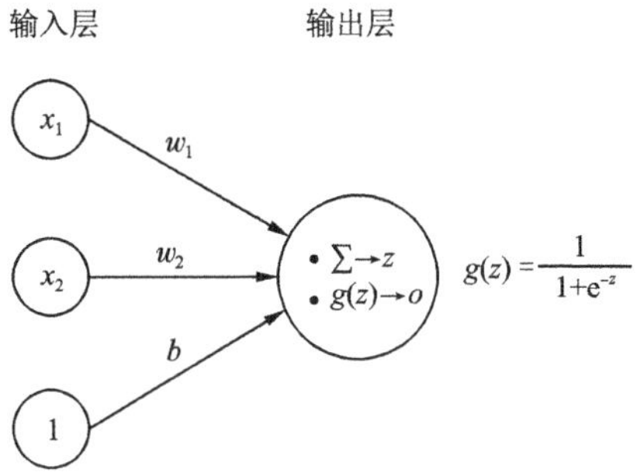

图 2-23　二分类单层神经网络

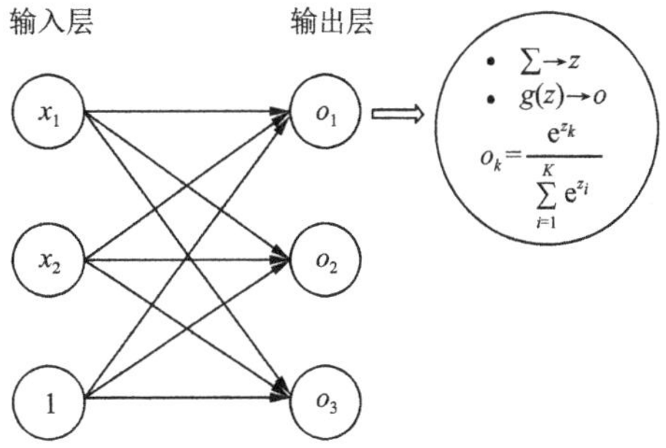

图 2-24　多分类单层神经网络

在二分类时，输出层只有一个神经元，只输出样本对于正类别的概率（通常是标签为 1 的概率），而 softmax 的输出层有三个神经元，分别输出该样本真实标签的概率 o_1、o_2、o_3。在多分类中，神经元的个数与标签类别的个数是一致的，即如果是十分类，在输出层上就会存在十个神经元，分别输出十个不同的概率。此时，样本的预测标签就是所有输出的概率 o_1、o_2、o_3 中最大的概率对应的标签类别。

softmax 函数公式：

$$g(z)_k = o_k = \frac{e^{z_k}}{\sum_{i=1}^{K} e^{z_i}} \tag{2-21}$$

式中，z 与 sigmoid 函数中的一样，表示回归类算法（如线性回归）的结果。K 表示该数据的标签中总共有 K 个标签类别，如三分类时 $K=3$，四分类时 $K=4$。k 表示标签类别 k 类，i 表示总共 K 个类别中的第 i 个类别。很容易可以看出，softmax 函数的分子是多分类状况下某个标签类别的回归结果的自然对数，分母是多分类状况下所有标签类别的回归结果的自然对数之和，因此 softmax 函数的结果代表了样本的结果为类别 k 的概率。

假设类别是苹果、柠檬和百香果，通过表 2-26 两组标签进一步说明 i 和 k 的含义。

表 2-26　第三次聚类距离表

组　别	类 别 一	类 别 二	类 别 三
文字组	苹果	柠檬	百香果
数字组	1	2	3

这两组标签中，类别三所对应的 softmax 公式分别为

$$g(z)_{百香果} = o_{百香果} = \frac{e^{z_{百香果}}}{e^{z_1}+e^{z_2}+e^{z_3}} \tag{2-22}$$

$$g(z)_3 = o_3 = \frac{e^{z_3}}{e^{z_1}+e^{z_2}+e^{z_3}} \tag{2-23}$$

当标签类别由数字标记时，分子上的 e^{z_1} 与分母上的 e^{z_1} 不是同样的数字。因为分子实际上是 $e^{z_{k=1}}$，而分母实际上是 $e^{z_{i=1}}$，真正与 $e^{z_{k=1}}$ 相等的应该是 $e^{z_{i=3}}$。所以，在多分类中使用与标签类别序号不一致的数字，有在公式中让公式混淆的风险。一般来说，对多分类的类

别按整数［1,+∞）的数字进行编号，避免混淆。

但 softmax 函数存在缺陷，虽然它可以将多分类的结果转变为概率，但它需要的计算量巨大。由于 softmax 的分子和分母中都带有 e 为底的指数函数，所以在计算中非常容易出现极大的数值。为了解决问题，只要在 softmax 函数的两个指数函数自变量上都加上一个常数，这样做不会改变计算结果，计算过程如下：

$$o_k = \frac{e^{z_k}}{\sum_{i=1}^{K} e^{z_i}} = \frac{Ce^{z_k}}{C\sum_{i=1}^{K} e^{z_i}} = \frac{e^{\log C} \cdot e^{z_k}}{\sum_{i=1}^{K} e^{\log C} \cdot e^{z_i}} = \frac{e^{(z_k+\log C)}}{\sum_{i=1}^{K} e^{(z_i+\log C)}} = \frac{e^{(z_k+C')}}{\sum_{i=1}^{K} e^{(z_i+C')}} \tag{2-24}$$

如果希望避免巨大的 z，只要让 C' 的符号为负号，再让其大小接近 z_k 中的最大值即可。代码如下：

```
#定义 softmax 函数
def softmax(z):
    c = np.max(z)
    exp_z = np.exp(z - c)          #溢出对策
    sum_exp_z = np.sum(exp_z)
    o = exp_z / sum_exp_z
    return o
#导入刚才定义的 z
softmax(z)
```

从上面的结果可以看出，softmax 函数输出的是从 0 到 1.0 之间的实数，而且多个输出值的总和是 1。因为有了这个性质，就可以把 softmax 函数的输出解释为“概率”，这和使用 sigmoid 函数之后认为函数返回的结果是概率是一致的。

注意：使用了 softmax 函数之后，各个 z_k 之间的大小关系并不会随之改变，这是因为指数函数是单调递增函数，也就是说，使用 softmax 之前的 z 如果比较大，那使用 softmax 之后返回的概率也依然比较大。无论是否使用 softmax，都可以判断出样本被预测为哪一类，只需要看 z 最大的那一类即可。所以，在神经网络进行分类的时候，如果不需要了解具体分类问题每一类的概率是多少，而只需要知道最终的分类结果，可以省略输出层上的 softmax 函数。

2.6.3 两层神经网络

单层神经网络无法解决异或问题。但是当增加一个计算层以后，两层神经网络不仅可以解决异或问题，而且具有非常好的非线性分类效果。两层神经网络又称（多层感知器）。不过两层神经网络的计算是一个问题，没有一个较好的解法。1986 年，Rumelhar 和 Hinton 等人提出了反向传播（backpropagation，BP）算法，解决了两层神经网络所需要的复杂计算量问题，从而带动了业界使用两层神经网络研究的热潮。

两层神经网络除了包含一个输入层，一个输出层以外，还增加了一个中间层（见图 2-25）。此时，中间层和输出层都是计算层。

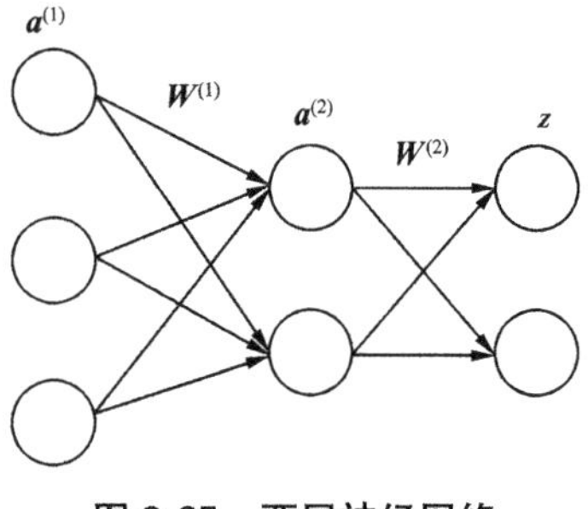

图 2-25　两层神经网络

使用向量和矩阵来表示层次中的变量。$\boldsymbol{a}^{(1)}$、$\boldsymbol{a}^{(2)}$、z 是网络中传输的向量数据。$\boldsymbol{a}^{(1)}$、$\boldsymbol{a}^{(2)}$ 中的上标表明其分别属于输入层和中间层的向量。$\boldsymbol{W}^{(1)}$ 和 $\boldsymbol{W}^{(2)}$ 是网络中输入层和中间层，以及中间层和输出层之间的权值矩阵参数。

在设计一个神经网络时，输入层的节点数需要与特征的维度匹配，输出层的节点数要与目标的维度匹配。而中间层的节点数，却是由设计者指定的。节点数的设定一般是根据经验来设置，较好的方法就是预先设定几个可选值，通过切换这几个值来看整个模型的预测效果，选择效果最好的值作为最终选择。这种方法又称网格搜索（grid search）。

下面简单介绍一下两层神经网络的训练。

首先，给所有参数赋上随机值，使用这些随机生成的参数值来预测训练数据中的样本。样本的预测目标为 y_p，真实目标为 y。那么，定义一个值 loss，计算公式如下：

$$\text{loss}=(y_p-y)^2 \tag{2-25}$$

该值称为损失（loss），目标就是使对所有训练数据的损失和尽可能小。如果将先前神经网络预测的矩阵公式代入到 y_p 中（因为有 $z=y_p$），那么可以把损失写为关于参数的函数，这个函数称为损失函数（loss function）。

梯度下降（gradient descent，GD）优化算法的作用是用来对原始模型的损失函数进行优化，以便寻找到最优的参数使得损失函数的值最小。梯度下降算法每次计算参数在当前的梯度，然后让参数向着梯度的反方向前进一段距离，不断重复，直到梯度接近零时截止。一般这个时候，所有参数恰好使损失函数达到一个最低值的状态。

在神经网络模型中，由于结构复杂，每次计算梯度的代价很大。因此还需要使用反向传播算法。反向传播算法是利用神经网络的结构进行的计算，不一次性计算所有参数的梯度，而是从后往前。首先计算输出层的梯度，然后是第二个参数矩阵的梯度，接着是中间层的梯度，再是第一个参数矩阵的梯度，最后是输入层的梯度。

2.6.4　多层神经网络

深度学习神经网络（或人工神经网络）是由在计算机内部协同工作的多层人工神经元组成的。而深度指的是输入层和输出层之间加更多的隐藏层。

多层神经网络就是由单层神经网络进行叠加之后得到的，常见的多层神经网络（见图 2-26）有如下结构：

（1）输入层：众多神经元接收大量输入消息，输入的消息称为输入向量。人工神经网络有其输入数据的节点。这些节点构成了系统的输入层。

（2）隐藏层：是输入层和输出层之间众多神经元和链接组成的各个层面，隐藏层可以有一层或多层，隐藏层的节点数目不定，这些隐藏层在不同层级处理信息，在接收新信息时调整其行为。隐藏层数目越多神经网络的非线性越显著，从而神经网络的强健性更显著。

（3）输出层：输出层由输出数据的节点组成，消息在神经元链接中传输、分析、权衡，形成输出结果，输出的消息称为输出向量。

深度学习与传统的神经网络算法最大的不同点如下：

（1）训练数据：传统的神经网络算法必须使用有标签的数据，但是深度学习可以使用无标签的数据进行训练。

（2）训练方式不同：传统的神经网络使用的是反向传播算法，但是深度学习使用自下

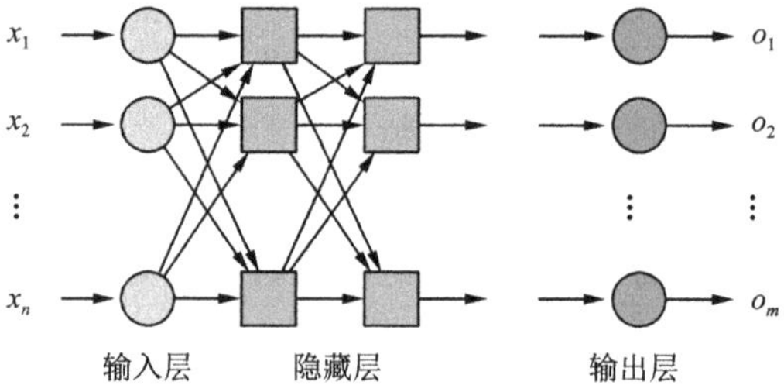

图 2-26 深度学习网络

而上的非监督学习，再结合自顶向下的监督学习方式。

（3）层数不同：传统的神经网络算法只有 2~3 层，再多层训练效果可能就不会再有比较大的提升，甚至会衰减。同时训练时间更长，甚至无法完成训练。但是深度学习可以有非常多的隐藏层，并且效果很好。

2.6.5 卷积神经网络

卷积神经网络（convolutional neural network，CNN）是一种深度学习模型或类似于人工神经网络的多层感知器，常用来分析视觉图像。

卷积神经网络默认输入是图像，根据图片的特点，将卷积神经网络各层中的神经元设计成 3 个维度：宽度、高度和深度。在卷积神经网络中的深度指的是激活数据体的第三个维度，而不是整个网络的深度，整个网络的深度指网络的层数（见图 2-27）。比如输入的图片大小是 32 × 32 × 3（rgb），那么输入神经元就也具有 32×32×3 的维度。

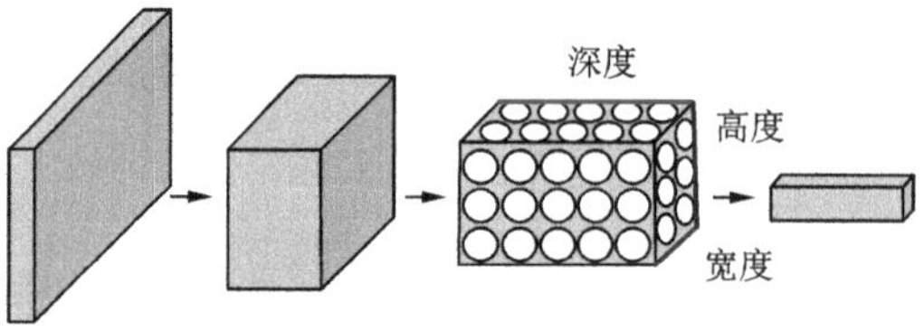

图 2-27 卷积神经网络

卷积神经网络通常包含以下几种层：

（1）卷积层（convolutional layer）：卷积层是构建卷积神经网络的核心层，它产生了网络中大部分的计算量。卷积神经网络中每层卷积层由若干卷积单元组成，每个卷积单元的参数都是通过反向传播算法优化得到的。卷积运算的目的是提取输入的不同特征，第一层卷积层可能只能提取一些低级的特征如边缘、线条和角等层级，更多层的网络能从低级特征中迭代提取更复杂的特征。

卷积层解决通过全连通网络来学习大图像整幅图像上的特征时计算问题的一种简单方法是对隐含单元和输入单元间的连接加以限制：每个隐含单元仅仅只能连接输入单元的一部分。例如，每个隐含单元仅仅连接输入图像的一小片相邻区域。

每个隐含单元连接的输入区域大小称为神经元的感受野（receptive field）。

由于卷积层的神经元也是三维的，所以也具有深度。卷积层的参数包含一系列过滤器（filter），每个过滤器训练一个深度，有几个过滤器输出单元就具有多少深度。

具体如图 2-28 所示，样例输入单元大小是 32×32×3，输出单元的深度是 5，对于输出单元不同深度的同一位置，与输入图片连接的区域是相同的，但是参数（过滤器）不同。

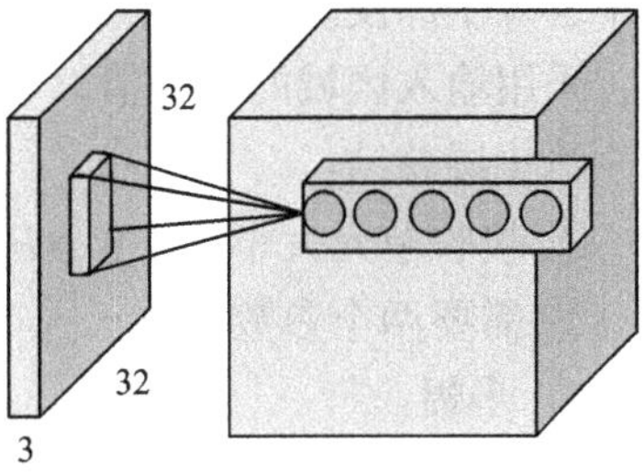

图 2-28　样例输入单元

虽然每个输出单元只是连接输入的一部分，但是值的计算方法是没有变的，都是权重和输入的点积，然后加上偏置，这点与普通神经网络是一样的。

一个输出单元的大小有以下三个量控制：深度、步幅和补零。

① 深度（depth）：它控制输出单元的深度，也就是 filter 的个数，连接同一块区域的神经元个数。

② 步幅（stride）：它控制在同一深度的相邻两个隐含单元，与它们相连接的输入区域的距离。如果步幅很小（如 stride=1）的话，相邻隐含单元的输入区域的重叠部分会很多；步幅很大则重叠区域变少。

③ 补零（zero-padding）：可以通过在输入单元周围补零来改变输入单元整体大小，从而控制输出单元的空间大小。

卷积层总结：

① 接收三维输入 $W_1 \times H_1 \times D_1$。

② 需要给出 4 个参数（hyperparameters）：

F：感受野（receptive field）；

S：步幅（stride）；

P：补零（zero-padding）的数量；

K：深度，输出单元的深度。

③输出一个三维单元 $W_2 \times H_2 \times D_2$，其中：

$$W_2 = \frac{W_1 - F + 2P}{S} + 1 \tag{2-26}$$

$$H_2 = \frac{H_1 - F + 2P}{S} + 1 \tag{2-27}$$

$$D_2 = K \tag{2-28}$$

④ 应用权值共享，每个 filter 会产生 $F \times F \times D_1$ 个权重，总共 $(F \times F \times D_1) \times K$ 个权重和 K 个偏置。

⑤ 在输出单元，第 d 个深度切片的结果是由第 d 个 filter 和输入单元做卷积运算，然后再加上偏置而来。

（2）线性整流层（rectified linear units layer，ReLu layer），这一层神经的激活函数使用线性整流（rectified linear units，ReLu）$f(x) = \max(0, x)$。

（3）池化层（Pooling layer）即下采样，目前，有两种广泛使用的池化操作——平均池化（average pooling）和最大池化（max pooling），其中最大池化是两者中使用最多的一个操作，其效果一般要优于平均池化。池化层用于在卷积神经网络上减小特征空间维度，但不会减小深度。当使用最大池化层时，采用输入区域的最大数量，而当使用平均池化时，采用输入区域的平均值。

池化层总结：

① 接收单元大小为：$W_1 \times H_1 \times D_1$。

② 需要两个参数：

S：步幅；

F：感受野。

③ 输出大小：$W_2 \times H_2 \times D_2$，其中

$$W_2 = \frac{W_1 - F}{S} \tag{2-29}$$

$$H_2 = \frac{H_1 - F}{S} + 1 \tag{2-30}$$

$$D_2 = D_1 \tag{2-31}$$

④ 不需要引入新权重。

（4）全连接层（fully-connected layer）：全连接层和卷积层可以相互转换，对于任意一个卷积层，要把它变成全连接层只需要把权重变成一个巨大的矩阵，其中大部分都是 0，除了一些特定区块（因为局部感知），而且由于权重共享，好多区块的权值还相同。相反地，对于任何一个全连接层也可以变为卷积层。例如，一个 $K=4\ 096$ 的全连接层，输入层大小为 7×7×512，它可以等效为一个 $F=7$，$P=0$，$S=1$，$K=4\ 096$ 的卷积层。换言之，把 filter size 正好设置为整个输入层大小。

卷积神经网络是一个强大的深度学习模型，应用广泛，性能优异。卷积神经网络的使用随着数据变大和问题变得更加复杂而变得更加具有挑战性。

2.6.6 图神经网络

随着机器学习、深度学习的发展，语音、图像、自然语言处理逐渐取得了很大的突破。语音、图像、文本都是很简单的序列或者网格数据，是结构化的数据，深度学习比较善于处理该种类型的数据。然而现实世界中并不是所有事物都可以表示成一个序列或者一个网格，如社交网络、知识图谱、复杂的文件系统等，也就是说很多事物都是非结构化的。相比于简单的文本和图像，这种网络类型的非结构化的数据非常复杂，处理它的难点包括：图的大小是任意的，图的拓扑结构复杂，没有像图像一样的空间局部性；图没有固定的节点顺序，或者说没有一个参考节点；图经常是动态图，而且包含多模态的特征。将深度学习进行扩展使其能够建模该类非结构化数据的需求，促使了图神经网络的出现与发展。

图神经网络（graph neural network，GNN）是使用神经网络来学习和分析图结构数据，并提取和发掘其中特征和模式的算法总称。GNN 通过对图中的节点和边制定策略，将图结构数据转化为规范而标准的表示，并输入到多种不同的神经网络中进行训练。

GNN 的历史最早可以追溯到 2005 年，Gori 等人第一次提出 GNN 概念，用 RNN 来处理无向图、有向图、标签图和循环图等。Bruna 等人提出将 CNN 应用到图上，通过对卷积算

子巧妙的转换，提出了图卷积网络（graph convolutional network，GCN），并衍生了许多变体。随后，图自编码器、图生成网络、图循环网络以及图注意力网络等主流算法相继出现。

相比较于神经网络最基本的网络结构全连接层（MLP），特征矩阵乘以权重矩阵，图神经网络多了一个邻接矩阵，如图 2-29 所示。其计算形式很简单，三个矩阵相乘再加上一个非线性变换。

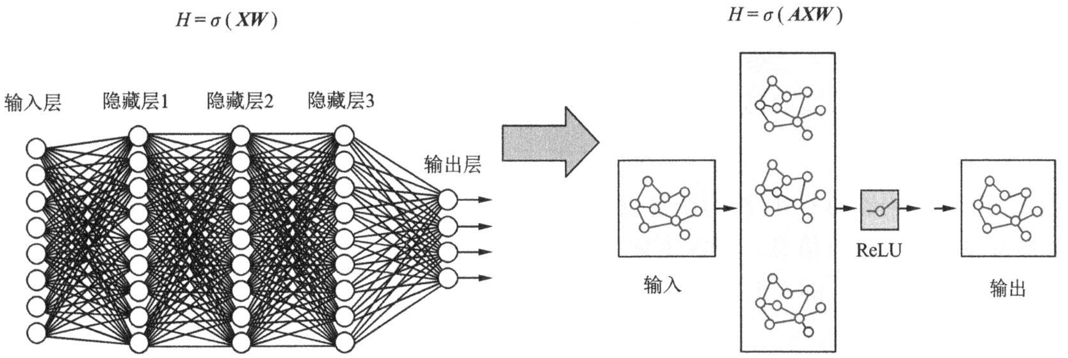

图 2-29　图神经网络结构

图 2-30 所示为一个比较常见的图神经网络的应用模式，输入是一个图，经过多层图卷积等各种操作以及激活函数，最终得到各个节点的表示，以便于进行节点分类、链接预测、图与子图的生成等任务。

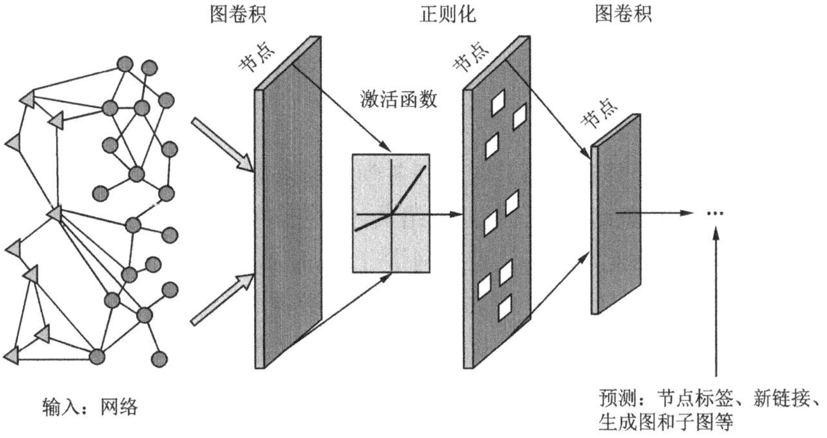

图 2-30　图神经网络应用模式

图神经网络的应用体现在节点、边和图三个层面上。在节点层面，常见的有节点分类、节点聚合、节点表示学习。在边层面，则有边分类、边聚类以及链接预测。在图层面，图分类、图生成、子图划分、图相似度分析等应用较为广泛。按照图的种类划分，可以分为引文网络、社交网络、交通网络、图像、化合物分子结构、蛋白质网络等。按照应用领域划分，可以分为自然语言处理、图像处理、轨迹预测、物理化学和药物医学等。

图神经网络中的主流算法有：

1. 图卷积网络

图卷积网络（GCN）进行卷积操作主要有两种方法：一种是基于谱分解，即谱分解图卷积；另一种是基于节点空间变换，即空间图卷积。Bruna 等人第一次将卷积神经网络泛化到图数据上，提出两种并列的图卷积模型——谱分解图卷积和空间图卷积。

空间图卷积从图结构数据的空间特征出发，探讨邻居节点的表示形式，使得每个节点的邻居节点表示变得统一和规整，方便卷积运算。空间图卷积方法主要有三个关键问题，一是中心节点的选择；二是感受域的大小，即邻居节点个数的选取；三是如何处理邻居节点的特征，即构建合适的邻居节点特征聚合函数。

2. 图自编码器

基于自编码器的 GNN 称为图自编码器（graph auto-encoder，GAE），可以半监督或者无监督地学习图节点信息。在深度学习领域，自编码器（auto-encoder，AE）是一类将输入信息进行表征学习的人工神经网络。

3. 图生成网络

图生成网络（graph generative network，GGN）是一类用来生成图数据的 GNN，其使用一定的规则对节点和边进行重新组合，最终生成具有特定属性和要求的目标图。

4. 图循环网络

图循环网络（graph recurrent network，GRN）是最早出现的一种 GNN 模型。相较于其他 GNN 算法，GRN 通常将图数据转换为序列，在训练的过程中序列会不断地递归演进和变化。GRN 模型一般使用双向循环神经网络（bidirectional RNN，Bi-RNN）和长短期记忆网络（long short-term memory network，LSTM）作为网络架构。

5. 图注意力网络

注意力机制可以让一个神经网络只关注任务学习所需要的信息，它能够选择特定的输入。在 GNN 中引入注意力机制可以让神经网络关注对任务更加相关的节点和边，提升训练的有效性和测试的精度，由此形成图注意力网络（graph attention network，GAT）。

GNN 处理非结构化数据时的出色能力使其在网络数据分析、推荐系统、物理建模、计算机视觉、自然语言处理和图上的组合优化问题方面都取得了新的突破。

2.6.7 循环神经网络

循环神经网络（recurrent neural network，RNN）是一类以序列数据为输入，在序列的演进方向进行递归且所有节点（循环单元）按链式连接的递归神经网络。RNN 对具有序列特性的数据非常有效，它能挖掘数据中的时序信息以及语义信息，利用了 RNN 的这种能力，使深度学习模型在解决语音识别、语言模型、机器翻译以及时序分析等 NLP 领域的问题时有所突破。

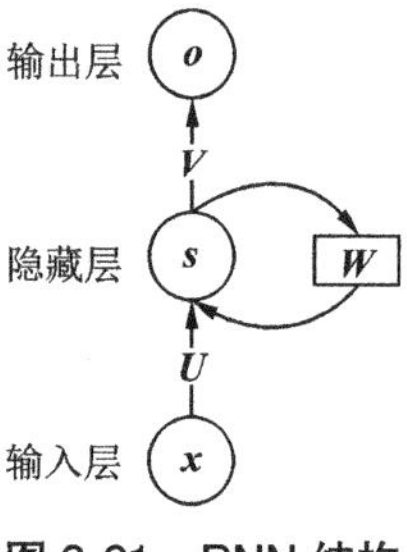

图 2-31　RNN 结构

一个简单的循环神经网络如图 2-31 所示，它由输入层、一个隐藏层和一个输出层组成：

在图 2-31 中，$\boldsymbol{x}$、$\boldsymbol{s}$、$\boldsymbol{o}$ 分别代表 RNN 神经元的输入、隐藏状态、输出。$\boldsymbol{U}$、$\boldsymbol{W}$、$\boldsymbol{V}$ 是对向量 $\boldsymbol{x}$、$\boldsymbol{s}$、$\boldsymbol{o}$ 进行线性变换的矩阵。循环神经

网络的隐藏层的值 $\boldsymbol{s}$ 不仅仅取决于当前这次的输入 $\boldsymbol{x}$，还取决于上一次隐藏层的值 $\boldsymbol{s}$。权重矩阵 $\boldsymbol{W}$ 就是隐藏层上一次的值作为这一次的输入的权重。

在 RNN 中每一时刻都共用同一个神经元，将神经元展开之后如图 2-32 所示。

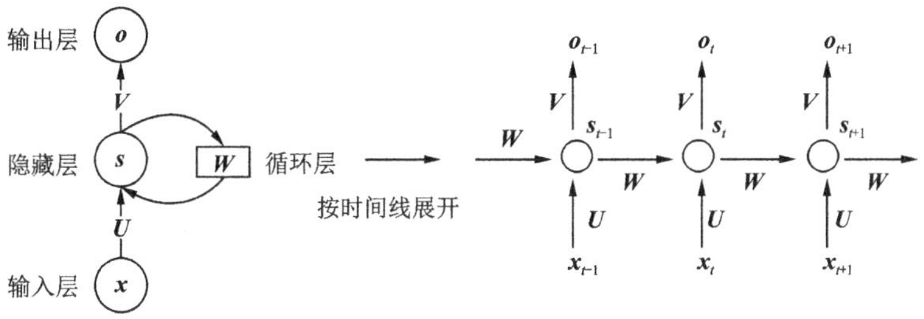

图 2-32　RNN 时间线展开图

这个网络在 t 时刻接收到输入 x_t 之后，隐藏层的值是 s_t，输出值是 o_t。关键一点是，s_t 值不仅仅取决于 x_t，还取决于 s_{t-1}。可以用下面的公式表示循环神经网络的计算方法。

$$\boldsymbol{O}_t = g(\boldsymbol{V} \cdot \boldsymbol{S}_t) \tag{2-32}$$

$$\boldsymbol{S}_t = f(\boldsymbol{U} \cdot \boldsymbol{X}_t + \boldsymbol{W} \cdot \boldsymbol{S}_{t-1}) \tag{2-33}$$

循环神经网络在对序列的非线性特征进行学习时具有一定优势，它在语音识别、语言建模、机器翻译等领域有广泛应用，也被用于各类时间序列预测。

2.6.8　长短期记忆神经网络

长短期记忆神经网络（LSTM）是一种特殊的 RNN，主要是为了解决长序列训练过程中的梯度消失和梯度爆炸问题，LSTM 能够学习长期依赖。

在该模型中，常规的神经元被存储单元代替。存储单元中管理向单元移除或添加的结构称为门限，有三种：遗忘门、输入门、输出门，门限由 sigmoid 函数和逐点乘法运算组成。前一个时间步长的隐藏状态被送到遗忘门、输入门和输出门。在前向计算过程中，输入门学习何时激活让当前输入传入存储单元，而输出门学习何时激活让当前隐藏层状态传出存储单元。单个 LSTM 神经元的具体结构如图 2-33 所示。

LSTM 的神经元接受当前输入 x_t，还输入了一个 cell 状态 c_{t-1}，在 LSTM 中 cell 状态 c 与 RNN 中的隐藏状态 h 相似，都保存了历史状态信息，而且 LSTM 中的 h 更多的是保存上一时刻的输出信息。

遗忘门：用来判断 cell 状态 c_{t-1} 中哪些信息应该删除。输入的 h_{t-1} 和 x_t 经过 sigmoid 函数之后得到 f_t，f_t 中每一个值的范围都是 $[0,1]$。f_t 中的值越接近 1，表示 cell 状态 c_{t-1} 中对应位置的值更应该记住；反之越接近 0，更应该忘记。将 f_t 与 c_{t-1} 按位相乘，即可得到遗忘无用信息之后的 c'_{t-1}。

$$f_t = \text{sigmoid}(W_f[h_{t-1}, x_t] + b_f) \tag{2-34}$$

$$c'_{t-1} = c_{t-1} \odot f_t \tag{2-35}$$

式中，$\odot$ 表示两个向量按位相乘。

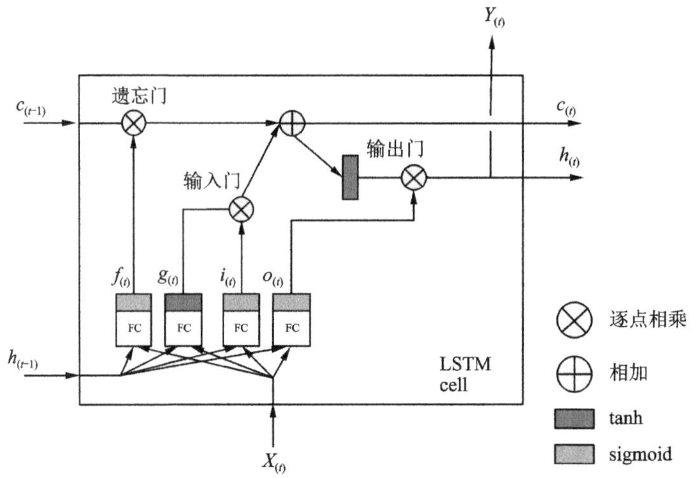

图 2-33　LSTM 神经元

输入门：用来判断哪些新的信息应该加入 cell 状态 c'_{t-1}中。输入的 h_{t-1}和 x_t 经过 tanh 函数可以得到新的输入信息$\widetilde{C}_t$，但是这些新信息并不全是有用的，因此需要使用 h_{t-1}和 x_t 经过 sigmoid 函数得到 i_t，i_t 表示哪些新信息是有用的。两向量相乘后的结果加到 c'_{t-1}中，即得到 t 时刻的 cell 状态 c_t。

$$i_t=\mathrm{sigmoid}(W_i[h_{t-1},x_t]+b_i) \tag{2-36}$$

$$\widetilde{C}_t=\tanh(W_c[h_{t-1},x_t]+b_c) \tag{2-37}$$

$$c_t=c'_{t-1}+(i_t\odot\widetilde{C}_t) \tag{2-38}$$

输出门：用来判断应该输出哪些信息到 h_t 中。cell 状态 c_t 经过 tanh 函数得到可以输出的信息，然后 h_{t-1}和 x_t 经过 sigmoid 函数得到一个向量 o_t，o_t 的每一维的范围都是[0,1]，表示哪些位置的输出应该去掉，哪些应该保留。两向量相乘后的结果就是最终的 h_t。

$$o_t=\mathrm{sigmoid}(W_o[h_{t-1},x_t]+b_o) \tag{2-39}$$

$$h_t=o_t\odot\widetilde{C}_t \tag{2-40}$$

通过门控状态来控制传输状态，记住需要长时间记忆的，忘记不重要的信息；而不像普通的 RNN 那样只有一种记忆叠加方式。对很多需要“长期记忆”的任务来说，LSTM 具备较好的性能。

RNN 和 LSTM 的区别主要如下：

- RNN 没有细胞状态；LSTM 通过细胞状态记忆信息。
- RNN 激活函数只有 tanh；LSTM 通过输入门、遗忘门、输出门引入 sigmoid 函数并结合 tanh 函数，添加求和操作，减少梯度消失和梯度爆炸的可能性。
- RNN 只能够处理短期依赖问题；LSTM 既能够处理短期依赖问题，又能够处理长期依赖问题。

2.6.9　生成式对抗网络

生成式对抗网络（generative adversarial networks，GAN）是一种深度学习模型，它是近年来复杂分布上无监督学习最具前景的方法之一。对抗学习源于深度学习模型对扰动输入的敏感性，这一发现凸显了模型安全性的潜在漏洞，激发了对抗性学习方法的发展。

对抗学习一般涉及两个相互竞争的模型：生成模型（generative model）和判别模型（discriminative model）的互相博弈学习产生相当好的输出。生成器的任务是将随机噪声作为输入，生成与真实样本相似的样本，而判别器的任务是根据输入样本判断其是否为真实样本。

实用中一般均使用深度神经网络作为生成器 G 和判别器 D。这种方法的核心思想是通过对抗过程提升模型的性能，生成器接收随机噪声作为输入，并尝试创建与真实数据分布相匹配的数据，而判别器则努力区分真实数据与生成数据。判别器则接收来自真实数据集和生成器的样本，其任务是判断每个样本是否为真实数据。判别器的目标是最大化其正确分类真实数据和生成数据的能力。在对抗学习中，两个模型相互对抗，通过交替更新进行优化，生成器试图生成逼真的样本以欺骗判别器，而判别器则努力提高其判别能力以区分真实样本和生成样本。这一过程通过最小化包含真伪识别损失的复合损失函数实现。

GAN 框架结构图如图 2-34 所示。

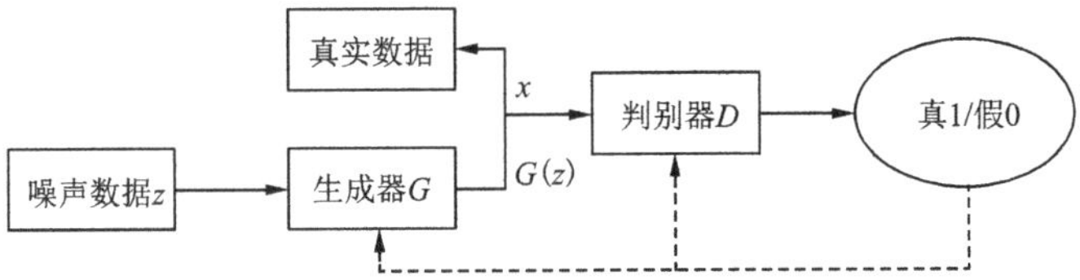

图 2-34　GAN 结构图

1. GAN 的训练过程

GAN 的训练过程如下：

（1）随机生成一批噪声样本作为输入给生成器。

（2）生成器生成一批样本。

（3）将生成的样本与真实样本混合，作为输入给判别器。

（4）判别器对输入样本进行判别并输出判别结果。

（5）根据判别结果，计算生成器和判别器的损失函数。

（6）更新生成器和判别器的参数，通过反向传播进行梯度更新。

（7）重复上述步骤，直到生成器生成的样本达到预期的质量。

2. GAN 的应用领域

GAN 对抗生成网络的主要应用领域包括以下几个方面：

（1）图像生成。GAN 可以生成高质量的图像，包括面部、风景、物体等。例如，企业使用 GAN 生成虚构的模特图像或产品展示图。

GAN 在图像生成、图像修复、视频生成等领域取得了广泛应用。

GAN 还能够进行图像风格转换，如将日常照片转换成梵高或毕加索的画风。

GAN 可用于图像超分辨率任务，即将低分辨率图像转换为高分辨率版本，这在医学成像、卫星图像和老照片修复中尤为重要。

（2）自然语言处理。GAN 在自然语言处理领域也有广泛应用，如生成自然语言文本，包括文章、对话等。这对于文本创作、聊天机器人以及机器翻译等领域具有重要意义。

（3）数据增强。在有限的数据集上训练机器学习模型时，GAN 可以生成额外的训练数据，从而提高模型的准确性和健壮性。

（4）艺术创作。艺术家和设计师使用 GAN 为他们提供创意灵感，生成抽象艺术、音乐甚至诗歌。

（5）游戏设计。GAN 在游戏中用于生成复杂的环境、角色和任务，使游戏世界更加丰富和多样。

GAN 还可以用于视频生成，如生成连续的视频片段，用于动画、模拟和游戏场景的生成。GAN 也可以为图像数据集生成新案例，如为 MNIST 手写数码数据集、CIFAR-10 小件图片数据集、多伦多人像数据集生成新案例。

第3章 基于知识图谱的推荐方法

推荐系统通常面临冷启动、数据稀疏、偏差等问题，而且面对具有时间连续性、行为传播性、历史数据极度缺乏的推荐环境，用户隐含偏好挖掘不够深入，所以个性化、多样性和自适应的推荐结果较差。本章提出基于异构网络的动态知识图谱推荐系统（dynamic knowledge graph recommendation system based on heterogeneous networks，HN-DKG），根据用户跨领域多平台的社交行为构建话题、领域等多模态节点，建立异构网络，提取用户多维偏好，减少对历史数据依赖。设立了时间仓以及触发器，利用图注意力网络提取用户的动态特征行为，掌握用户灵活多变的偏好，优化基础知识图谱，实现动态知识图谱。对RippleNet模型进行改进，通过建立种子簇，偏好阻断以及随机关系建立机制，实现端到端的推荐，提升系统效率以及推荐结果的多样性，并削弱数据偏差带来的影响。实验表明所提方法在推荐的有效性和多样性上有较好的表现。

3.1 知识图谱推荐

3.1.1 知识图谱概念

2012年5月17日，谷歌正式提出了“知识图谱”这个术语。知识图谱是一种将实体、概念和它们之间的关系以图模型的形式组织和表达出来的数据结构，可以用于各种领域的知识管理、知识发现和智能应用。知识图谱旨在描述真实世界中存在的各种实体或概念，以及它们之间的关联关系，以实现更加直观地融合多种数据源，同时丰富数据的语义信息，进而可以结合推理预测得到隐含信息为用户提供服务。知识图谱被应用于各个领域，如电影和音乐推荐、百度搜索、美团大脑、电子商务等。

为了高效地存储与利用结构化知识，人们结合专家手工标注与计算机自动标注等方式，面向开放领域和垂直领域构建了各种大规模知识图谱，如WikiData、Freebase、DBpedia、YAGO及WordNet等经典的知识库。以WikiData为例，截至2022年，其已经包含7 000多万个实体。同时，国内外各大互联网公司也均有知识图谱产品，如谷歌知识图谱、百度知心、搜狗知立方和微软等。

知识图谱的具体构建过程如图3-1所示。结构化数据可直接整合，半结构化数据及非结构化数据需要进行知识提取后进行数据整合，知识图谱面向多种类型数据源，处理数据较为广泛。知识图谱的特点是结构化，一般用三元组的形式表示不同元素间的复杂关系，从而形成一个复杂的网络，即图谱。知识图谱将具象事物和抽象概念表示为实体，将实体之间的联系表示为关系，常以三元组事实的形式存储实体与实体之间的关系，类似于万维网联盟发布的资源描述框架，以“比尔·盖茨是微软公司的创始人”的世界知识图为例，知识图谱将该知识存储为（比尔·盖茨，创始人，微软公司），其中比尔·盖茨称为首实体（head entity），微软公司称为尾实体（tail entity），创始人称为关系（relation）。通过众多三元组构成的链接，世界知识图谱形成一张巨大的网络，其中网络节点是所有的实体，而节点之间的连接边表示实体之间的关系。

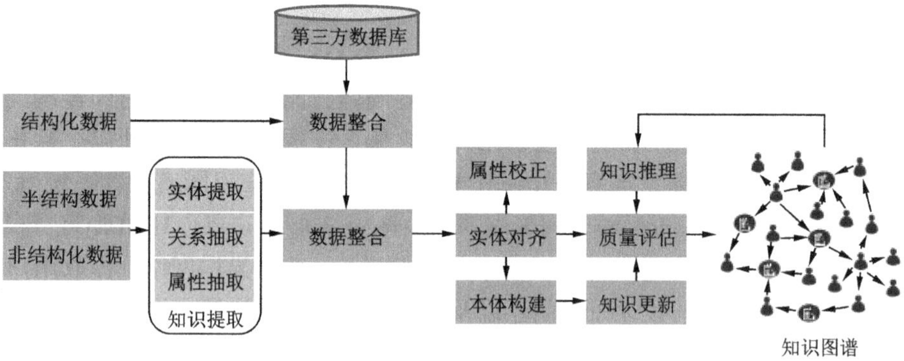

图 3-1　知识图谱构建过程

3.1.2　知识图谱的推荐

基于知识图谱的推荐方法主要依赖于知识图谱中丰富的实体、属性和关系信息，通过挖掘用户与知识图谱中的实体、属性或关系之间的潜在联系，为用户推荐与其兴趣或需求相关的内容或产品。知识图谱包含了大量的实体、属性和关系信息，可以为用户提供更加准确和丰富的推荐结果。通过挖掘用户与知识图谱中的实体、属性或关系之间的潜在联系，知识图谱可以为用户推荐与其兴趣或需求高度相关的内容或产品，实现个性化推荐。而且，知识图谱中的实体和关系可以跨越多个领域，因此基于知识图谱的推荐方法可以实现跨领域的推荐，为用户提供更加多样化的选择。同时，由于知识图谱将用户和项目之间的关系表示得更加清晰，增加了推荐系统的可解释性。

在基于知识图谱的推荐方法中，通常会采用以下几种技术：

路径推理：将知识图谱视为一个有向图，并利用强化学习的方法在知识图谱上随机游走，通过推理得出两个实体之间的路径，从而找到与用户兴趣相关的内容或产品。

实体嵌入：将知识图谱中的实体和关系映射到低维向量空间，利用向量之间的相似度来表示实体之间的相关性，从而实现推荐。

规则挖掘：通过挖掘知识图谱中的规则或模式，发现用户与推荐内容之间的潜在联系，从而进行推荐。

3.1.3　注意力网络

基于知识图谱的推荐方法在实际应用中已经取得了不错的效果，例如在搜索引擎优化、问答系统、智能推荐、语义搜索和智能助手等领域都有广泛应用。然而，基于知识图谱的推荐方法也面临着一些挑战，如知识的获取和构建、知识的表示和存储、知识的更新和维护等问题。因此，需要继续探索和优化基于知识图谱的推荐方法，以更好地满足用户的需求和期望。

知识图谱注意力是基于注意力机制的。注意力机制是一种模仿人类注意力原理的机器学习技术，它使得模型能够在处理大量输入信息时，集中关注对当前任务最为关键的部分。这种机制在自然语言处理、计算机视觉以及其他序列数据处理领域中取得了显著的成功。

在注意力机制中，模型通过计算查询（query）、键（key）和值（value）之间的关系来分配注意力权重。查询通常是模型当前需要关注的输出，而键和值则来自模型的输入序列。通过计算查询与所有键之间的相似性，模型得到一个权重分布，这个分布通过 softmax 函数进行归一化，从而得到每个值的注意力权重。然后，模型根据这些权重对值进行加权求和，得到最终的上下文向量，这个向量将被用于后续的处理步骤，核心计算公式为

$$\text{attention}(Q,K,V)=\text{softmax}\left(\frac{QK^{\mathrm{T}}}{\sqrt{d_k}}\right)V \tag{3-1}$$

式中，d_k 为 K 的维度大小。

注意力机制的引入，尤其是在推荐系统中的编码器-解码器（encoder-decoder）架构中，显著提升了个性化推荐和用户行为建模的性能。通过这种机制，模型能够在为用户推荐项目时，细致地分析用户的历史行为和偏好，而不仅仅局限于基于简单统计或固定特征的推荐。这种细致的分析使得推荐系统能够更准确地捕捉到用户的个性化需求和兴趣点，从而提供更为精准和相关的推荐内容。

随着研究的深入，注意力机制也衍生出了多种变体，如自注意力机制（self-attention）和多头注意力（multi-head attention）等。其中，自注意力机制作为 Transformer 模型的核心，减少了对外部信息的依赖，更擅长捕捉数据或特征的内部相关性。其中，Q、K、V 都来自同一个输入序列，自注意力机制公式定义为

$$\text{self-attention}(Q,K,V)=\text{softmax}\left(\frac{QK^{\mathrm{T}}}{d_k}\right)V \tag{3-2}$$

虽然式（3-1）和式（3-2）的形式相似，但是它们查询和键的来源不同。注意力机制的查询和键通常分别来自输入序列和输出序列，而自注意力机制的查询和键来自同一个序列（通常是输入序列）。例如，在自然语言处理的中译英模型中，注意力机制的查询是中文单词特征，键则是英文单词特征。而自注意力机制的查询和键则都是来自输入的中文序列中的元素。注意力机制通常用于处理输入和输出序列之间的依赖关系，而自注意力机制则用于处理序列内部的依赖关系。

这些变体在不同的场景和任务中展现出了各自的优势，使得注意力机制成为深度学习模型中不可或缺的一部分。由于推荐任务场景中存在多种图结构化数据，形成了复杂的非线性关系，限制了模型捕捉节点间复杂关系。为了解决这一问题，图注意力机制受到广泛关注。

2018 年，Petar 等人提出一种应用于图结构数据的图注意力网络（graph attention networks，GAT）。图注意力机制借鉴了序列注意力机制的思想，并将其扩展到图结构上，如图 3-2 所示。图注意力网络不同于先前一些基于谱域的图神经网络，它可以通过注意力

机制对邻居节点做聚合操作，实现对不同邻居节点关系权重的自适应分配，具有高效、可移植性等优势。例如，图注意力网络可以根据用户与其好友的亲密程度以及用户参与不同活动的交互行为，补全不同节点间的关系权值，提高推荐准确性。

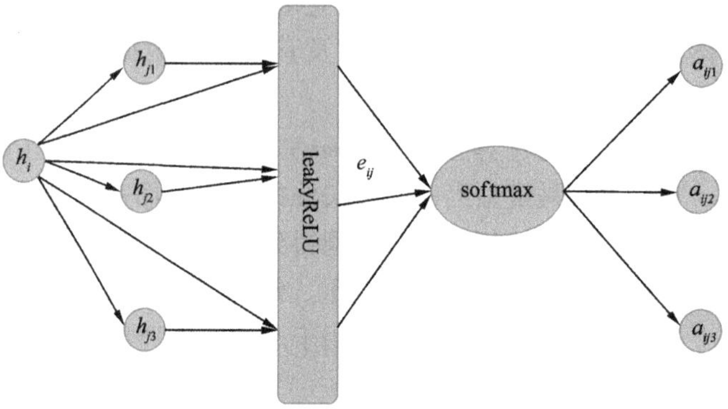

图 3-2　图注意力机制

在 GAT 中，每个节点的表示不仅依赖于其自身的特征，还依赖于其邻居节点的特征，通过计算节点间的注意力权重 e_{ij} 来实现。这种机制使得 GNN 能够更加灵活地捕捉图中的结构特征，准确更新节点特征，计算公式为

$$e_{ij} = \frac{\exp(\text{leakyReLU}(Q_i^T K_j))}{\sum_{k \in N(i)} \exp(\text{leakyReLU}(Q_i^T K_k))} \tag{3-3}$$

$$\alpha_{ij} = \frac{e_{ij}}{\sum_{k \in N(i)} e_{ik}} \tag{3-4}$$

$$h_i' = \sigma\left(\sum_{j \in N(i)} \alpha_{ij} V_j\right) \tag{3-5}$$

式中，$N(i)$ 表示节点的邻居节点集合，归一化确保了每个节点的注意力权重之和为 1，h_i' 表示更新后的节点表示。leakyReLU 是一种改进的 ReLU 函数。

知识图谱注意力网络（knowledge graph attention network for recommendation，KGAT）是 GAT 的变种，它是一种用于推荐系统的深度学习模型，能够显式地利用知识图谱中的高阶关联信息来提升推荐效果。

KGAT 模型以端到端的方式对知识图注意网络中的高阶连接进行了显式建模。从节点的邻居递归地传播嵌入，以改进节点的嵌入，并采用注意机制来区分邻居的重要性。在 KGAT 基础上，有研究者提出一种新的多模态知识图感知深度图注意力网络。通过构建一个推荐图像的多模态知识图，整合各种属性以及视觉信息，然后进行深度关系注意力机制的信息聚合，以丰富节点表示，使其包含多模态信息和更高阶的协作信号。

KGAT 模型具有如下优势：

- 显式建模高阶关系：KGAT 能够在端到端的方式下，显式地利用知识图谱中的高阶关联信息，而不需要预先提取路径或定义元路径。
- 注意力机制：KGAT 通过注意力机制来学习不同邻居节点的权重，从而区分不同的高阶关联信息对推荐的贡献，并提供一定的可解释性。

• 层级聚合机制：KGAT 能够通过层级聚合的机制来整合不同层次的嵌入信息，兼顾不同阶数的关联信息，并通过调整层数来控制传播的强度。

KGAT 模型主要包括三部分：嵌入层、注意力嵌入传播层和预测层。嵌入层将知识图谱中的实体和关系用向量表示，同时保留图的结构信息。注意力嵌入传播层利用图神经网络的框架，递归地从一个节点的邻居节点传播嵌入信息。同时，利用注意力机制来区分不同邻居节点的重要性，生成级联传播的关注权重。预测层根据用户和项目的嵌入向量，通过内积等方式计算用户和项目之间的交互概率，从而生成推荐结果。KGAT 模型在多个公开数据集上进行了实验，包括 Amazon-book、Last-FM 和 Yelp2018 等。实验结果表明，KGAT 显著优于现有的基于知识图谱的推荐方法，为推荐系统领域的研究提供了新的思路和方法。

为解决推荐系统中出现过多干扰信息，有研究者提出了基于图注意力网络的关系度量社交推荐模型，在项目域和社交域中设计了对偶图注意力网络，用于自适应聚合用户或项目的领域特征，并且利用多层神经网络将对应邻域之间的复杂交互建模成关系向量，但是此方法在建模不同类型或强度的社交关系上有所欠缺。有研究考虑大多数推荐系统对用户潜在偏好的预测不够准确的问题，提出了一个模型 KG-IGAT。该模型充分利用了嵌入传播过程中中心节点和相邻节点的信息来建模，然后将信息聚合传播到更高的层次。同时，将用户兴趣的演化过程集成到模型的注意机制中，以便更准确地捕捉用户兴趣的变化，但此方法对于智能推荐算法的健壮性还有待提高。

3.1.4　动态知识图谱推荐

知识图谱表示对于知识图谱的计算及应用具有重要意义，而现有知识图谱表示方法主要关注于静态知识图谱，而忽略了动态知识图谱，因此如何表示动态知识图谱中的实体及关系是当前知识图谱表示领域的一项重要研究工作。

动态知识图谱中结构化信息的历史变化趋势会影响实体及关系的表示，而现有知识图谱表示方法大多忽略了该变化趋势。动态知识图谱表示模型最早由 Jiang 等人提出。Jiang 等人发现知识图谱存在时间敏感性，并据此提出了 t-TransE 模型。该模型主要由两个子模型组成，即基于事件间时序信息（如出生和死亡）的时间感知知识图谱表示模型与基于时间一致性约束（包括时间不相交性、时间顺序性和时间跨度）的整数线性规划联合时间感知推理模型。然而，t-TransE 模型只是简单地将时间约束作为知识图谱表示的约束条件，并没有直接将时间信息整合到知识图谱表示中。针对该问题，出现了 HyTE 模型，它在知识图谱表示过程中直接整合了时间信息。具体而言，HyTE 首先将动态知识图谱依据时间信息分解为多个子静态知识图谱。然后，采用与 TransH 类似的思想，将时间信息建模为超平面，从而使得实体在不同时间点表示不同，进而在不同超平面内独立地学习实体及关系的表示。

通常情况下，知识图谱 G 被认为是静态的，G 中包括 (h_i, r_i, t_i) 的三元组，其中 $i \in [1, N]$，N 表示 G 中知识的数量，h_i 和 t_i 分别表示由关系 r_i 所连接的头实体和尾实体。在社交网络中，关系可以指用户之间的人际交往。当知识图谱 G 中有时间滑动窗口时，在三元组中加入新的元素 t_s^i，表示知识 i 在特定时间窗口 t 的状态 s，此时的动态知识图谱 G_i

可以表示为由四元组（h_i, r_i, t_i, t_s^i）构成的图结构。考虑时间和突发事件因素，在没有突发事件时，采用固定时间窗口对用户关系进行检测，在发生突发事件时，时间窗口宽度 d 改变，对用户关系计算增加频繁度。动态知识图谱 G_i 的采集为各变化时间状态下的知识图谱 $G_1, G_2, \cdots, G_T$，每个子知识图谱中包含大量在对应时间段内用户关系的相关信息，因此，动态知识图谱 G_i 可以表示为如下形式：

$$G_i = G_1 \cup G_2 \cup G_3 \cdots G_\tau \cdots \cup G_T \tag{3-6}$$

3.2 异构网络推荐

3.2.1 异构网络概念

异构信息网络（heterogeneous information network，HIN）是一种包含多种类型节点的特殊信息网络，其节点类型不限于实体。与传统的同构信息网络（homogeneous information network）相比，异构信息网络能够更准确地描述现实世界中复杂多样的关系，可以保留更全面的语义及结构信息。

异构信息网络可以包括多种类型的节点，例如，在文献信息网络中，节点可能包括作者、论文、会议期刊和关键词等。异构信息网络可以包含多种类型的边，例如，节点之间的边代表了不同类型的关系，如作者与论文之间的写与被写关系，论文与会议期刊之间的发表关系等。

因此，异构信息网络的优势主要如下：

• 丰富的数据源：异构信息网络能够整合来自不同来源、不同类型的数据，如用户行为数据、物品属性数据、社交网络数据等，为推荐系统提供丰富的数据源。

• 深入的语义分析：通过分析不同类型节点和边之间的关系，异构信息网络能够深入挖掘用户和物品之间的潜在联系和语义关系，提高推荐的准确性和个性化程度。

• 灵活的建模方法：基于异构信息网络的推荐算法可以采用多种建模方法，如路径分析、元路径分析、网络嵌入等，以捕捉用户和物品之间的复杂关系。

通过分析网络中的多种类型节点以及不同类型节点间的多种链接关系，异构信息网络能够准确地区分信息网络中的不同语义，挖掘出更加具有意义的知识。

3.2.2 基于异构网络的推荐

传统的推荐系统主要基于用户行为数据和物品属性进行推荐，面临着数据多样性和复杂性的挑战。异构信息网络将复杂信息都包含在图结构当中，可以捕捉事物之间的隐含联系、挖掘出用户的隐式偏好。由于异构信息网络强大的表征能力和对复杂数据关系的建模能力，它被应用到推荐系统中。

随着数据的复杂程度的不断提高，仅仅对单一类型的数据进行分析的传统的推荐方法已经不能完全发掘出数据中潜在的信息，现实世界的数据是异构的，不同种类的数据之间存在各样复杂的联系，所以对异构信息网络 HIN 的关注程度在逐渐提高。另外，因为 HIN

拥有大量不同的语义信息，而这些语义信息能够有效提高推荐性能，这也是基于异构信息网络的推荐系统兴起的要素之一。

异构网络从不同维度挖掘用户的偏好特征，进而减少推荐系统对于用户评分数据的依赖性。包括：

（1）用户行为网络和物品属性网络的融合，即将用户行为网络和物品属性网络进行融合，综合利用用户的行为数据和物品的属性信息来进行推荐。

（2）多模态数据的融合，即将图像、文本、音频等多模态数据进行融合，以捕捉用户的兴趣和物品的特征，提高推荐的准确性和个性化程度。

（3）社交网络和用户行为网络的融合，即利用社交网络中的社交关系来提供更多的用户关系和用户兴趣信息，以提高推荐的准确性和个性化程度。

例如，在电影推荐系统中，如果用户使用网络的时间集中在深夜，这种用户行为表示用户可能会存在失眠和熬夜等生活习惯。那么可以在购物平台中为用户推荐其潜在需要的物品。如果用户在健身相关的社交平台较为活跃，且经常发布跑步或瑜伽运动的图片，那么可以在购物或旅游平台为其推荐运动服饰和运动场所等。获取并分析这些相关的信息，构建更丰富的异构网络，可以辅助补全用户的偏好和用户的关系，有效解决冷启动以及数据稀疏问题。

大多数基于 HIN 的方法通常利用基于路径的相似性来增强用户和项目的表示，包括基于元路径的潜在特征、基于元路径的用户相似性和基于元图（meta-graph）的潜在特征。这些方法大多是根据元路径节点间的相似性进行计算的，无法精确地捕捉各个对象之间形成的语义，所以很难学习到符合相关推荐任务的路径。即使与传统的推荐算法对比，基于元路径的异构信息网络的推荐算法在推荐性能上有一定的提升，但还是不可避免出现以下问题：首先，有些路径之间的关系对相关推荐任务产生的作用很小，甚至是副作用，或者有些路径的形成是无法解释的，不具备相关的语义特征，这些都将导致推荐的结果不准确。此外，HIN 上定义的语义关系是通过元路径之间的相似性表示的，并不能在所有的推荐任务中通用。所以使用元路径相似性的 HIN 大多不能充分发掘出用户和项目的深层次信息。针对上述问题，由于网络嵌入在结构特征提取方面表现出了巨大的潜力，已成功地应用于异构信息网络推荐任务中。有研究提出了一种网络嵌入模型，编码了耦合异构网络的内部和边缘的关系。还有一些研究者将注意力机制和基于 HIN 的推荐系统相结合，指导基于元路径的相邻节点的特征聚合。

异构信息网络通过其丰富的数据源、深入的语义分析和灵活的建模方法，在推荐系统中发挥着重要的作用。

3.2.3　RippleNet 信息传播

现有基于路径和知识图谱嵌入的典型方法是 RippleNet，其核心是“兴趣传播”，即充分利用知识图谱中的实体和关系来构建用户兴趣的涟漪效应，然后沿着知识图谱的关系迭代地传播用户对物品的评分，不断向外扩展用户兴趣。RippleNet 克服了传统的嵌入式和路径基的 KG 感知推荐方法的局限性，揭示用户的隐藏兴趣层级，实现端到端的推荐。

RippleNet 旨在将知识图谱自然地融入推荐系统中，通过偏好传播方法更准确地理解和自动捕捉用户的潜在偏好，从而能够提供更准确更个性化的推荐。RippleNet 通过利用知识图谱中的大量三元组信息，能够缓解数据的稀疏性以及冷启动问题，改善推荐系统的性能。知识图谱由各种类型的关联关系组成，有助于合理地扩展用户的兴趣，增加推荐项目的多样性。同时，RippleNet 将用户的历史浏览信息和推荐的记录连通，增加了推荐系统的可解释性。

RippleNet 的技术特点可以总结如下：

- 深度端到端模型：RippleNet 是一个深度端到端的模型，能够直接根据用户的历史交互和知识图谱进行推荐，无须额外的预处理步骤。
- 自动发现潜在路径：RippleNet 可以自动发现从用户历史记录中的项目到候选项目的可能路径，而无须任何手工设计。这使得 RippleNet 能够更灵活地适应不同的推荐场景。
- 广泛的适用性：RippleNet 适用于多种类型的推荐场景，包括图书、电影、新闻等。通过调整模型参数和数据集，RippleNet 可以轻松地适应不同的业务需求。

RippleNet 未考虑数据之间关系的权重差异，它是一种优秀种子的无差别传输策略，这加重了选择偏差和曝光偏差的影响。有学者提出 Cn-RippleNet 方法，进一步结合了复杂网络的相关知识，计算每个节点的影响力，融入原有模型当中，该系统包含了用户数据处理模块、召回层模块、排序层模块。但是改进方法的三元组抽取结果不准确，节点影响力并没有考虑关系类型。也有研究基于知识图谱将两种 RippleNet 模型进行融合，从而构建出一种新的推荐模型。该模型能够更好地发现用户兴趣和物品特征在知识图谱上的分布及其之间的关系。但是未能更好发掘每个实体都有的属性标签，同时此模型在某些推荐场景下会受到限制。有研究关注实体的权重问题，提出了一种考虑复杂网络节点影响的 RippleNet 模型，在基于知识图构建复杂网络之后，建立了最大子网模型，并且计算了图网络中的节点影响，将其作为权重添加到 RippleNet 中。

3.3 基于知识图谱和 RippleNet 的推荐

由于动态知识图谱实时更新用户兴趣，RippleNet 能够精确捕捉用户偏好，因此基于动态知识图谱和 RippleNet 的推荐系统通常能够提供高度个性化的推荐服务。而动态知识图谱的多样性和 RippleNet 的偏好传播算法，有助于推荐系统产生多样化的推荐结果，满足用户不同的需求。同时利用知识图谱中的背景知识，RippleNet 能够有效解决传统推荐系统冷启动问题，为新用户或新项目提供有效推荐。

下面介绍一种基于异构网络中动态知识图谱的推荐系统模型（HN-DKG）。分别从跨领域多平台、动态知识图谱以及繁衍传播的角度对用户偏好进行补全，实现推荐。首先提出构建异构网络中动态知识图谱推荐系统，根据用户多平台行为构建话题、领域等多模态节点，建立异构网络，提取用户多维偏好，减少对历史数据依赖。然后设立了时间仓以及触发器，利用图注意力网络提取用户的动态特征行为，掌握用户灵活多变的偏好，优化基础知识图谱，实现动态知识图谱。最后对 RippleNet 模型进行改进，通过建立种子簇，偏好阻断以及随机关系建立机制，实现端到端的推荐，提升系统效率以及推荐结果的多样性，并削弱数据偏差带来的影响。

动态知识图谱推荐系统整体框架如图 3-3 所示，该推荐方法分为三个步骤：

彩色图片

图3-3

（1）基于跨领域多平台信息构建异构网络，建立基础知识图谱。

（2）将时间仓机制融入 GAT，利用图注意力网络提取用户短期偏好，得到实时知识图谱网络。

（3）对用户和项目进行聚类，利用基于种子簇等机制优化 RippleNet 模型进行点击预测，得到推荐列表。

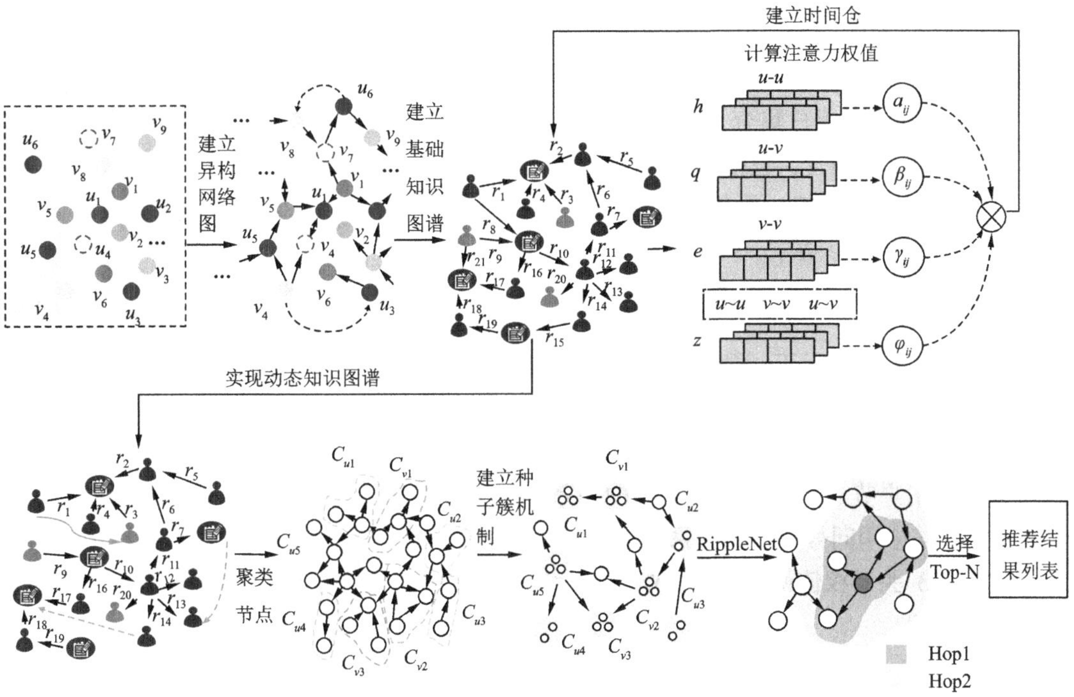

图 3-3　自适应动态知识图谱推荐系统整体框架图（扫码查看彩色图片）

3.3.1　异构网络建模

在真实环境中，用户在某个平台的偏好可以通过用户在多个平台的行为进行补全和增强。考虑用户行为的复杂性和用户偏好的多维特性，首先构建多模态异构网络，如图 3-2 所示。利用异构网络表示用户在多平台的信息，并挖掘多平台信息构建虚拟节点，以便更好地挖掘用户偏好，缓解数据稀疏问题。与异构网络相关的几个定义介绍如下：

定义 3-1　多模态异构节点。多模态异构节点是指异构图中的多种类型节点，包括用户节点和项目节点。项目节点还包括从用户多平台信息中提取的主题、情感、风格、习惯等虚拟节点。具体来说，虚拟节点是通过分析用户在多平台上的行为，得出用户在生活、学习或工作中的偏好或风格。虚拟节点的类别包括客观特征、风格、习惯、爱好、情感、状态、偶发等。客观特征是使用者自身的身体属性，如体重过重或皮肤护理问题。风格是用户相对稳定的行为规则，比如用户喜欢简单的生活或者高价的物品。习惯是用户表现出的生活模式，比如喜欢苏打水，喜欢体验新产品。爱好是用户对某些事物的特殊倾向，比如足球或金融研究。情绪是用户在短时间内的一种感受，例如用户兴奋或沮丧。状态是用户反映的一种生活或学习节奏，例如，用户在度假或工作狂。偶然性是指用户不寻常的行为习惯，如用户突然对某事物产生兴趣。

在图 3-4 中，虚拟节点以虚线椭圆表示，如工作狂、焦虑倾向、金融行业等。虚拟节点有助于发现用户的隐式偏好。异构网络中的用户和项目分别用 U 和 V 表示。

$$U=\{u_1,u_2,\cdots,u_n\} \tag{3-7}$$

$$V=\{v_1,v_2,\cdots,v_m\} \tag{3-8}$$

其中 U 为单个用户集合，包括 n 个用户；V 为单个项目集合，包括 m 个项目。

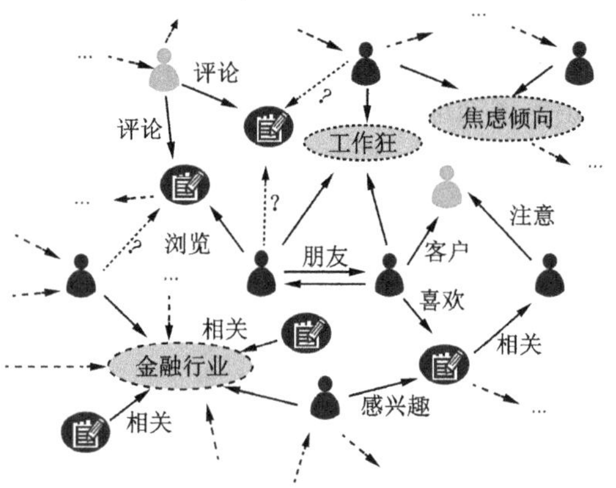

图 3-4　异构网络图

定义 3-2 异构关系。异构网络中存在的关系类型集合用 R 表示。

$$R=\{r_1,r_2,\cdots,r_n\} \tag{3-9}$$

式中，$r_1,r_2,\cdots,r_n$ 表示不同类型的关系，集合 R 中有 n 种关系类型，包括多种关系类型，如用户点击一个物品、用户与另一个用户交互、物品与其他物品的关系等。在这 n 种关系中，有一部分是基于明确历史记录的用户与物品之间的访问或从属关系，称为固有关系。另一部分是用户节点和虚拟节点之间的关系，称为虚拟关系。虚拟关系由图 3-4 中的虚线显示。图 3-4 中用问号标记的关系指的是需要预测的关系。

定义 3-3 关系权值函数。用 RW 来表示节点间关系的权重，例如关系 r_i 的权值函数用 RW_{r_i} 表示，即

$$\mathrm{RW}_{r_i}=<T_{r_i},F_{r_i},M_{r_i}> \tag{3-10}$$

式中，T_{r_i},F_{r_i},M_{r_i} 分别表示关系 r_i 的建立时间长度、属于该关系的交互频率以及关系 r_i 包含的两个节点的共同交互或关联节点的个数。节点之间的关系建立时间越长，说明此节点之间的影响较大，比如多年的好友，兴趣爱好大多是比较相投的，也容易互相受到影响。节点之间的交互频率越高，互相的影响力就越大。由于多次进行交互，会受到彼此的喜好影响，人们的从众心理是潜意识的，会潜移默化地对偏好产生影响。多次进行意见交换的交互，偏好会发生一定改变，故而权值较大。两个节点的共同关联节点数目越多，节点的关系越紧密，则用户社交关系或者项目的相似权重就越大。

具体的关系权值计算如下：

$$\mathrm{RW}_{r_i}=\gamma\ln(\exp\{T_{r_i}\}+\exp\{F_{r_i}\}+\exp\{M_{r_i}\}) \tag{3-11}$$

式中，γ 为归一化系数，用于减少因权值函数差距过大而对推荐结果产生的偏差。

构建带有权值的异构网络后，对异构网络进行实体以及关系提取，建立知识图谱 G，形成三元关系组(h,r,t)，分别为头、关系、尾。

3.3.2 融入时间仓机制的 GAT

在推荐系统中，用户的行为通常会受到网络交互、网络舆论及突发事件的影响，异构

图中节点的关系也会因此发生改变，从而引发短期偏好的改变。而且短期偏好也可能会发展成为长期偏好。GAT 关注目标用户的近邻，即关注图结构的局部，可以有效地提取用户的短期偏好。为此，设置时间仓函数以利于 GAT 提取用户短期偏好。

定义 3-4　时间仓。时间仓用于观察用户行为发生的时间片段。用 TI_a 表示一个时间仓，其时间间隔由 ti_a 到 ti_{a+1}表示，即

$$\mathrm{TI}_a=[\mathrm{ti}_a,\mathrm{ti}_{a+1}] \tag{3-12}$$

通常，时间仓以周为单位，定期提取用户偏好。在网络舆情以及突发事件的情况下，设置触发函数，缩小时间仓的空间，增加其仓库个数，加大对用户偏好特征计算的频率。时间仓触发函数可表示为

$$f(x)=\arctan\{\xi+\lg(\mathrm{Poe}+\mathrm{Eme})+\tau_1\lg(\mathrm{Kes}+\mathrm{Pug})+\tau_2\lg(\mathrm{Fot})\} \tag{3-13}$$

式中，$f(x)$为时间仓触发函数，其值大小与 Poe（舆论事件）、Eme（突发/热点事件）、Kes（关键词检索变动）、Pug（购买物品）、Fot（关注话题）等行为参数相关，ξ 为常数，可根据经验进行设定，调整时间仓的触发频率。图 3-5 表示了时间仓嵌入层对用户特征提取的具体过程，可以触发创立多个时间仓，也可以进行常规时间仓的特征提取计算，实现了时间仓建立的灵活性，保证系统准确性，同时也减少了计算成本。

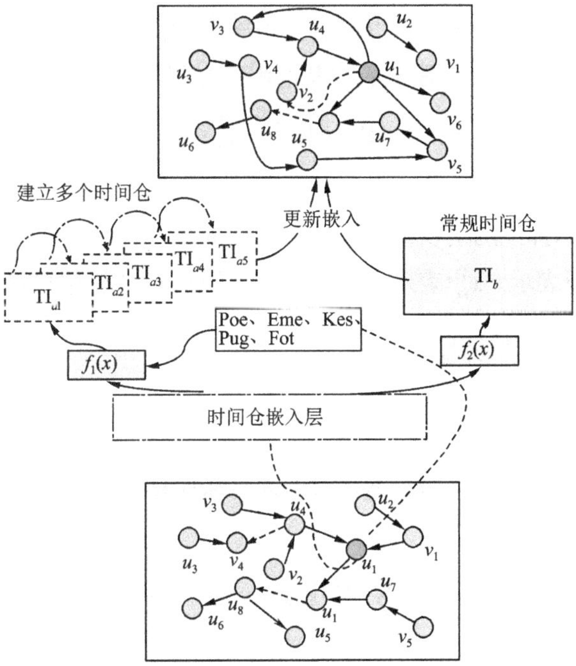

图 3-5　时间仓嵌入层

考虑多种节点的复杂关系，以及注意力机制可以减少噪声影响，高效提取有效信息，利用多头注意力机制对动态知识图谱的关系进行提取，使得注意力权值计算更加精确，提高推荐结果准确性。

图注意力网络使用了自注意力的方式计算图里面某个节点相对于每个邻接节点的注意力。图注意力网络不需要关注整张图结构，就可以给出邻居节点不同的权值，能够优化算

法复杂性，提高推荐准确性。图 3-6 所示说明了图注意力网络的基本原理以及其多头注意力的性质，GAT 首先学习了注意力权重 a_{ij}，如图 3-6（a）所示，然后基于注意力权重 $\{\alpha_{11},\alpha_{12},\cdots,\alpha_{15}\}$ 对节点 $\{h_1,\cdots,h_5\}$ 加权平均，进而得到节点 1 的特征表示 $\vec{h}_1'$。

彩色图片

图3-6

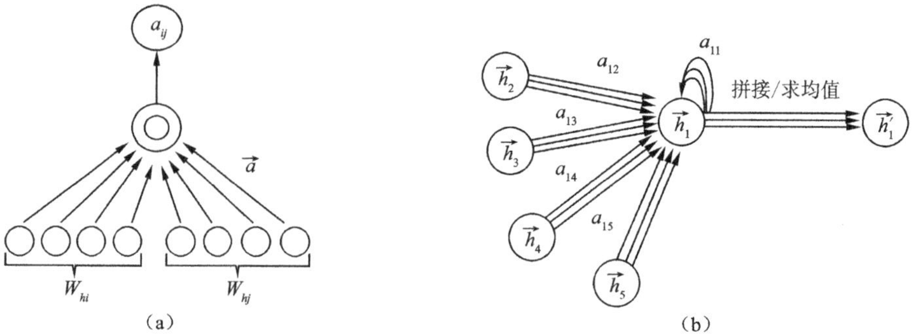

图 3-6　图注意力网络及多头注意力（扫码查看彩色图片）

关注用户-用户、用户-项目、项目-项目以及附加关系，下面分别给出权值的计算函数定义。

1. 用户-用户 GAT

对于用户与用户之间的交互，可以根据知识图谱的路径关系，使用图注意力网络增强用户关系特征，挖掘隐式好友。用户 u_j 与其他用户之间的潜在特征 $h_j^{\mathrm{TI}_a}$ 表示为

$$h_j^{\mathrm{TI}_a}=\sigma(W\mathrm{AF}_{u\text{-}u}(\{x_{ia}^{\mathrm{TI}_a},\mathrm{Ex}_u\cup\mathrm{Im}_u\})+b) \tag{3-14}$$

式中，σ 表示非线性激活函数，$\mathrm{AF}_{u\text{-}u}$ 为融合用户显式好友与隐式好友的聚合函数，b 表示神经网络偏置，W 表示神经网络权重，可通过迭代训练得到，Ex_u 表示显式好友特征表示，Im_u 表示隐式好友特征表示。$x_{ia}^{\mathrm{TI}_a}$ 表示在时间 TI_a 下用户对其他用户进行的交互，如用户之间聊天、关注等行为信息。根据潜在特征计算邻域用户的注意力系数，并且进行归一化计算。注意力系数用 $\alpha_{ij}^{\mathrm{TI}_a}$ 表示，计算公式为

$$\alpha_{ij}^{\mathrm{TI}_a}=\mathrm{softmax}(\vec{a}^{\mathrm{T}}\sigma(W'[x_{ia}^{\mathrm{TI}_a}\,\|\,h_j^{\mathrm{TI}_a}]+b_1^k)+b_2^k) \tag{3-15}$$

最终得到用户的低维向量特征表示，为了提高其计算的准确性，利用 GAT 模型的多头注意力机制进行计算，具体公式为

$$\vec{h}_j^{\mathrm{TI}_a}=\sigma\left(\frac{1}{K}\sum_{k=1}^{k}\sum_{j\in N_i}(\alpha_{ij}^{\mathrm{TI}_a})^k W^k\cdot x_{ia}^{\mathrm{TI}_a}+b^k\right) \tag{3-16}$$

2. 用户-项目 GAT

用户交互过的项目可以分为两大类，一类为用户直接交互，如用户对项目进行评价、购买、收藏等，另一类为根据异构图中的路径，获取的用户与其他项目或虚拟项目的间接交互。用户交互项目的表征特征 $q_j^{\mathrm{TI}_a}$ 表示为

$$q_j^{\mathrm{TI}_a}=\sigma(W\mathrm{AF}_{u\text{-}v}(\{s_{ia}^{\mathrm{TI}_a},\mathrm{Ex}_v\cup\mathrm{Im}_v\})+b) \tag{3-17}$$

式中，σ 表示非线性激活函数，$\mathrm{AF}_{u\text{-}v}$ 为融合用户历史交互过的显性感兴趣的项目与用户通

过元路径间接交互的隐性项目的聚合函数，b 表示神经网络偏置，W 表示神经网络权重，可迭代训练得到，Ex_v 表示用户历史交互过的显性感兴趣的项目，Im_v 表示用户通过元路径间接交互的隐性项目。$s_{ia}^{\mathrm{TI}_a}$表示在时间 TI_a 下用户对其他项目进行的交互。根据潜在特征计算邻域项目的注意力系数 $\beta_{ij}^{\mathrm{TI}_a}$，并且进行归一化的计算。

$$\beta_{ij}^{\mathrm{TI}_a}=\mathrm{softmax}(\vec{a}^{\mathrm{T}}\sigma(W'[s_{ia}^{\mathrm{TI}_a}\parallel q_j^{\mathrm{TI}_a}]+b_1^k)+b_2^k) \tag{3-18}$$

输出用户交互项目的特征 $\vec{q}_j^{\mathrm{TI}_a}$ 表示为

$$\vec{q}_j^{\mathrm{TI}_a}=\sigma\left(\frac{1}{K}\sum_{k=1}^{k}\sum_{j\in N_i}(\beta_{ij}^{\mathrm{TI}_a})^k W^k s_{ia}^{\mathrm{TI}_a}+b^k\right) \tag{3-19}$$

3. 项目-项目 GAT

对于项目之间的交互信息，重点关注历史交互项目与邻域项目之间的关联程度，从而给用户提供同类型项目中更优的推荐。项目与项目之间的信息包含直接信息和间接信息。直接信息是项目之间通过关键字或其他属性信息可以建立的关系。间接信息即项目之间通过用户的社交建立的联系，也可以通过用户的性格或风格建立联系。项目之间的潜在特征 $e_j^{\mathrm{TI}_a}$ 通过下式计算。

$$e_j^{\mathrm{TI}_a}=\sigma(W\mathrm{AF}_{v\text{-}v}(\{\rho_{ia}^{\mathrm{TI}_a},\mathrm{Di}_v\cup\mathrm{In}_v\})+b) \tag{3-20}$$

式中，σ 表示非线性激活函数，$\mathrm{AF}_{v\text{-}v}$为融合与目标项目有直接相关信息以及间接相关信息的聚合函数，b 表示神经网络偏置，W 表示神经网络权重，可迭代训练得到，Di_v 表示与目标项目有直接相关信息的项目，In_v 表示与目标项目有间接相关信息的项目。$\rho_{ia}^{\mathrm{TI}_a}$表示在时间$\mathrm{TI}_a$ 下目标项目与其他项目进行的交互嵌入。根据潜在特征计算项目的注意力系数，并且进行归一化的计算。

$$\gamma_{ij}^{\mathrm{TI}_a}=\mathrm{softmax}(\vec{a}^{\mathrm{T}}\sigma(W'[\rho_{ia}^{\mathrm{TI}_a}\parallel e_j^{\mathrm{TI}_a}]+b_1^k)+b_2^k) \tag{3-21}$$

输出相关项目的特征表示：

$$\vec{e}_j^{\mathrm{TI}_a}=\sigma\left(\frac{1}{K}\sum_{k=1}^{k}\sum_{j\in N_i}(\gamma_{ij}^{\mathrm{TI}_a})^k W^k \rho_{ia}^{\mathrm{TI}_a}+b^k\right) \tag{3-22}$$

4. 附加关系 GAT

为提高推荐结果的多样性，降低数据偏差对推荐结果的影响设计了附加关系。附加关系包括两类：一类是根据时间仓内的热点话题对所有用户的随机推荐；另一类是将与用户毫无交互或与用户偏好毫无关联的项目随机推荐给用户。附加关系中被推荐给用户的节点称为附加节点。附加节点的特征 $z_j^{\mathrm{TI}_a}$ 表示为

$$z_j^{\mathrm{TI}_a}=\sigma(W\mathrm{AF}_{u\cdots v}(\{d_{ia}^{\mathrm{TI}_a},\mathrm{Vi}_v\})+b) \tag{3-23}$$

式中，σ 表示非线性激活函数，$\mathrm{AF}_{u\cdots v}$为用户和附加节点的聚合函数，b 表示神经网络偏置，W 表示神经网络权重，可迭代训练得到，Vi_v 表示为附加节点的特征，其个数可根据数据集的大小进行阈值上的限定。$d_{ia}^{\mathrm{TI}_a}$表示在时间 TI_a 下与附加节点的嵌入。根据潜在特征计算附加节点的注意力系数，并且进行归一化的计算。

$$\varphi_{ij}^{\mathrm{TI}_a}=\mathrm{softmax}(\vec{a}^{\mathrm{T}}\sigma(W'[d_{ia}^{\mathrm{TI}_a}\| z_j^{\mathrm{TI}_a}]+b_1^k)+b_2^k) \tag{3-24}$$

输出附加节点的特征表示为

$$\vec{z}_j^{\mathrm{TI}_a}=\sigma\left(\frac{1}{K}\sum_{k=1}^{k}\sum_{j\in N_i}(\varphi_{ij}^{\mathrm{TI}_a})^k W^k d_{ia}^{\mathrm{TI}_a}+b^k\right) \tag{3-25}$$

图 3-7 所示为图注意力网络的结构示意图，它分为三层，分别是传播层、时间仓嵌入层以及聚合层，对四类关系即用户-用户、用户-项目、项目-项目和附加关系的注意力计算进行输入传播。通过多个时间仓的计算，得到动态的注意力权值，不仅可以挖掘用户的潜在偏好，也为用户偏好扩展延伸提供了可能性，有利于提高推荐结果的准确性和多样性，提升用户满意度。

●彩色图片

图3-7

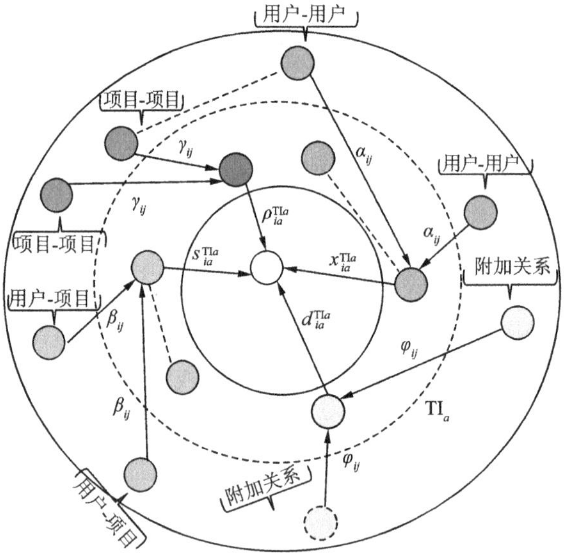

图 3-7　图注意力结构示意图（扫码查看彩色图片）

3.3.3　RippleNet 计算预测概率

使用 GAT 对用户的短期偏好特征提取后，得到实时性的动态知识图谱。然后使用 RippleNet 模型扩展知识图谱信息，完成用户对项目的点击预测。首先利用图注意力网络生成的权重系数对多类型节点进行简单聚类分簇处理。将每一簇作为 RippleNet 的种子簇进行知识图谱的繁衍传播。为降低计算复杂度，设立了传播阻断机制，灵活给定传播的跳数。为了提高结果的多样性，激发用户潜在偏好，设定随机种子机制。对于一些孤岛用户或者历史访问数据较少的用户，根据权值参考函数进行推荐，缓解数据稀疏的问题，得到更加多样化的推荐结果。

定义 3-5　种子分簇。根据注意力系数的权重大小对用户和项目节点分别进行基于密度的聚类算法（DBSCAN），产生节点簇，每一簇包含的个数根据数据集的大小进行阈值限定。用户簇可以用 C_u 表示，C_u^i 表示第 i 个用户簇，$C_u^i=\{C_u^{i1},C_u^{i2},\cdots,C_u^{in}\}$，$C_u^i$ 中包含 n 个节点。项目簇可以用 C_v 表示，C_v^i 表示第 i 个项目簇，$C_v^i=\{C_v^{i1},C_v^{i2},\cdots,C_v^{im}\}$，$C_v^i$ 中包含 m

个节点。用户簇与项目簇有直接或者间接的交互。

具体地，

$$\mathrm{Cf}_i = \nabla\left[\left(\log\sum_{a=m}^{n}(\alpha_{ij}^{\mathrm{TI}_a}+\zeta\beta_{ij}^{\mathrm{TI}_a}+\epsilon\gamma_{ij}^{\mathrm{TI}_a})\right),\left(\exp\Omega\sum_{a=m}^{n}\varphi_{ij}^{\mathrm{TI}_a}\right)\right] \tag{3-26}$$

可根据需要或者专家经验设定阈值，进行用户簇及项目簇的分类，Cf_i 函数增大了虚拟关系的权重，重视结果的多样性，其中 ζ、ϵ、Ω 均为归一化参数设置，保持参数的数量级。

定义 3-6 传播阻断机制。在 RippleNet 模型中，设定了优秀种子、随机种子和抑制种子机制，分别保障个性化推荐、减少曝光偏差影响，并提高推荐效率。

用户簇与项目簇的交互矩阵 $\boldsymbol{Y}$ 表示为

$$\boldsymbol{Y}=\{y_{C_uC_v}\mid C_u\subset U,C_v\subset V\} \tag{3-27}$$

式中，$y_{C_uC_v}$表示用户簇和项目簇之间的交互情况，它有三种取值。

- 当用户簇与项目簇有直接或者沿着图数据的元路径有间接交互的，设定为 $y_{C_uC_v}=1$，则项目簇称为用户簇的优秀种子簇集合。优秀种子的传播在图 3-8 中用蓝色箭头表示。
- $y_{C_uC_v}=0$，表示用户簇与项目簇无交互信息，这些项目簇可作为用户簇的候选种子集，以建立用户和项目之间的随机传播关系。图 3-8 中用绿色虚线箭头表示。
- 当 $y_{C_uC_v}=-1$ 时，用户簇与目标用户簇的关系为厌恶关系，设定项目簇为抑制项目，阻断项目与用户之间的传播路径。图 3-8 中用红叉进行传播阻断表示。

具体地，根据上文计算得到的权值函数，进行计算交互矩阵的大小。

$$qa_x=\sum_{i=1,j=1}^{i=L,j=L}\left(\sum_{a=m}^{n}\alpha_{ij}^{\mathrm{TI}_a}\left\|\sum_{a=m}^{n}\beta_{ij}^{\mathrm{TI}_a}\right\|\sum_{a=m}^{n}\gamma_{ij}^{\mathrm{TI}_a}\left\|\Omega\sum_{a=m}^{n}\varphi_{ij}^{\mathrm{TI}_a}\right)\right/\vartheta\sum_{i=1}^{L}N_{C_uC_v}^{\mathrm{TI}_i} \tag{3-28}$$

设定阈值函数 $\mathrm{crit}=\sqrt{\dfrac{1}{qa}\left[\dfrac{\ln(qa)}{\ln 2}\right]^3}$，$\mathrm{eta}=\left[\sum_{x=1}^{N}|qa_x|^2-N'\right]\Big/N'$，若 eta<crit 则 $y_{C_uC_v}=1$，进行重点计算预测概率；若 eta>crit 则 $y_{C_uC_v}=-1$，启用传播的阻断机制，不进行预测概率的计算。其中 N'为固定值，使得 eta、crit 函数可在同一数量级进行比较。

定义 3-7 节点簇集。实体节点簇的集合用$\boldsymbol{\varepsilon}_{C_u}^k$来表示。

$$\boldsymbol{\varepsilon}_{C_u}^k=\{t\mid(h,r,t)\in G\text{ and }h\in\boldsymbol{\varepsilon}_{C_u}^{k-1}\}\quad k=1,2,\cdots,H \tag{3-29}$$

式（3-29）表示对于用户簇 C_u，经过 k 次跳跃后所关联的用户簇与项目簇的集合。其中$\boldsymbol{\varepsilon}_{C_u}^0=\{\varepsilon\mid y_{C_uC_v}=1,y_{C_uC_v}=0\}$，表示优秀种子簇和随机种子簇集合。

定义 3-8 波纹集。

$$S_{C_u}^k=\{(h,r,t)\mid(h,r,t)\in G\text{ and }h\in\boldsymbol{\varepsilon}_{C_u}^{k-1}\}\quad k=1,2,\cdots,H \tag{3-30}$$

用户簇对于项目簇的潜在兴趣不断向外扩展，但伴随着传播范围的扩大，偏好传递的强度也在逐步减弱。RippleNet 的波纹图如图 3-8 所示，红色为选定目标推荐用户，其簇内其他用户的交互以及自身交互的项目簇都可作为计算预测概率的种子簇。为孤岛用户随机建立虚拟关系，丰富用户信息。同时对抑制项目进行阻断，不再进行信息传播。

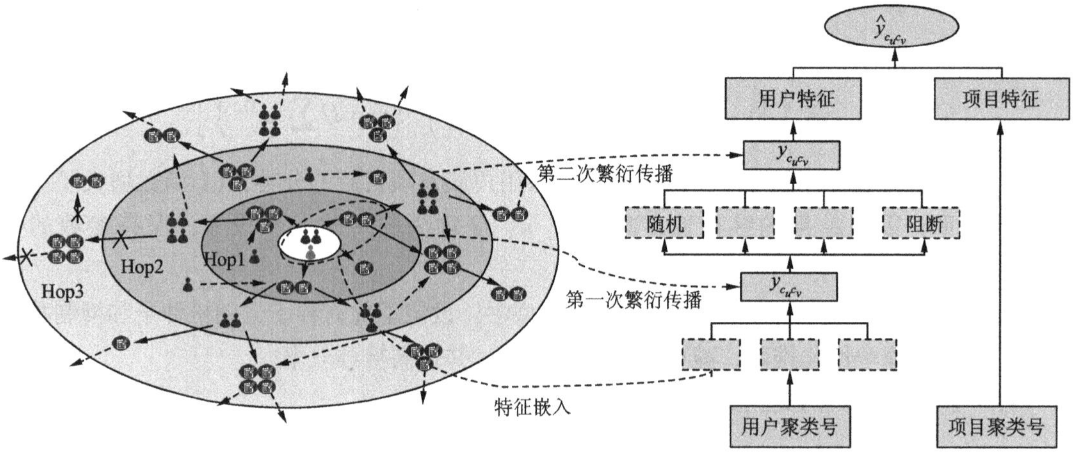

图 3-8　RippleNet 波纹图（扫码查看彩色图片）

彩色图片

图3-8

通过对项目簇的特征 C_v 和三元组(h_i, r_i, t_i)的头节点 h_i、关系 r_i 进行比较，可以得到波纹集 $S^1_{C_u}$ 中的每个三元组的关联概率，用 P_i 表示，计算公式为

$$P_i = \text{softmax}(C_v^T R_i H_i) = \frac{\exp(C_v^T R_i H_i)}{\sum_{(h,r,t)\in S^1_{C_u}} (C_v^T Rh)} \tag{3-31}$$

其中 R_i 和 H_i 分别是关系 r_i 和头节点 h_i 的特征。之后计算 $S^1_{C_u}$ 中的尾节点的加权和，权重为公式（3-25）计算的相关概率，得到向量 $\boldsymbol{O}^1_{C_u}$。

$$\boldsymbol{O}^1_{C_u} = \sum_{(h_i,r_i,t_i)\in S^l_{C_u}} P_i T_i \tag{3-32}$$

式中，T_i 是尾节点 t_i 的特征，向量 $\boldsymbol{O}^1_{C_u}$ 则表示用户簇 C_u 在知识图谱的种子集对项目簇的一阶响应。相应的进行拓展，计算多阶响应，并且进行求和，得到 C_u 为融合的所有阶数的响应。

$$C_u = O^1_{C_u} + O^2_{C_u} + \cdots + O^H_{C_u} \tag{3-33}$$

最后，结合用户簇和项目簇，输出预测的点击概率，计算公式为

$$\hat{y}_{C_uC_v} = \sigma(C_u^T C_v) = \frac{1}{1+\exp(C_u^T C_v)} \tag{3-34}$$

3.3.4　HN-DKG 算法描述

根据异构网络的构建、短期偏好的特征提取等，给出异构网络中基于动态知识图谱的推荐系统的算法，包括 GAT 的特征提取和 RippleNet 的概率预测两个算法。

1. 图注意力网络算法描述

算法 1 主要由三部分组成：第一部分（第 1~4 行）构建时间仓对数据进行预处理，提取用户项目特征；第二部分（第 5~7 行）计算注意力系数以及用户项目特征低维表示；第

三部分（第 8~13 行）根据注意力系数权值大小，对异构网络进行调整，实现动态网络表示，并且输出潜在特征。

算法 1　图注意力网络算法

输入：用户以及项目特征 $h_j^{TI_a}$、$q_j^{TI_a}$、$e_j^{TI_a}$、$z_j^{TI_a}$。

输出：用户及项目潜在特征低维表示 $\overrightarrow{h_j}^{TI_a}$、$\overrightarrow{q_j}^{TI_a}$、$\overrightarrow{e_j}^{TI_a}$、$\overrightarrow{z_j}^{TI_a}$，注意力系数权值 $\alpha_{ij}^{TI_a}$、$\beta_{ij}^{TI_a}$、$\gamma_{ij}^{TI_a}$、$\varphi_{ij}^{TI_a}$。

1：$a=1$，$i=1$，$j=1$
2：构建时间仓库 $TI_a=[ti_a, ti_{a+1}]$
3：提取在时间仓 TI_a 内的用户以及项目的特征表示
4：数据预处理
5：计算初始特征向量 $h_j^{TI_a}$、$q_j^{TI_a}$、$e_j^{TI_a}$、$z_j^{TI_a}$
6：计算注意力系数 $\alpha_{ij}^{TI_a}$、$\beta_{ij}^{TI_a}$、$\gamma_{ij}^{TI_a}$、$\varphi_{ij}^{TI_a}$
7：计算低维特征向量 $\overrightarrow{h_j}^{TI_a}$、$\overrightarrow{q_j}^{TI_a}$、$\overrightarrow{e_j}^{TI_a}$、$\overrightarrow{z_j}^{TI_a}$
8：if $\alpha_{ij}^{TI_a}$、$\beta_{ij}^{TI_a}$、$\gamma_{ij}^{TI_a}$、$\varphi_{ij}^{TI_a} \in (0,m)$
9：then 删除此类关系
10：else 嵌入异构网络
11：$i \leftarrow i+1$，$j \leftarrow j+1$
12：return 步骤 5
13：输出保留注意力系数
14：输出低维特征向量表示

2. RippleNet 算法描述

算法 2 主要由三部分组成：第一部分（第 1~2 行）数据预处理，提取用户簇以及项目簇，作为波纹网模型的种子；第二部分（第 3~9 行）计算波纹网的多跳向量，对三元组关系进行处理计算；第三部分（第 10~13 行）计算多阶响应，以及预测概率，给出推荐结果列表。

算法 2　RippleNet 算法

输入：交互矩阵 $\boldsymbol{Y}$，知识图谱 G。

输出：预测函数 $\hat{y}_{C_uC_v}=\sigma(C_u^T C_v)$，推荐结果列表 L。

1：初始化所有参数
2：根据图结构的权重值，采集用户簇 C_{u_j} 以及项目簇 C_{v_j}
3：根据交互矩阵 $\boldsymbol{Y}$ 对每个用户簇计算 $\varepsilon_{C_u}^H$
4：$k=1$
5：计算波纹集 $S_{C_u}^k$ 的三元组关联概率 P_i
6：当 $(h_i, r_i, t_i) \in S_{C_u}^k$ 时
7：计算尾节点的加权和 $\boldsymbol{O}_{C_u}^k$
8：$k \leftarrow k+1$
9：重复步骤 5~8
10：计算多阶响应向量和 C_u
11：计算预测点击概率 $\hat{y}_{C_uC_v}$
12：根据概率数值进行排序，给出 Top-N 项目簇
13：输出概率及推荐结果列表

3.4 实验与结果分析

本部分首先介绍实验设置及数据集，然后进行对比算法及参数介绍，将本章节提出的推荐方法与其他基线算法进行对比，最后进行实验和结果分析。结果表明本章所介绍方法的有效性。

1. 数据集与评测指标

本实验采用的环境设置为 Python 3. 6. 5、tensorflow-GPU 1. 14. 5、numpy 1. 18. 5、pandas 1. 1. 3、sklearn 0. 23. 2。

使用 MovieLens-1M 电影和 Book-Crossing 书籍两个领域的数据集测试所介绍推荐方法的性能。表 3-1 为两个数据集的详细信息。

MovieLens-1M 是一个广泛应用于电影推荐领域的标准数据集，该数据集共包含了来自 6 036 个用户对 2 445 个物品的 1 000 209 个评分。每个评分都是 1~5 之间的一个正整数。

Book-Crossing 是一个广泛应用于书籍推荐领域的标准数据集，该数据集共包含了来自 70 679 个用户对 24 915 个物品的 1 149 780 个评分。每个评分都是 1~10 之间的一个正整数。

经过模糊关系去除、数据筛选、数据去重后，利用相似性度量以及抽样方法提取数据集中的知识图谱。数据集 MovieLens-1M 所对应的知识图谱包含了 182 011 个实体，12 个不同关系以及 1 241 995 条知识，而数据集 Book-Crossing 包含了 113 487 个实体，80 个不同关系以及 6 420 520 条知识。

表 3-1　MovieLens-1M 数据集与 Book-Crossing 数据集的详细信息

	MovieLens-1M	Book-Crossing
用户数	6 036	70 679
项目数	2 445	24 915
实体数	182 011	113 487
关系数	12	80
知识数	1 241 995	6 420 520

为了验证算法性能，构建新的基于异构平台的数据集 MB-data。第一种构造方法是在 MovieLens-1M、Book-Crossing 数据集中根据用户评分分布、用户喜欢和不喜欢的项目类别特征的相似性，提取高度匹配的用户视为同一用户，构造多平台的交互信息，从而产生多平台数据集。

另一种构造方法是爬取用户在微博、淘宝、CSDN 等平台上的交互数据，建立用户和项目以及虚拟节点之间的关系，得到更加丰富的多平台数据。

这里采用以下几种模型进行对比实验。

- EHCF(efficient heterogeneous collaborative filtering) 不仅可以对细粒度的用户项关系进行建模，而且可以从整个异构数据（包括所有未标记的数据）中高效地学习模型参数，时间复杂度很低。

- CK(collaborative knowledge base embedding) 利用异构网络嵌入和深度学习嵌入方法，分别从知识库中的结构知识、文本知识和视觉知识中自动提取语义表示。将协同过滤和知识库嵌入组件结合到一个统一的框架中，并共同学习不同的表示。

- RippleNet 通过大量与用户点击历史相关的实体来表示用户喜好。最终通过用户喜好与物品表示相结合的方式来预估点击率。该方法中，使用的知识图谱表示方法为 TransE。
- KGAT(knowledge graph attention network）该方法以端到端的方式显式地建模 KG 中的高阶连接。从节点的邻居（可以是用户、项目或属性）递归传播嵌入，以优化节点的嵌入，并使用注意机制来区分邻居的重要性。
- NFM(neural factorization machine）提出了一种新的模型神经因式分解机，用于稀疏集下的预测。NFM 无缝地结合了 FM 在二阶特征交互建模中的线性和神经网络在高阶特征交互建模中的非线性。

算法对用户点击项目的预测概率进行降序排列，给出最好的 Top-N 个项目的推荐。采用推荐系统中常用的精确率、召回率和 F1-score 作为评价标准。

2. 实验结果及讨论

1）实验参数选取

对推荐模型中的参数采用实验进行确定，即在其他参数确定的情况下变化待定参数的值，选取使实验结果最好的参数。下面以多头注意力的头数为例说明参数确定过程。

多头注意力的头数决定了模型进行计算的次数。通常头数越多，注意力的提取更加准确，但是也会增加计算成本以及可能出现的过拟合现象。所以为了保证能最大限度提取用户的特征，同时也尽量减小模型的计算时间，为模型选择合适的头数是至关重要的。下面以 HN-DKG 模型为例，实验在 $K=2,4,6,8,10$的情况下，多头注意力的头数对于模型性能的影响。

图 3-9 所示为 HN-DKG 在 MovieLens-1M 数据集上使用不同 K 值时的性能比较。其中 RMSE 为均方根误差，MAE 是均方误差。由实验结果可以看到，当 $K=4$ 时即头数为 4 时，性能最好，此时计算时间也相对较短，计算成本较低。模型的性能趋势是先达到最佳点，之后慢慢降低，说明增加注意力的头数时可以更好地挖掘用户特征，提高模型性能。但是当头数过多时，可能会因为过拟合的问题，使得模型的性能下降，同时计算的时间较长，模型性能不够理想。

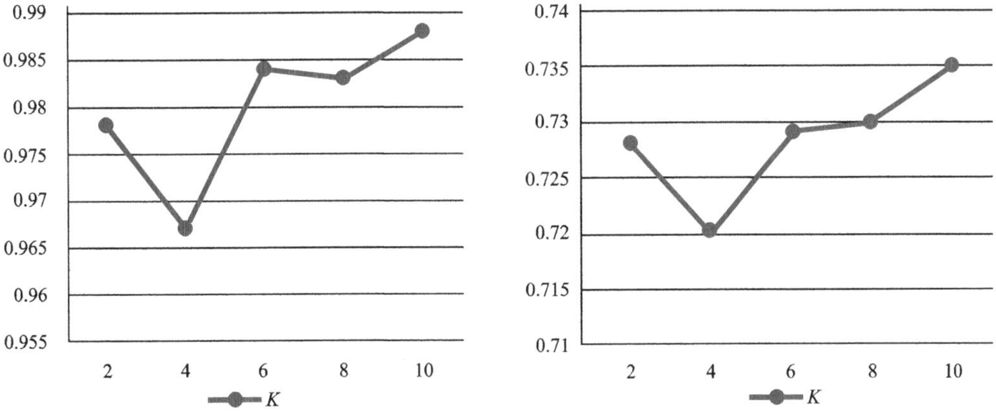

（a）在不同K下RMSE的大小　（b）在不同K下MAE的大小

图 3-9　K 对于模型性能的影响

2）HN-DKG 与基线推荐的性能对比

在 MovieLens-1M 数据集上，进行模型的训练与验证，其中 70% 的数据用作训练集，30% 的数据用作验证集。同时对于同类型的模型框架进行参数对比，选用的参数为精确率、召回率和 F1-score。对比的实验结果见表 3-2。根据表 3-2 绘制对比图如图 3-10 所示。

表 3-2　MovieLens-1M 数据集上实验参数结果

模　型	Precision	Recall	F1-score
HN-DKG	**0. 020 862 134**	**0. 058 134 685**	**0. 030 705 378**
EHCF	0. 017 894 561	0. 048 956 172	0. 026 209 113
CKE	0. 0164 865 48	0. 058 467 941	0. 025 720 528
RippleNet	0. 015 657 324	0. 068 751 265	0. 025 505 955
KGAT	0. 016 048 173	0. 065 846 551	0. 025 806 714
NFM	0. 014 950 000	0. 063 560 135	0. 024 206 405

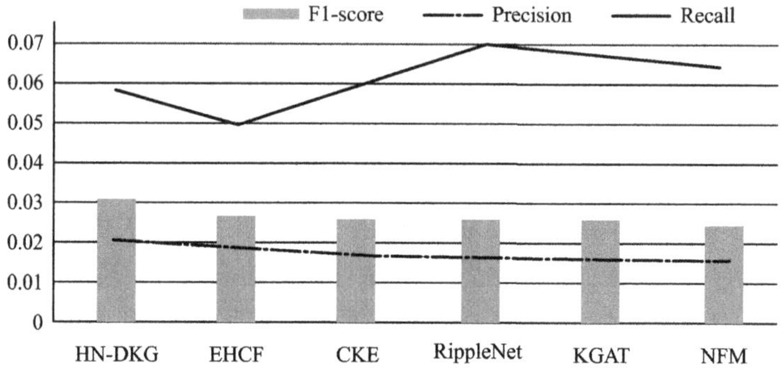

图 3-10　MovieLens-1M 数据集模型对比

在 MovieLens-1M 数据集上，进行模型的训练与验证，其中 70% 的数据用作训练集，30% 的数据用作验证集。同时对于同类型的模型框架进行参数对比，选用的参数为精确率、召回率和 F1-score。对比的实验结果见表 3-2。

由表 3-2 及图 3-10 可知，HN-DKG 在精确率上高于其他算法，但召回率上略低于一些模型。关注 RippleNet 模型的实验结果，其召回率比较高，精确率要略逊于其他模型。这也印证了推荐模型的一些经验性结果，即精确率和召回率两者是不可兼得的，因此，找到两者的平衡才是模型更好的优化。HN-DKG 模型在精确率和召回率的比值 F1 上达到较高的平衡，验证了 HN-DKG 算法的有效性，也提高了一定的精确率。

在 Book-Crossing 数据集上，进行模型的训练与验证。对比的实验结果见表 3-3。

表 3-3　Book-Crossing 数据集上实验参数结果

模　型	Precision	Recall	F1-score
HN-DKG	**0. 015 196 789**	**0. 154 126 481**	**0. 027 665 75**
EHCF	0. 014 512 872	0. 152 846 216	0. 026 508 719
CKE	0. 013 548 615	0. 143 248 613	0. 024 755 799
RippleNet	0. 015 087 912	0. 148 005 894	0. 027 384 239

续上表

模　型	Precision	Recall	F1-score
KGAT	0. 014 916 916	0. 141 466 721	0. 026 988 082
NFM	0. 013 500 003	0. 137 865 901	0. 024 591 928

由表 3-3 可知，在 Book-Crossing 数据集中，HN-DKG 模型有最高的召回率，但精确度的优势不够明显。这可能是因为数据集相对来说较大，改进效果不够明显，但是 F1 的数值上还是存在一定的优势，达到了相对较优的平衡。

由图 3-11 可知，在 MB-data 数据集中，HN-DKG 模型在精确度上比表现较好的 RippleNet 算法高出 0. 05%，比相似算法中 EHCF 高出 0. 1%。同时在 F1 上在相似算法中表现最优。表明所提出的方法在多平台以及交互信息的数据当中，通过提取有效辅助信息进行信息补全和知识增强后，得到了更加准确的推荐结果。

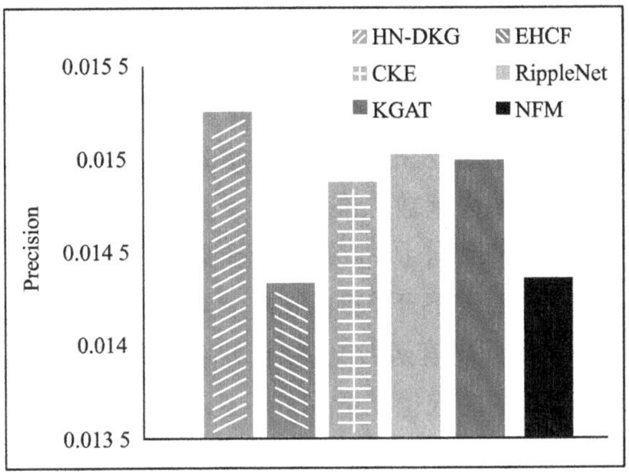

（a）Precision参数对比

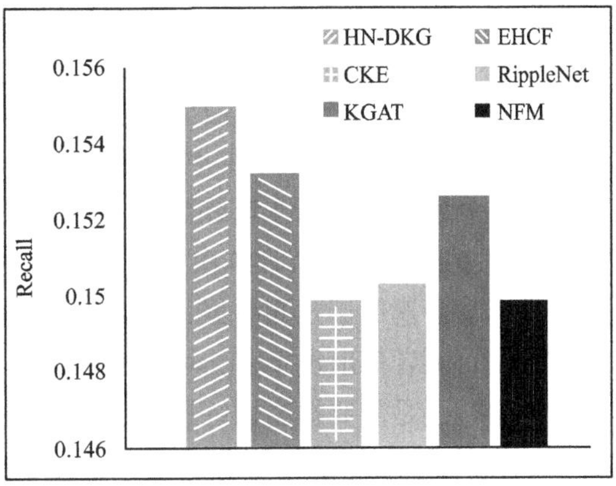

（b）Recall参数对比

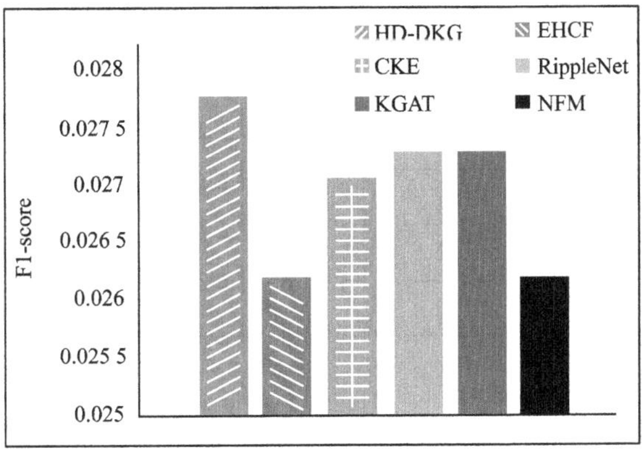

（c）F1-score参数对比

彩色图片

图3-11

图 3-11　MB-data 数据集上模型参数对比（扫码查看彩色图片）

为了测试所提出算法在数据极度稀疏下的性能，在 Book-Crossing 数据集基础上，删除 2/3 的评分数据，增加数据的稀疏程度。选取上述实验当中表现较好的 RippleNet 以及 KGAT 与所提出模型进行推荐性能的对比和讨论。

图 3-12 所示为在极度稀疏数据下三种模型的性能对比。可以看到 HN-DKG 算法在精确

度、召回率上都略有优势，在 F1 上也达到了较优的平衡。证明 HN-DKG 算法在处理冷启动和稀疏数据问题上的有效性。

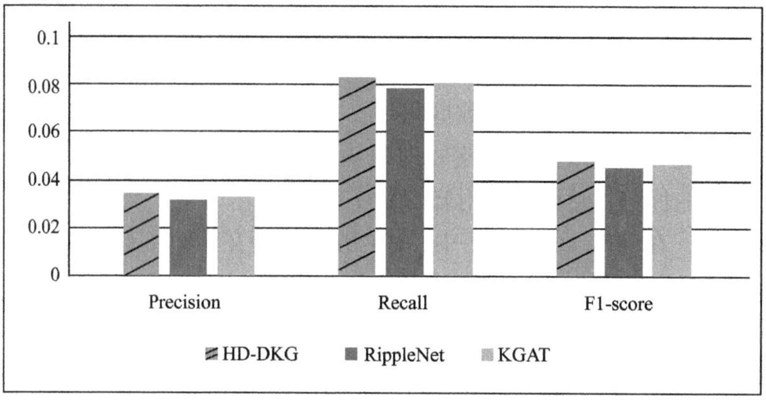

图 3-12　稀疏数据测试对比

在 MovieLens-1M 数据集上对模型进行多次迭代，得到更加准确的权值文件，通过实验对比训练次数对于损失函数（loss function，简称 loss）以及准确率（accuracy，简称 acc）的影响，分别比较模型在训练数据以及预测数据中的损失函数和准确率。

由图 3-13 可知随着训练次数的增加，损失函数逐渐减小，准确率不断提高。训练数据的损失函数普遍低于预测数据，而训练数据的准确率普遍高于预测数据。但是在训练次数为 100 时，两者都出现反常，可能由于训练次数较低，权值函数文件计算有偏差，所以模型在使用时还是需要提高训练迭代次数，得到稳定准确的权值函数文件。

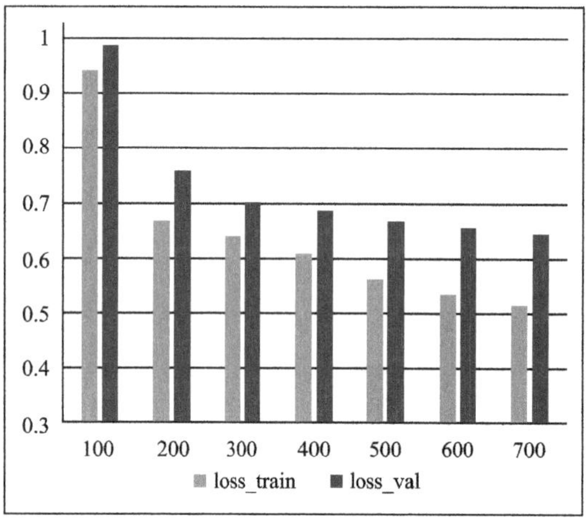

（a）训练次数与损失函数关系

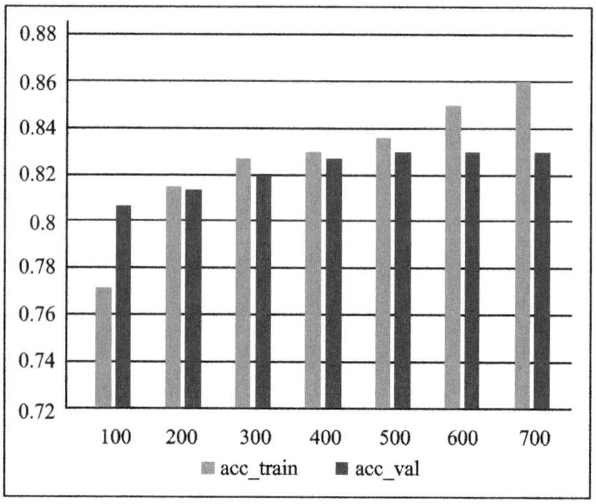

（b）训练次数与准确率关系

图 3-13　训练次数对模型的影响

为了评价推荐结果的多样性，首先分析了推荐资源属性分布情况，然后对匹配度较低的长尾资源被推荐的情况进行分析。

引入 Top-N 策略中多样性的测量方法评测推荐结果的多样性，即根据资源的属性分布是否具有均衡性计算多样性。考虑基于项目特征的多样性函数可以看作相似性度量的补充，把属性的非集中分布作为多样性的评价指标。多样性 DI(*R*)的计算公式为：

$$\mathrm{DI}(R)=\left(\frac{1}{|R|(|R|-1)}\right)\sum_{i\in R}\sum_{j\in R,j\neq i}\mathrm{div}(l_i,l_j)\tag{3-35}$$

R 是为用户 *U* 推荐的资源集合，其个数记为$|R|$，$\mathrm{div}(l_i,l_j)$是$\mathrm{sim}(l_i,l_j)$的补充。相似性计算公式采用余弦相似度算法。通常情况下，提高多样性是以降低推荐的准确度为代价的。

图 3-14 是推荐结果准确度和多样性的关系对比图。图中 EHCF、CKE、KGAT 和 NFM 的曲线趋势表明随着准确度的提高，多样性都呈现下降趋势。与 RippleNet 相比，HN-DKG 的多样性下降比较缓慢，始终维持在高于 0.40 的水平。所以在准确度提升的时候，HN-DKG 的多样性损失不是很显著。自底向上的推荐策略有助于提高推荐结果的多样性，同时，以用户多平台数据对关系增强的行为，保障了推荐结果的准确程度。

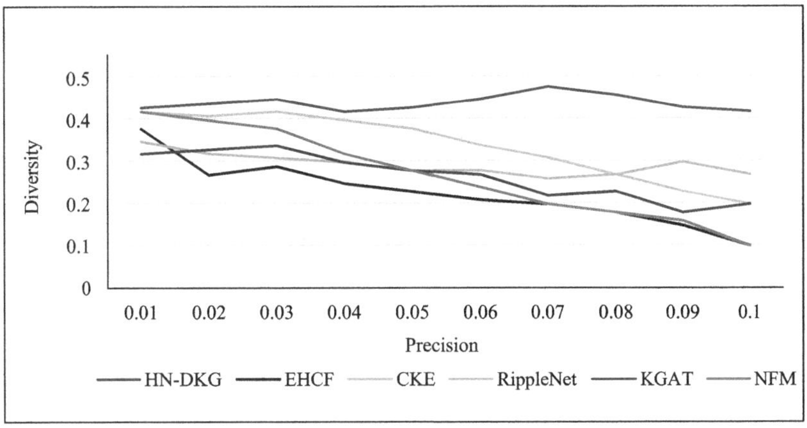

彩色图片

图3-14

图 3-14 准确率和多样性比较（扫码查看彩色图片）

经过上述实验，可以得到在异构网络基础上构建的知识图谱当中加入 GAT 模型，并且使用 RippleNet 框架对数据进行处理，对于推荐系统的改进是有一定成效的。由于数据集的大小以及训练程度，得到的权值文件不同，所以对于精确度和召回率是有一定影响的。但是本模型相对来说在精确度以及召回率的比值 F1 上有一定的优势，二者的平衡计算较为稳定，提高了系统的综合性能。在数据当中进行动态地处理权重文件，多次进行迭代训练，虽然精确率和召回率总会有一方数据略有牺牲，但是对于结果来讲有较为明显的改进。

3）消融实验

为了评估所提算法主要步骤的作用，设计了消融实验，分别评估 HN-DKG 方法中所设置的虚拟节点、时间仓机制以及用户分簇因素的作用。即依次移除方法中的上述模块，评估算法的性能，以此验证被消除的模块对 HN-DKG 的影响。

（1）虚拟节点——Drop 实验

为了测试虚拟节点对于系统有效性的作用，将虚拟节点剔除，形成算法 HN-DKG-drop1。本实验选用数据量较小的 MovieLens-1M，将改进过的 HN-DKG 模型与 HN-DKG-drop1 进行对比，测试虚拟节点对于推荐结果的影响。

由图 3-15 可知，与原算法 HN-DKG 对比，发现 HN-DKG-drop1 的训练、验证模型的参数都有所下降，平均下降 2.57%。证明在推荐系统中加入虚拟节点因素对系统性能提升是有用的。所以基于这个因素的设置想法和初衷是正确的，能对推荐系统有效。

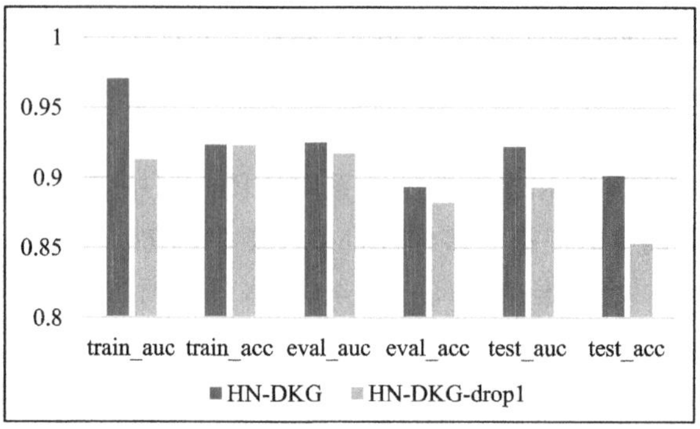

图 3-15　虚拟节点因素影响

（2）时间仓机制——Drop 实验

为了测试时间仓机制对于系统有效性的作用，将时间仓剔除，形成了算法 HN-DKG-drop2。本实验选用数据量较小的 MovieLens-1M，将改进过的 HN-DKG 模型与 HN-DKG-drop2 进行对比，测试时间仓机制对于推荐结果的影响。

由图 3-16 可知，与原算法 HN-DKG 对比，发现 HN-DKG-drop2 的训练、验证模型的参数都有所下降。证明时间仓机制因素对系统性能提升是有用的。

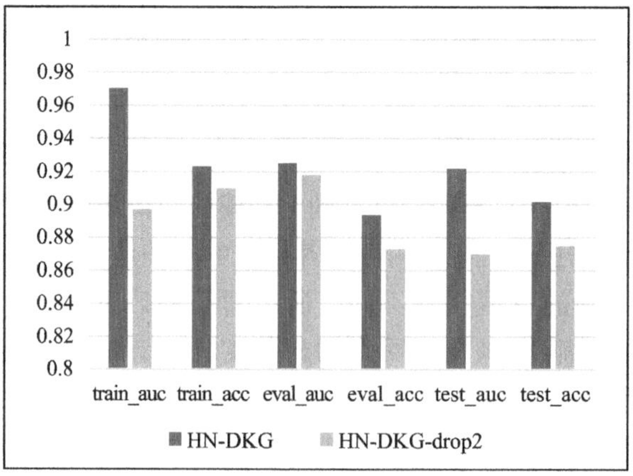

图 3-16　时间仓机制因素影响

（3）节点分簇——Drop 实验

为了测试分簇对于系统有效性的作用，将分簇因素剔除，形成了算法 HN-DKG-drop3。本实验选用数据量较小的 MovieLens-1M，将改进过的 HN-DKG 模型与 HN-DKG-drop3 进行对比，测试分簇对于推荐结果的影响。在实验当中对于数据的预处理，可以使用基于密度的聚类算法，将数据根据权值的参考因素进行分类。

由图 3-17 可知，与原算法 HN-DKG 对比，发现 HN-DKG-drop3 的训练、验证模型的参数都有所下降。证明节点分簇因素对系统性能提升是有用的。

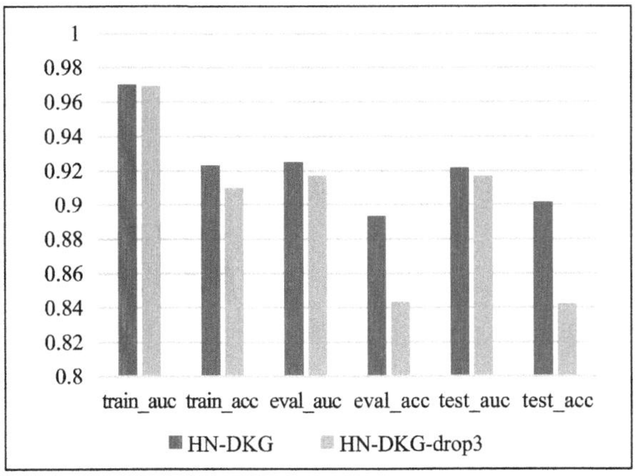

图 3-17　节点分簇因素影响

本章研究基于动态知识图谱的推荐方法。首先基于多平台数据构建异构网络，挖掘用户隐性偏好，实现知识补全。在从异构网络抽取知识图谱后，设立时间仓机制，利用 GAT 组件对用户偏好特征增强，计算四类注意力权值。其中加入的附加关系可以增加推荐结果多样性，实现了交互关系增强。利用种子分簇、随机种子和传播阻断等机制改进 RippleNet 算法，实现了系统时效性，提高推荐系统准确度，减少算法复杂度。实验通过两种数据集进行对比参数，证明了 HN-DKG 在对推荐系统改进的有效性。进行了消融实验，证明虚拟节点、时间仓机制以及节点分簇因素的有效性。因此可以得出结论，所提出的基于多源异构网络和动态知识图谱的推荐方法所考虑的因素是可行有效的，对于结果的准确性、多样性的提高较为显著。

第4章 超图推荐方法

多源信息融合是缓解推荐系统数据稀疏性的主要方法之一。超图在处理多源信息的多样性方面表现出了非凡的能力，尤其是在建模高阶用户-项目关系方面。然而，大多数超图研究都集中在使用特定类型的超边来构建超图，这可能无法完全捕捉异构信息源之间的高阶隐式关联。另外，现有的超图注意力网络（HyperGAT）主要侧重于节点和超边之间的信息传播，对复杂超边中的密度信息探索不足。此外，当超图来源于多个异构图时，来自不同视图的冗余信息会降低多变量超边建模的有效性。因此，本章提出了一种基于多源异构超图和对比学习的推荐算法（multi-source heterogeneous hypergraphs and contrastive learning for recommendation，MHCLR），通过多源信息融合和高阶信息相关性提高推荐精度。首先，将距离、行为、属性和预测超边相结合，生成多源异构超图。挖掘多源信息之间的关联，增强用户和项目之间的高阶语义连接。其次，提出了一种基于复合超边的空间密度超图注意力网络（SD-HGAT），该网络通过关注节点和超边密度来丰富用户和项目的嵌入表示。然后，设计了一个多跨视图比较学习（MCC），将以知识图为中心的视图与超图进行比较，提高了多元关系建模的准确性，并实现了多层次的用户评测构建。根据 Yelp、Last FM 和豆瓣的实验结果，可以观察到 MHCLR 在召回率、精确度和 NDCG 方面表现较好。

4.1 超图推荐的研究背景

4.1.1 图神经网络推荐现状

传统推荐算法的建模范式已经从基于邻域方法发展到基于表示学习的方法。基于物品的邻域方法直接向用户推荐与历史物品相似的物品。基于表示学习的方法试图将用户和项目编码为共享空间中的嵌入向量，从而使它们直接具有可比性。

推荐系统经常存在数据稀疏等问题。用户和物品之间的交互数据较少，导致推荐系统难以准确捕捉用户的兴趣和偏好。为了提高推荐系统的覆盖率和准确性，有研究引入多源信息融合，提供更全面的信息来弥补数据稀疏问题带来的不足。然而，多源信息之间的不一致性以及多维度增加了模型融合数据的难度。图神经网络可以将不同数据源的信息融合到一个统一的图结构中，捕捉多源信息之间的复杂关系和依赖关系。因此图神经网络技术被广泛应用在多源信息融合推荐系统。

推荐系统通过精准匹配用户需求与海量信息资源，极大地提升了信息检索的效率和个性化体验。在此基础上，图神经网络的应用为推荐系统带来了新的突破，使其能够更深入地理解用户行为和项目间的复杂交互，从而提供更为精准和个性化的推荐结果。基于图神经网络的推荐系统通常采用图 4-1 所示的框架结构。该框架通过捕捉用户与项目之间的复杂交互关系以及多网络中的潜在模式，有效地提高了推荐个性化的精确度。

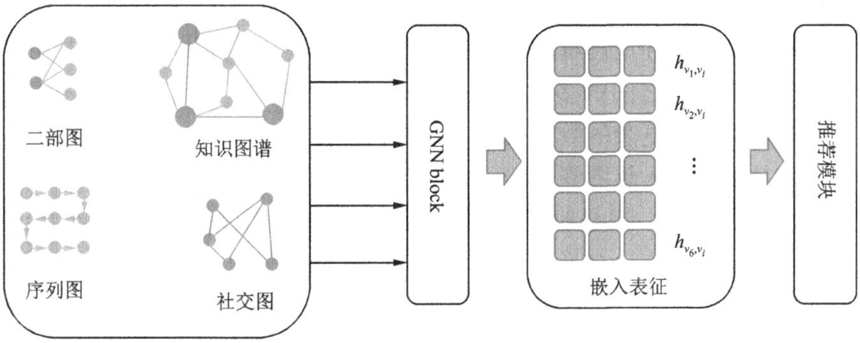

图 4-1　图神经网络推荐框架

基于 GNN 的推荐方法在结构数据处理和结构信息挖掘方面具有显著优势，已成为推荐系统的最新研究方向。有研究基于图卷积网络原理提出异构图学习（heterogeneous graphs，HeteGraph），结合抽样技术和图卷积运算学习高质量图的节点嵌入，而不需要一个完整的图邻接矩阵来进行嵌入学习。而轻量级图卷积（light graph convolution network，LightGCN）模型通过实验证明 GCN 过于复杂，选择去除 GCN 中的非线性激活函数和特征转换矩阵，保留聚合多层传播等技术，提高了推荐效率。然而，这种聚合方式忽略了不同邻居节点之间的重要性差异，可能导致模型性能受限。图注意力网络通过引入注意力机制来解决这一问题。GAT 为每个节点与其邻居之间的关系赋予不同的权重。有研究提出了对偶图注意力网络来协同学习双重社会网络的表征，其中一个由用户特定的认知权重建模，另一个由动态和上下文感知的认知权重建模。还有研究基于 GAT，提出用于位置推荐的时空注意力网络（spatio-temporal attention network，STAN）。STAN 运用双层注意力架构，第一层用于在轨迹内部聚合相关访问点并更新地点表示，第二层则根据当前时空点与轨迹中访问点的关联性召回候选地点，同时考虑用户的访问频率以处理地点在轨迹中的重复出现。通过考虑用户访问轨迹中的时空差异来聚合不相邻的访问点，从而提高了模型的全局轨迹分析能力。

4.1.2　超图研究现状

图神经网络在处理图结构数据方面取得了显著的成功，能够有效地学习节点的嵌入表示，并捕捉节点间的复杂关系。然而，当模型面临更加复杂的数据结构，如超图时，传统的 GNN 模型可能无法充分地捕捉数据中的高阶关系。超图是一种允许多个节点共享单一连接的图结构，这种结构能够自然地表示多个实体之间的复杂交互关系，弥补序列图等图结构信息丢失的缺陷，更加准确描述多元关联对象之间的高阶关系，因此受到研究者的关注。在推荐系统中，超图可以表示用户和项目之间的复杂交互关系，例如用户群体对项目的共同评价或多个项目之间的相似性。

然而，现有的多数超图结构使用一种类型超边构成，如属性、主题。在处理多源信息时，仅依靠一种关系超边捕获多源信息中用户与项目复杂关联容易导致信息缺失。为了解决上述问题，有研究利用多种关系超边来捕获复杂关联。有研究提出在音乐推荐背景中使用超图与图机器学习结合的技术，并设计用户收听序列超边，音乐主题、专辑等超边挖掘用户与音乐之间潜在的关联提高用户满意度。但是对用户与音乐之间关系获取仍然不是很全面，缺乏如用户之间的社交关系，以及音乐音频特征距离的关系等。同时考虑这些不同的关系超边，模型可以更好地理解用户和音乐之间的关联，并提供更准确的推荐结果。

超图能够建立起节点之间的多对多关系，以及高阶关系。为了有效地捕捉这些关系，以便模型可以理解和利用复杂的数据关联。有研究者提出超图学习这一概念，超图学习是在传统图学习的基础上引入超图概念的一种扩展。谱分析方法是传统的超图学习方法，它通过矩阵分解的方式求解，但是难以直接应用于大规模超图挖掘场景。而超图神经网络（hypergraph neural network，HGNN）的超强学习能力以及模型本身的灵活性可以帮助解决超图学习中计算复杂性以及高维度灾难的局限性。但是，HGNN 模型在信息融合的过程中引入了过多的噪声，可能影响到基于超图的半监督学习，因此出现了超图卷积网络（hypergraph convolutional network，HyperGCN），一定程度上过滤了可能存在的数据噪声。有研究分别从光谱方面和空间方面定义了两个超图卷积，进一步改善超图神经网络的性能。在超图神经网络中，光谱信息是指超图的频率或图谱特性，它反映了超图中节点的连接模式和结构特征。该方法设计了一种新的谱滤波器，能够捕捉超图中的高阶结构信息，并将这些信息融入节点的特征表示中。通过这种方式，超图卷积能够在超图的频域上进行有效的信息传递，从而提高 HGNN 对超图结构的学习能力。而另一种超图卷积则专注于空间维度的优化。空间超图卷积关注于超图中节点的物理位置和邻域结构。通过设计一种新的聚合机制，能够更精确地捕捉节点的局部邻域信息。这种聚合机制不仅考虑了节点的直接邻居，还包括了节点的间接连接，即通过超边相连的其他节点。因此，该方法能够在超图的空间域上进行信息的聚合和传递，增强了 HGNN 对节点特征的表达能力。

4.1.3 多源信息融合

多源信息融合技术是将来自不同渠道的信息进行综合处理，提炼出更加全面和可靠的数据结果。这一技术在众多领域中得到了广泛应用，如情报分析、数据挖掘、机器学习以及决策支持系统等。在当前信息量激增的背景下，个体和组织常常需要从多样化的信息源中筛选、整合信息，这些信息源可能包含相互矛盾、不完整或具有误导性的数据。多源信息融合通过整合这些信息，帮助模型更深入地理解数据，为决策提供坚实的信息基础。

多源信息数据源包括传感器数据、社交媒体内容、互联网搜索记录、卫星遥感图像、医疗健康记录、金融交易信息、物联网设备日志、文本章节资料、音频视频内容以及移动设备数据等。在推荐系统中，信息源的多样性和质量对于生成准确和个性化的推荐至关重要。不同类型的信息源可以提供不同的数据维度，帮助推荐系统更好地理解用户的需求和偏好。推荐系统中常见的几种信息源，如用户的历史行为数据（如点击、购买、评分和浏览历史等）、用户的个人资料信息（如年龄、性别、地理位置、职业等）。这些信息可以帮助推荐系统进行人口统计学分析，识别不同用户群体的特定需求和偏好。另外，社交网络数据提供了用户社交关系和社交行为的信息，这些信息可以用来增强社会化推荐能力。通过分析用户的社交网络，推荐系统可以发现用户的兴趣相似性，从而推荐朋友喜欢的商品或服务。同时，项目内容信息（如商品的描述、图片、分类、标签等）可以帮助推荐系统进行基于内容相似性相关研究。例如，如果用户过去喜欢观看某一类型的电影，系统可以推荐具有相似题材和风格的其他电影。此外，上下文信息（如时间、地点和设备等环境因素）也会对用户的喜好和选择产生显著影响。

多源信息的多元性和异构性为信息融合带来了显著的挑战。因此需要更为复杂和精细的融合算法，以处理和协调不同数据源之间的差异和矛盾。目前，多源信息融合技术主要分为数据层融合、特征层融合和决策层融合等策略。数据层融合是指在原始数据层面上进行的融合，它通常需要对数据进行预处理和配准，以确保数据的一致性和可比性。特征层融合则是针对数据的关键特征，侧重于将不同数据源的特征进行有效整合，以便于后续的分析和决策。决策层融合是在决策过程中发生的，它结合了来自不同数据源的决策信息，以提高最终决策的准确性和可靠性。

传统的推荐系统主要依赖用户行为数据来生成推荐，但随着用户需求的多样化和丰富的辅助信息，单一数据源的推荐效果可能受限。通过多源信息融合，可以将地理位置、上下文、社交网络和属性等辅助信息融入推荐任务中，从而显著提升推荐的准确性和个性化水平，多源信息融合推荐流程如图 4-2 所示。在推荐系统中，整合来自多个信息源的数据时，研究者们面临着数据不一致性、时间对齐问题等挑战。为了应对这些问题，研究应用了多种数据融合技术，例如，利用贝叶斯网络和证据理论来解决数据的不确定性和相互依赖性问题。

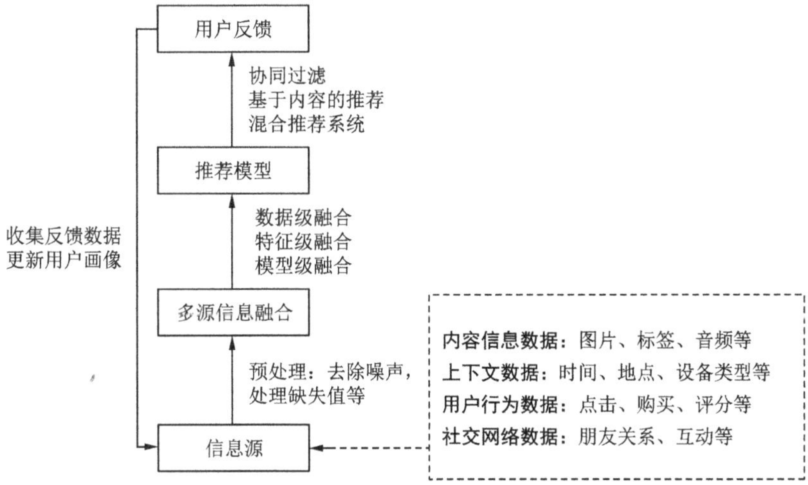

图 4-2 多源信息融合推荐流程

当前，多源信息融合已成为推荐系统研究的一个重要方向。它不仅能够提高推荐质量，还能够更好地满足用户的个性化需求。例如，有研究者在社交物联网背景下利用设备所有者之间的社会关系提高上下文服务推荐。也有研究融合评论文本信息，位置 POI 和用户潜在因素进行建模用于捕捉稀疏 POI 背景下用户深层次的偏好。有研究通过挖掘非结构化文本中的上下文信息、评论文本中的语义和情感信息并结合地理位置的影响因素解决旅游个性化推荐系统存在的数据信息稀疏、召回率低等问题。有研究提出了多源信息融合推荐方法，通过协同过滤将用户评分、社会信任信息、评论、用户个性化偏好整合到一个综合模型。然而，基于特征的多源信息融合常常需要依赖领域专家具有丰富的经验和知识，并且需要花费大量的时间和精力来选择、提取和转换特征，并且容易忽略数据之间的关系和连接，而只关注特征本身。

图神经网络可以建模多源数据之间的联系，尤其在项目与项目、用户与用户等建模以及显性和隐性信息的处理上取得传统推荐系统无法达到的效果，能够实现有效的多源数据融合，提升推荐的准确性。有研究利用异构信息网络将丰富的内容信息包括元数据、标签、歌词等音乐文本内容和上下文数据（如用户的听音乐记录、音乐播放序列、会话等）自适应融合完成个性化音乐推荐系统。有研究利用知识图谱将多种模态信息作为单独的实体加入原来的知识图谱，利用聚合嵌入表示进行推荐。面对推荐的复杂场景，很多研究工作提出使用超图对多源信息进行建模，在保证信息完整性的同时，能够有效地对高阶关系建模，从而更好地实现信息融合。有的研究提出超图音乐推荐模型，通过超图建模用户行为信息与音乐元数据之间的关联，并利用改进的随机游走算法与 Word2Vec 从中学习节点嵌入信息，进一步挖掘用户的偏好，与基线方法相比有明显的提升。

4.2 超图推荐基本理论

4.2.1 超图定义

超图是一种超越传统图的成对关系且更加泛化的多维度关系图结构，是一种有限组合集理论。超图相对于传统图论的突出特点在于其更强大的表达能力。与普通图的边只能连接两个节点不同，超图的边可以连接多个节点，称为超边，形成一对多或多对多的关系。这种特性使得超图更贴近实际问题的复杂性，能够更准确地捕捉多层次、多维度的关系网络。

超图是一种强大的网络模型，它在表示和分析复杂关系方面具有独特的优势。在推荐系统中，超图可以帮助模型理解用户群体的行为模式和项目之间的隐含联系，从而提供更加个性化和准确的推荐。

普通图结构可以视为节点和边的组合，如图 4-3（a）所示，超图可以定义为 $G(V,E,W)$，其中 V 表示超图节点的集合，E 表示超边的集合，W 表示超边权重的集合。如图 4-3（b）所示，超图 G 的节点集合为 $V=\{v_1,v_2,v_3,v_4,v_5,v_6,v_7\}$，超边集合为 $E=\{e_1,e_2,e_3\}$。超图的关联矩阵可以由 $|V|\times|E|$ 关联矩阵 $\boldsymbol{H}$ 表示，定义为

$$\boldsymbol{H}(v,e)=\begin{cases}1, & \text{if } v\in e\\ 0, & \text{if } v\notin e\end{cases} \tag{4-1}$$

彩色图片

图4-3

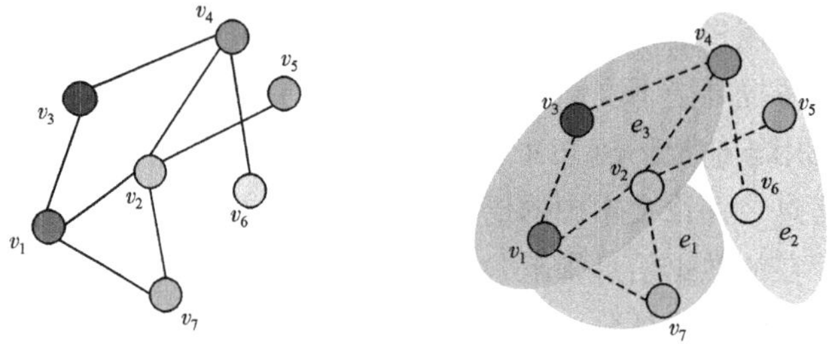

（a）普通图　　（b）超图

图 4-3　超图与普通图（扫码查看彩色图片）

超图中的节点和超边不仅可以表示简单的连接关系，还可以携带更多的信息，如权重、属性等。这赋予了超图更灵活的表达能力，使其能够处理更为复杂的实际场景。超图的这一特性使其在推荐系统等应用中得到广泛应用。

4.2.2　超图构建

超图作为一种能够有效挖掘数据信息关系的技术，被广泛应用于图像处理任务、推荐系统等领域。一般来说，现有的超图构建方法核心思想是挖掘数据联系生成超边。为了通过超图来映射数据间的相关性，首要步骤是构建一个代表这些数据的超图。所形成的超图的质量是决定数据关联性建模成功与否的关键因素。超图生成方法一般可分为四类，即基于距离的方法、基于预测的方法、基于属性的方法和基于网络的方法，如图 4-4 所示。

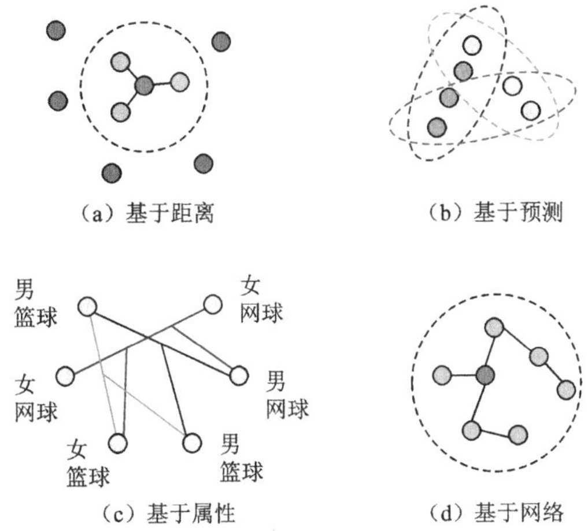

（a）基于距离　（b）基于预测　（c）基于属性　（d）基于网络

图 4-4　超边构建方法举例（扫码查看彩色图片）

彩色图片
图4-4

例如，有学者在计算机视觉任务中通过构建图片的特定的类特征缓冲区，从相应的特定的类特征缓冲区中选择并基于 k-近邻进一步处理生成超图的特征超边。有研究者进一步根据超图节点嵌入之间的伪距离，通过概率预测节点组内是否存在超边。也有研究使用基于表示的超图生成方法，通过特征重构来确定顶点之间的关系生成超图。然而，基于特征距离的方法在对非结构化数据的特征提取表示准确性存在一定的要求。另外，基于属性、基于网络结构（如社交网络等）构建方法利用用户或项目属性以及现有网络结构关系生成超图结构，能够简化超图构建过程。有研究基于图表示、特征距离的超边构建方法上，利用自适应超边缘组融合策略巧妙地融合不同超边缘组构建超图。不同于上述多种超图的构建方法，多种超边缘组能够保留更多的关联信息。这种多超边组的方式能够有效获取多源信息隐藏关联，提升下游任务的准确性。

在推荐任务中，超图能够更好地建模复杂的关系和连接模式，不仅仅是用户与物品之间简单的用户-物品对，还存在更多的维度和关联信息。例如，有学者在基于用户行为与音乐的属性信息构建音乐超图，充分挖掘用户行为和项目属性信息之间的关联。有人利用社交网络图和用户项目二部图对齐，挖掘语义关系生成超图。现实场景中的多源数据大多是非结构化数据。相对于结构化数据，非结构化数据包括音视频、图像文本等仍缺少一种统一的表示方法。有研究者尝试利用多超图组合的方法处理多源数据，建立三个超图将用户项目以及关联属性中的多模态数据融合到超图中，通过在三个超图基础上学习用户的感知表征和商品的表征提高推荐准确性。也有研究构建超图注意力网络平衡多源信息不同模态之间的信息水平差异，用每个模态的符号图构建公共语义空间，使用共同注意图整合多模态信息输入以获得最终的联合表示。然而，构建多超图解决多源信息融合可能会出现多变量关系节点之间连接缺失，遗漏数据之间的关联，影响推荐系统的性能。

在超图推荐中，已有的研究基于社交图、二部图对齐的基础上，通过单一的方法（如基于特征距离的方法）构建超图，存在一定的多源信息关联缺失问题，无法满足复杂的异构图数据关系挖掘。因此，本章设计复合超边融合属性超边、行为超边、特征超边和预测超边，提高数据信息关联的完整度。

4.2.3 超图学习

超图学习算法作为图结构数据挖掘的一个重要分支，专注于处理能够表示多个实体之间复杂交互关系的超图结构化数据。超图学习的核心在于解析超图的拓扑结构和节点属性，以有效解决兴趣推荐、社群划分等实际应用问题。超图学习主要分为谱分析方法和神经网络方法两大类。谱分析方法依赖于图谱理论，通过分析超图的结构特征进行学习，而神经网络方法则利用深度学习的强大学习能力来处理超图中的高阶交互关系。

具体来说，超图学习是一种通过将超图数据映射为低维稠密向量的方式，可以有效地捕获图的拓扑结构、节点与节点之间的关系以及与图、子图和节点相关的信息。传统的超图学习通过采样展开等将超图转化为普通图，通过图学习方法（如图卷积网络等）学习图嵌入表示，而这种方法往往存在节点和结构上的信息丢失。有研究提出直接在超图模型上建立的由拉普拉斯算子驱动的超图随机游走算法，通过实验证明这类非展开式的随机游走对超图这种高阶结构信息保留得更加完整。而有的学者则设计张量表示来更灵活地表征动态超图结构，并提出了基于张量的动态超图学习方法（t-DHL）来有效地学习动态超图。与关联矩阵不同的是，在优化张量表示时，不仅可以改变权重，还可以改变超边的数量和顺序。

目前，利用深度学习技术的超图学习模块备受关注。例如，有研究在GCN和超图拉普拉斯的基础上提出HGNN，在超图上进行谱卷积实现节点和超边特征的细化，见图4-5。当网络得到一个具有n个节点和c1维特征的超图信号$R^{n\times c1}$时，经过二阶切比雪夫不等式求得的近似表达为

$$Y=\boldsymbol{D}_v^{-1/2}HW\boldsymbol{D}_e^{-1}H^{\mathrm{T}}\boldsymbol{D}_v^{-1/2}X\Theta \tag{4-2}$$

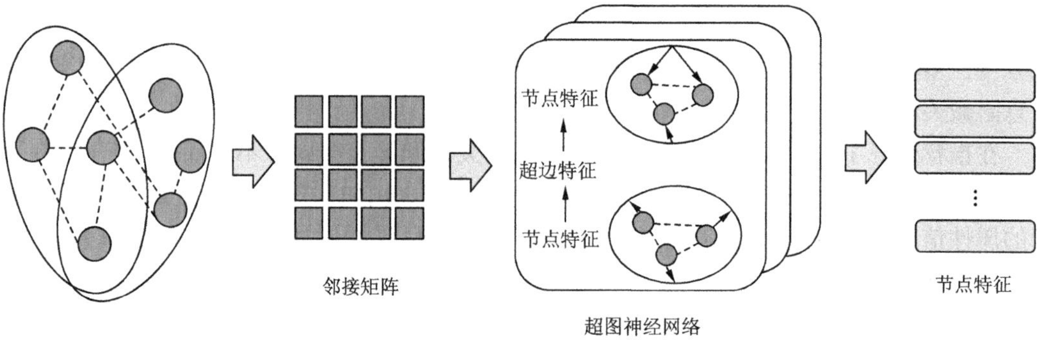

图4-5 超图神经网络

对于顶点 $v \in V$，其度数定义为 $d_v = \sum_{e \in E} W(e)h(v,e)$。对于边缘 $e \in E$，其度数定义为 $d_e = \sum_{v \in V} h(v,e)$。此外，$\boldsymbol{D}_e$ 和 $\boldsymbol{D}_v$ 分别表示超边度和顶点度的对角矩阵。Θ 为训练过程中需要学习的参数，经过卷积，超图神经网络可以得到 $Y \in R^{n \times c_2}$ 用于下游的推荐任务，其中，c_2 为经过卷积后的特征维度。

随着注意力机制的灵活应用以及更好的效果，越来越多的研究将超图卷积网络结合注意力机制对超图的邻接矩阵重新计算，用来增强表示学习，但仅限于均匀超图。不同于上述超图卷积网络，有研究尝试在超图卷积网络上结合循环神经网络（recurrent neural network，RNN）用更少的参数学习序列数据中时间依赖性，并且结果证明模型可以精确地建模数据的空间和时间演变。

将超图学习应用在推荐任务中，有学者提出了一种用于图像和标签推荐的超图多阶段优化学习方案。通过对超图排序、结构更新和超边缘权重自适应进行联合优化，为图像和标签推荐提供了准确的排序向量。也有研究构造了一个用户和评估项的超图模型，并对构造的超图提出了一种扩展的博弈动态聚类方法，将高度关注的用户聚集到相同的兴趣社区中以此学习用户的动态偏好。与上述研究不同，有研究构建双通道超图模型（dual channel hypergraph collaborative filtering，DHCF），分别建立用户与项目的超图模型结合协同过滤思想完成推荐任务。也有研究更进一步建立用户与项目的超图模型，然后利用对比学习与特征交叉的方法改进超图卷积网络实现最终的嵌入。

4.2.4　图对比学习

自监督学习（self-supervised learning，SSL）的基本思想是从数据本身获取可转移的知识，而不需要手动标注标签。这是通过解决辅助任务来实现的，获得的知识随后用于下游任务。然而，当在大规模数据集上训练时，生成式自监督学习是消耗内存的。预测性自监督学习通常需要领域知识来生成标签，从而导致成本增加和泛化性能降低。相比之下，对比学习（contrastive learning，CL）具有轻量级模型和灵活的设计，因为它独立于编码器结构，通常不需要领域知识。

对比学习的核心思想是最大化不同观点之间的一致性，其中一致性通常通过互信息（mutual information，MI）来衡量。具体来说，使用视图生成策略生成两个不同的数据视图。然后，不同视图中的表示由编码器生成，该编码器通常由两个视图共享。最后，利用对比损失对模型进行优化，使正对之间的一致性最大化，负对之间的一致性最小化。一般来说，正对是来自不同视图的相同实例，而负对是来自不同视图的不同实例。正式地，对比学习可以表述为

$$\underset{\theta,\alpha}{\operatorname{argmin}}\ L_c(p_\alpha((f_\theta(D_1)f_\theta(D_2))))\tag{4-3}$$

式中，D_1 和 D_2 是生成的两个数据视图。f_θ 是共享的编码器，用于学习不同视图中实例的表示。p_α 是估计两个实例之间的一致性的解码器。L_c 为对比损耗。

基于 CL 的推荐的目标是通过将对比任务作为辅助任务来提高推荐性能。对比的目标是最大化不同视图之间的互信息。具体来说，给定图节点嵌入表征(v_i, v_j)，通常反映了节点之间的相似性或关联性。它们之间的 MI 可以表示为

$$\mathrm{MI}(v_i,v_j)=\mathrm{KL}(P(v_i,v_j)\parallel P(v_i)P(v_j))=E_{P(v_i,v_j)}\left(\log\frac{P(v_i,v_j)}{P(v_i)P(v_j)}\right) \tag{4-4}$$

式中，KL 为 Kullback-Leibler 散度即相对熵，log 函数的底数通常取 2。对比学习的目的是使正对之间的一致性最大化，使负对之间的一致性最小化。此外，正对来自联合分布 $P(v_i,v_j)$，负对来自项目的边际分布 $P(v_i)P(v_j)$。

然而，在实际应用中，直接计算 MI 通常是困难的，因为它需要知道这些分布的具体形式，而这在大多数情况下是未知的。为了解决这个问题，研究通常会使用对比损失 InfoNCE作为一种替代方法来间接最大化 MI。在实践中，InfoNCE 是在一个大小为 b 的 mini-batch 上计算的。具体地说，对于 b 中的每个实例，其余的二进制操作实例被认为是负样本。基于 InfoNCE 的对比损耗可表示为

$$L_{\mathrm{NCE}}=-\frac{1}{N+1}\sum_{i\in b}\left[\log\frac{\mathrm{e}^{f(v_i,v_j)}}{\sum_{i\in b}\mathrm{e}^{f(v_i,v_j')}}\right] \tag{4-5}$$

f 函数是带有超参数 τ 的节点之间余弦相似度计算。log 函数的底通常取 e。

通过优化 InfoNCE 损失，模型学习到的嵌入表征能够更好地区分不同节点，从而提高推荐系统的性能。这种方法不仅能够捕捉到节点之间的细微差异，还能够在没有显式互信息计算的情况下，通过学习数据的内在结构来提升推荐的相关性。

因此，对比学习在很大程度上依赖于视图生成，多个视图有助于模型探索更丰富的底层语义信息。此外，在许多情况下需要数据增强，即从原始数据生成对比视图。现有的研究将视图生成策略分为带增强的视图生成和不带增强的视图生成。增强策略可分为基于数据的增强和基于模型的增强。前者基于数据生成视图，一般这种策略通过边扰动、子图等方式生成多视图，如图 4-6 所示。而后者基于模型，即编码器生成基于特征的不同表示。例如，自监督图学习（self-supervised graph learning，SGL）通过对输入的二分图的节点和边做 dropout（即随机失活）处理，进行数据增强，增强后的图可以看作原始图的子视图。在子视图上使用图卷积神经网络来提取节点的表征，对于同一个节点，多个视图就能形成多种表征。然后借鉴对比学习的思路，构造自监督学习任务。通过向表示中增加均与随机噪声来实现更有效的表示级数据增强，结果表明这种基于噪声的增强可以将嵌入空间正则化为更均匀的表示分布，通过调整噪声大小，还可以平滑调整表示的均匀性。

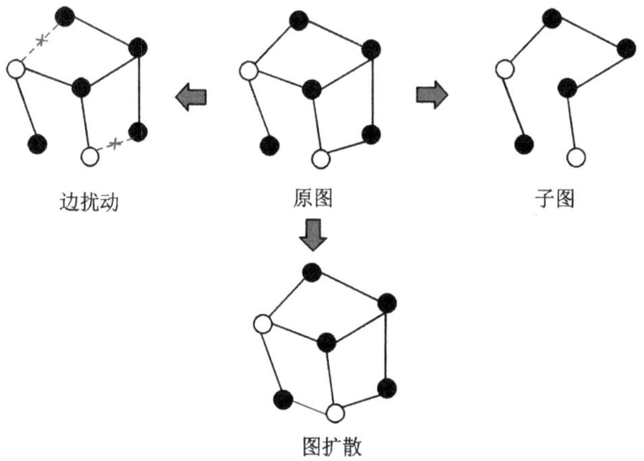

图 4-6　图数据增强

传统的特征表示方法在解决推荐系统中多变量关系建模时可能无法有效地捕捉到数据的潜在特征。通过对比学习，推荐模型可以更具判别性地进行用户和物品表示，从而发现潜在的共享特征，并将其用于更好的数据建模和预测。对比学习在图表示学习和推荐系统等领域都取得了很好的效果，其中多视图对比学习可以从不同视图或数据源中获得更丰富、更全面的信息，能够有效地应用在多源异构信息中，完成不同的个性化知识传递，引导对用户特定偏好的学习。

在推荐场景中，如果自然存在多个数据视图，例如，社交推荐中的交互视图和社交网络，则无须额外增强。例如，在跨域推荐中，两个域可以看作两个视图。因此，一些方法直接在这些领域之间进行对比学习。对于多行为推荐，可以基于辅助行为数据构建视图。例如，有研究构建了不同的超元图，利用辅助行为和目标行为之间的距离构造超元路径。也有学者构建超图模型建模用户高阶关系，并建立多通道超图学习路径，利用自监督学习缩小不同通道的差异性增强社交推荐。基于图对比学习可以在同尺度或者跨尺度层面利用最大化-最小化策略来学习节点表示，如图 4-7 所示。有研究设计全局级结构视图、局部级协作视图和语义视图。利用项目-项目语义图构建模块，捕获以往研究中经常忽略的重要项目–项目语义关系。然后在局部和全局层面上执行三种视图的对比学习，以自监督的方式挖掘多视图特征和结构信息。还有研究提出一种分层的自监督学习框架将不同视图进行进一步的交叉匹配对比，捕获各类主题内的信息与主题之间信息的对比。并且证明直接对多通道信息进行对比表示学习，会使每个通道的数据极其同质，失去唯一性，这种对比学习任务不仅不能提高推荐性能，还会恶化推荐性能。

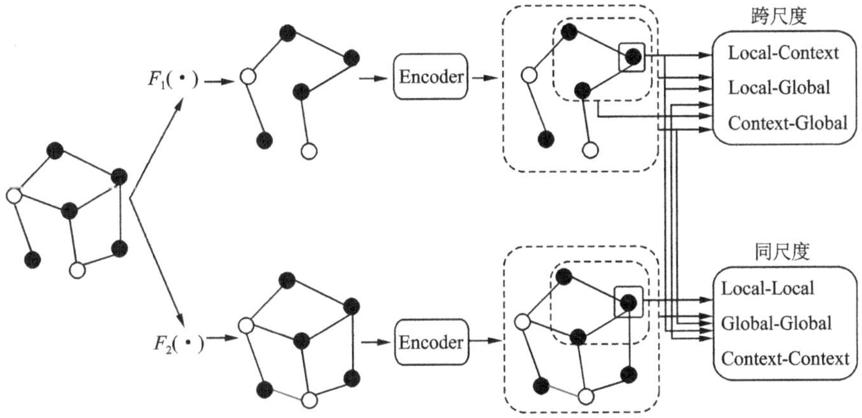

图 4-7 多层次图对比学习

4.3 多源异构超图和对比学习的推荐

4.3.1 异构超图与超边

目前，推荐系统仍存在数据稀疏、多源信息融合不一致等问题。多源信息的来源包括用户行为数据、物品内容信息、社交网络关系、上下文信息以及标签信息（如用户的年龄、性别等信息），以及物品的类别等。随着深度学习技术的发展，也有部分使用深度学习模型卷积神经网络（convolutional neural network，CNN）或RNN从原始数据中提取的高级特征等实现多源信息的融合。另外，还有一些研究利用多源信息的知识进行融合推荐，能够提供更多的领域知识和语义关联信息。在推荐系统中，图神经网络有效整合多源数据，捕捉复杂关系。其中，超图因其在描述复杂高阶关系方面的优势，成为研究焦点，提升了推荐准确性。

超图构建的质量直接影响关系建模的好坏。现有的超图生成方法侧重方向不同，常见的有基于距离、基于表示、基于属性和基于网络的超图生成方法。基于距离的方法通过特征空间中的距离来建模节点之间的关系，而基于表示的方法则通过特征重构来建模节点间的关系。这两种方法关注特征获取的准确度，对其要求较高。基于属性的方法使用属性信息来构建超图，基于网络的方法则利用网络数据中的结构信息来生成超图。这两种方法依赖于现有的结构信息，难以避免本身结构偏差。另外，在构建超图时，还需要考虑超边的权重，这可以通过不同的方法来计算，例如，使用超边中节点的相似度或者节点之间的交互频率等。目前，研究多关注与超图上节点与超边之间的信息传播，以不同的方式捕捉超图结构的显示信息，却忽略了一些有用的隐式信息。如有研究在超图神经网络中引入密度这一隐式信息，通过对节点的密度计算得到超边的密度信息增强超图信息的挖掘，提高下游任务的表现能力。虽然上述研究已经将密度信息与超图神经网络中的节点和超边结合，但是不适合在多关系复合超边超图结构捕捉隐含联系，难以充分学习复合超边之间的密度信息。

多源异构超图在整合多源信息时，需要考虑来自不同信息源的同一用户或者项目之间的对齐，且节点和边上的多种不同变量之间的复杂关系和依赖关系难以保持精准的关系建模。多视图对比学习（multi-view contrastive learning）是对比学习的一种扩展形式。通过多视图对比学习，可以将不同视图中的信息进行比较和融合，从而获得更丰富、更准确的数据表示，改善多变量建模任务中的特征表示和关联学习，帮助推荐系统更好地建模用户与物品之间的关系。多视图对比学习可以利用不同视图所提供的互补信息，克服单一视图的局限性，将它们融合可以得到更丰富、更具有区分度的特征表示，提高多源信息融合的健壮性。

4.3.2 多源异构超图推荐框架

针对多源异构信息中多变量关系的建模问题以及复合超边密度信息挖掘的问题，提出一种多源异构超图与对比学习的推荐方法MHCLR，总体架构图如图4-8所示。首先，算法通过自适应地融合二部图、序列图、社交网络图和知识图谱生成复合超边，构建一个多源异构超图。充分利用了用户与项目之间的多源信息互补关系，为后续的特征提取和偏好挖掘打下坚实的基础。其次，提出空间密度超图注意力网络和门控循环机制（gated recurrent unit，GRU）网络结合，提取用户和项目的深层次特征。通过这两种网络结构的结合，算法能够深入挖掘用户的隐含偏好，并为每个用户和项目生成丰富的特征表示。然后，本章设计了一个多重交叉视图对比学习模块，增强模型对多变量关系的理解，提高了特征提取的准确性。同时促进了从不同角度学习特征信息的能力，进一步提升了模型对复杂用户-项目关系的理解。通过上述方法，准确捕捉用户的个性化需求，还能够在多角度和多尺度上进行特征学习，从而为用户提供更为精准和个性化的推荐结果。

彩色图片

图4-8

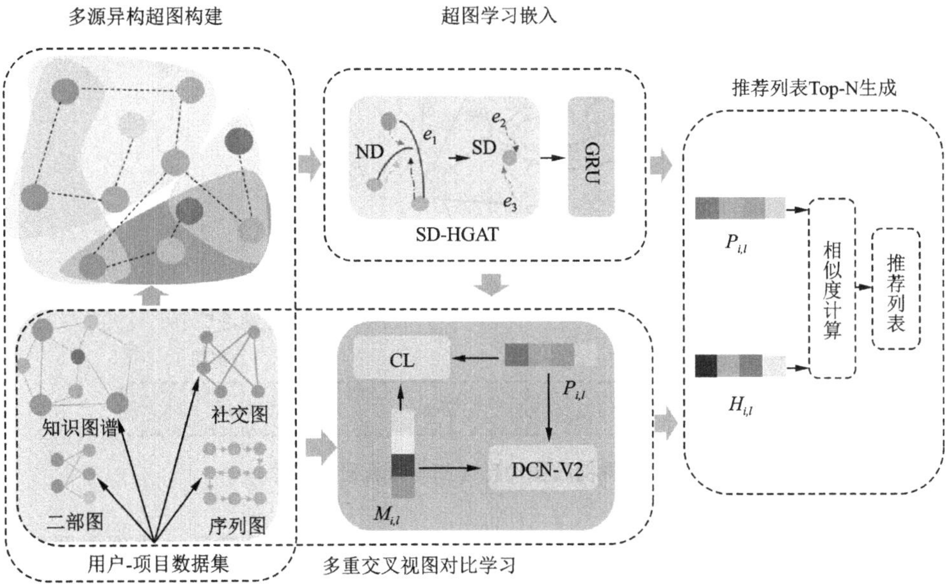

图 4-8　MHCLR 总体架构图（扫码查看彩色图片）

4.3.3　多源异构超图建模

在融合多源信息的情况下，生成的超图模型中超边和节点类型愈加复杂化，但也提高了刻画用户画像的完整性，以及挖掘用户显性和隐性偏好的准确性。根据用户-项目二部图、序列图、社交网络图、知识图谱对齐后用户侧和项目侧的属性信息生成属性超边；以及用户-项目的交互信息生成具有序列信息的行为超边；利用 KNN 算法聚合距离较近的特征构建距离超边；利用预测超边算法判断全局节点与局部节点之间的关联形成超边，最终自适应融合复合超边生成多源异构超图。

超图定义：超图表示为 $G_m=(V,E,W)$。其中 $V=\{v_1,v_2,\cdots,v_m\}$，$E=\{e_1,e_2,\cdots,e_n\}$，$W=\{w_1,w_2,\cdots,w_n\}$ 分别是节点集、超边集和权重集。多源异构超图 G_m 可以由 $|V|\times|E|$ 关联矩阵 $\boldsymbol{H}$ 表示，定义为

$$\boldsymbol{H}_m(v,e)=\begin{cases}1, & \text{if } v\in e\\ 0, & \text{if } v\notin e\end{cases} \tag{4-6}$$

在推荐任务中，本章设定用户集 $U=\{u_1,u_2,\cdots,u_m\}$ 和项目集 $I=\{i_1,i_2,\cdots,i_n\}$，其中，U 为单个用户的集合，I 为单个项目的集合。实际中，超图包括的节点类型还有用户和项目的一些属性信息等。$V=U\cup I$ 是系统中所有节点的集合。基于多源数据，研究利用复合超边构建方法生成超图，如图 4-9 所示。

定义 4-1　复合超边 E：

$$E=\{E_{\text{attribute}},E_{\text{behavior}},E_{\text{distance}},E_{\text{gl}}\} \tag{4-7}$$

●彩色图片

图4-9

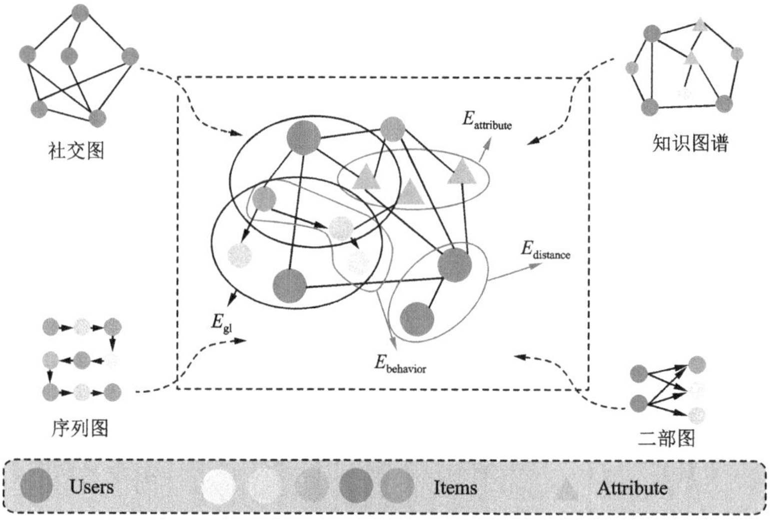

图 4-9　多源异构超图构建（扫码查看彩色图片）

（1）属性超边组 $E_{\text{attribute}}$：基于用户和项目的属性信息，如时间信息、地理位置等通过属性超边 a 连接相关节点，超边 a 中的顶点共享同一种属性类型，$V_{\text{att}}(a)$是包含超边 a 的节点的集合，A 为所有属性超边的集合，即

$$E_{\text{attribute}}=\{V_{\text{att}}(a)\mid a\in A\} \tag{4-8}$$

（2）行为超边组 E_{behavior}：基于用户-项目历史交互记录，如用户与项目交互的序列。定义行为超边 b 连接用户与项目节点。$V_{\text{be}}(b)$表示包括用户和项目的节点信息，B 是所有行为信息的集合，即

$$E_{\text{behavior}}=\{V_{\text{be}}(b)\mid b\in B\} \tag{4-9}$$

（3）距离超边组 E_{distance}：基于多模态信息（如图片、音视频等）的特征，在特征空间中选定一个节点，定义距离超边 d 连接节点的 k 个最近邻居节点，$V_{\text{dis}}(d)$是包含超边 d 的节点信息，D 是 d 的集合，即

$$E_{\text{distance}}=\{V_{\text{dis}}(d)\mid d\in D\} \tag{4-10}$$

定义 4-2　预测超边：通过设计的计算方法旨在得到节点局部与全局嵌入之间的伪距离进而预测节点组存在超边的概率。不同于动静态节点嵌入，预测超边更加关注节点的局部信息更新，目标节点的一阶邻域内具有强相关性，与全局节点嵌入之间的伪距离更能够反映节点组内的相似程度。

预测超边的计算过程：

（1）局部节点：在给定输入节点组$\{x_1,x_2,\cdots,x_n\}$条件下，利用 GNN 网络通过目标节点 x_i 的一阶邻域内信息更新该节点信息 l_i。

（2）全局节点：利用自注意力机制层计算输入节点组$\{x_1,x_2,\cdots,x_n\}$中目标节点 x_i 与其他节点之间的联系，作为全局信息表示 g_i。

（3）利用每个节点的局部嵌入和全局嵌入向量的差的幂哈达玛积，进一步通过神经网

络以 ReLU 作为激活函数得到概率分数 p_i，将所有概率分数进行平均，即得到表示该组节点中存在超边的概率 P。o_i 可以被视为局部嵌入 l_i 和全局嵌入 g_i 之间的平方加权伪欧氏距离，σ 为激活函数 ReLU。

$$o_i = W_o^{\mathrm{T}}(g_i - l_i)^2 + b \tag{4-11}$$

$$P = \frac{1}{K}\sum_{k=1}^{n} p_i = \frac{1}{K}\sum_{k=1}^{n}\sigma(o_i) \tag{4-12}$$

（4）预测超边组 E_{gl}：利用预测超边算法预测可能存在的超边 s，完善多源异构超图信息，S 为所有预测的超边的集合，V_{gl}是这类超边包含的节点，即

$$E_{\mathrm{gl}} = \{V_{\mathrm{gl}}(s) \mid s \in S\} \tag{4-13}$$

考虑到不同种类超边组以及同类超边组内的信息差异，简单的等权重超边融合不能充分利用多源信息之间高阶关联。因此，这里利用自适应超边权重融合方法，其定义为

$$\begin{cases} w_k = \mathrm{copy}(\mathrm{sigmoid}(w_k), M_k) \\ \boldsymbol{W} = \mathrm{diag}\{w_{\mathrm{att}}^{k_a}, w_{\mathrm{be}}^{k_b}, w_{\mathrm{dis}}^{k_d}, w_{\mathrm{gl}}^{k_g}\} \\ \boldsymbol{H} = \{H_1 \| H_2 \| \cdots \| H_m\} \end{cases} \tag{4-14}$$

w_k 是每一类超边组共享的权重参数，$\boldsymbol{W} \in R^{M\times M}$是一个对角矩阵，表示超图的权值矩阵，每一项 w_e^i 表示对应的超边的权值。$w_{\mathrm{att}}^{k_a}$，$w_{\mathrm{be}}^{k_b}$，$w_{\mathrm{dis}}^{k_d}$，$w_{\mathrm{gl}}^{k_g}$分别表示为属性超边组、行为超边组、距离超边组、预测超边组的权重矩阵。sigmoid 是一个逐元素归一化函数。$\boldsymbol{H}$ 为通过“‖”连接复合超边组的多源异构超图的邻接矩阵。为了突出用户对某些项目的偏好，算法提取了每个用户-项目的交互次数矩阵，将这种隐式反馈存储为行为超边的初始化权重矩阵提高模型的性能。

4.3.4　空间密度超图注意力网络

为了更好地处理多源异构超图获取精准特征，本章提出 SD-HGAT 利用空间密度信息结合超图注意力网络，如图 4-10 所示。为了提高 SD-HGAT 运算效率，设计单层超图卷积得到复杂多源异构超图节点的细化特征表示 h_j^{l-1}，并将节点密度信息与空间密度信息 d^l 融合得到超边密度信息，继而得到下一层的节点嵌入特征 h_j^l。通过 SD-HGAT 网络层得到用户/项目特征嵌入作为 GRU 网络输入，学习用户偏好信息，提高推荐准确性。

超图学习主要面对的是有效地传播相邻节点的信息以及结构信息，HGCN 主要是节点的信息聚集到超边，从相反的方向将超边信息聚集到节点。

定义超图卷积层公式$f(X,W,\theta)$为

$$X^{(l+1)} = \sigma(D_v^{-1/2}HWD_e^{-1}H^{\mathrm{T}}D_v^{-1/2}X\theta) \tag{4-15}$$

超图的输入 $x_n = [x_1, x_2, x_3, \cdots, x_n] \in R^{n\times c_1}$，其中 n 为节点，c_1 为节点的维度。输出 $Y \in R^{n\times c_2}$，包含细化的节点信息和超边信息，c_2 为输出层节点的维度。其中，$X^{(l)} \in R^{n\times c}$是超图的第 l 层信号，$X^{(0)}$代表初始的节点输入，σ 为非线性激活函数，如 ReLU。

在将空间密度信息引入超图注意力网络中时，引入了节点级密度注意力和超边级密度注意力。

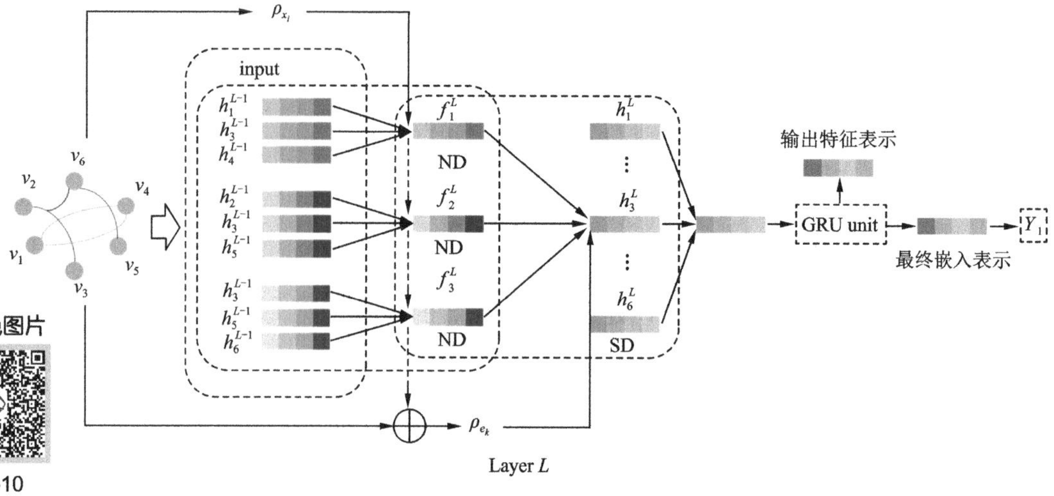

彩色图片

图4-10

图 4-10　超图学习模块（扫码查看彩色片）

定义 4-3 节点级密度注意力：节点级密度注意力关注超边内每个节点与其邻居节点的相似程度，其示意图如图 4-11（a）所示。设置节点相似度阈值为 δ，筛选出超边内与目标节点的相似度大于 δ 的邻居节点，称为有效邻居节点集合。统计目标节点与有效邻居集合中各个节点的相似度之和，即得到目标节点的节点级密度。节点 x_i 的密度可以表示为

$$\rho_{x_i} = \sum_{x_k \in N(x_i)} \begin{cases} \operatorname{sim}(x_i, x_k), & \text{if } \operatorname{sim}(x_i, x_k) > \delta \\ 0, & \text{if } \operatorname{sim}(x_i, x_k) \leqslant \delta \end{cases} \tag{4-16}$$

式中，$N(x_i)$表示节点 x_i 的相邻集。δ 是预定义的阈值。sim( )是一个相似性度量函数，一般可以采用余弦相似性。利用 Hyper-GAT 获取节点 v_i 的超边表示。由于超边缘 e_j 中的节点对超边缘的贡献值不同，所以使用注意力机制来突出显示那些对超边缘重要的节点。这些节点被聚合以获得超边的表示 f_j^l，即

$$f_j^l = \sigma\Big(\sum_{v_k \in e_j} (\alpha_{jk} + \rho_{x_i}) \boldsymbol{W}_1 h_k^{l-1}\Big) \tag{4-17}$$

式中，σ 是非线性函数，如 ReLU，$\boldsymbol{W}_1$ 是可训练的权重矩阵。α_{jk}表示超边缘 e_j 中节点 v_k 的关注系数，可通过以下公式计算：

$$\alpha_{jk} = \frac{\exp(a_1^{\mathrm{T}} u_k)}{\sum_{v_p \in e_j} \exp(a_1^{\mathrm{T}} u_p)} \tag{4-18}$$

$$u_k = \operatorname{leakyReLU}(W_1 h_k^{l-1}) \tag{4-19}$$

式中，a_1^{T} 是权重向量。

定义 4-4 超边级密度注意力：在获得所有超边的聚合结果后，再次应用注意力机制来突出有意义的超边并学习得到下一层的节点 v_i 的表示，即超边缘密度注意力，示意图如图 4-11（b）所示。首先，需要为每个超边定义一个密度，不同的是每个超边的密度定义为由该超边连接的所有节点的密度之和与空间中超边与超边之间共同包含的节点与超边全部节点的比值之和，其可以公式化为

$$\rho_{e_k} = a_1 \frac{|V(e_i) \cap V(e_j)|}{|V(e_i) \cup V(e_j)|} + a_2 \sum_{x_j \in N(e_k)} \rho_{x_i} \tag{4-20}$$

式中，a_1 和 a_2 分别是空间密度与超边密度权重系数。对于所有超边表示为 $\{f_j^l \mid e_j \in \varepsilon_i\}$，再次应用超边缘级注意力机制来突出用于学习节点 v_i 的下一层表示的信息超边缘。该过程可以正式表示为

$$h_j^l = \sigma\Big(\sum_{e_j \in \varepsilon_i} (\beta_{ij} + \rho_{e_k}) \boldsymbol{W}_2 f_j^l\Big) \tag{4-21}$$

式中，h_j^l 是节点 v_i 的输出表示，$\boldsymbol{W}_2$ 是权重矩阵。β_{ij} 表示节点 v_i 上超边缘 e_j 的关注系数，可通过以下公式计算：

$$\beta_{ij} = \frac{\exp(a_2^{\mathrm{T}} v_j)}{\sum_{e_p \in \varepsilon_j} \exp(a_2^{\mathrm{T}} v_p)} \tag{4-22}$$

$$v_j = \mathrm{LeakyReLU}([\boldsymbol{W}_2 f_j^l \,\|\, \boldsymbol{W}_1 h_k^{l-1}]) \tag{4-23}$$

式中，$\boldsymbol{a}_2^{\mathrm{T}}$ 是用于测量超边缘重要性的另一个权重向量。

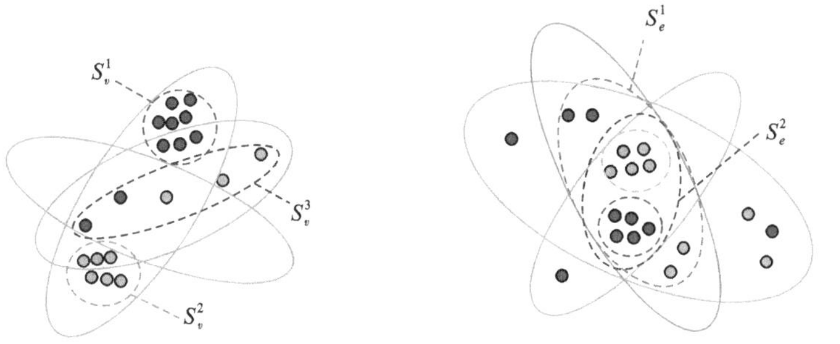

S_v^1，S_v^2 是阈值 δ 下节点密度区域的表示
S_v^3 则是稀疏区域

（a）节点级密度

S_e^1 表示两种超边之间节点的交集密度区域
S_e^2 表示节点密度之和

（b）超边级密度

彩色图片
图4-11

图 4-11　节点与超边密度示意图（扫码查看彩色图片）

本章提出的 SD-HGAT 将节点密度和超边密度融合到节点级注意力和超边级注意力网络中，在节点表示学习过程中突出不同粒度的关键信息。为了全面获取用户长期偏好以及存在时间性的偏好偏移，在这一环节层，利用 GRU 从用户的历史行为序列中挖掘用户潜藏的兴趣状态。通过 SD-HGAT 和 GRU，得到用户的细化特征向量表示 $\boldsymbol{u}_m^h$，代表第 m 个用户向量经过超图学习的表示，项目 $\boldsymbol{i}_n^h$ 代表第 n 个项目向量经过超图学习的表示。

4.3.5　多重交叉视图对比学习

针对真实的推荐场景中数据稀疏和超图结构多变量建模复杂关系提取问题，本章设计多重视图交叉融合对比学习模块，通过多层次特征改善推荐准确性和多样性。多重交叉视图对比学习模块如图 4-12 所示，具体分为两个模块：多重视图交叉融合和对比学习模块。

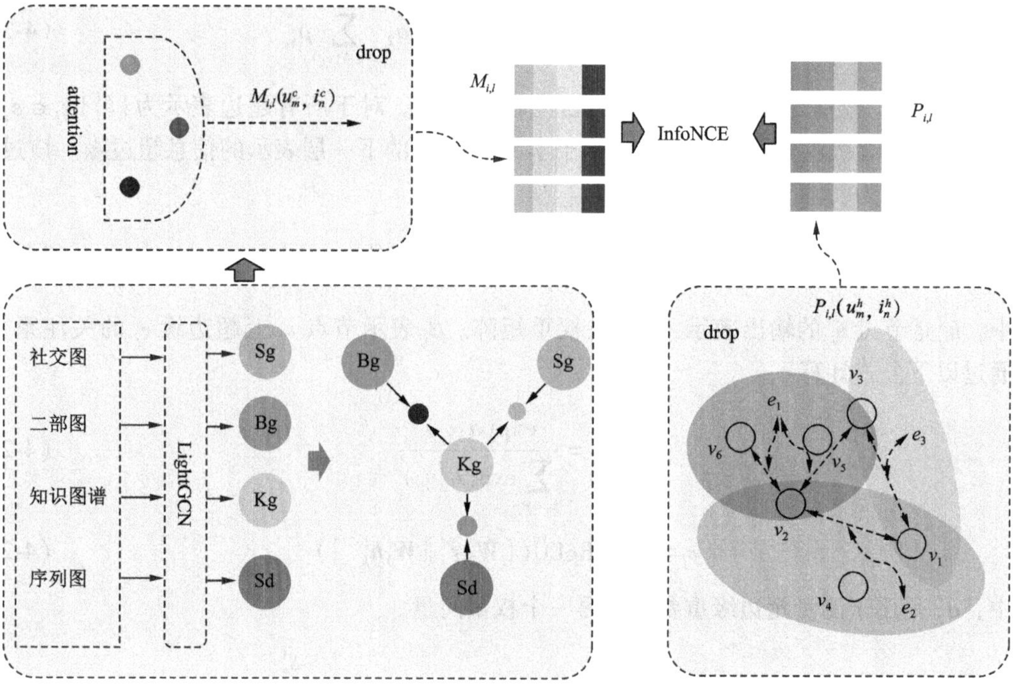

图 4-12　对比学习模块（扫码查看彩色图片）

彩色图片

图4-12

定义 4-5 多重视图交叉融合：在多源异构超图的构建方法中，利用生成的知识图谱、二部图、社交图、序列图作为超图的多视图数据。多重视图交叉融合以知识图谱为核心视图，构建交叉视图对表示，分别是｛知识图谱，二部图｝、｛知识图谱，社交图｝、｛知识图谱，序列图｝，通过 LightGCN 捕获四种视图的表示知识图谱、二部图、社交图、序列图，并利用注意力机制融合四种视图的表示与多源异构超图表示进行对比学习。融合过程如下：

$$X_s^{(l+1)} = D_s^{-\frac{1}{2}} A D_s^{-\frac{1}{2}} X_s^{(l)} W_s^{(l)} \tag{4-24}$$

$$V_{\text{fusion}} = \alpha_1 V_1 + \alpha_2 V_2 + \alpha_3 V_3 \tag{4-25}$$

$$\alpha_i = \frac{a_i}{\sum_{j=1}^{3} \exp(a_j)} \tag{4-26}$$

其中，式 4-24 是卷积过程。a_i 是计算得到的视图的 V_i 注意力得分，通过常规注意力计算的方式获得。V_{fusion} 表示融合后的节点表示，V_i 表示知识图谱、二部图、社交图、序列图融合表示，采用特征向量拼接的方式。

定义 4-6 对比学习模块：利用多视图交叉融合视角下的节点关系生成具有相似特征的节点表示向量。具体来说，将统一用户或者项目表示向量看作正样本对$(M_{i,l}, P_{i,l})$，不同用户或者项目的表示向量看作负样本，利用 InfoNCE 对比损失函数实现对比学习，使超图在不同辅助任务视图下获得的正样本之间的一致性最大化，与负样本之间的一致性最小化。对比学习损失函数如下：

$$L_s^{(u)} = \sum_{i=0}^{I} \sum_{l=0}^{L} -\log \frac{\exp\left(s\left(M_{i,l}^{(u)}, \frac{P_{i,l}^{(u)}}{\tau}\right)\right)}{\sum_{i'=0}^{I} \exp\left(s\left(M_{i,l}^{(u)}, \frac{P_{i,l}^{(u)}}{\tau}\right)\right)} \tag{4-27}$$

式中，（·）为余弦相似函数，τ 为 softmax 调节尺度的可调超参数。log 函数的底通常为 e，应用场景不同时，也可能为 2，一般不特意强调。

本章在多视图交叉融合嵌入 $M_{i,l}$和超图引导表示 $P_{i,l}$之间进行对比学习。这允许本地和全局依赖视图相互协作监督，从而增强了用户与项目的表示。可以获得来自多种视角下的节点特征信息，以此提高它们在下游其他任务中的准确性。

MHCLR 模型主要计算成本由多源异构超图构造、超图密度注意力网络、对比学习和特征交叉构成。在超图构造中节点和超边是主要的影响原因，其复杂度为 $O(N\|P)$，其中 N 为超图中的节点数，P 为超图中的超边数。经过 L 层超图密度注意力网络后，模型消耗小于 $O(N^2\|K\mid dL)$，其中 N^2 为密度注意力计算中共有节点对数，K 为注意力头数，这里 K 的头数较低。对比学习是多视图融合后和超图的对比，复杂度为 $O(L\times(D+M)\times d)$。其中，$D+M$ 是构造的正样本负样本之和。特征交叉层的复杂度为 $O(\sum_{L_d} d_{l+1}d_l)$，d_l 是第 l 个特征交叉层的大小。所以，模型总体复杂度为 $O(N\|P + N^2\|K\mid dl + L\times(D+M)\times d) + O(\sum_{L_d} d_{l+1}d_l)$。

4.3.6　推荐预测

为了获取更多用户-项目之间的隐含的交互信息，设计特征交叉层对超图学习模块用户 u_m^h，i_n^h 与对比学习模块生成的节点表示向量 u_m^c，i_n^c 进行特征交叉，将$\{u_m^h, i_n^h, u_m^c, i_n^c\}$引入 DCN V2 模型中，实现特征的共现并增加模型的非线性能力，使得推荐任务模块能够利用对比学习模块中学习到的数据特征，并在该模块中生成的节点表示向量的语义特征更加丰富，进而提升模型的推荐性能与多样性结果。考虑特征交叉层结果不理想可能会导致原本推荐任务模块生成的表示向量的语义特征更差，在网络中添加了标准的残差连接保留对比学习和超图学习的节点特征表示，也使得节点表示向量的泛化能力更强。特征交叉网络公式为

$$x_{l+1} = x_k \odot \{\boldsymbol{W}_l(x_k + x_m) + \boldsymbol{b}_l\} \tag{4-28}$$

$$x_{\text{out}} = x_{l+1} + \boldsymbol{W}_{\text{Res}} x_0 \tag{4-29}$$

式中，x_0 代表原始特征、x_k，x_m 代表第 l 层的超图学习与对比学习的联合输入，x_{l+1}代表第 $l+1$ 层的输入输出、$\boldsymbol{W}_l$ 是要学习的权重矩阵、$\boldsymbol{b}_l$ 是偏差向量、$\boldsymbol{W}_{\text{Res}}$为尺寸失配情况下的投影矩阵。

通过特征交叉层得到高阶用户表示 u_m^{fc} 和项目表示 i_n^{fc}。最终，利用余弦函数的方式计算二者相似度预测用户选择该项目的概率。为了有效利用高阶组合特征信息与超图学习节点特征信息，设计在超图学习的节点表示进行一次相似度计算 y_1；利用特征交叉得到的高阶特征表示，完成第二次计算相似度 y_2。最终将两次相似度计算结果利用 softmax 函数归一

化，得到最终的预测结果。根据预测概率排序前 K 个形成推荐列表。

$$y_1=\cos(u_m^h, i_n^h) \tag{4-30}$$

$$y_2=\cos(u_m^{fc}, i_n^{fc}) \tag{4-31}$$

最终概率预测：

$$Y=\mathrm{softmax}(w_1y_1+w_2y_2) \tag{4-32}$$

式中，w_1、w_2 为两次推荐预测的自适应权重。

模型总损失函数：

$$L=-\sum_{i=1}^{N} Y_i\log(\hat{Y}_i)+(1-Y_i)\log(1-\hat{Y}_i)+L_s^{(u)} \tag{4-33}$$

式中，$\hat{Y}_i$ 表示选择项目的概率。

4.4 实验与分析

在本节中，将 MHCLR 与相关模型进行比较，以评估所提出方法的性能指标，同时对获得的结果进行分析。

1. 数据集与评价指标

MHCLR 使用了三个与推荐系统相关的公共数据集，Last-FM、Douban 和 Yelp 对 MHCLR 模型进行评估，数据集统计见表 4-1。Last-FM 数据集包含用户的社交网络、标签以及每个用户经常收听的音乐艺术家的信息；Douban 数据集已被广泛应用于不同的推荐任务中进行评估；这里选择 Douban 版本，包含 2 848 个用户，39 586 部电影；Yelp 数据集是一个商业信息数据集，包括商家、用户对企业的评论、用户的社交网络。该数据集被用于评估具有商业场所推荐任务的推荐系统。

表 4-1　数据集统计

Datasets	Users	Items	Interactions	Density
Last-FM	1 892	17 632	92 834	0. 002 8
Douban	2 848	39 586	35 770	0. 007 9
Yelp	29 601	24 734	1 517 326	0. 001 1

（1）在 Last-FM 数据集中，采用社交图、二部图、知识图谱三种结构，利用距离超边（KNN 算法）、属性超边、预测超边通过自适应方式融合构建超图。

（2）在 Douban 数据集中，采用社交图、二部图、知识图谱三种结构，利用距离超边（KNN 算法）、属性超边、行为超边、预测超边通过自适应方式融合构建超图。

（3）在 Yelp 数据集中，采用社交图、序列图、二部图、知识图谱四种结构，利用距离超边（KNN 算法）、属性超边、预测超边通过自适应方式融合构建超图。

本节最终主要是给用户作 Top-N 推荐，因此采用推荐系统中常用的 Precision@ N、

Recall@ N 和 NDCG@ N 作为评价标准。Precision@ N 为每个用户喜欢的前 N 项项目在推荐列表中总项目的比例。精确率计算公式为

$$\text{Precision@ N} = \frac{\sum_{u \in U} |R(u) \cap T(u)|}{\sum_{u \in U} |R(u)|} \tag{4-34}$$

式中，$R(u)$是根据用户在训练集上的行为给用户 u 做出的推荐列表，$T(u)$是用户 u 在测试集上的行为列表。

召回率描述的是推荐列表中用户有过正反馈的项目数量占测试集中项目数的比例。其计算公式为

$$\text{Recall@ N} = \frac{\sum_{u \in U} |R(u) \cap T(u)|}{\sum_{u \in U} |T(u)|} \tag{4-35}$$

NDCG@ N 是一种考虑了返回顺序的评价指标，取值范围为[0,1]。其计算公式为

$$\text{NDCG@ N} = \frac{\text{DCG@ N}}{\text{IDCG@ N}} \tag{4-36}$$

DCG 是度量推荐结果的排序质量，而 IDCG 是理想状态下按照相关性从高到低排序，所能达到的最大折损累积增益。

2. 基线算法

为了证明 MHCLR 的有效性，将 MHCLR 与四种推荐系统方法进行比较：基于 CF 的方法（BPR），基于 GNN 的方法（LightGCN，GraphRec），基于 HGNN 的方法（DHCF），以及基于对比学习的方法（MHCN，SGL），如下所示：

（1）BPR：是当下推荐系统中常用的一种推荐算法，利用用户的隐式反馈（如点击、收藏等）由贝叶斯分析得到概率进行排序推荐。

（2）LightGCN：通过在消息传递过程中去除非线性投影和嵌入转换，简化了 NGCF 框架的负担。

（3）GraphRec：通过模拟用户-物品和用户-用户交互，捕获用户与项目之间的联系以及用户对项目的意见。

（4）SGL：该模型通过随机游走和特征丢弃进行数据扩充，以生成多个视图。它通过自我监督的对比学习增强了 LightGCN。

（5）MHCN：该模型最大化了节点嵌入和全局读出表示之间的互信息，以规范交互图的表示学习。

（6）DHCF：DHCF 是基于双通道超图的推荐方法，它利用超图对高阶相关信息进行建模。

为了和基线方法比较，这里参考了基线的原始论文中报告的最佳参数设置，并利用网格搜索对基线的超参数进行微调。这里对模型的一般设置为嵌入维数经验设置为 64，正则化系数为 0.001，利用 Adam 来优化模型。基线方法概述见表 4-2。

表 4-2　基线方法概述

Methods	Data				Model			
	Interaction	Sequence	Social	KG	CF	Graph	Hypergraph	CL
BPR	√	×	×	×	√	×	×	×
LightGCN	√	×	×	×	√	√	×	×
GraphRec	√	×	√	×	×	√	×	×
SGL	√	×	×	×	×	√	×	√
MHCN	√	×	√	×	×	×	√	√
DHCF	√	×	×	×	√	×	√	×
MHCLR	√	√	√	√	×	√	√	√

3. 实验结果及分析

在这一部分中，验证 MHCLR 是否优于现有的推荐基线。在 Last-FM、Douban、Yelp 数据集上所有方法的性能比较见表 4-3。其中，这里选择在信息源丰富的 Yelp 数据集上进行 Top-N 实验以及相关参数实验，如图 4-13 和图 4-14 所示。

表 4-3　性能比较　　单位：%

Data	Last-FM			Douban			Yelp		
Metrics	P@10	R@10	N@10	P@10	R@10	N@10	P@10	R@10	N@10
BPR	15.606	15.821	18.953	15.673	5.160	17.476	2.002	5.173	3.840
GraphRec	17.385	18.020	21.173	17.021	5.916	19.051	2.323	6.075	4.653
LightGCN	19.205	19.480	23.392	17.780	6.247	19.881	2.586	6.525	4.988
SGL	19.570	19.770	23.504	**19.430**	5.350	**22.120**	2.670	**7.050**	**5.660**
MHCN	**19.625**	**19.945**	**23.834**	18.283	**6.556**	20.694	**2.751**	6.862	5.356
DHCF	16.877	17.131	20.744	16.871	5.755	18.655	2.298	5.986	4.700
MHCLR	**19.820**	**20.376**	**24.132**	**19.613**	**6.252**	**21.142**	**2.728**	**7.102**	**5.702**

注：表中的 P@10、R@10 和 N@10 是对推荐结果的前 10 项计算 Precision、Recall 和 NDCG 值，评估这 10 项推荐项目的准确度、召回率和排序结果的质量。

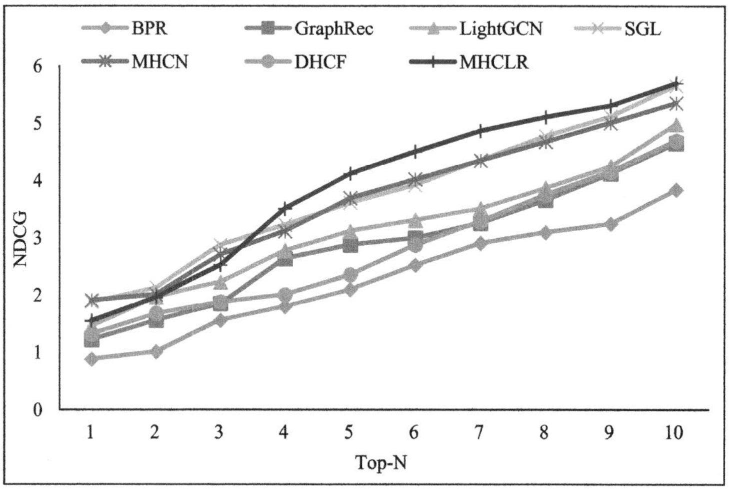

图 4-13　在 Yelp 数据集上的 Top-N 推荐 NDCG@N 性能比较

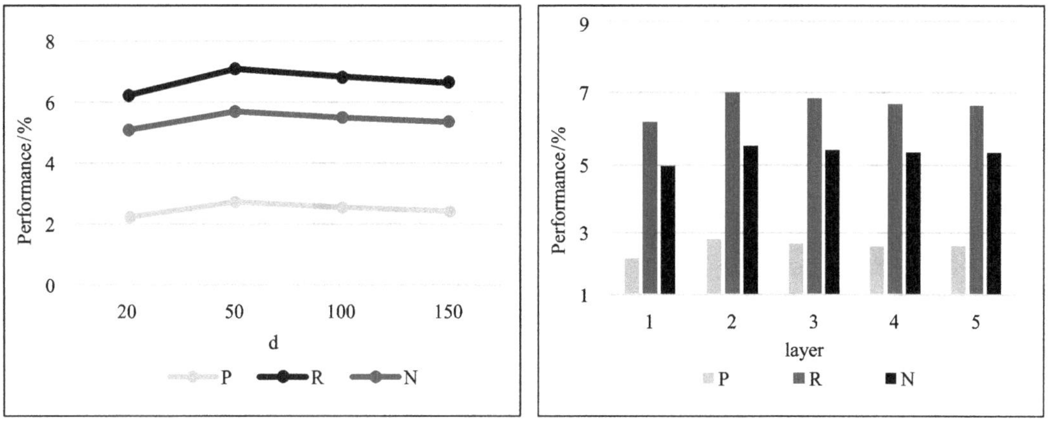

（a）嵌入维度影响　　（b）嵌入层数影响

图 4-14　参数敏感度影响

根据结果，可以得出以下结论：

（1）MHCLR 在一般推荐任务表现出很好的性能。与 LightGCN 和 DHCF 相比，MHCLR 算法考虑了超图密度信息。同时，对比学习有很大的能力进一步提高 MHCLR，缓解数据集稀疏性。

（2）在一般推荐任务中，基于 GNN 的 GraphRec，LightGCN 明显优于 BPR，尤其在 NDCG@ 10 上有明显的改进，而 SGL 通过图自监督学习，效果比 LightGCN 上有提升。基于超图的推荐方法 MHCN 优于多数基于 GNN 的推荐方法（GraphRec，LightGCN）。

4. 消融实验

通过消融研究实验 MHCLR 中各部分的相互作用，并验证每个部分是否对最终推荐性能有积极贡献。

1）超图空间密度注意力网络研究

通过在超图结构上对 SD-HGAT 与超图神经网络（HyperGAT，HGNN）进行消融实验对比，深入探究它们在超图数据上的性能差异。为了验证空间密度信息的有效性，去除对比学习模块，仅仅利用原始的 HGNN 与 Hyper-GAT 与 SD-HGAT 对比，直观地比较三者性能差异，如图 4-15 所示。

2）多重交叉视图对比学习性能实验

为了评估对比学习机制对推荐性能的作用，尝试去除多视图对比学习环节，通过多源异构超图推荐（MHR）验证对性能的影响。另外，这里的测试直接融合多视图和超图进行对比学习（MHR+NF）的影响来验证交叉视图对比学习的重要性，结果见表 4-4。

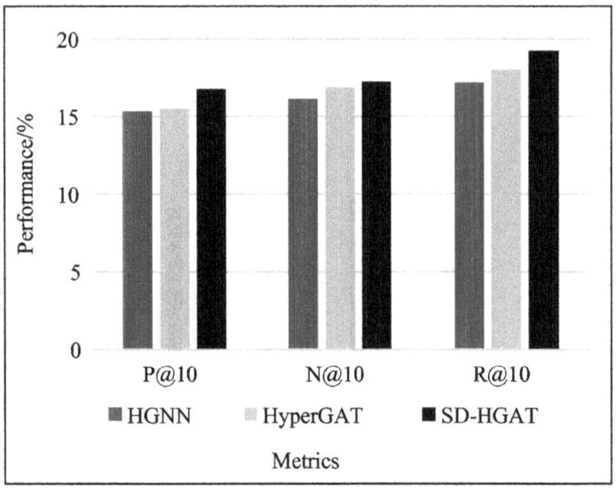

（a）Last-FM消融实验

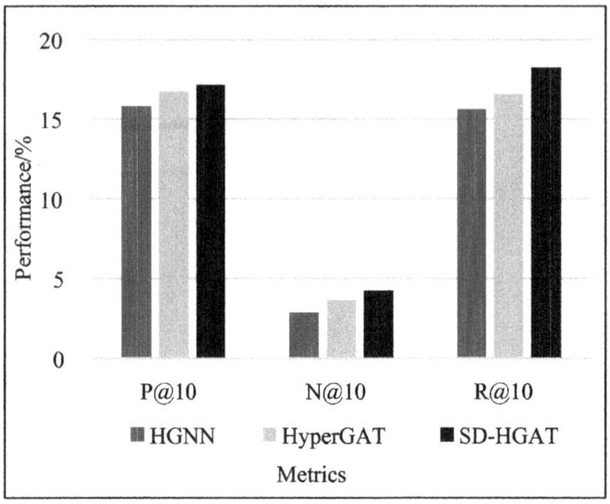

（b）Douban消融实验

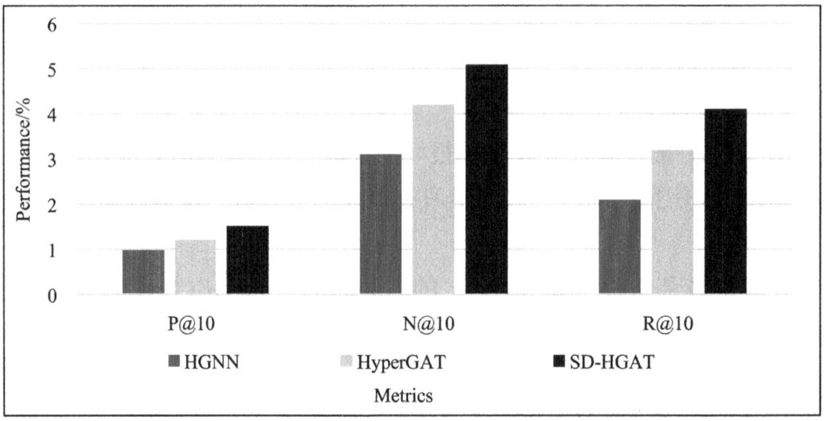

（c）Yelp消融实验

图 4-15　HGNN、Hyper-GAT、SD-HGAT 的性能对比

表 4-4　Yelp 数据集上对比学习性能消融研究　　单位：%

Methods	P@10	R@10	N@10
MHR	1.552	4.232	2.880
MHR+NF	2.210	5.866	4.950
MHCLR	2.728	7.102	5.702

5. 分析与讨论

在本章中，提出了 MHCLR 模型，为推荐系统提供准确、个性化的推荐列表。在 Last-FM、Douban 和 Yelp 数据集上进行了实验，以证明模型的有效性。从表 4-3 结果可以看出，与基线模型相比，MHCLR 算法在所有评价指标上都取得了较好的性能。具体而言，在 Last-FM 数据集上，MHCLR 算法在 P@10、R@10 和 N@10 方面比当下流行的推荐模型 LightGCN 提升了 0.615%、0.896% 和 0.74%，比基于超图推荐的 DHCF 模型提升了 2.943%、3.245% 和 3.388%。在 Douban 数据集上，MHCLR 算法 P@10、R@10 和 N@10 方面比当下流行的推荐模型 LightGCN 提升了 1.833%、0.005% 和 1.261%，比基于超图推荐的 DHCF 模型提升了 2. 742%、0. 497% 和 2. 487%。在 Yelp 数据集上，MHCLR 算法在 P@10、R@10 和 N@10 方面比当下流行的推荐模型 LightGCN 提升了 0. 142%、0. 577% 和 0. 714%，比基于超图推荐的 DHCF 模型提升了 0. 43%、1. 116% 和 1. 002%。MHCLR 算法在推荐性能上优于 LightGCN、SGL，表明基于超图和对比学习结合的推荐任务中挖掘更深层次的用户项目关联可以提高对用户偏好的识别。

对实验结果的进一步分析如下：

（1）由图 4-13 可知，当 $k<5$ 时，所提出的 MHCLR 算法在 P、N 和 R 值方面略低于最优的算法，这可能是信息损失带来的影响，较小的 k 值意味着在生成推荐时只考虑了很少的候选项，这样可能会导致一些潜在有价值的推荐被忽略缺乏足够的推荐覆盖度。随着 k 的增加，MHCLR 算法的性能均优于其他算法，算法的准确率和召回率逐渐趋于平衡，两者同时达到最高，算法性能达到最优。MHCLR 算法在用户项目高阶关系挖掘做了贡献，能够得到更准确的用户、项目语义描述，更深层次、全面地挖掘用户与项目特征，预测用户的偏好。

（2）构造了多个 SD-HGAT 层来模拟一个超图中具有高阶连接的用户之间的信息流，这可以看作一个高阶的信息传播。本实验中将超图注意网络层从 1 层叠加到 5 层。如图 4-14 所示，当 SD-HGAT 网络的层数为 2 时，MHCLR 的性能最优。随着 SD-HGAT 层数的增加，MHCLR 的性能下降，这可能是由于层数过多也会增加模型的计算复杂度，导致训练时间增加以及需要更多的计算资源。2 层的超图注意力网络相对较浅，有助于减少过拟合的风险，从而提高模型的泛化能力。通过以上分析，当 SD-HGAT 网络为 2 层时，该模型的推荐效果最好。在此基础上，分析了模型的嵌入维数 d。本实验中将 d 的变化设置为 {20、50、100、150}，图 4-13 显示了性能指标 P@10 、R@10 和 N@10 在本实验中使用不同 d 值的 Yelp 数据集上的变化情况。一般情况下，随着嵌入维数的增加，模型的性能呈现先上升后下降的趋势。当将嵌入维数从 20 增加到 50 时，可以显著提高性能。然而，当嵌入维度超过 50 时，模型性能将呈现下降趋势。研究表明，较小的嵌入维数可能会降低模型的性能，而过大的嵌入维数可能会导致模型的过拟合。

（3）MHCLR 在三个数据集上的整体性能优于其他推荐系统模型。其中 MHCLR 算法推荐性能表现均优于 BPR、GraphRec 、LightGCN、SGL 算法，说明超图结构模型比图结构模型具有更好的表达能力。虽然基于超图的 DHCF 算法推荐性能并不好，可能是由于模型的超边缘构造方法不适用导致矩阵密度过大或者实验结果未能达到最优。结合以上分析，MHCLR 的良好性能主要有如下三个因素：第一，多源异构网络对推荐系统的辅助作用，利用超图建立高阶关系，充分考虑社交关系，序列关系等；第二，在 HyperGAT 可以捕捉复杂的高阶用户关系基础上，关注了不同超边之间的密度信息关系，充分利用多源异构超图隐含的信息；第三，设计递进式的多重交叉视图对比学习与超图学习结合，弥补对齐过程中可能带来的多变量建模信息缺失，进一步提高准确性。

在消融实验中，由图 4-15、表 4-4 可以得到以下结论：

（1）将本研究算法中 SD-HGAT 模块替换成传统的 HGNN 和 HyperGAT，算法性能在三个数据集上均有降低，因此可以得出 SD-HGAT 模块在提取图像特征方面有巨大的潜力。

（2）不通过对比学习模块提高多变量建模准确度，只利用 SD-HGAT 模块进行推荐，MHCLR 算法性能略有降低；并且利用直接融合多视图的情况下进行推荐，可以看出表现性能低于交叉视图融合，这是因为处理不同视图的异质性较好，交叉视图融合可以更好地处理这种异质性，每个视图的特点都被充分利用。所以本章节所提出多重交叉视图对比学习模块在保留异质性，提高多变量关系建模准确性具有一定效果。

本章内容聚焦于改进推荐系统性能，采用了多源异构超图引导的多视图对比学习方法。通过将超图融合多源异构图信息，能够有效地捕获项目或用户之间的高阶相关性。这有助于实现高质量的信息整合，为高阶特征交互建模提供了强大的工具。另外，引入了空间密度超图注意力网络模块，该模块充分挖掘了多源异构超图中的节点密度信息以及复合超边密度信息，从而增强了用户和项目特征的表示。在对比学习方面，采用了多重交叉视图融合多视图信息与超图对比的策略。这一策略的优势在于减少了冗余信息，同时提高了多变量特定关系建模的准确性，从不同层次精细地捕捉用户和项目之间的关系。通过一系列实验证明，本章提出的 MHCLR 方法在 Precision、Recall 和 NDCG 等指标上表现出显著的提升，为推荐系统的准确性和性能带来了相对显著的改进。

第5章 基于超图的反事实公平推荐方法

推荐系统中普遍存在由敏感属性以及多种偏差导致的不公平现象。图结构数据通过映射用户和项目多维交互关系，为构建公平的推荐模型提供了全面的信息框架。然而，基于图的推荐公平性仍面临敏感信息过滤后引发准确性降低以及结构稀疏区域表示弱引发信息扩散失衡的问题。为此。本章提出一种反事实超图跨层次结构感知公平推荐方法（fair counterfactual hypergraph approach，FairCH），实现不同用户之间不公平性降低，同时提高预测用户偏好的准确性。首先，基于用户-项目交互的时序性，设计动态超图建模用户-项目多对多高阶关系偏好-公平性演变，实现用户多维度公平性建模。其次，通过图对抗学习筛选敏感信息，利用反事实推理方法构建高阶反事实超边，以补偿敏感信息损失的特征信息，实现精准的用户偏好提取。最后，通过层间交互注意力融合反事实公平层、全局偏好层、共享演化层，利用共享演化层的时序行为信息跨层连接增强多层次节点-超边信息相互作用，减轻信息传播不均衡的结构性偏差。实验表明，所提出方法可以为用户生成更公平的推荐，并具有较好的推荐性能。

5.1 公平推荐研究背景

5.1.1 推荐中的公平性问题

在推荐系统领域，效用性指标（如点击率），一直是衡量系统性能的核心标准。这些指标直接关联到用户的互动行为，从而为系统提供了明确的反馈和优化方向。然而，过分关注这些效用性指标可能会引发一系列问题，如马太效应和过滤气泡现象，这些问题逐渐成为推荐系统研究中亟待解决的挑战。为了解决这些问题，研究者开始关注推荐系统在其他维度上的性能，如多样性、公平性和隐私性等。其中，公平性是一个日益受到重视的关键问题。

推荐系统的公平性指的是推荐结果应该基于无偏和公正的原则产生，不受可能导致歧视或不平等待遇的用户或项目特征的影响。推荐公平性问题是一个复杂且日益受到关注的话题。这些问题涉及如何确保推荐系统的输出是无偏的、公正的，并且不会因用户或项目的某些特征，如性别、种族、年龄、流行度等，而受到不公平的影响。而且不公平的推荐可能会导致信息茧房效应，加剧社会分化，甚至影响社会稳定。

公平性的分类通常包括用户公平性/项目公平性、群体公平性/个体公平性、静态公平性/动态公平性、短期公平性/长期公平性、全体公平性/个性化公平性，以及黑盒公平性/

可解释公平性等。其中，用户公平性关注推荐结果是否对所有用户都是公正的，特别是那些可能受到歧视或不平等待遇的用户。例如，新用户的推荐结果不应被已有用户主导，女性用户不应只被推荐爱情片等。项目公平性关注具有相似特征的项目是否有平等的被推荐机会，以及不同类别的项目在推荐结果中的分布是否均匀。例如，流行的项目不应获得比不流行的项目多得多的曝光机会。

推荐系统影响着多方利益，因此确保其决策信息的公平性至关重要。例如，电子商务推荐系统可能会不成比例地推荐热门卖家的产品，而减少曝光其他同等合格但不太受欢迎的商品，这可能会操纵用户的观点。现有的推荐中不公平通常是由各种形式的偏见造成的，其中的偏差主要来源于数据与模型，也存在着多方利益冲突造成的偏差，如图 5-1 所示。首先，从数据角度分析，推荐系统收集的数据存在固有的遗漏，或者是样本不均衡导致偏差。其次，模型训练和模型评估过程中的偏差可能导致不公平，包括有偏差的模型架构、某些优化方法偏差以及不适当的基准。从推荐场景视角分析，用户的兴趣和偏好随时间演变，以及用户本身的属性可能导致推荐系统产生不公平的推荐项目。

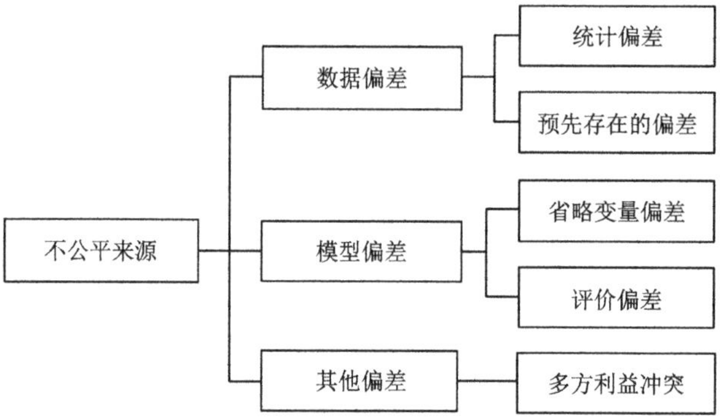

图 5-1　导致不公平的偏差

目前出现许多基于机器学习或深度学习的公平性和偏见研究。然而，他们通常关注的是分类任务中的公平性问题。其他一些研究重点关注机器学习或公平工作中的某个领域，例如，公平感知的联邦学习、数据驱动顺序决策中的公平问题。然而，现有的公平排名研究通常只从项目角度考虑不公平问题，如项目曝光公平性，而推荐系统中的公平性概念更为复杂，需要从多个方面考虑。推荐公平性超越了简单的平等，更强调消除因用户属性而引起的信息过滤和推荐偏见，以确保每个用户都能够获得公正且个性化的推荐体验。如图 5-2 所示，某些用户可能因为年龄、性别、地理位置等综合因素影响而受到不公平的推荐，这些不公平的现象可能会导致用户的不满和信任度下降。

在用户群体公平方面，多数研究按照交互次数将用户分为优势和劣势群体。通过使用两组之间的平均推荐性能的差异来衡量商业推荐算法的用户组不公平性。此外，有研究表明用户组之间的推荐准确率差异可能受到不同数据集影响。一般来说，这种差异在用户行为需要显著边际成本的推荐场景中更为明显，比如电子商务。还有一些研究通过群体公平研究个体公平性，将项目推荐给偏好不同的用户群体。通过考虑每个推荐项目对用户的相关性来定义给群体推荐的个人效用，并将群体成员效用之间的不平衡视为公平的度量。在项目侧的研究中，有学者基于两两比较来衡量项目公平性，并要求在不同的项目组中，一个被点击的项目排名高于另一个相关的未被点击的项目的可能性应该是相同的，这有效缓解了曝光不公平性。有研究通过在每次迭代中动态约束项目公开的公平性，有效缓解时间推移引起的项目受欢迎程度变化。也有研究同时关注用户和项目。一方面要求减少物品之间的曝光不平等，另一方面在所有客户之间公平地分配效用损失，保证物品的最小暴露量，并保证了用户最多可获得一件物品。

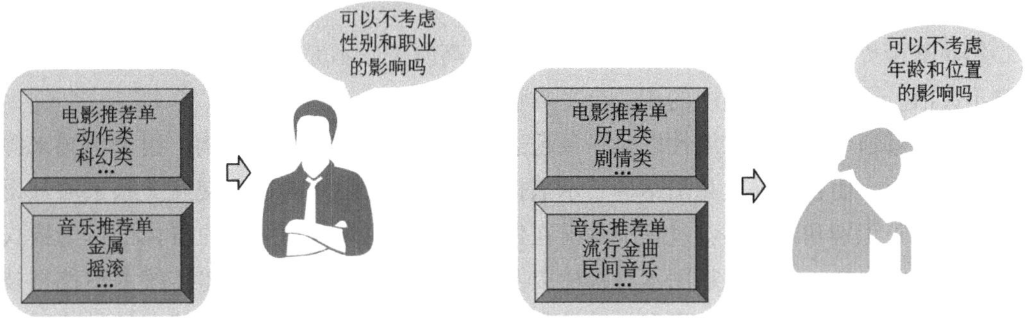

图 5-2　不公平推荐举例

5.1.2　图结构公平性策略

公平性策略思想是减少或消除算法决策中偏见和不公平现象。近年来，为了实现公平性，研究者们提出了多种方法，如正则化、约束、对抗学习以及因果推理等。常见的方法是在优化目标函数中添加公平性约束来确保推荐结果不会对特定群体产生歧视或偏见，即向损失函数中添加与公平性相关的正则化项，比如使用方差分析的统计量作为正则化项。然而，这种方法的缺点在于确定合适的公平性约束可能比较困难，依赖于不同的场景和专家经验。

推荐系统中不公平往往来自用户敏感属性和数据偏差等，或者由于群体关系导致节点和边群体结构密度稀疏问题导致信息扩散不均匀。历史交互信息决定了哪些属性与物品相关联，仅仅依靠用户与物品的交互，很难区分用户对这些不同属性的偏好，从而知识图谱结构不可避免地影响用户对属性的偏好学习。图神经网络中的信息传播机制会诱导有偏图拓扑输出节点嵌入的偏置。在输入空间中，节点特征均匀分布。然而，当在偏置拓扑上进行信息传播时，不同子组的节点接收到的信息可能存在偏置，从而导致输出空间的嵌入分布存在偏置。因此图神经网络在推荐过程中，可能存在识别敏感信息欺诈实体的不公平现象。

由于推荐场景中图结构数据广泛，探索图结构推荐场景下探索准确性-公平性平衡问题是重要的。例如，有学者利用分子图编码器和分子亚结构编码器在分子水平上捕获药物特征与用户匹配实现个人推荐的公平。有学者提出基于知识图的推荐框架，解决知识图谱的结构信息和用户交互属性的偏差问题，实现了用户偏好的公平学习。有学者通过研究发现活跃用户组和非活跃用户组之间存在性能差异，并认为这种差异可能来自路径多样性的不同分布，在知识图上可解释推荐的背景下减轻了用户的不公平问题。图公平挖掘方法多数通过直接的方法如正则化优化、限制模型对某些特征的过度依赖，从而减少不公平性的出现，如有学者定义了基于均等机会和人口均价的正则化项，当敏感特征为二进制时在节点分类任务中执行统计奇偶性和均等机会公平感知学习。另外，还有一些通过分析用户和物品之间的关联关系，从大量数据中挖掘用户的兴趣，利用对抗学习去除用户表示中的敏感属性。例如，有研究对推荐器中的用户-项目图数据进行连贯建模，提出了一种基于对抗的图神经网络，并防止用户的敏感信息影响节点的表示。有学者将关联公平的概念推进到因果公平的概念，利用对抗学习和反事实方法实现反事实公平推荐。该框架允许推荐系统为用户实现个性化的公平性。

然而基于传统图结构的方式会导致用户-项目高阶关联不完整，并且结构随着时间变化调整不灵活。因此，基于超图的相关公平推荐算法被提出。

超图能够通过超边可扩展性以及一条超边包含多个节点的特殊结构，组合不同来源的数据生成超图。而且，通过超图结构表示捕捉用户和项目之间的复杂交互关系来增强语义联系，有助于识别和减少推荐过程中的潜在偏见，可以更好地理解用户群体的行为模式和项目之间的关联性。然而，超图本身构建以及超图的复杂结构特性使得传统的图挖掘技术难以直接适用于超图数据。为了有效地处理超图数据，研究人员需设计特定的方法对其进行深入分析，以便有效地分析超图中的模式和结构，如社团结构和子图等。另外，图神经网络中的结构异质性以及节点属性的不均匀分布可能导致信息在网络中的传播速度不一致。在某些网络区域，信息可能迅速扩散，而在其他区域则可能进展缓慢或遇到障碍。这种信息传播的不均衡现象可能使得某些节点或社群组织的影响力过度强调，而其他节点或社群则可能被边缘化。这样的情况可能会对网络整体的信息流通和决策制定产生负面影响。

5.1.3 对抗学习公平性策略

对抗学习可以用来生成不包含敏感属性的用户表示，从而使得推荐模型不会受到这些属性的影响，缓解推荐的不公平性。例如，有学者引入对抗学习框架添加公平性约束学习高质量的节点嵌入。有研究设计了一种具有分解对抗性学习和正交性正则化的方法，缓解敏感用户属性偏差带来的新闻推荐中的不公平性。该方法将对抗性学习应用于无偏见的用户嵌入，以去除其中的偏见信息，并且提出了一种正交正则化方法，以鼓励无偏见用户嵌入与有偏见用户嵌入正交，从而更好地区分无偏见用户和有偏见用户。也有研究提出了一种基于对抗的图神经网络，通过结合协方差约束的对抗学习过滤掉敏感信息来防止信息污染，并消除了聚集过程中的偏差。此外，在 Top-N 推荐任务中，有研究提出一个考虑项目排名公平性的贝叶斯个性化排名约束，使劣势群体偏好的项目获得与优势群体相同的排名机会。

一些研究使用对抗性学习来解决公平问题，对抗学习在推荐中应用的基本框架如图 5-3 所示。即使敏感信息不直接用作输入，它仍然可以被模型间接地学习到表示中。对抗学习是减少表征中敏感信息的有效方法。此外，它还可以用于学习公平的预测分数。模型经常引入判别器对于每个公平相关的属性。这些判别器将根据过滤模块输出的表示来预测相应的属性值，过滤模块旨在去除原始表示中的不公平信息。如果判别器不能根据过滤后的表示确定这些公平相关属性的值，则过滤后的表示为公平。

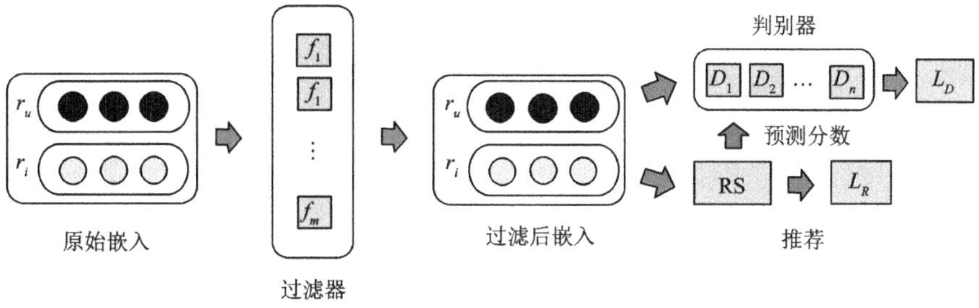

图 5-3　对抗学习

学习过程可以形式化为下面的二人极大极小博弈：

$$\min_R \max_D L(R,D)=L_R-\lambda L_D \tag{5-1}$$

式中，L_R 为推荐损失，L_D 为判别器的属性预测损失。R 为推荐模型的参数，D 为判别器的参数，λ 是一个超参数。

一些研究将对抗学习与图神经网络结合，提高算法公平性。例如，有学者提出了一种推荐方法，旨在降低图神经网络节点表示中敏感属性信息的权重。该方法适用于多个与公平性相关的属性。通过在模型架构中集成多个过滤模块，每个模块专门针对一个特定的公平性属性，从而实现对相应属性信息的有效移除。经过敏感信息的滤除处理，节点的所有过滤表示将被聚合，形成一个去除敏感信息的统一表示，每个属性都有对应的判别器来预测节点的公平性属性。在推荐系统中，仅利用这些经过净化的表示来进行推荐，以确保推荐结果的公平性。除了节点的表示之外，其周围的网络结构同样蕴含着关键信息，但在前述方法中并未得到充分关注。为了弥补这一不足，有研究在图神经网络推荐模型中引入了判别器，该模型综合考虑了节点嵌入及其邻域网络结构的嵌入，以更全面地预测节点的公平性相关属性，这种方法在仅依赖节点信息的基础上取得了更优的性能。后来出现一种判别器模型，基于用户的嵌入向量来预测与公平性相关的属性。该模型与先前工作的主要区别在于其赋予用户能力，以个性化地设定与公平性相关的属性。这种个性化设定机制极大地提高了用户的自主性，允许他们根据个人偏好和特定需求来调整推荐系统中的公平性准则。

有研究关注新闻推荐中用户表示的公平性，其中用户表示是根据用户的阅读历史构建的。他们在新闻推荐模型中增加了一个判别器来学习公平用户嵌入，该模型基于用户嵌入来预测用户的公平相关属性。此外，还增加了一个属性预测任务来学习不公平的用户嵌入。并且在损失函数中加入正则化，以增强公平嵌入和不公平嵌入之间的正交性。

与上述使用判别器预测公平性相关属性的方法不同，有学者使用判别器来重建用户/项目信息。它们利用文本信息来提高用户公平性。关键是要减少少数群体代表中的主流偏见。该方法在损失函数的基础上增加了重构损失，使用卷积自编码器来提取和重构文本信息，要求用户表示和项目表示尽可能地还原原始文本信息。也有研究通过引入对抗性图神经网络防止目标用户被邻居用户的敏感特征感染。并且该算法设计了双重公平性约束，用以应对整体数据上的对抗性分类器失效和不公平排名问题。这种设计使得模型能够有效地屏蔽用户的敏感信息，为具有不同属性的用户创造平等的训练条件，从而促进了公平推荐结果的生成。

5.2 图公平感知

5.2.1 公平定义与评价

近年来，人们围绕图数据结构提出了许多算法来学习图结构显隐式信息。这些算法在节点分类和链接预测等图分析任务上表现出了良好的性能，为许多基于图的应用带来了巨大的进步。尽管这些图挖掘算法取得了成功，但大多数算法缺乏公平性考虑。随着图挖掘算法的广泛使用，这种潜在的偏差也可能存在于其他高风险应用中，如刑事司法和贷款审批。

目前，图结构中实现公平性主要有两个挑战。第一个挑战是制定适当的公平概念作为确定不公平存在的标准。虽然大量的传统算法公平性概念都是围绕独立同分布数据提出的，但它们都无法反映图数据中拓扑结构信息所表现出的偏见。如图 5-4 所示，相同的人口可以与不同的拓扑相连，其中每个节点代表一个个体，节点的颜色表示其人口统计子组成员，例如不同的年龄。与图 5-4 无偏的图拓扑相比，图 5-4 有偏的拓扑群内边多于群间边。图拓扑中群内边的优势是存在于现实图中的一种常见的偏见类型，这是传统算法公平性概念无法捕捉到的。第二个挑战是防止图挖掘算法继承输入关系信息中显示的偏差。例如，图神经网络中的信息传播机制诱导信息传播中有偏图拓扑的输出节点嵌入的偏置。在输入空间中，节点特征均匀分布。然而，当在图的偏置拓扑上进行信息传播时，不同子组的节点接收到的信息可能存在偏置，从而导致输出空间的嵌入分布存在偏置。

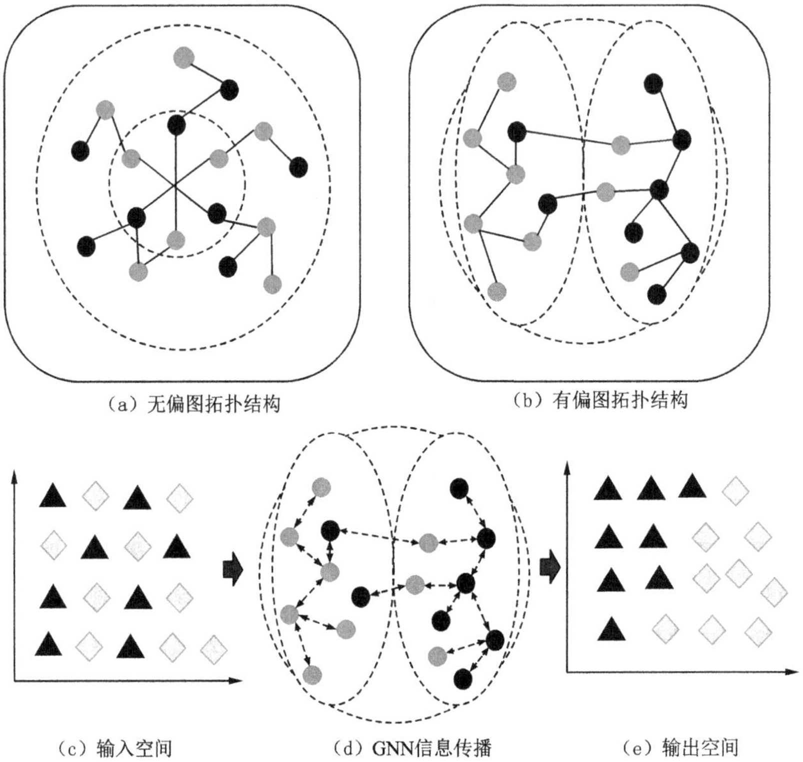

图 5-4 GNN 网络偏差

公平性的定义有很多种，本章结合推荐中的应用场景将其分为三大类，即群组公平性、个体公平性和反事实公平。一般来说，在多种现实场景中，用户通常不愿意分享一些特征（如职业、收入和年龄），这些特征被认为是受保护或敏感特征。按照这些敏感特征，人群可以分为不同的敏感组，在此基础上定义群组公平性，要求算法不应该对任何特定敏感子群体中的个体产生歧视性的预测或决策。人口奇偶性是基于二元敏感特征的群体公平概念被引入，如男性/女性。如果模型对两个敏感子群体中的个人产生相同的准则判断，则认为实现了人口均等。这种评价标准首先在图节点分类中引入，在推荐场景中也被广泛应用。假设 R、S 分别是表示输入图中随机节点的预测类标签和敏感特征的随机变量。人口平等的标准则为

$$P(\hat{R}=1\mid R=1,S=0)=P(\hat{R}=1\mid R=1,S=1) \tag{5-2}$$

为了进一步量化人口平价在多大程度上得到满足，当预测标签和敏感特征都是二进制时，定义 $\Delta\mathrm{DP}$：

$$\Delta\mathrm{DP}=P(R=1\mid S=0)-P(R=1\mid S=1) \tag{5-3}$$

类似地，在二元分类任务中，机会均等要求具有正基础真值标签的个体的积极预测独立于敏感特征，机会均等准则定义为

$$P(\hat{R}=1\mid R=1,S=0)=P(\hat{R}=1\mid R=1,S=1) \tag{5-4}$$

在大多数情况下，$\hat{R}$ 表示有利的预测。因此，机会均等可以解释为避免将不利预测分配给仅仅因为敏感的子群体成员资格而有资格获得有利预测的个人。然后，引入了一个常用的定量度量 $\Delta\mathrm{EO}$，用于节点分类中的机会均等，即

$$\Delta\mathrm{EO}=P(\hat{R}=1\mid R=1,S=0)-P(\hat{R}=1\mid R=1,S=1) \tag{5-5}$$

人口平价和机会均等同样可以扩展到跨不同敏感子群的节点对的平均链接概率以及推荐场景。而在推荐场景中，群组公平往往利用群组不公平推荐（group recommender unfairness，GRU）指标统计不同用户群组推荐的物品质量差异，当使用 NDCG 对排序效用进行衡量时，计算方法如下：

$$P=\mathrm{NDCG@K} \tag{5-6}$$

$$\mathrm{GRU}(S_0,S_1,P)=\frac{1}{|S_0|}\sum_{u\in S_0}U_i-\frac{1}{|S_1|}\sum_{u\in S_1}U_i \tag{5-7}$$

式中，S_0 和 S_1 代表两个敏感属性分组，U_i 表示用户对推荐项目的评分。

与群体公平相比，个体公平可以不考虑任何敏感特征。个人公平要求相似的个人应该得到相似的对待。因此，个体公平性被认为是一个比群体公平更细粒度的公平概念。然而个体公平相关研究较少，如基于利普希茨连续条件的个人公平性，衡量每个个体与其 k 个近邻之间输出的平均距离。一般来说，平均距离越大，说明个人公平程度越低。有研究还引用了基尼系数来量化个体推荐质量的不公平程度。

与上述公平概念不同，反事实公平是从因果角度对公平进行定义的。即当每个个体和他/她的反事实的预测结果保持不变时，反事实公平性被认为是实现的，并且反事实公平

性在图挖掘和推荐系统中得到了广泛应用。反事实公平性的定义基于 Pearl 的结构性因果模型。对于变量 A、B，反事实“如果条件 A 被设置为特定值 A'，那么结果 B 会是什么样子。”公式化为

$$P(\hat{R}_{S\leftarrow s}=R\mid X=x,S=s)=P(\hat{R}_{S\leftarrow s'}=R\mid X=x,S=s) \tag{5-8}$$

对于所有特定的值 x 和 y，敏感属性 $s\neq s'$。

5.2.2 因果推理公平感知方法

仅仅基于关联概念并不能很好地评估公平性，因为不能推断出特征之间的因果关系。现实世界是由因果关系而不是相关性驱动的，而相关性并不意味着因果关系。例如，用户在购买高性能笔记本计算机后更有可能购买相配套的外设，如键盘、鼠标，这种因果关系是不可逆转的。相关的研究已经证明推荐中存在属性偏差和交互偏差等混淆因素，仅仅依靠相关性并不能有效地衡量推荐公平性。不公平待遇通常是由敏感特征（如性别）和模式决策（如录取）之间的因果关系造成的。因此，研究人员提出了基于因果关系的公平概念。与公平约束正则化和对抗学习不同，因果推理可以揭示用户行为背后的隐含因果关系，帮助识别推荐系统中存在的各种偏差，从而得到公平策略。

有研究利用因果关系技术来探索基于知识图的推荐中变量之间的因果关系，并采用反事实推理来消除用户项相似性评分中的偏差。类似于知识图谱的思想，将用户和项目的属性及其关系都编码为实体嵌入，将顺序推荐与算法公平性结合起来，得到一种新的公平感知的顺序推荐任务，通过公平感知偏好图嵌入和定义的交互公平性提高推荐公平性并且减轻了在学习用户偏好时的各种算法偏差。

基于因果关系的公平概念大多是在潜在结果框架或因果结构模型的基础上定义的。潜在结果框架中治疗效应（treatment effect，TE）通过给定治疗变量 T 观察到结果变量 Y 在每个个体的一种治疗下的潜在结果。现实生活中常见个体的个体治疗效应（individual treatment effect，ITE）以及被扩展到人群的平均治疗效果。另一种广泛应用的因果模型就是结构因果模型（structural causal model，SCM）。通常，SCM 将变量之间的因果关系抽象成因果图，构建结构函数，然后进行因果推理，以估计相互作用或反事实的影响。例如，为了解决有偏见数据中敏感属性或者受保护的属性影响治疗效果的问题，有学者提出公平意识因果模型，用来估计敏感属性混淆在治疗结果之间的因果效应。同样，有研究提出建立因果公平感知的生成对抗性网络的问题，该网络通过因果图和介入图学习紧密分布并确保基于给定因果图的各种因果公平标准。

目前，已经将因果公平方法扩展到基于图的因果公平性方法，探索图中复杂系统中各种因素之间的相互关系。例如，有学者使用图神经网络研究了一般网络干扰下的因果效应估计，给出了在网络干扰和处理能力约束下的启发式图结构相关误差界。也有研究提出基于反事实数据增强的新框架。生成对应于每个节点及其相邻节点敏感属性扰动的反事实。然后，通过最小化从原始图中学习到的表示与每个节点的反事实之间的差异来增强公平性。有研究从因果关系的角度研究超图，利用超图上的个体治疗效果估计问题，旨在估计干预对每个单个节点的结果的因果影响程度。

5.3　反事实跨层次超图公平性策略

为了缓解传统图在长期公平性处理的局限，以及超图神经网络的结构性偏差问题，本节提出了一种基于超图的反事实结构感知推荐方法提升推荐系统的公平性和准确性。总体架构图如图 5-5 所示。首先提出通过动态超图建模用户-项目交互过程，利用时间顺序更新超图结构。然后，利用对抗学习的方法过滤输入节点中的敏感信息并且建立超图的高阶因果关系，通过反事实方法补偿过滤敏感信息带来的准确性降低。本章设计层间交互注意力融合的三个层次结构具有协同作用，提高了节点-超边特征的表达能力。首先，公平层关注反事实敏感信息，确保公平性。其次，偏好层致力于捕捉用户与项目内容以及行为模式的显著关联，以强化相关性的表示。最后，共享演化层通过对网络动态变化的敏感性，使模型能够适应图结构的演进，从而提高学习的灵活性。这种层次结构感知学习的方法在细粒度特征提取方面表现出色，有效地克服了信息跨层次不均衡引起的结构性偏差。

彩色图片

图5-5

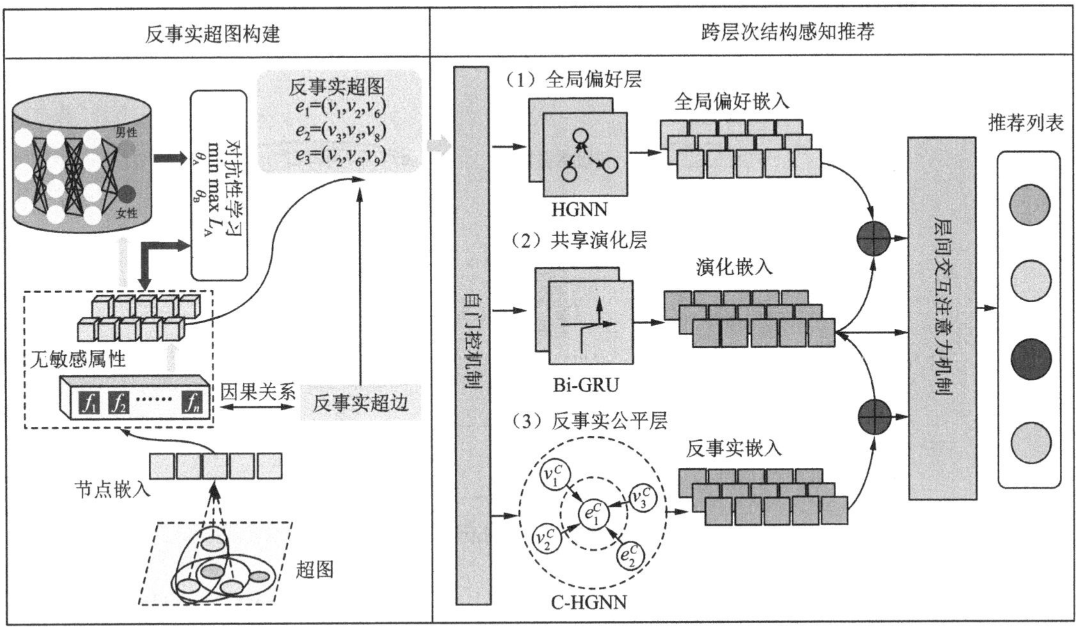

图 5-5　FairCH 总体框架图（扫码查看彩色图片）

5.3.1　反事实动态超图构建

在推荐任务中，定义用户集 $U=\{u_1,u_2,\cdots,u_m\}$ 和项目集 $I=\{i_1,i_2,\cdots,i_n\}$。其中，U 为单个用户的集合，u_i 表示单个用户包含用户的敏感信息，I 为单个项目的集合，I_i 表示项目信息包括交互时间信息。超图一般表示为 $G=(V,E)$。其中，$V=U\cup I$ 是系统中的所有节点的集合，E 是所有种类超边的集合。超图 G 可以由 $|V|\times|E|$ 关联矩阵 $\boldsymbol{H}$ 表示，v 代表超图中 V 的一个节点，e 表示超图中 E 的一条超边，如果 $v\in e,\boldsymbol{H}(v,e)=1$，否则为 0。

定义 5-1 动态超图：对于在时间维度上演变的用户-项目多对多高阶关系的建模，旨在实现用户和群体之间多维度的公平性建模以及偏好的变化。通过引入时间相关的关系超边，建模潜在的随时间演变的高阶隐性关联。

面对时态相关的时变超边组 E_t：基于用户和项目的时间信息通过时变超边 e_t 连接相关节点，$V_t(t)$ 是包含于超边 e_t 的节点的集合，e_T 为所有时变超边的集合，即

$$E_t = \{ V_t(t) \mid e_t \in e_T \} \tag{5-9}$$

为了提高推荐公平性，本章利用基于超图的敏感属性过滤，生成具有无偏的超图结构。从超图的节点中，过滤敏感属性（如性别、年龄），并保留更多的隐式高阶关联。

定义 5-2 对抗学习：将对抗性学习框架引入超图中的节点表示，以满足公平性要求。对抗学习是从用户与项目表示中消除敏感属性信息的主要技术。通常，将用于消除表征中敏感属性信息的过滤网络和用于预测敏感属性值的判别器网络结合使用。

敏感属性预测器的目标是消除节点表示的敏感信息，并确保推荐器在不同敏感信息用户之间提供公平的服务。模型是基于超图神经网络，便于扩展到多种类型的敏感信息。将节点的 l 层嵌入 h_v^l 作为过滤器 $F=\{f_1, f_2, \cdots, f_K\}$ 输入，过滤器 F 可以在用户和物品节点之间共享过滤知识，如图 5-6 所示。形式上，可以通过以下公式获得过滤后的节点表示：

$$h_v^{l+1} = \frac{1}{K}\sum_{k=1}^{K} f_k(h_v^l) \tag{5-10}$$

彩色图片

图5-6

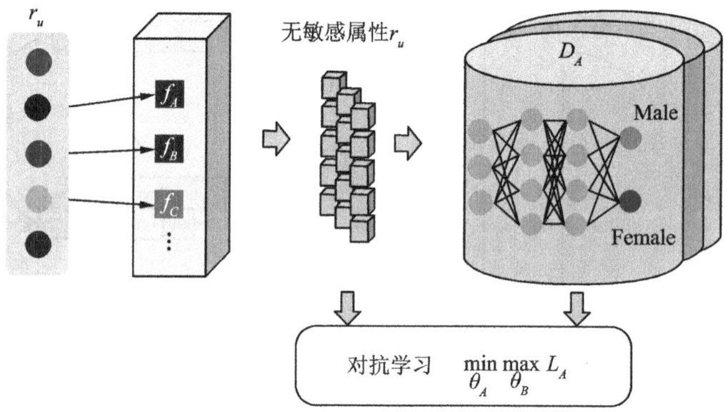

图 5-6 节点敏感属性过滤（扫码查看彩色图片）

在训练过程中，对于每个 $v \in V$，在给定表示 h_v 为 f_k（h_v）的情况下，对抗组件 f_k 试图预测节点 v 的敏感信息 s_v，其公式为

$$s_v = \text{softmax}(W_s h_v^{l+1} + b_s) \tag{5-11}$$

相应的，为了学习过滤网络的值，训练了判别器 $D_v = \{d_1, d_2, \cdots, d_K\}$ 从过滤后的节点表示 h_v 预测敏感属性值 $\overline{\alpha_k}$，公式为

$$\overline{\alpha_k} = d_k h_v^{l+1} \tag{5-12}$$

为了便于计算，给定一个二元属性的预测损失为例：

$$L_D = \sum_{k=1}^{K} \alpha_k \log(\overline{\alpha_k}) + (1 - \alpha_k)\log(1 - \overline{\alpha_k}) \tag{5-13}$$

现有的公平推荐方法多数基于敏感属性过滤的对抗学习方法，少有关注用户项目之间的潜在的高阶因果关联。设计基于因果关联的反事实超边，进一步挖掘用户项目中潜在的高阶因果关联，提高推荐公平性和准确程度。

定义 5-3 反事实动态超图： 基于反事实的基本思想“如果条件改变，事件也会发生”。本章利用简洁的方法将节点中敏感属性翻转，在动态超图中添加反事实超边，实现高阶因果关联的建模。原有的用户交互集合 $R(U,I)$，经过对用户的敏感属性翻转，并假设翻转后的用户仍旧保留原有的交互属性，即新的交互集合 $R'(U',I)$。

在超图中，假设超边内有节点 v_1、v_2、v_3，超图中节点之间的连接用超边表示，即 $E(v_1,v_2,v_3)$，其中 v_1、v_2、v_3 表示任意带有敏感属性 S_i、S_j 的节点。面对目标用户 u_1，普通图对单个节点或边进行反事实操作，比如改变用户的性别或年龄，或者断开两个节点之间的连接关系。而超图中对超边内的多个节点进行反事实操作，包括同时改变多个节点的敏感属性或其他属性，以模拟不同条件下多个节点之间的关系或事件发生情况。本章节选择修改目标用户 u_1 所在同一条超边内的用户敏感属性。通过 $E(u_1,v_1,v_2,v_3)\to E'(u_1',v_1',v_2',v_3')$，得到基于假设属性相关的反事实超边组 E_c，即基于节点中敏感属性（性别，年龄）通过反事实超边 e_c 连接相关节点，$V_c(c)$ 是包含于超边 e_c 的节点的集合，e_C 为所有反事实超边的集合，即

$$E_c=\{V_c(c)\mid e_c\in e_C\} \tag{5-14}$$

5.3.2　跨层次结构公平感知

为了全面捕捉反事实动态超图中的公平性和用户偏好信息，本章采取了一种跨层次结构感知学习方法，如图 5-7 所示。具体而言，首先构建了一个全局偏好层，该层综合了用户的个性化偏好和项目的固有属性特征。进一步地，利用反事实超边的概念设计了一个反事实公平层，以及一个融合了时间序列信息的动态演化层。通过将时间维度的协同信号整合到公平层和偏好层中，该模型能够学习到动态的用户偏好表示。这一过程不仅加深了对用户偏好的理解，而且确保了推荐内容的公平性，从而为用户提供了更加公正和个性化的推荐体验。

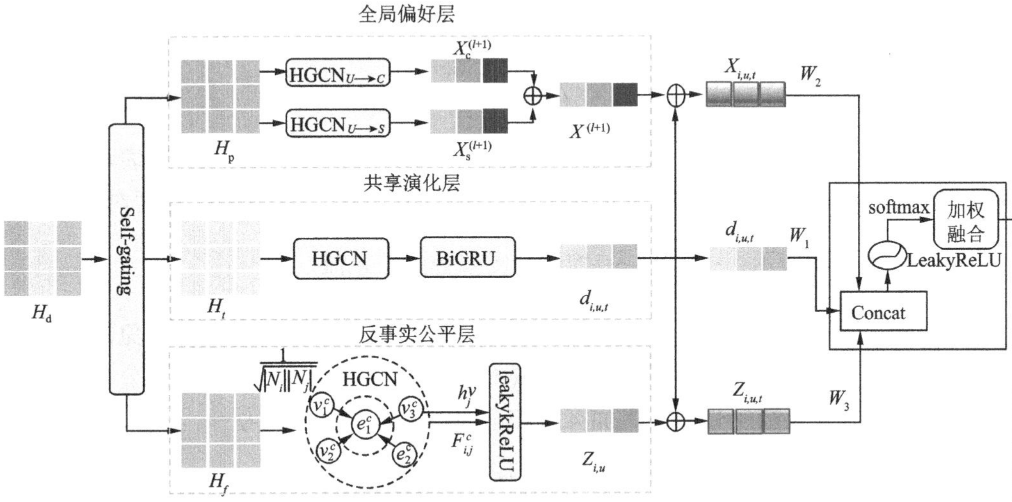

图 5-7　跨层次结构感知（扫码查看彩色图片）

彩色图片

图5-7

定义 5-4 多层次 self-gating：首先，由于不同的层次可能对最终的推荐性能表现出不同的重要性，因此直接将完整的基本嵌入 $h^{(0)}$ 提供给所有渠道是不明智的。为了控制从 $h^{(0)}$ 到每个层次的信息流，设计了一个带有 self-gating 的预滤波器，其定义为

$$h_s^{(0)}=h^{(0)}\odot \text{sigmod}(h^{(0)}W_s^g+b_s^g) \tag{5-15}$$

式中，W_s^g，b_s^g 是要学习的参数。g 表示门控机制筛选的多层结构信息，包括公平诱导子图 G_f、偏好诱导子图 G_p、演化诱导子图 G_t。

定义 5-5 共享演化层：通过学习演化诱导子图 G_t 中的用户或项目动态特征变化，作为共享时序信息的基础。具体来说，利用超图卷积网络学习网络拓扑结构信息，双向循环门控网络（bidirectional gated recurrent unit，BiGRU）学习用户的时序行为特征信息，全面捕捉其动态特征的演化。这种方法旨在提高模型对于用户和项目动态行为的建模能力，从而增强其在下游任务上的性能。

超图卷积网络主要面对的是有效地传播相邻节点的信息以及结构信息，从节点的信息聚集到超边，从相反的方向将超边信息聚集到节点。定义超图卷积层公式为

$$X_T^{(l+1)}=D_v^{-1/2}\boldsymbol{A}_tW_tD_e^{-1}\boldsymbol{A}_t^{\mathrm{T}}D_v^{-1/2}X^{(l)} \tag{5-16}$$

式中，$X^{(l)}\in R^{n\times c}$是超图的第 l 层信号，$X^{(0)}$代表初始的节点输入，$\boldsymbol{A}$ 表示对应的邻接矩阵，W 为对应的权重。然后，将超图卷积得到的序列集合 $X_T=\{x_1,x_2,\cdots,x_t\}$ 输入到 BiGRU 中，从前向和后向两个方向对 X_T 进行特征提取，其计算公式为

$$d_{i,u,t}=\text{GRU}(X_T)\oplus\text{GRU}'(X_T') \tag{5-17}$$

式中，$d_{i,u,t}$表示经过学习的共享时序特征信息，GRU′表示反向的 GRU 网络，输入集合$X_T'=\{x_t,\cdots x_2,x_1\}$，$\oplus$为拼接符号。

定义 5-6 反事实公平层：基于反事实动态超图超越成对关系的结构优势，利用特定的公平诱导子图 G_f 学习邻域信息，获取局部的超图公平信息传递，实现公平层次信息聚合，公式为

$$z_{i,u}=\text{LeakyReLU}(\boldsymbol{F}_{i,j}^c*h_j^v) \tag{5-18}$$

$$\boldsymbol{F}_{i,j}^c=\frac{\boldsymbol{D}_v^{-1/2}\boldsymbol{H}_c\boldsymbol{D}_e^{-1/2}}{\sqrt{|N_i||N_j|}} \tag{5-19}$$

式中，$z_{i,u}$表示从相邻项到中心节点 v_j 的聚合信息，h_j^v 表示 v_j 的嵌入表示，$\boldsymbol{F}_{i,j}^c$表示归一化邻接矩阵，$\boldsymbol{H}_c$ 代表依赖反事实超边的交互矩阵，$\boldsymbol{D}_v$、$\boldsymbol{D}_e$ 表示节点和超边的度对角矩阵，N_i、N_j 代表相邻项目的表示，$\frac{1}{\sqrt{|N_i||N_j|}}$控制着图聚合的信息流。

为了满足用户需求的动态公平性，分析不同时间段内的公平状况变化，避免静态化的评估方法所带来的误差。本章将时序特征信号嵌入公平层中，有效地实现演化-公平层次信息的聚合和传递，并使得公平性评估更加客观和全面。嵌入过程公式为

$$Z_{i,u,t}=z_{i,u}\,\|\,d_{i,u,t} \tag{5-20}$$

定义 5-7 全局偏好层：为了保持模型对公平信息和用户偏好的平衡，不仅仅学习公平

层信息，而是从全局角度学习用户的兴趣。用户的全局偏好学习可分为用户对项目内容的偏好特征获取以及项目属性的特征获取，本章利用超图卷积分别挖掘两部分内容以获取用户全局偏好。

$$X_c^{(l+1)}=\boldsymbol{D}_v^{-1/2}\boldsymbol{A}_c W_c \boldsymbol{D}_e^{-1}\boldsymbol{A}_c^{\mathrm{T}}\boldsymbol{D}_v^{-1/2}X^{(l)} \tag{5-21}$$

$$X_s^{(l+1)}=\boldsymbol{D}_v^{-1/2}\boldsymbol{A}_s W_s \boldsymbol{D}_e^{-1}\boldsymbol{A}_s^{\mathrm{T}}\boldsymbol{D}_v^{-1/2}X^{(l)} \tag{5-22}$$

$$X^{(l+1)}=X_c^{(l+1)}+X_s^{(l+1)} \tag{5-23}$$

其中，式（5-21）和式（5-22）分别表示用户对项目内容的偏好 $X_c^{(l+1)}$，以及项目属性的特征 $X_s^{(l+1)}$。

类似地，时序特征信号也有助于获取用户对项目序列的行为特征。通过考虑时间因素，可以更好地理解用户在不同时间段内的行为模式和序列特征。通过将时序特征与全局偏好信息融合，更全面学习长期依赖的偏好信息，提高推荐准确性。计算过程如下：

$$X_{i,u,t}=X^{(l+1)} \parallel d_{i,u,t} \tag{5-24}$$

定义 5-8 层间交互式 Attention：类似于图注意力机制 GAT，在得到三个不同层次的信息后，本章提出跨层结构感知模块，其中包括交互式关注 Attention 模块，通过跨层次的注意力机制分别关注偏好层、公平层、演变层的信息重要程度。每个注意力头都会学习一个注意力权重向量，用于对不同层次特征的关注程度进行调节。首先，得到三个层次的拼接表示：

$$\mathrm{Concat}_{i,u,t}=\mathrm{LeakyReLU}(\alpha_i^{\mathrm{T}}[\boldsymbol{W}_1 d_{i,u,t} \parallel \boldsymbol{W}_2 X_{i,u,t} \parallel \boldsymbol{W}_3 Z_{i,u,t}]) \tag{5-25}$$

对于第 i 个注意力头，其注意力权重 α_i 可以通过以下公式计算得到：

$$a_i=\frac{\exp(\mathrm{Concat}_{i,u,t}+b_i)}{\sum_{i,u\in D(i,u)}\exp(\mathrm{Concat}_{i,u,t}+b_i)} \tag{5-26}$$

式中，$\boldsymbol{W}_i$ 是注意力头的权重矩阵，b_i 是偏置项，$(d_{i,u,t},X_{i,u,t},Z_{i,u,t})$ 表示将三个层次的特征表示拼接起来，leakyReLU( ) 函数用于将注意力权重进行归一化。

信息融合学习：将学习到的注意力权重应用于不同层次的特征表示上，进行信息融合和表示学习。具体地，可以使用加权求和的方式，将三个层次的特征表示按照注意力权重进行加权融合，得到最终的跨层次特征表示：

$$e_{i,u,t}=a_1 d_{i,u,t}+a_2 X_{i,u,t}+a_3 Z_{i,u,t} \tag{5-27}$$

式中，$e_{i,u,t}$ 表示跨层次的特征表示，a_1、a_2、a_3 分别表示注意力头对偏好层、公平层和演变层的注意力权重。

5.3.3 模型优化

为了学习模型的参数，本章采用了贝叶斯个性化排名损失，这是一种成对损失，它主要用于确保用户偏好的项目在模型预测中获得更高的分数。首先，通过 L 层的学习得到用户和项目的嵌入，公式如下：

$$e_u=\frac{1}{L+1}\sum_{l=0}^{L}e_{u,t}^{(l)} \tag{5-28}$$

$$e_i = \frac{1}{L+1}\sum_{l=0}^{L} e_{i,t}^{(l)} \tag{5-29}$$

最终，计算用户与项目之间的偏好得分为

$$y_{ui} = e_u^{\mathrm{T}} e_i \tag{5-30}$$

损失函数定义如下：

$$L_h = \sum_{i,j\in I(u)} -\log\sigma(y_{ui} - y_{uj}) + \lambda \|\theta\|^2 \tag{5-31}$$

$$L = L_h - \beta L_D \tag{5-32}$$

式中，θ 为表示模型组件中涉及的参数，y_{ui} 为用户对正面项目的偏好得分，y_{uj} 为用户对负面项目的偏好得分，β 表示对抗损失系数。

模型的计算成本主要来自超图、超图卷积、BiGRU、门控机制和注意力机制。在超图构建中，节点和超边是主要影响因素，复杂度为 $O(N\|C)$，其中 N 是超图中的节点数，C 是超图中的超边数。经过 L 层超图卷积网络后，模型的消耗小于 $O(|H^+|dl)$，其中 $|H^+|$ 表示非零元素的数量，$|H^+|=\max(|H_f^+|,|H_p^+|,|H_t^+|)$，BiGRU 网络的复杂度为 $O(T\times dl)$，层间交互注意力机制的复杂度为 $O(Nd+N^2)$。通过定性分析，本章提出的模型时间复杂度低于以往基于图神经网络的推荐模型，在可接受范围之内。

5.4 实验与分析

本节主要是对 FairCH 算法进行准确性和公平性的实验，与基于 GNN 的方法以及基于公平性的算法对比。

1. 数据集

Last-FM 数据集记录了用户收听过的歌曲音乐数据。该数据集能提供年龄和性别共两类敏感属性信息。Movielens-1M 数据集是电影数据集，包含多个用户与多个电影的交互评分记录以及电影的其他元数据信息。该数据集能够提供敏感属性信息，分别为年龄、性别。两种数据集统计见表 5-1。

表 5-1 数据集统计

Datasets	Users	Items	Interactions	Sparsity
Last-FM	1 891	15 438	92 834	99.68%
Movielens-1M	6 022	3 043	895 699	95.11%

2. 基线和评价指标

BPR：是当下推荐系统中常用的一种推荐算法，主要采用用户的隐式反馈（如点击、收藏等），通过对问题进行贝叶斯分析得到的最大后验概率来对 item 进行排序，进而产生推荐。

LightGCN：它是 GCN 的简化，只包括协同过滤最基本的组件，即邻域聚合。它使用单个嵌入作为用户和项目嵌入在用户-项目交互图中所有层传播的加权和。

NGCF：这个最先进的基于 GNN 的推荐系统在用户-项目图结构中传播嵌入。特别是，它利用用户-项目集成图中的高阶连接性，以显式的方式将协作信号注入嵌入过程。

SGL：该方法是 GCN 模型在精度和健壮性方面的改进版本。这些模型在处理有噪声的交互时也表现得更好。该方法使用了一个增强的经典监督推荐任务和一个支持的自监督任务，通过自我区分来加强节点表示学习。这种结构可以生成一个节点的不同视图，从而最大限度地提高同一节点的不同视图之间的一致性。

DHCF：提出了一个双通道超图协同过滤框架来解决上述问题。采用超图结构对用户和项目进行明确的混合高阶相关性建模。为了支持高阶关联的显式、高效嵌入传播，提出了跳跃超图卷积（JHConv）方法。

Fairgo：提出了一种基于图的技术来保证任何推荐模型的公平性。通过学习过滤器组合将每个用户和每个项目的原始嵌入转换为基于敏感特征集的过滤嵌入空间。对于每个用户，这种转换是在以用户为中心的图的对抗学习下实现的，目的是混淆过滤后的用户嵌入和该用户的子图结构之间的每个敏感特征。

FairGNN：研究了具有有限敏感属性信息的公平 GNN 学习问题。FairGNN 利用图结构和有限的敏感信息，消除 GNN 的偏差，同时保持较高的节点分类精度。理论分析表明，FairGNN 可以在给定有限节点和已知敏感属性的温和条件下保证 GNN 的公平性。

为了公平比较，参考了基线的原始论文中报告参数设置，然后使用 Adam 优化模型，以确保它们的最佳性能。本章对模型的一般设置为嵌入维数经验设置为 64。并且为了测量反事实公平性性能，在消融实验中训练一个攻击者对给定用户表示的每个属性进行分类，遵循公平表示学习的基本设置，该设置与判别器具有相同的结构和容量。对于训练攻击者，本章将 80%-20% 的用户分别划分为训练集和测试集。

对于公平性任务，使用统计均等 SP 与机会均等 EO 来衡量推荐结果的公平性。统计均衡（SP）确保所有用户，无论其敏感属性如何，都能获得平等的机会和推荐。平等机会（EO）侧重于对某些项目感兴趣的用户，确保他们在不同群体中被正确推荐的概率是相等的。

$$\mathrm{SP} = |P(\hat{y}=1|s=0)-P(\hat{y}=1|s=1)| \tag{5-33}$$

$$\mathrm{EO} = |P(\hat{y}=1|y=1,s=0)-P(\hat{y}=1|y=1,s=1)| \tag{5-34}$$

$y\in\{0,1\}$ 代表二进制标签，$s\in\{0,1\}$ 表示敏感属性分组，$\hat{y}\in\{0,1\}$ 表示二进制标签的预测值。

推荐模型的目的是为用户提供 Top-N 推荐，因此仍然使用召回率（Recall@ N）和归一化折损累积增益（NDCG@ N）作为评价标准。

3. 实验性能

为了系统地分析模型的性能，本章将 FairCH 与五种流行的推荐模型和两种基于公平性的推荐模型进行了比较。方法不同的推荐性能 Recall@ N、NDCG@ N 和公平性能 SP@ N、EO@ N 见表 5-2 和表 5-3。

表 5-2　Last-FM 数据集性能比较

Methods	BPRMF	LightGCN	NGCF	SGL	DHCF	Fairgo	FairGNN	FairCH
R@ 20	0.221	0.241	0.245	0.268	0.198	0.212	0.231	0.255
N@ 20	0.234	0.246	0.247	0.283	0.221	0.238	0.249	0.268

续上表

Methods	BPRMF	LightGCN	NGCF	SGL	DHCF	Fairgo	FairGNN	FairCH
SP@20	0.245	0.267	0.256	0.238	0.265	0.242	0.121	0.121
EO@20	0.320	0.333	0.325	0.290	0.336	0.301	0.261	0.262

表 5-3 Movielens-1M 数据集性能比较

Methods	BPRMF	LightGCN	NGCF	SGL	DHCF	Fairgo	FairGNN	FairCH
R@20	0.238	0.241	0.235	0.272	0.163	0.211	0.235	0.267
N@20	0.227	0.246	0.221	0.258	0.187	0.195	0.226	0.235
SP@20	0.255	0.245	0.251	0.202	0.281	0.245	0.122	0.130
EO@20	0.322	0.301	0.311	0.288	0.321	0.312	0.233	0.241

1）推荐准确性

从表 5-2 和表 5-3 中可以观察到，基于准确率的五种模型（BPRMF、LightGCN、NGCF、SGL、DHCF）比基于公平性的两种模型（Fairgo、FairGNN）多数取得了更好的性能，因为基于公平性的模型关注大多数群体的利益，目的是将整体损失最小化。而基于公平的模型则关注少数群体的利益，试图实现群体之间的公平。具体而言，Fairgo 和 FairGNN 在推荐精度方面不如 NGCF、LightGCN 和 SGL，因为 Fairgo 和 FairGNN 使用敏感属性的预测机制来学习节点潜在因素向量，难以精准捕捉用户偏好交互。SGL 在 Recall@20 和 NDCG@20 上取得了最好的性能，可能的原因是相对于其他方法，SGL 在 LightGCN 基础上引入了数据视图增强形成多种表征，然后借鉴对比学习的思路，构造自监督学习任务构成多任务学习的范式。另外，LightGCN 比 FairGNN 具有更好的精度性能。可能的原因是 BPRMF 使用贝叶斯个性化排名损失作为目标函数，这表明 BRP 损失对于提高 Top-N 推荐器的性能是强大的。同时，与上述模型相比，FairCH 在两个数据集上都取得了较好的 Recall@20 和 NDCG@20 性能。与 NGCF、LightGCN、SGL、DHCF 相比，主要区别在于敏感属性成分。实验表明，公平性约束有助于提高基于 GNN 的推荐模型的性能，因为 FairCH 从超图节点信息中剔除了敏感信息，并考虑了 Top-N 排名列表的公平性。具体来说，与基于公平性的模型 Fairgo 和 FairGNN 相比，FairCH 将推荐准确率平均提高了 10%，证明本章的模型在保证准确率方面有一定的能力。

2）推荐公平性

SP@20 和 EO@20 分数越低，公平性表现越好。可以观察到，基于公平性的模型比基于准确性的模型获得了更好的公平性性能，这验证了基于 GNN 的模型具有更好的公平性。另外，研究发现 LightGCN 在两个数据集上准确性大致相同，而公平性表现差异大，可能是对两个数据集数据偏差敏感程度不同。而 SGL 模型在公平性上的表现要优于四种基于准确性的推荐模型（BPR、NGCF、LightGCN 和 DHCF），因为 SGL 算法具有良好的可靠性，并且不像该组中的其他四种算法那样受到偏差的影响。本研究的结果证明，SGL 引入了用户-项目图的自监督学习，以解决基于图卷积网络的推荐器的一些问题（稀疏性、偏斜分布和噪声），也能更好地对抗不同类型的偏差。相比基于准确性的方法，基于公平性考量的 Fairgo 和 FairGNN 都使用对抗学习来过滤表征中的敏感信息，这表明对抗性学习可以缓解公平性问题。与基于公平性的模型相比，FairCH 同样利用对抗学习过滤敏感属性，但是本章构建了反事实超边，因此在推荐准确率和公平性上取得了更好的表现，这说明考虑敏感属性反事实推理和推荐列表的公平性可以提高推荐准确率。结合公平性和准确性指标，FairCH 模型优于两种基于公平性的模型。

3）Top-N 推荐

从图 5-8 到图 5-11 中可以观察到，在 N 值从 5 到 20 变化过程中，基于推荐准确性的五种模型在 NDCG@ 20 上优于基于公平性的算法。其中，基于推荐性能的算法（BPR、NGCF、LightGCN、SGL、DHCF）表现出良好的性能。SGL 的性能表现良好，依靠自监督图学习的强大学习能力。DHCF 的表现性能略差于 NGCF、LightGCN、SGL，原因可能在于构建超边的高阶超图方法不使用或者实验结果未能达到最优。而基于公平算法的 Fairgo、FairGNN 在由于公平性的约束导致准确性较低。本章提出的 FairCH 在准确性上仅次于 SGL，然而公平性上表现超过 SGL。另外，$N=5$、$N=10$ 时，FairCH 的公平性和 FairGNN 表现相差无几，这是因为超图取较小的 N 值意味着在生成推荐时只考虑了很少的候选项，这样可能会导致一些潜在有价值的推荐被忽略，缺乏足够的推荐覆盖度。综合准确性和公平性两方面，FairCH 的表现最佳。

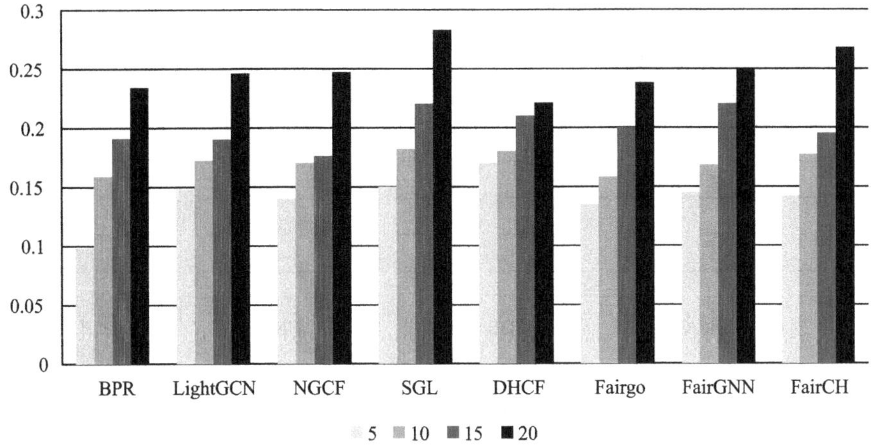

图 5-8　Last-FM 数据集中 N 值变化对 NDCG 的影响

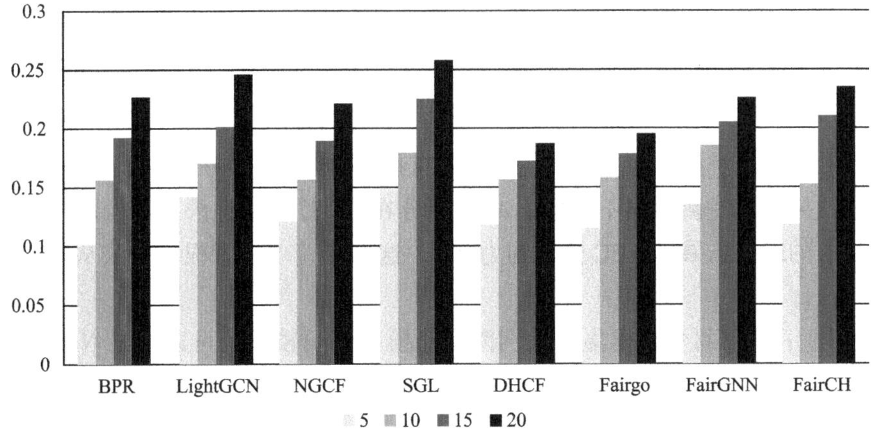

图 5-9　Movielens-1M 数据集中 N 值变化对 NDCG 的影响

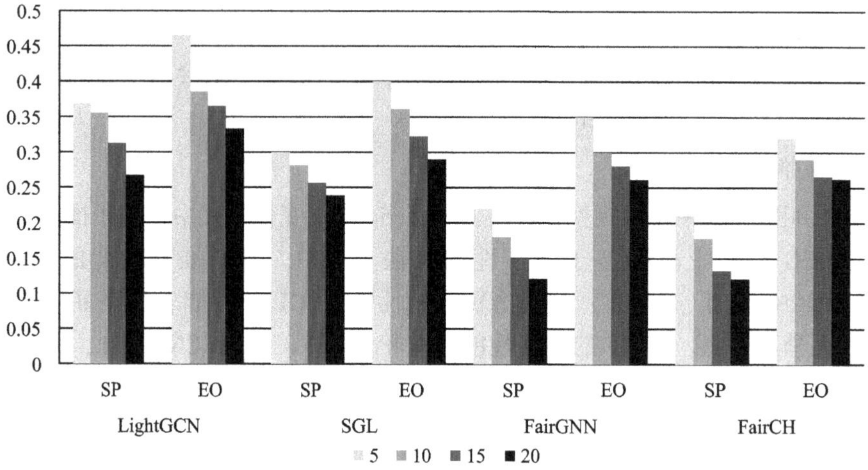

图 5-10 Last-FM 数据集中 N 值变化对公平性的影响

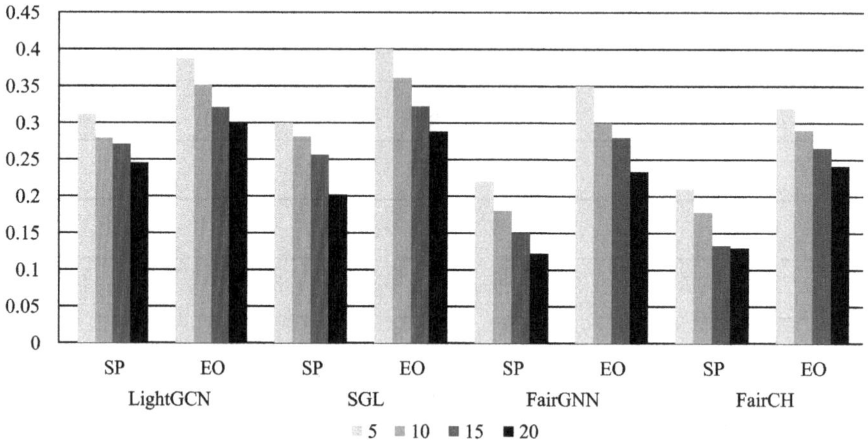

图 5-11 Movielens-1M 数据集中 N 值变化对公平性的影响

4. 消融实验

下面探讨 $N=20$ 时不同消融研究下的性能，如对抗学习下的多敏感属性预测、超参数 β 影响以及嵌入层数表征对推荐性能和公平性的影响。

1）多敏感属性影响

对于多敏感属性对抗学习的评估，计算所有特征对组合的 AUC 分数，并应用它们的宏观平均值使结果对不平衡数据不敏感。AUC 评分在[0.5,1]范围内，越低越好。满足反事实公平性要求的理想结果是 AUC 分数约为 0.5，这意味着攻击者根本无法从用户嵌入中猜测出敏感特征。

图 5-12 显示了在两个数据集中性别因素对模型影响较大，可以看出 NDCG 值最低推荐性能较差，而 AUC 指标更靠近 0.5 说明性别属性在模型公平上起到了重要作用。age 指标数据表现较差可能是由于数据系数问题。gender 和 age 组合的敏感属性在推荐性能

表现良好，显示了反事实超边起到了一定的作用，但是对于 AUC 产生了负担，导致效果偏低。

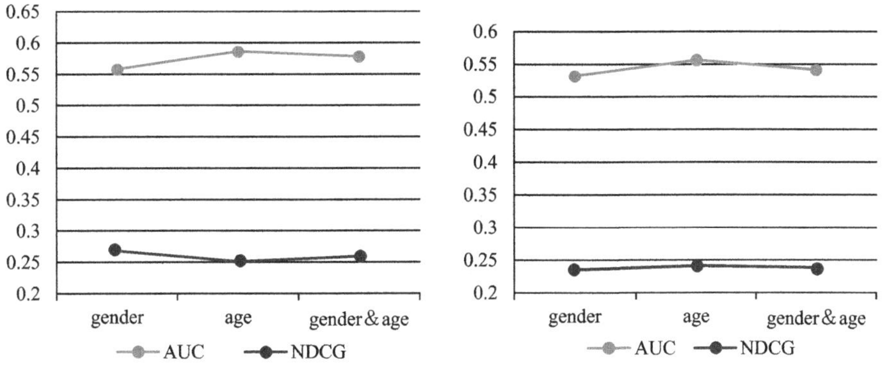

（a）Last-FM数据集　　（b）Movielens-1M数据集

图 5-12　多敏感属性影响

2）参数实验

嵌入层数：在参数实验过程中，评估了超图卷积网络嵌入层数的取值对算法性能的影响。图 5-13 和图 5-14 为在两个数据集中将网络嵌入层数设置为 1~5 之间的值时，得到的算法性能比较。结果表明在单层嵌入时，模型可能存在欠拟合的情况，无法充分利用数据的复杂性，因此，性能可能较低。增加到两层嵌入后，模型可以更好地捕捉数据中的特征和复杂关系，性能可能有所提升。而三层及以上性能下降，这是由于超图本身的结构导致复杂高阶关系信息，过多的层数可能导致模型学习到无关的特征或噪声，从而降低了泛化能力和性能。所以，本章最终确定两层嵌入为最佳配置。

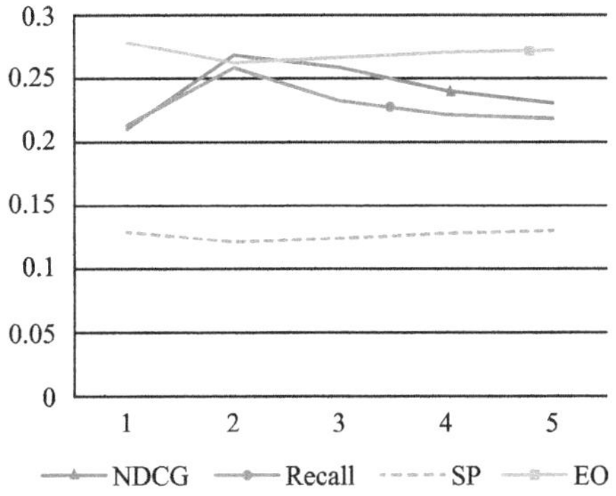

图 5-13　Last-FM 嵌入层数对性能的影响

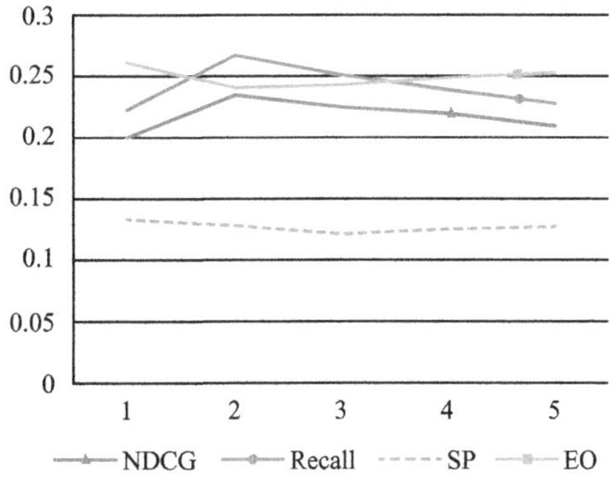

图 5-14　Movielens-1M 嵌入层数对性能的影响

超参数 β：在图 5-15 和图 5-16 中可以得出，两个数据集上有相似的趋势变化，在 β 取 0 时，意味着对抗学习组件的失效，此时推荐准确性最高，随着 β 的升高，模型开始过滤敏感属性，对用户的偏好造成一定的损失，准确性开始下降，在超参数 β 取值 0.4 时准确性和公平性达到平衡。

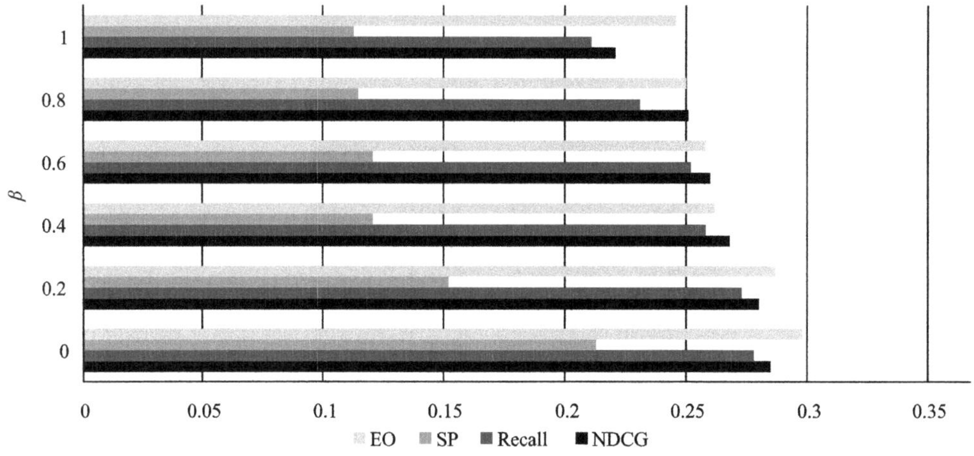

图 5-15　Last-FM 数据集超参数 β 的影响

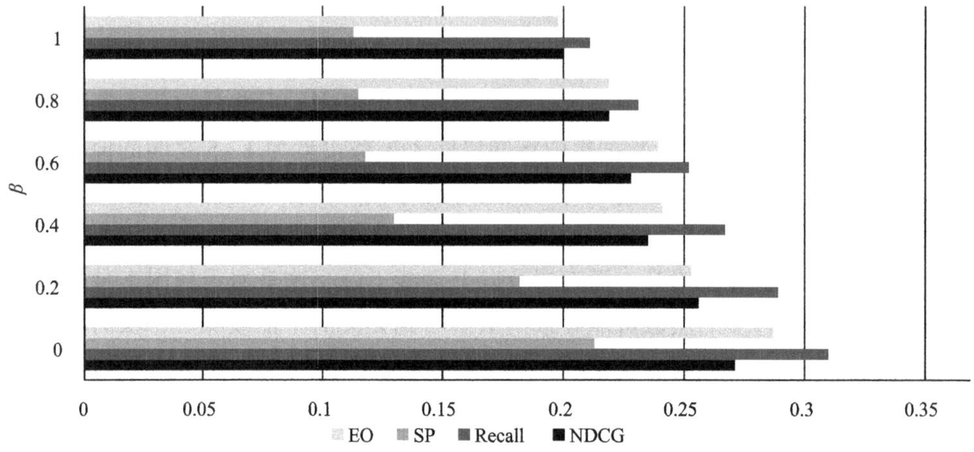

图 5-16　Movielens-1M 数据集超参数 β 的影响

3）*跨层次结构感知（CHSPL）影响*

在本章中，深入探讨了跨层次结构感知学习模型 CHSPL 的性能，并与先进的超图卷积网络进行了对比分析。如图 5-17 和图 5-18 所示，通过实验评估结果可以直观地发现，跨层次结构感知模型能够有效提升准确性和公平性。因为跨层次结构感知模型其独特的结构感知机制，能够识别和强化层次间的关键连接，减少信息在传递过程中的损失和偏差，充分捕捉层次化结构中的深层关联，从而促进了不同层次间的信息交流。

推荐系统广泛应用于各个领域，包括商品、媒体、招聘等。然而这些系统存在的偏见或歧视，可能加剧不公平现象，避免某些群体或个体由于特定因素（如敏感属性、偏见）而受到信息资源的限制。通过构建公平推荐系统，可以更好地服务公平性的目标，确保所有用户平等地获得推荐服务。

本章内容主要解决推荐系统中普遍存在的不公平现象，由敏感属性和多种偏差导致的问题。

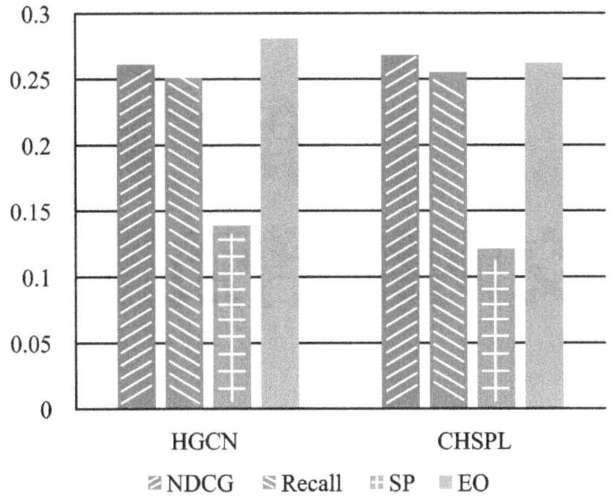

图 5-17　Last-FM 数据集 CHSPL 的影响

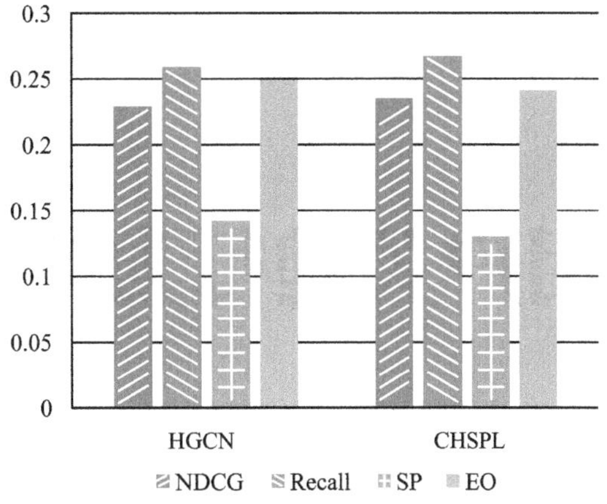

图 5-18　Movielens-1M 数据集 CHSPL 的影响

研究主要体现在以下几个方面：提出了一种基于时序的动态超图方法，用于建模用户-项目信息，通过此方法，成功地建立了数据之间潜在的顺序关联，从而增强了对数据之间高阶相关性的表示能力；运用对抗学习与高阶因果关系的融合方法，实现了对敏感信息的过滤，并通过添加反事实超边对超图进行更新。这一方法有效地挖掘了动态超图中超边与节点之间的公平信息，为推荐系统增添了更深层次的公平性与准确性的平衡考量；然后，设计了一种跨层次结构感知模型，通过层间注意力机制融合了包含敏感信息的公平层、用户交互偏好层以及动态演化层的三种层次结构信息。这一设计成功地缓解了信息跨层次不均衡的结构性偏差，为用户提供了准确公平的推荐列表。

第6章 用户关键行为的社交网络增强推荐

传统的图像推荐系统存在图像语义特征提取不充分和用户面临信息茧房的问题，本章从基于用户多视角和深层项目特征的角度进行协同过滤推荐，提出基于靶形交替注意力机制和用户附属关系网络的推荐方法（target alternating attention and user affiliation network recommendation approach，TAUA）。为了挖掘用户的关键隐含偏好，本章定义风格特征，潜在地获取更多的项目属性和用户偏好信息；同时为了提高图像的表征能力，对卷积神经网络进行改进，挖掘图像的多维度特征。针对图像信息的不完整提取问题，提出靶形交替注意力，丰富项目信息。同时为了提高推荐的多样性，缓解信息茧房问题，根据用户购买行为和购买记录建立包含社交用户和间接用户的用户附属关系网络，通过用户的隐式交互关系挖掘用户和附属人物的日益偏好。实验表明，提出的方法具有更优的推荐性能，能够显著提升推荐效果。

6.1 用户行为推荐现状

6.1.1 基于用户行为推荐方法

充分利用用户和项目的特征和行为数据，是提高推荐性能的关键。用户行为在个性化推荐系统中一般分为显性反馈行为和隐性反馈行为。显性反馈行为包括用户明确表示对物品喜好的行为，主要方式为评分和喜欢/不喜欢。隐性反馈行为指不能明确反映用户喜好的行为，比如页面浏览行为，用户浏览物品并不一定喜欢这个页面展示的物品。而提高主行为，又称关键行为的转化率，是推荐系统实现的目标。例如，在广告系统中点击是关键行为，在购物网站中购买是关键行为。本章以购物网站为例，介绍基于用户行为的推荐方法。

购买行为是深入了解用户偏好和购物行为的重要途径。当用户进行购买时，所选择的商品类型、品牌、颜色、尺寸等信息都能够反映出个人喜好和偏好。在分析购买行为时，推荐系统可以根据购买商品的属性以及用户之间的关联，推断出用户的家庭情况、社交圈子、生活方式等信息。图6-1是一个用户购买行为的例子。如果一个用户购买了多个儿童玩具和童装，推荐系统会推测出该用户可能是一位家长。如果该用户还购买了一些健身器材、运动鞋等商品，如篮球、羽毛球拍等，则推测出是一位运动爱好者。因此，通过分析购买行为，系统能够更好地了解用户的生活方式、兴趣爱好，进而提供更精准的个性化推荐和服务。

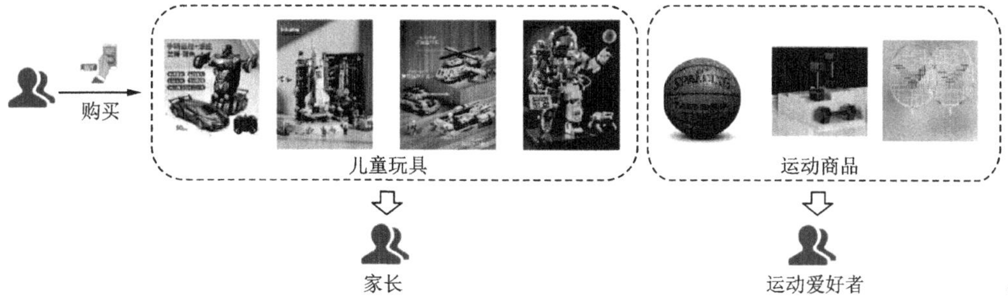

图 6-1　购买行为分析示例

在推荐系统中为用户添加间接人物在很大程度上改变了推荐系统的运作方式和用户体验。首先，间接人物的引入扩展了用户画像的维度，使得推荐系统能够更全面地了解用户的兴趣和行为。通过模拟用户的家庭成员、朋友或其他人，推荐系统可以更深入地了解用户的社交圈和影响力范围，更准确地捕捉到用户在不同情境下的兴趣和偏好。进而根据这些间接人物的兴趣和行为进行更加精准的推荐。例如，如果一个用户经常购买婴儿用品作为礼物给朋友，推荐系统可以通过间接的“朋友”人物了解到这一行为，并向该用户推荐更多与婴儿护理和育儿相关的商品，提高推荐的准确性和针对性。同时，为用户添加间接用户还对用户本身产生积极影响。间接用户可以增强用户对推荐系统的信任感和亲近感。当用户感受到推荐系统能够考虑到他们与身边人的关系和需求时，他们往往更愿意信任并积极参与到推荐过程中。举例来说，假设用户购买了一件礼物给他的好友，推荐系统通过附属用户了解到这一行为，进而向用户推荐符合好友兴趣的商品。这种个性化的推荐能够增强用户对系统的认同感，提高其对推荐结果的接受程度。

在常见的推荐方法中，协同过滤基于用户行为数据，计算不同用户之间的相似度，然后根据相似用户的行为给目标用户推荐相似的物品。基于内容的推荐技术通过分析物品的属性和用户的行为，来推荐与用户兴趣相似的物品。随着深度学习技术的发展，基于用户行为的深度学习推荐方法成为研究热点。深度学习技术能够更精细地刻画用户行为，从而提高推荐的准确性。

6.1.2　跨域用户社交关系

跨域推荐系统基于从源域学到的知识在目标域中协助推荐。现有的跨域数据融合首先在不同的存储源中分别进行用户的特征融合，通过用户对应关系进一步融合多平台的用户数据，得到用户跨域数据。现有的跨域数据挖掘利用跨域用户身份识别、跨域推荐等方法以提取跨域数据中的价值。跨域推荐的提出就是为了解决数据稀疏问题，利用源领域较为丰富的训练数据来提升稀疏领域的推荐精度。大多数现有的跨领域推荐方法提取多个相关域之间的域共享特征，或者将迁移学习与推荐模型相融合，以提高推荐的质量。一些方法基于矩阵分解及其变体，其他方法多利用聚类算法。

有研究提出了一种信任感知跨域深层神经矩阵分解的模型，该模型可以解决电子商务系统中“用户重叠”跨域场景中的用户冷启动问题。有学者基于模式匹配对两个域之间的潜在因素进行对齐，转移辅助域的用户偏好以更新目标域的原始用户潜在向量。也有研究根据不同领域的用户行为构造一个多图，提出多图神经网络来学习跨领域 App 嵌入。有研究设计了一个新的框架，考虑了跨领域的领域共享知识和领域特定知识。

用户的决策同时受到个人偏好和社交关系的影响，因此一些研究基于同质性假设，即认为社交网络中相互链接的用户往往有相似的偏好。例如，有研究将用户社交网络融入带重启的随机游走模型中，并对群体成员之间的内在关联进行检测，更好地描述了群体偏好，提高群体推荐系统的性能。有学者提出了结合社交标签和信任关系的社交网络推荐手段。基于概率矩阵分解收集与社会信任关系、项目标签信息和用户评分矩阵有关的主要信息，将来自不同维度的所有数据资源都通过共享用户潜在空间（或项目潜在空间）连接。有学者提出了一个统一的框架，通过好友（对用户有强烈影响的朋友）和易感性（被影响的意愿）挖掘的指导，将社交关系的影响适当地纳入推荐中。

传统基于社交关系推荐的研究大多集中在分析好友关系对用户决策的多方面影响，丰富用户的个别偏好，然而社交网络的架构没有发生变化，虽然考虑到用户为他人购买的情形，但在推荐算法层面未能有效应用，将用户历史行为商品全部看作用户本身的偏好，这就导致在构建推荐模型时如果存在不属于用户本身的商品，可能会对用户偏好的计算存在一定的影响，降低推荐的准确性。如果可以更充分地利用用户历史行为，设计一种更符合推荐系统现实应用的用户偏好框架，有利于更准确地模拟现实场景，试探用户兴趣，在提高推荐系统准确性的同时平衡推荐的多样性，帮助用户跳出信息茧房效应。

但是，真正的个性化推荐不是只推荐用户历史感兴趣的内容，一个符合电商平台的推荐系统应该具有可持续性，在用户进行交互活动时自动更新偏好信息；同时需要具有多样性，如果陷入了信息茧房，就会存在用户审美疲劳和商品冷启动的问题。如果电商平台陷入了个性化推荐系统的信息茧房效应，将会固化用户的思维，产生群体极化现象。

现有研究通过多维度融合信息来解决图像特征和用户数据利用问题，已经取得了一定的成效，但目前研究忽略了用户和项目本身的特征，在图像语义特征提取、如何收集图像像素上下文信息和如何应对“信息茧房”效应方面仍面临一些困难，主要表现有：

1. 图像语义特征提取不充分

对图像进行管理首先需要获取图像所包含的维度信息，但是电商图像往往包含复杂多样的语义信息。不仅具有“种类”“颜色”维度，同时还具有“风格”等其他维度。每个用户在购物时也有自己的风格偏好。风格是通过商品表现出来的相对稳定、反映个人审美和偏好的内在特性。图像的种类和颜色描述明确的语义信息，图像的风格反映了品牌的定位和形象等信息。

2. 捕获像素上下文信息能力有待提高

现有处理图像的方法取得了一定进展，如全卷积神经网络（fully convolution network，FCN），但由于其固定的几何结构，局限于局部感受野和短程上下文信息。由于上下文信息不足，这些限制对基于 FCN 的方法产生了很大的负面影响。现有研究提出了一些方法用于聚合像素上下文信息，但都存在固有的不足，比如基于扩展卷积的方法实际上无法生成密集的上下文信息。基于池的方法不能满足不同像素需要不同上下文依赖性的要求；十字交叉注意力方法（criss-cross network，CCNet）提取不够全面，可能会忽略关键信息，语义特征描述不够完整，导致准确度降低。

3. 未能关注用户社交伴随关系

针对上述推荐系统中存在的问题，本章提出了TAUA方法。具体来说，相比于双通道卷积神经网络提取图像的种类、颜色特征，多通道卷积神经网络的每个通道分别对应图像不同维度的学习任务，提取图像的“种类”“颜色”“风格”特征，获取图像信息进行维度迁移融合推荐。与CCNet采用十字交叉方式捕获上下文信息不同的是，靶形交替注意力机制在图像全局区域内使用递归的方法捕获信息。当提取一个像素点的特征时，按照靶形的方法从内向外依次交替捕获周围像素点信息，直到图像边缘为止。另一方面，与用户长短期偏好提取不同的是，用户附属关系网络关注了附属用户，挖掘用户的附属关系，进行用户的知识增强。为了充分利用用户间的隐式交互关系，TAUA将用户的社交记录和长短期购买偏好等信息进行融合，获取用户、附属人物以及商品间隐含的交叉融合数据，跨领域为用户推荐感兴趣的项目。

6.2 图像推荐研究

本章关注了项目特征提取和用户数据处理利用问题，当前主要解决的策略有多维度信息融合，如利用深度学习进行特征提取，利用注意力机制抓取重要信息，通过知识迁移融合多领域数据。

6.2.1 图像特征数据提取

多属性图像分类是一种多任务学习，最简单的方法是拆分为简单的相互独立的单任务进行学习，然后再将结果进行合并。即构造多个不同的卷积神经网络（convolutional neural network，CNN）从商品图像学习种类、颜色信息。但是对于商品图像来说，一张图像所包含的多个属性如果分解成相互独立的问题，就会忽略多个属性之间的相关性，例如，图像的低级特征（如边缘等）信息对于多个属性之间是共享的。

许多学者对多属性图像分类进行了研究。有研究将人体图像分为若干区域，然后提取这些区域的颜色直方图特征，用于人体图像的分类。有研究融合定向梯度直方图、加速健壮特征和局部二值模式等图像低级特征，采用随机森林实现服装多属性图像的分类。有研究构造了一种基于深度学习的单属性识别模型用于行人多属性图像分类。有研究使用了一种基于无监督分割和卷积神经网络相结合的方法用于多属性电商图像的检索。

神经网络图像特征提取技术的发展能够有效地解决人工提取所带来的弊端。目前的特征提取方法多数是利用卷积神经网络。卷积神经网络被广泛应用于计算机视觉领域，它的局部连接、权值共享、池化操作和多层结构等优良特性使其受到了许多学者的关注，它通过多层非线性变换自动从数据中提取特征，具有很强的表达能力和学习能力。但是现有研究对于利用卷积神经网络提取图像语义特征还有待进一步深入，对图像的特征维度以及潜在内容的关注还需要进一步加深。

有研究提出了一种联合多任务学习算法，使用深度卷积神经网络更好地预测图像中的属性。该研究通过多任务CNN模型学习二进制语义属性。有学者提出了AlexNet深度卷积神经网络，将卷积神经网络应用于图像特征的自动提取，通过组合图像低级单一特征形成抽象的高级特征，然后根据提取的特征使用 softmax 等分类器进行分类。有研究利用卷积神经网络学习服装和饰品图像的语义信息，然后进行服装搭配推荐，给用户提供搭配意见。一些研究通过使用结合推荐模型，利用卷积神经网络提取商品图像特征，一定程度上缓解了推荐系统的数据稀疏性和冷启动问题。相比于上述方法只考虑卷积神经网络得到的图像特征，有研究同时利用图像中的美学特征，提高了推荐效果。有研究提出了一种卷积神经网络模型来学习社交内容网络中用户和图像的统一表示，能够衡量用户和图像的相似度，进而进行图像推荐。

传统的基于内容的推荐算法提取的特征包括如颜色、纹理等低级特征以及定向梯度的金字塔直方图等高级特征。有研究介绍了用于颜色、纹理和形状特征的基本图像低层特征表达技术，并提出单一特征的图像特性可能导致图像检索能力不令人满意。一些研究提出提取图像的风格特征可以更好地描述图像语义信息。有学者认为风格特征可以更好地表示整体图像特征，提出了一种用于遥感图像语义分割的全局风格和局部匹配对比学习网络。有学者发现卷积神经网络中内容和风格的表示是可分离的，并提出风格表示是一种包含多层神经网络的多尺度表示。

有研究设计了一种基于改进卷积神经网络的多任务学习方法。该网络使用两个通道同时训练，每个通道分别负责图像不同属性的学习任务，两个学习任务通过底层参数共享来互相帮助学习，提高了网络收敛速度，提升了模型的泛化能力。

现有研究在图像特征提取面临的复杂度高、需要领域专家和人工干预等方面做出了许多贡献，但传统的卷积神经网络仅仅对商品图像的“种类”和“颜色”维度进行训练和分类，忽略商品的“面料”“风格”“品牌”等重要信息。无法真正满足电商平台图像特征提取的实际需要。设计一个可以提取图像多维度特征的神经网络，引入风格特征，有利于更充分地提取图像信息用于推荐任务，并利用风格特征挖掘用户偏好，在更多角度进行推荐。

6.2.2 注意力机制捕获像素上下文信息

注意力机制是解决信息超载问题的主要手段，广泛用于各种任务。在推荐系统中，注意力机制能帮助获取最具信息量的特征，推荐最具代表性的物品。推荐系统中利用注意力机制旨在解决隐式反馈信息被忽略、跨域兴趣捕获等问题。

挤压-激励网络（squeeze-and-excitation networks，SENet）通过在注意力机制中建模通道关系，增强了网络的表征能力。有研究使用了几个注意力掩码来融合不同分支的特征地图或预测。

注意力模型最早应用于图像领域。现有捕获上下文依赖的方法利用多尺度特征融合、循环神经网络等增强特征表示，获取全局关系。为了生成密集的像素级上下文信息，逐点空间注意力网络通过学习点位置敏感上下文依赖关系和双向信息传播模式，实现了场景分析中的长距离上下文聚合。非局部网络（non-local network）利用了一种自注意机制，通过计算任何两个位置之间的相互作用直接捕获长距离依赖性，从而获取完整的图像上下文信息。

完整的图像依赖关系提供了有用的上下文信息，以增强图像特征表示。有研究提出空洞空间金字塔池化在多个采样率和有效视场下用滤波器探测传入的卷积特征层，从而在多个尺度下捕获对象以及图像上下文。密集连接的空间金字塔池密集连接一组深度卷积层，生成覆盖较大尺寸和密集覆盖该尺度范围的多尺度特征。金字塔场景解析网络利用金字塔池，基于不同区域的上下文聚合来挖掘全局上下文信息的能力。有学者提出了点式空间注意网络，通过自适应预测的注意力图与所有其他位置相连，聚合远程上下文信息。条件随机场、马尔可夫随机场也用于捕获语义分割的长距离依赖。对象上下文网络和双重注意力网络利用非局部模块获取上下文信息。有学者提出 CCNet 模型收集交叉路径上所有像素的上下文信息，并通过进一步的循环操作捕获完整的图像相关性，但这种方法提取不够全面，可能会忽略关键信息，导致提取精度低，计算复杂度高。

现有研究在利用注意力机制捕获图像上下文信息方面做出了很多贡献，而且能够聚合远程上下文信息，但对于每一像素点来说，捕获像素上下文信息不够全面，可能会忽略关键信息，导致提取准确度较低，语义特征描述的完整性和可靠性不足。如果能够提出一种注意力机制更准确更全面地收集完整的图像像素上下文信息，不仅可以丰富项目信息，还可以增强图像的语义特征描述，更全面地挖掘用户兴趣。

6.3　基于靶形交替注意力机制和用户附属关系网络的推荐方法

本章提出的 TAUA 方法整体框架如图 6-2 所示，分为三个步骤：①设计多通道卷积神经网络，提取图像的“种类”“颜色”“风格”多维度特征；②提出靶形交替注意力机制，聚合周围像素点的像素上下文信息，进行项目特征的增强；③挖掘用户偏好和社交关系，提取包含社交用户和间接用户的附属用户。在用户社交网络的基础上引入间接用户，构建用户附属关系网络，提取用户-项目间的交叉融合数据，跨领域为用户进行推荐。

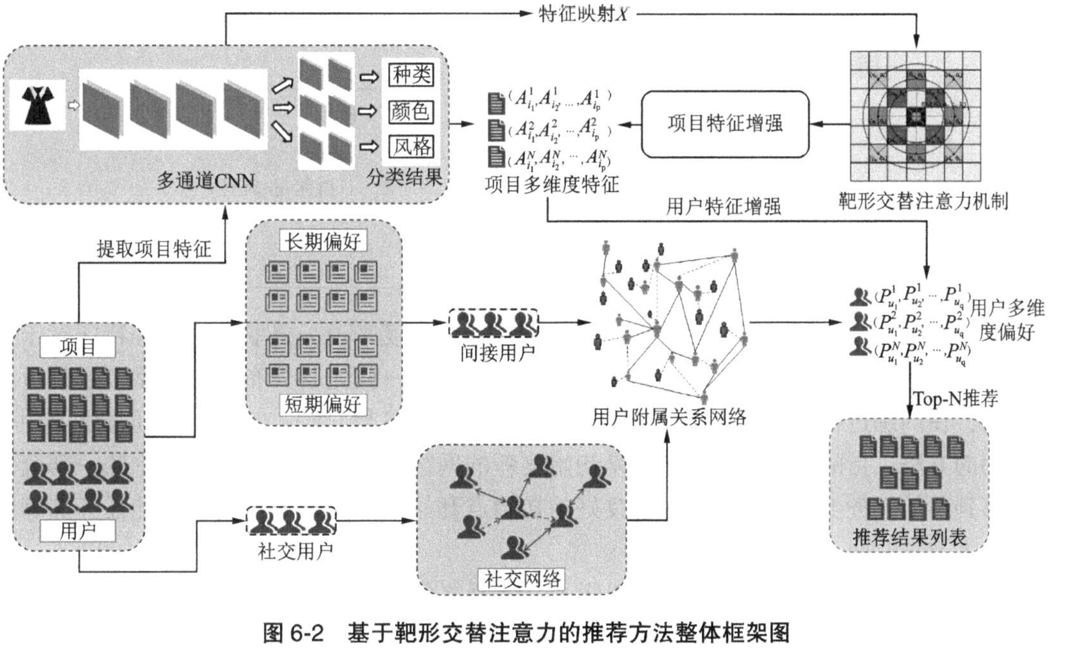

图 6-2　基于靶形交替注意力的推荐方法整体框架图

6.3.1 多通道卷积神经网络架构

针对传统卷积神经网络尚未对电商图像包含的多个维度同时进行特征提取的问题，本章所设计的网络具有多个通道，每个通道分别对应图像不同维度的学习任务，提高对于多维度图像特征的提取能力。

每个用户在购物时都有自己的颜色或风格偏好，因此用户不仅关注商品的种类，同时还关注商品的颜色和风格等信息。多属性图像是指一张电商图像包含多个维度，例如，一件半身裙可以描述为“黑色学院风半身裙”，一件连衣裙可以描述为“白色法式连衣裙”，一件短袖可以描述为“白色休闲风短袖”，一个斜挎包可以描述为“白色 ins 风斜挎包”，见表 6-1。每个维度从不同的角度、层次对电商图像进行描述。

表 6-1　商品图像维度描述

商品图像	描　述
	黑色学院风半身裙
	白色法式连衣裙
	白色休闲风短袖
	白色 ins 风斜挎包

对于电商图像“种类”“颜色”“风格”这三种维度来说，提取的边缘等特征对于这三种维度的分类都有贡献，这三个维度的学习任务存在一些先验分布或者模型参数是可以共享的，在训练过程中可以迁移这些先验分布或者模型参数。Fine-Tuning 是迁移学习中一种常用的方法，指的是使用已有参数来初始化新的网络参数，将预训练模型中的一部分任务迁移到其他任务上，让网络从一个良好的初始点开始学习，从而在进行新的任务训练时可以大大节省时间。

多通道卷积神经网络框架如图 6-3 所示，该网络前部分与传统网络一样，具有四个卷积层，每个卷积层后连接一个池化层。三个维度在前四个卷积层中共享参数。从第四个池化层开始网络分成三个通道。每个通道由 2 个卷积层和 1 个池化层、3 个全连接层和最后的 softmax 分类器组成。第一通道根据商品“种类”维度进行训练和分类，第二通道根据商品“颜色”进行训练和分类，第三通道根据商品“风格”进行训练和分类。由于最大池化可以学习到图像的边缘和纹理结构，所以网络池化方式全部选择最大池化。在后部分网络中，三个通道网络参数基本相同，但是第一通道最后全连接层输出 12 维向量，对应“种类”维度的 12 个类别；第二通道最后全连接层输出 3 维向量，对应“颜色”维度的 RGB 值；第三通道最后全连接层输出 12 维向量，对应“风格”维度的 12 个类别。这三个向量会分别输入至三个 softmax 分类器进行分类，输出数值越高表示属于对应类型的概率越大。

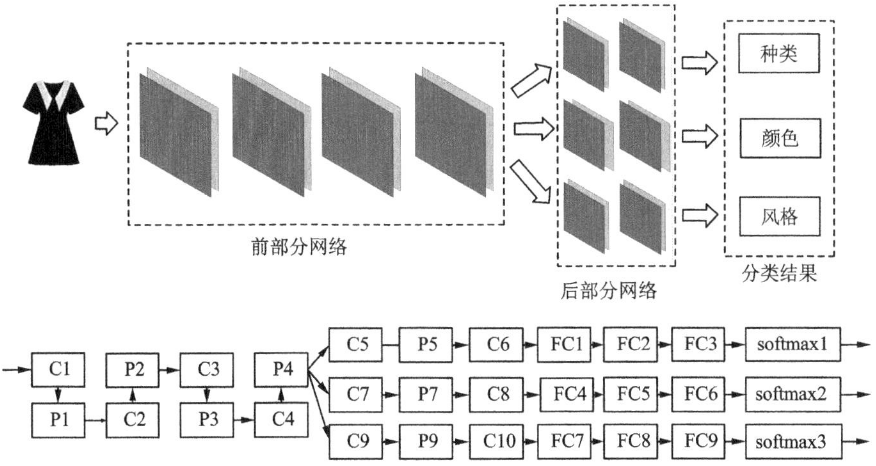

图 6-3　多通道卷积神经网络架构

当输入一张图像时，三个学习任务能够同时进行，即通过三个分类器同时预测出图像的“种类”“颜色”“风格”类别。

关注京东、淘宝、亚马逊等平台的服装、数码等商品，对主要种类进行 one-hot 编码，部分示例见表 6-2。

表 6-2　“种类”类别 one-hot 编码表示形式

“种类”类别	x_i	“种类”类别	x_i
女装	(1,0,0,0,0,0,0,0,0,0,0,0)	饰品	(0,1,0,0,0,0,0,0,0,0,0,0)
美妆	(0,0,1,0,0,0,0,0,0,0,0,0)	箱包	(0,0,0,1,0,0,0,0,0,0,0,0)
男装	(0,0,0,0,1,0,0,0,0,0,0,0)	运动	(0,0,0,0,0,1,0,0,0,0,0,0)
电器	(0,0,0,0,0,0,1,0,0,0,0,0)	母婴	(0,0,0,0,0,0,0,1,0,0,0,0)
家装	(0,0,0,0,0,0,0,0,1,0,0,0)	鞋靴	(0,0,0,0,0,0,0,0,0,1,0,0)
数码	(0,0,0,0,0,0,0,0,0,0,1,0)	其他	(0,0,0,0,0,0,0,0,0,0,0,1)

将训练集图像表示为(w_1,x_1,y_1,z_1),(w_2,x_2,y_2,z_2),(w_3,x_3,y_3,z_3),…,(w_n,x_n,y_n,z_n)，其中 $w_i \in R^{200\times200}$，$x_i \in R^{12}$，$y_i \in R^3$，$z_i \in R^{12}$。w_i 是一种三阶张量，每张图像尺寸为 200×200。x_i 是一种 12 维二进制向量，每个维度对应图像的 12 种类别，12 个“种类”类别 one-hot 编码表示形式见表 6-2，包含女装、饰品等。其中，其他代表不属于上述 11 个类别

的商品类别。使用 RGB 色彩模式。z_i 是一种 12 维二进制向量，每个维度对应图像的 12 种风格，12 个“风格”类别 one-hot 编码表示形式见表 6-3，包含简约、复古等。其中，其他代表不属于上述 11 个风格的商品风格。

表 6-3 “风格”类别 one-hot 编码表示形式

“风格”类别	z_i	“风格”类别	z_i
简约	(1,0,0,0,0,0,0,0,0,0,0,0)	复古	(0,1,0,0,0,0,0,0,0,0,0,0)
ins 风	(0,0,1,0,0,0,0,0,0,0,0,0)	学院风	(0,0,0,1,0,0,0,0,0,0,0,0)
韩版	(0,0,0,0,1,0,0,0,0,0,0,0)	小众	(0,0,0,0,0,1,0,0,0,0,0,0)
法式	(0,0,0,0,0,0,1,0,0,0,0,0)	轻奢	(0,0,0,0,0,0,0,1,0,0,0,0)
北欧风	(0,0,0,0,0,0,0,0,1,0,0,0)	休闲风	(0,0,0,0,0,0,0,0,0,1,0,0)
日系	(0,0,0,0,0,0,0,0,0,0,1,0)	其他	(0,0,0,0,0,0,0,0,0,0,0,1)

x_i、y_i 和 z_i 分别表示了图像所属的“种类”“颜色”“风格”类别，例如，当 $x_m=(1,0,0,0,0,0,0,0,0,0,0,0,0)$，$y_m=(0,0,0)$ 且 $z_m=(0,0,0,0,1,0,0,0,0,0,0,0)$ 时，表示图像 w_m 是一张黑色韩版女装图像。

将商品库中所有图像使用多通道 CNN 网络按照“种类”“颜色”“风格”进行分类，并对数据库中对应的图像进行标记。当用户上传一张感兴趣的商品图像时，经过多通道 CNN 模块，判断出图像的“种类”“颜色”“风格”类别，即 $A=(x_i,y_i,z_i)$。

6.3.2 靶形交替注意力机制

为了聚合更完整的图像信息，提出靶形交替注意力机制，按照靶形聚合周围每一层中心像素点的像素上下文信息进行项目特征的增强，以更加高效的方式获取重要信息，增强语义特征描述的完整性和可靠性。

靶形交替注意力模块按照层次方向收集像素上下文信息，以增强像素级代表能力。框架图如图 6-4 所示，从上到下、从左到右依次遍历图像的每个像素，对于每个像素，按照靶形从内到外遍历挖掘该中心点像素周围的像素上下文信息，直至遍历到最外层像素为止，得到更准确的推荐结果。

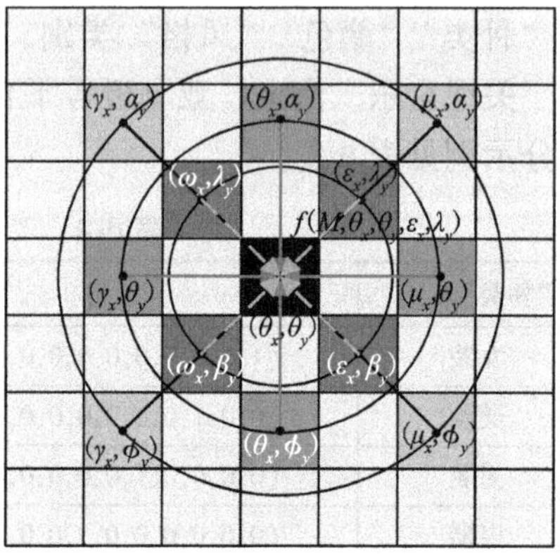

图 6-4 靶形交替注意力架构图

输入图像经过多通道卷积神经网络，以生成空间大小为 $H\times W$ 的特征映射 X。给定 X，首先应用卷积层来获得降维的特征图 $H(0)$，然后将特征图 $H(0)$ 送入靶形交替注意力模块，经过第一层循环，生成新的特征图 $H(1)$，该特征图将上左、上右、下左、下右四个像素的信息聚合在一起。为了获得更丰富、更密集的像素上下文信息，将特征映射 $H(1)$ 再次送入靶形交替注意力模块，并输出特征映射 $H(2)$。循环 R 次，直到图像的边界像素点位置，这样，特征地图 $H(R)$ 中的每个位置实际上都从所有像素收集信息。

靶形交替注意力模块收集每环 4 个像素点的信息。给定局部特征图 $H(0)\in\mathbb{R}^{C\times W\times H}$，该模块首先在 $H(0)$ 上应用带有 1×1 滤波器的两个卷积层，分别生成两个特征映射 Q 和 K，

其中 $\{Q,K\} \in \mathbb{R}^{C' \times W \times H}$。$C'$ 是通道数，小于 C 以进行降维。

获得特征映射 Q 和 K 后，通过 Affinity 进一步生成注意力地图 $M \in \mathbb{R}^{2\times(H+W-4)\times W\times H}$。在特征地图 Q 的空间维度的每个位置 u 处，得到向量 $Q_u \in \mathbb{R}^{C'}$。同时，还可以从 K 中提取位置 u 向外的每一环上左、上右、下左、下右或上、下、左、右四个特征向量获得集合 $\Omega_u \in \mathbb{R}^{2\times(H+W-4)\times C'}$。$\Omega_{i,u} \in \mathbb{R}^{C'}$ 是 Ω_u 的第 i 个元素。其中，Affinity 操作定义如下：

$$d_{i,u} = \sqrt{(Q_u - \Omega_{i,u})(Q_u - \Omega_{i,u})^{\mathrm{T}}} \tag{6-1}$$

式中，$d_{i,u} \in D$ 是特征 Q_u 和 $\Omega_{i,u}$ 之间的关联度，$i=[1,\cdots,|\Omega_u|]$，$D \in \mathbb{R}^{2\times(H+W-4)\times W\times H}$。然后，在通道维度 D 上应用 softmax 层计算注意力地图 M。

在 $H(0)$ 上应用另一个带有 1×1 滤波器的卷积层来生成 $V \in \mathbb{R}^{C\times W\times H}$ 用于特征自适应。在特征图 V 空间维度的每个位置 u 处，可以获得向量 $V_u \in \mathbb{R}^{C}$ 和一组集合 $\Phi_u \in \mathbb{R}^{2\times(H+W-4)\times C}$。集合 Φ_u 是 V 中向外的每一环上左、上右、下左、下右或上、下、左、右四个特征向量的集合。通过 Aggregation 操作收集像素上下文信息：

$$H_u(j) = \begin{cases} \sum\limits_{i \in |\Phi_u|} M_{i,u}\Phi_{i,u} + H(j-1), & j \geqslant 1 \\ H(0), & j = 0 \end{cases} \tag{6-2}$$

式中，$H_u(j)$ 是在第 j 层循环位置 u 处的输出特征映射 $H(j) \in \mathbb{R}^{C\times W\times H}$。$M_{i,u}$ 是 M 中通道 i 和位置 u 处的标量值。将像素上下文信息添加到局部特征 H 中，以增强局部特征和像素表示。

靶形交替注意力模块可以展开为 R 循环。在第一个循环中，靶形交替注意将从多通道 CNN 网络中提取的特征映射 $H(0)$ 作为输入，并输出特征映射 $H(1)$，其中 $H(0)$ 和 $H(1)$ 具有相同的形状。在第 j 个循环中，靶形交替注意将特征映射 $H(j-1)$ 作为输入，并输出特征映射 $H(j)$。如图 6-4 所示，靶形交替模块配备了 R 个环路，能够从所有像素中获取完整的图像像素上下文信息，以生成具有密集和丰富像素上下文信息的新特征图。

将 $M(j)$ 表示为第 j 层循环的注意力映射。对于图像中任一像素点 (x,y)，从位置 x'、y' 到该像素点的权重 $M_{j,x,y}$ 映射函数定义为 $M_{j,x,y}=f(M,x,y,x',y')$，则循环 j 对于特征映射 $H(j)$ 处的任何位置 u，像素上下文信息在空间维度中的传播路径为

$$H_u(j) \leftarrow \left(\sum_{i=1}^{j} \prod M_{j,x,y}\right) H_\theta \tag{6-3}$$

式中，$\leftarrow$ 是添加到操作，$\theta \in \Phi_u$ 为靶形每一环要收集信息的像素点。

在电商图像中不同的颜色往往具有特定的风格，所以通过交替注意力机制聚合图像的像素上下文信息后，将图像的风格与颜色、种类通道产生一定的关联，用于增强图像风格特征的提取表示。

6.3.3 用户附属关系网络

为了充分利用用户间的隐式社交关系，定义了用户附属关系网络，借助更多的媒介实现与用户之间更多维度、更有效率的链接。通过构建跨领域用户附属关系网络，自动识别用户购买商品所属哪一附属人物，进行用户信息增强，实现更准确更全面的推荐。对用户来说，从多角度多方面进行推荐，不仅提高电商推荐的多样性，还有利于帮助用户破除

“信息茧房”效应；对商家来说，推荐系统的准确性和多样性对用户的电商行为起着至关重要的作用，决定着该商品是否能被用户发现。

1. 用户偏好结合框架

许多用户兴趣随着时间的推移而变化，并由特定的上下文或时间需求触发。用户的长期偏好序列十分丰富且相对稳定，反映了用户兴趣的整体趋势，但会存在大量的信息冗余；而用户的短期偏好序列更能准确地反映用户在短时间内的兴趣变化，在预测中起着主要作用，但其也存在容易受单一商品影响的问题。为了使推荐系统既能准确地预测用户的兴趣，同时也有足够高的性能快速响应用户的请求，将长短期偏好进行结合，不仅能够准确把握用户偏好的整体趋势，而且可以有效反映用户需求的演变。

对于所有与用户进行交互的项目 I，使用 GRU 提取用户短期偏好，通过注意力机制为用户对商品属性的长期偏好以及即时兴趣分配不同的权重，使用加权计算来同时建模短期兴趣与长期偏好的最终结果，得到用户最终偏好的向量表示。当用户购买一件商品时，系统根据商品库中该商品的文字描述向用户偏好记录添加相应的“种类”“颜色”“风格”描述，及时更新用户偏好。

用户全部历史行为中只有一部分历史行为会有效影响当次推荐商品的预测属性，每个历史行为对用户偏好的影响和贡献是不同的，因此采用注意力机制提取用户历史行为商品对当前推荐的重要性，即权重的不同。

比如在节日期间，人们会购买一些符合节日气氛的商品，而这些商品在平时往往很少会购买，与用户平时购买商品的风格甚至种类、颜色可能会有差别，这一部分商品的属性在预测用户偏好时会对准确性产生负面影响，因此在使用注意力机制提取用户长期偏好时，非节日期间减少对具有节日意义的商品的关注度，即赋予更小的权重；在节日期间增加符合该节日的商品的关注度，赋予更大的权重。同理，由于很多商品只会在特定的季节使用，注意力机制根据季节及商品信息赋予不同的权重。

用 t 代表节日和季节属性，不同用户在不同的节日或季节购买偏好的不同，为每个用户个性化表示在某时间 t 是否存在特殊购买偏好，如生日等，则用户 u 购买某一商品 i 的概率 P 是时间 t 的函数，即

$$P_{ui}=f(i,S,t) \tag{6-4}$$

式中，S 为所有用户在时间 t 购买商品 i 的数量，P 越大则代表在时间 t 用户再次购买类似商品的可能性越大。

将按照时间顺序提取的用户短期偏好 h_t 作为注意力机制的输入，则历史行为中每一个商品对当次推荐的影响权重 α 是时间 t 的函数：

$$\alpha=\mathrm{sigmoid}(f(P)) \tag{6-5}$$

用户长期偏好 $L=\{l_1,l_2,\cdots,l_m\}$ 为用户历史行为商品和短期偏好 $h=\{h_1,h_2,\cdots,h_m\}$ 的函数，即

$$l=f(\alpha,h) \tag{6-6}$$

将用户长期偏好 $L=\{l_1,l_2,\cdots,l_m\}$ 和用户短期偏好 $h=\{h_1,h_2,\cdots,h_m\}$ 非线性组合，得到用户长短期偏好融合 F，即

$$F=\mathrm{ReLU}(f(h,l)) \tag{6-7}$$

由于用户的长期偏好能够反映用户喜欢的风格，因此在提取用户长期偏好时可以发现用户喜欢的风格，在推荐时与商品图像风格对比，通过下文提取用户-项目的交叉融合数据进行跨领域推荐。

2. 用户附属关系网络

根据用户的社交关系和购买行为，将用户的附属关系分为两种，即社交用户和间接用户。附属用户的偏好关系即为附属关系。在进行推荐时，除了考虑用户本身，还将用户的附属关系作为用户的一部分，与用户偏好相结合进行推荐。

定义 6-1 社交用户：与其他用户形成各种显式和隐式社交关系的用户。这些社交关系既包括显式的关注、交互，也包括隐式的关系，如共同兴趣、相似行为等。社交用户还包括参与群组讨论等社交活动。

首先根据用户的社交关系构建用户社交网络，包含显/隐式好友关系、显/隐式关注关系、互动和群组关系等。显式好友关系和关注关系通常是用户主动建立的，例如，在社交媒体平台上互相添加为好友或关注对方。直接反映了用户之间的信任度和共同兴趣，是构建用户社交网络的基础。例如，如果两个用户是好友，那么他们可能对相似的商品感兴趣，因此可以将一个用户购买的商品推荐给另一个用户。隐式好友关系和隐式关注关系则需要通过用户的行为和偏好进行推断。例如，如果两个用户经常浏览或购买相似的商品，那么可以推断他们具有相似的兴趣和需求，从而将他们视为隐式社交关系。

定义 6-2 间接用户：用户购买那些不符合自己身份、年龄的商品，则认为是为他人购买，相应地构建一个间接用户，如父亲、母亲、孩子、朋友等。

在用户社交网络的基础上构建用户附属关系网络，如图 6-5 所示。对于每个用户来说，他们的附属关系包含社交人物和间接用户。浅色人物为平台用户，黑色为附属用户。如果用户购买了一件不符合自己年龄、身份的商品，则为他们构建间接用户。在每个真实用户节点分别构建附属人物的偏好矩阵，当用户购买商品时，根据商品信息自动识别属于哪一节点。在进行推荐时，除了推荐用户本身喜欢的商品，也可以为用户推荐关系网中符合其他附属人物偏好的商品。比如，一位中年女性购买了童装连衣裙，则在其附属关系网中添加一个女儿的间接用户，并根据连衣裙颜色、风格等特征记录该间接用户的偏好信息，为该用户推荐与所购连衣裙风格相同或相似的儿童用品。

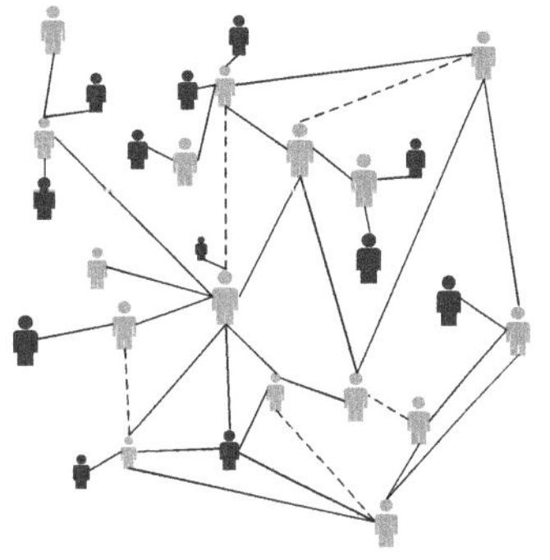

图 6-5　用户附属关系网络

遍历用户的历史行为序列，分析项目属性，在社交网络中添加间接用户。sub 代表间接用户节点，则间接用户节点 sub 表示为

$$\mathrm{sub}=\mathrm{ext}\{I_{\mathrm{sub}} \mid I_{\mathrm{sub}} \in (i_b - i_u)\} \tag{6-8}$$

式中，ext 为提取操作，i_b 为用户 u 购买的所有商品，i_u 为用户 u 购买商品中符合用户个人身份信息的商品，I_{sub} 为挑选出属于同一间接用户 sub 的商品集合。

定义 6-3 日益偏好：日益偏好关注附属用户的兴趣变化，为附属用户推荐历史偏好中持续喜欢的商品，和少部分从未出现的新奇商品进行兴趣试探，作为与周边用户相互联系、相互影响的关键。

不管是用户与用户还是用户与附属用户之间，购买行为都是用户间关系链生成与变化的关键，关系链体现为用户之间具有相同偏好、真用户为附属用户购买商品，以及判断附属用户所属身份的一致性。

通过用户的交互行为，得到附属用户的偏好信息，并以此为依据构建用户附属关系网络，增强用户偏好特征。

定义 6-4 附属人物偏好属性： 在用户为他人购买商品的集合中，依据商品特征判断属于哪一附属人物，并添加到相应属性，则附属用户偏好属性 $d=\{d_1,\cdots,d_n\}$ 表示为

$$d=\{A(I_{\text{sub}})\mid I_{\text{sub}}\in(i_b-i_u)\} \tag{6-9}$$

在用户附属关系网络中，用户之间的交互、用户为附属人物购买商品为显性关系，偏好相同的用户之间、相同身份的附属人物之间为隐性关系。

定义 6-5 用户附属关系网络： 根据真实用户的年龄及购买信息构建本人、父母、朋友、子女等用户附属关系网络，每个附属用户作为关系网的一个节点，R 代表附属关系网，pri 代表真实用户节点，则用户附属关系网络 R 表示为

$$R[i][j]=\begin{cases}1, & \{v_i\in v_j\mid v_i\in \text{sub},v_j\in \text{pri}\}\\ 2, & \{F_i=F_j\mid v_i,v_j\in \text{pri}\}\\ 0, & 其他\end{cases} \tag{6-10}$$

式中，1 在图中表示为实线，代表节点本身存在社交关系；2 在图中表示为虚线，代表用户的间接用户或附属用户；0 表示在图中不存在边。

附属用户的偏好也会对用户的购买需求产生影响，通过利用附属用户的偏好进行用户知识增强，从而推测出具有相同附属用户的其他用户的偏好，为其他用户推荐该用户所购商品的同时为该用户推荐符合该身份或与附属用户相搭配互补的商品。

从用户和项目维度特征出发，分别预测上文所提取的“种类”“颜色”“风格”特征。在附属网络中，将附属用户视为独立的实体，从维度角度挖掘用户偏好，使用户的偏好更加明确，有利于更准确地发现用户兴趣。

定义 6-6 用户联动关系： sub_a 为 u_a 的直接用户，sub_b 为 u_b 的直接用户，且 sub_a 和 sub_b 属于同一身份直接用户，则当 u_a 为 sub_a 购买了商品 i 时，会自动将该商品推荐给 u_b，同时为 u_a 推荐与之相搭配的商品。比如，u_a 为 30 岁女性，sub_a、sub_b 为未成年儿童，u_a 为 sub_a 购买了滑冰鞋，则为 u_a 推荐运动装，为 u_b 推荐滑冰鞋。

$$\text{Rec}(u_a)=\psi_1(d_{u_a},d_{\text{sub}_a},i) \tag{6-11}$$

$$\text{Rec}(u_b)=\psi_2(i) \tag{6-12}$$

式中，ψ_1、ψ_2 为非线性关系。

6.3.4 协同 Top-N 推荐

信息茧房现象在推荐系统中较为普遍，其产生的主要原因在于个体追求个性化的主观需求，而算法推荐技术的发展则导致其更为显著。

用户 ID 以及项目 ID 使用 one-hot 编码，项目的属性数据使用 multi-hot 编码，即一个项目可能对应多个维度。

定义 6-7 协同推荐： 挖掘用户-项目的目标/源间的相似属性，为属性相同或相似的用户推荐项目风格属性相似的物品，如图 6-6 所示。假如目标用户为一名 30 岁女性，历史偏好商品为简约斜挎包，而用户库中存在另一名 30 岁女性喜欢简约连衣裙，则为目标用户推荐简约连衣裙。

$$\text{Rec} = d(u_s)_{\text{species}}[d(u_s)_{\text{style}} \cap d(u_t)_{\text{style}}] - i_s \tag{6-13}$$

式中，u_s 为源用户，$d(u_s)_{\text{species}}$ 为源用户的种类偏好，$d(u_s)_{\text{style}}$ 为源用户的风格偏好，u_t 为目标用户，$d(u_t)_{\text{style}}$ 为目标用户的风格偏好，i_s 为源项目。

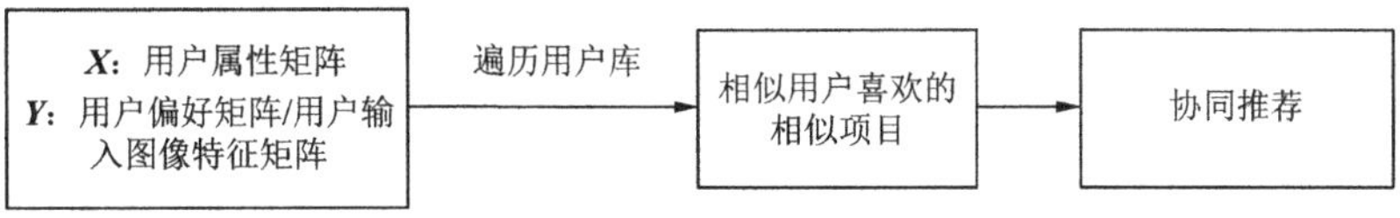

图 6-6　用户-项目协同推荐

使用杰卡德距离分别计算目标用户和源用户、目标项目和源项目之间的相似度，根据相似度生成 Top-N 推荐。

$$\text{similiarity}(u_t, u_s) = \frac{|u_t \cap u_s|}{|u_t \cup u_s|} \tag{6-14}$$

$$\text{similiarity}(i_t, i_s) = \frac{|i_t \cap i_s|}{|i_t \cup i_s|} \tag{6-15}$$

6.4　实验与分析

在本节中，进行了一系列实验，以评估推荐性能，证明 TAUA 方法与其他性能良好的方法相比具有更优的性能。在 Amazon 和 Flickr 数据集上进行实验，并与其他模型的性能进行了比较。

1. 实验设计

1）数据集

采用 Amazon Product Data 作为实验数据集。Amazon Product Data 是一个公开数据集，记录了从 1996 年 5 月至 2014 年 7 月 2 098 万名亚马逊平台用户对 935 万件商品的 8 283 万条评分。该数据集包含用户评论、产品元数据和链接三个数据集文件，评论包括评分、文本和帮助投票，元数据包括描述、类别信息、价格、品牌和图像特征。仅使用商品元数据及用户交互记录数据集的一个子集进行实验，包括用户 ID、项目 ID、项目图片等。

使用的另一个数据集是 OpenImage5，它包含 15 440 132 个对象，每个对象都用跨越 600 多个类别的标签进行注释。然而，由于该数据集不包括推荐任务中所需的用户信息，因此使用官方发布的 API 从 Flickr6 中获取用户信息。

2）实验方案

本实验是在具有 8 GB RAM、Intel Core i5-8250 CPU、Nvidia RTX 2070 GPU 的台式计算机上进行。操作系统是 Windows 11，64 位，软件是 Python 3. 9 和 MySQL 8. 0。本章模型基于 Tensorflow2. 6. 0 实现，使用 Adam 优化器进行训练。

TAUA 涉及跨领域推荐，基于以前的工作，参考他们的跨领域推荐数据集设置。具体而言，对于 Amazon 数据集，由于数据集中没有给出项目的图像，且标签描述不能满足实验的需要，因此通过网络爬虫技术爬取商品的原始图像和种类、颜色、风格标签补充数据集中的数据信息。另外，将数据集中的用户评论时间近似看作用户与项目产生交互的时间，作为节日、季节属性的依据。

对于 Flickr 数据集，爬取了用户和项目之间的交互反馈。由于 OpenImages5 数据集中的标签不包含对图像颜色和风格的描述，因此利用在 Amazon 数据集上预训练的多通道卷积神经网络（multi-channel convolutional neural network，MCNN）模型对图像的颜色和风格标签进行提取和补充。由于在电商推荐中用户往往不会去添加自己的个人信息，因此利用用户附属关系网络识别主体用户的用户身份，推断用户的性别、年龄等信息。数据集包含很多种类的项目，因此提取的图像特征和标签在特征维度进行推荐。

对数据集进行进一步处理，以创建适合的数据集。删除了交互次数小于 5 的用户和交互次数小于 10 的项目，以确保每个用户和项目的有效性。为了评估 TAUA 的推荐性能，基于表 6-4 设计了不同的试验方案。首先，在实验中设定了不同的用户数量大小。分别取用户大小为 1000 的子数据集，表示为 Amazon、Flickr。原始数据随机分成训练集（80%）和测试集（20%），运行 5 次，并将 5 次实验结果的平均值作为最终的评测值。

表 6-4　处理后的数据集描述

数据集	用户	项目	交互	标签
Amazon	1 000	13 748	109 856	500
Flickr	1 000	9 492	86 147	550

多通道 CNN vs 双通道 CNN：为了测试多通道卷积神经网络（MCNN）加入风格通道后在提取图像特征方面出色的分类能力，将 MCNN 与双通道卷积神经网络进行比较。双通道卷积神经网络提取图像的种类、颜色特征，MCNN 引入了风格特征。

首先进行数据预处理，将图像调整为 200×200 大小，作为 MCNN 的输入。所采用的激活函数均为 ReLU 函数，学习率设置为 0. 000 01，网络最多训练 100 个迭代轮次。同时为了防止过拟合、提升模型的泛化能力，采用 dropout 层防止过拟合，比率设置为 0. 2。MCNN 的网络参数见表 6-5 和表 6-6。

表 6-5　MCNN 前部分网络参数

网络层数	核尺寸	核数量	输出维度
convolution layer 1	5×5	32	200×200×32
pooling layer 1	2×2	—	100×100×32
convolution layer 2	5×5	64	100×100×64
pooling layer 2	2×2	—	50×50×64

续上表

网络层数	核 尺 寸	核 数 量	输出维度
convolution layer 3	5×5	128	50×50×128
pooling layer 3	2×2	—	25×25×128
convolution layer 4	5×5	256	25×25×256
pooling layer 4	2×2	—	12×12×256

表 6-6　MCNN 后部分网络参数

网络层数	核 尺 寸	核 数 量	输出维度
convolution layer 5	5×5	128	12×12×128
pooling layer 5	2×2	—	6×6×128
convolution layer 6	5×5	256	6×6×256
FC1	—	—	2 048
FC2	—	—	512
FC3	—	—	12
convolution layer 7	5×5	128	12×12×128
pooling layer 7	2×2	—	6×6×128
convolution layer 8	5×5	256	6×6×256
FC4	—	—	2 048
FC5	—	—	3
FC6	—	—	256×256×256
convolution layer 9	5×5	128	12×12×128
pooling layer 9	2×2	—	6×6×128
convolution layer 10	5×5	256	6×6×256
FC7	—	—	2 048
FC8	—	—	512
FC9	—	—	12

TAA vs CCNet：为了评估靶形交替注意力的先进性和准确性，将靶形交替注意力机制（target alternating attention，TAA）与 CCNet 在提取像素上下文信息的能力上进行对比。CCNet 采用十字交叉的方式收集上下文信息，TAA 采用靶形获得像素上下文信息。在卷积层中使用空洞卷积，输出的步长设置为 8。使用多学习率衰减策略，其中初始学习率为 $lr\times\left(1-\frac{\text{iter}}{\text{max iter}}\right)^{\text{power}}$，其中 power=0.9，动量=0.9，权重衰减为 0.000 01。

UAN vs 长短期偏好：为了证明了用户附属关系网络（user affiliation network，UAN）的有效性，将 UAN 和用户长短期偏好模型进行对比实验。UAN 在提取用户长短期偏好的基础上构建了用户附属关系网络，增加了附属人物偏好。将用户评论时间作为区分长短期偏好，确定时间 t。实验中 GRU 单元数设置为 32，正则化系数设置为 1×10^{-6}，用户和项目的向量表示维度设置为 32，批次的大小设置为 32。

最后，为了体现 TAUA 方法性能与其他方法的差别，将 TAUA 方法与以下基线进行比较，包括 BPR、VBPR、DVBPR、ACF、VPOI、LASSO、VSM。

（1）**BPR** 是一种经典的 Top-N 推荐方法，针对每一个用户的商品偏好做排序优化。它以用户图像交互为基础，而不考虑视觉特征。该方法被认为是推荐领域最强有力的基线。

（2）**VBPR** 是 BPR 的扩展，它利用预先训练好的 CNN 提取商品图像的视觉特征，进一步将图像特征与潜在的特征联合在一起进行推荐。在这种方法中，每个图像都被视为单个对象。

（3）**DVBPR** 是融合 CNN 和 MF 模型的端到端训练图像特征和推荐的模型。

（4）**ACF** 用两个注意力网络分别对项目级和组件级的注意力进行建模，并同时使用图像和图像区域来实现更好的推荐系统。在这种方法中，每个图像被分割成许多大小相同的区域。

（5）**VPOI** 利用视觉内容增强 POI 推荐，通过 CNN 从图像中提取特征，并使用它来指导用户和 POI 潜在特征的学习过程。

（6）**LASSO** 基于用户喜欢的图像对用户个性化建模。

（7）**VSM** 具有图像细粒度语义特征，每个图像包含很多语义对象，来更好地对图像表示和用户偏好进行建模。

TAUA 与基线方法的比较见表 6-7。√表示方法考虑了该因素，×表示相反。对于所有基线，基于推荐性能的结果保持超参数的最佳设置。具体而言，对于 VBPR，$\gamma_\theta=10$，γ_E 始终设置为 0，视觉特征的维数被设置为 4 096，这与原始论文一致。BPR 和 VBPR 的最优学习速率为 0.01。对于 ACF，将图像分成 7×7 区域。对于 VPOI，设置 $\alpha=0.001$，$K=10$，$\gamma_1=\gamma_2=1$，$r=5$。在 ImageNet 上使用预先训练的 VGG16 初始化权重为 3。对于 VSM，将学习率设置为 0.1，正则化和最小批次分别为 0.001 和 128，潜在的向量维度为 128。实验中采用了对应方法的原始文献中提出的最佳参数。

表 6-7　TAUA 与基线方法的比较

方　法	视觉特征	风　格	上下文	附属关系
BPR	×	×	×	×
VBPR	√	×	×	×
DVBPR	√	√	×	×
ACF	√	×	×	×
VPOI	√	×	×	×
LASSO	×	×	×	×
VSM	√	×	×	×
TAUA	√	√	√	√

3）评价指标

实验选择了三个推荐算法评价指标，包括 F1 值、NDCG 和 AUC。三个指标分别针对 top@ 5 和 top@ 10 项计算。精确率衡量对正样本结果的预测准确程度，召回率衡量结果的查全率。

2. 实验结果及分析

1）TAUA 与基线方法的性能对比

图 6-7 和图 6-8 显示了与其他方法相比，所提出的 TAUA 的 NDCG 与 VPOI 和 VSM 相比，TAUA 还考虑了图像的像素上下文信息和用户附属人物偏好。结果表明，TAUA 的表现明显优于其他方法，更符合推荐的要求。

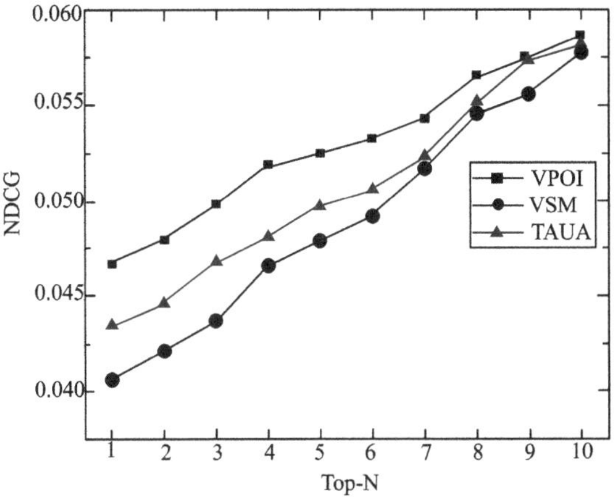

图 6-7　Amazon 数据集 NDCG 比较

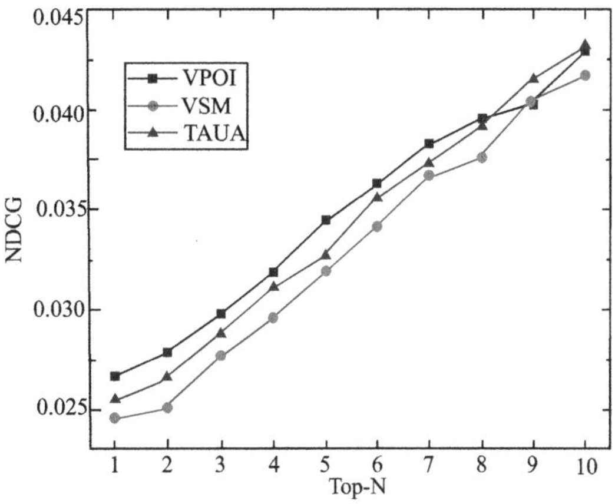

图 6-8　Flickr 数据集 NDCG 比较

Amazon、Flickr 数据集上所有方法的性能比较见表 6-8 和表 6-9。与其他性能比较，TAUA 的性能在推荐数量较少时并不明显，但它可以有效推荐更多项目。

表 6-8　Amazon 数据集上方法性能比较

数据集	方　法	F1@5	F1@10	NDCG@5	NDCG@10	AUC
Amazon	BPR	0.024 1	0.034 7	0.039 3	0.046 8	0.531 0
	VBPR	0.043 8	0.051 2	0.050 8	0.054 1	0.705 4
	DVBPR	0.039 4	0.035 5	0.045 9	0.051 7	0.613 4
	ACF	**0.045 3**	0.054 7	0.047 2	0.055 9	0.725 8
	VPOI	0.044 7	0.053 8	**0.052 5**	0.058 2	0.732 8
	LASSO	0.021 8	0.032 3	0.037 7	0.044 5	0.521 8
	VSM	0.035	0.056 3	0.047 9	0.057 8	0.717
	TAUA	0.044 9	**0.056 9**	0.049 7	**0.058 7**	**0.741 3**

表 6-9　Flickr 数据集上方法性能比较

数据集	方　法	F1@5	F1@10	NDCG@5	NDCG@10	AUC
Flickr	BPR	0.017 7	0.030 5	0.024 2	0.032 9	0.554 3
	VBPR	0.023 9	0.043 9	0.028 2	0.031 7	0.614 0
	DVBPR	0.019 6	0.032 8	0.025 4	0.033 6	0.564 2
	ACF	**0.029 7**	0.041 8	0.033 3	0.041 0	0.646 8
	VPOI	0.024 8	0.044 0	**0.037 1**	0.042 9	0.667 3
	LASSO	0.016 9	0.029 6	0.023 5	0.031 4	0.523 5
	VSM	0.026 2	0.044 1	0.035 6	0.041 7	0.656 0
	TAUA	0.026 8	**0.044 2**	0.032 4	**0.043 1**	**0.670 6**

TAUA 为电商推荐提供准确和多样的推荐列表。从表 6-8 结果可以看出，与基线模型相比，TAUA 在所有评价指标上都取得了最佳的性能。具体而言，在 Amazon 数据集上，TAUA 在 F1@10、NDCG@10 和 AUC 方面分别比次优的 ACF 模型高出 4.02%、5.00% 和 2.143%，比 VPOI 模型高出 5.76%、0.86% 和 1.16%。在 Flickr 数据集上，TAUA 在 F1@10、NDCG@10 和 AUC 方面分别比 ACF 模型高出 5.74%、5.12% 和 3.68%，比 VPOI 模型高出 0.45%、0.47% 和 0.49%。TAUA 在推荐性能上优于 VBPR，表明在推荐任务中提取更深层次的图像信息可以更好地表示图像。具体讨论和分析如下：

（1）当 $N=5$ 时，所提出的 TAUA 在 F1 值和 NDCG 方面略低于现有方法。随着推荐数量的增加，TAUA 的性能均优于其他方法。这主要是由于 TAUA 综合考虑了准确性和多样性。由于准确性和多样性是相互矛盾的，MCNN 和 TAA 模块会在一定程度上降低召回率，UAN 模块会使准确率降低，因此在推荐数量较少时，会出现准确性和多样性相差较大的情况。随着推荐数量的增多，方法的准确率和召回率逐渐趋于平衡，两者同时达到最优，方法性能达到最优。

（2）随着 N 的增加，TAUA 的整体性能优于 VBPR，说明对于推荐来说，TAUA 是有效的。TAUA 在提取图像特征和像素上下文方面做了贡献，能够得到更准确的图像语义描述，更深层次、全面地挖掘项目特征，预测用户的偏好。

（3）TAUA 的性能整体上优于其他几个方法，这说明 TAUA 方法是有效的。分别从项目和用户角度出发，提取项目特征，挖掘用户兴趣，主要来说，将经过 MCNN 和 TAA 模块提取到的项目特征作为判断用户偏好的依据，减少了对于项目和用户偏好理解的偏差，保证了数据内容利用的一致性。

相比于 BPR、LASSO 和 VSM 只考虑用户对项目本身的偏好，TAUA 将用户购买过的项目的风格作为用户的风格偏好，引入附属网络，将用户的历史行为划分为不同直接用户的偏好，挖掘用户的隐式偏好。VBPR、DVBPR 和 VPOI 通过 CNN 提取图像特征进行推荐，但传统的 CNN 只关注图像的单一维度，TAUA 通过多通道分别提取图像的种类、颜色、风格特征，从更多维度提取特征进行推荐。DVBPR、ACF 将图像分割成许多区域，只关注了图像的局部信息，TAUA 利用靶形交替注意力在完整的图像上捕获像素上下文信息，既关注了图像的局部信息，又关注了全局信息。

2）模块性能对比

为了证明 TAUA 各模块的有效性，进行了对比实验。具体来说，将 MCNN 与双通道卷积神经网络进行对比，比较两者在提取图像特征方面进行分类的能力。相比于双通道卷积神经网络，本章提出的 MCNN 模块添加了风格通道，提取图像的多维度特征。实验结果如图 6-9 所示。MCNN 在不同学习率下的分类结果见表 6-10。

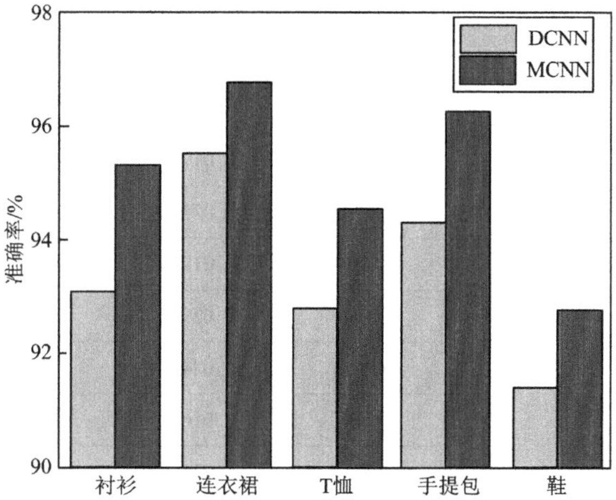

图 6-9　分类准确性比较

表 6-10　MCNN 分类结果性能

Attribute	Learning rate	Precision/%
species	0.001	92.3
color	0.001	95.9
style	0.001	90.4
species	0.000 1	94.6
color	0.000 1	96.3
style	0.000 1	92.7
species	0.000 01	95.3
color	0.000 01	96.8
style	0.000 01	91.9

为了证明 TAA 模块在收集像素上下文信息方面的准确性，将 TAA 与 CCNet 进行了对比实验，表 6-11 证明了 TAA 在聚合图像像素上下文信息方面优于 CCNet。

表 6-11　TAA 与 CCNet 聚合像素上下文信息性能比较

Datasets	Method	mIOU/%
Amazon	CCNet	81.3
Amazon	TAA	82.1
Flickr	CCNet	80.2
Flickr	TAA	80.8

用户附属关系网络在提取用户长短期偏好的基础上添加了附属用户，不仅考虑了间接用户，还设置了直接用户。将基于 UAN 的推荐方法与基于用户长短期偏好的推荐方法进行对比，图 6-10 展示了 UAN 对用户偏好的处理是有效的，更有效地利用用户历史行为提高推荐的多样性。

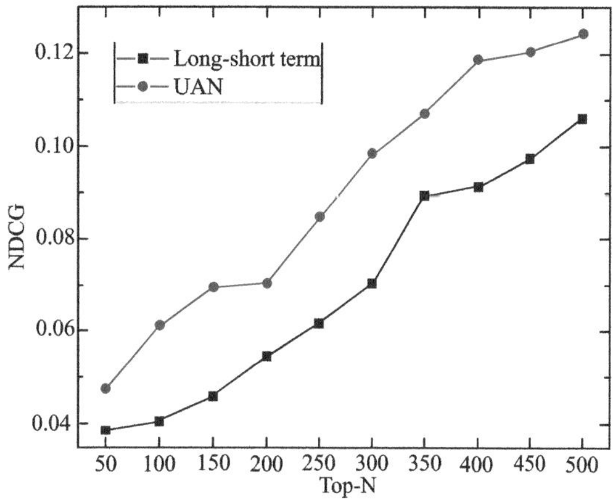

图 6-10　Top-N 推荐召回率比较

比较了不同学习率对 MCNN 提取图像特征准确性的影响，随着学习率的增加，MCNN 的分类准确性提高，当学习率为 0.000 01 时，MCNN 性能达到最优。在三种学习率下，“颜色”维度分类准确率较高，“风格”维度分类准确率较低，这是因为“风格”维度特征相对更为复杂，需要更多的迭代次数进行训练。将 MCNN 和双通道卷积神经网络提取图像特征的分类能力进行比较，对于同一种类的项目，MCNN 具有更高的准确性，说明加入“风格”维度可以提高图像分类的性能。在同一数据集上，相比于 CCNet，TAA 具有更高的 mIOU，证明 TAA 具有更高的检测精度，可以更全面地收集图像的像素上下文信息。引入了 UAN 模块，从用户附属关系的角度利用用户历史行为信息，在 Top-N 推荐召回率方面具有更好的性能，且随着推荐项目数的增加，召回率升高，说明 UAN 模块在提高推荐多样性方面起到了一定作用。这是由于 UAN 从间接用户和直接用户两方面预测用户需求，挖掘用户更深层次的偏好，增加了推荐的维度。

3）消融实验

为了进一步分析 MCNN、用户附属关系网络 UAN 和靶形交替注意力 TAA 在 TAUA 中起到的作用，在两个数据集上分别进行了消融实验：①TAUA-MCNN：使用传统卷积神经网络而不是 MCNN 提取图像特征应用到本研究方法中；②TAUA-TAA：利用传统用户长短期偏好提取架构得到用户兴趣进行推荐；③TAUA-UAN：不通过 TAA 模块收集像素上下文信息。实验结果见表 6-12 和表 6-13。

表 6-12　Amazon 数据集上模块消融实验的性能比较

方　法	F1@10	NDCG@10	AUC
TAUA	0.056 9	0.058 7	0.741 3
TAUA-MCNN	0.053 2	0.056 3	0.725 8
TAUA-TAA	0.055 7	0.058 1	0.730 6
TAUA-UAN	0.054 8	0.057 9	0.729 5

表 6-13　Flickr 数据集上模块消融实验的性能比较

方　法	F1@10	NDCG@10	AUC
TAUA	0.044 2	0.043 1	0.670 6
TAUA-MCNN	0.042 8	0.041 7	0.649 3
TAUA-TAA	0.043 6	0.042 9	0.661 4
TAUA-UAN	0.043 3	0.042 6	0.653 7

由表 6-12 和表 6-13 可以得到以下结论：

（1）将方法中的 MCNN 模块替换成传统卷积神经网络，方法 AUC 性能在两个数据集上均有降低，因此可以得出 MCNN 模块在提取图像特征方面有巨大的潜力。

（2）不通过 TAA 模块收集像素上下文信息，只利用 MCNN 和 UAN 模块进行推荐，TAUA 性能略有降低，所以本章所提出的 TAA 模块在收集像素上下文信息方面具有一定效果。

（3）删除 TAUA 中的 UAN，直接利用传统用户长短期偏好提取框架加入模型中，可以看到在两个数据集上的性能较 TAUA 相比均有所下降，这意味着提出的 UAN 模块是有效的。

本章提出靶形交替注意力和用户附属关系网络的推荐方法，从项目信息和用户行为序列出发，全面、深层次挖掘隐含信息，提出靶形交替注意力机制，聚合图像的像素上下文信息，同时构建用户附属关系网络，对用户社交网络进行增强，提取用户-项目的交叉融合属性，跨领域为用户推荐项目，实现推荐系统的准确性、多样性和个性化，为解决信息茧房、信息超载问题提出了新的方案。

第7章 基于微观行为的推荐方法

行为间的要素蕴含着用户的兴趣和偏好，本章提出基于心理-性格提取胶囊和递进式解离化的推荐方法（psychology-character extraction capsule and progressive disentangled representation recommendation approach，PCC-PD）。根据用户多行为序列数据，全面、深层次挖掘隐含信息，构建用户高阶强弱特征偏好网络，提取用户深层次表征，同时关注用户购买心理和购买性格，推断用户个性化差异，并解离多个偏好因素，实现推荐的个性化以及自适应性。

7.1 用户购物心理和性格

7.1.1 购物心理概念

心理因素指的是影响人们使用电商购物平台的心理特征和过程。它涉及消费者观察商品、搜集商品信息、选择商品品牌、决策购买方式等各个环节。常见的购物心理如下：

（1）求实心理：消费者追求商品的实际使用价值，注重商品的实用性和质量。

（2）求美心理：消费者追求商品的欣赏价值和艺术价值，注重商品的造型、色彩和工艺。

（3）求新心理：消费者追求商品的新颖和时髦，喜欢追赶潮流。

（4）求利心理：消费者追求商品的价格优惠，喜欢选择打折或处理的商品。

（5）求名心理：消费者通过购买名牌商品来彰显自己的品位和威望。

（6）从众心理：消费者在购买决策时受到社会风气和周围环境的影响，倾向于仿效他人的购买行为。

用户的心理特征直接影响了用户的需求和偏好，能够为推荐系统提供更丰富的信息。通过对用户的心理和性格特征进行分析，推荐系统可以更好地理解用户的偏好倾向和价值观。例如，对于求利心理的用户，为其推荐具有实用性、高品质和功能性强的商品，有助于满足他们喜欢理性思考和追求实际价值的特点。此外，推荐系统可以根据用户的心理和性格特征，预测其更深层次的需求和期望，从而提供更符合其喜好的推荐结果，增强用户对推荐系统的信任和忠诚度。然而，现有研究对于用户心理的研究只是停留在购买商品体现出来的用户心理，没有深层次挖掘用户历史行为序列中隐含的心理和性格特征。

7.1.2 购物性格概念

用户购物性格是指在购物过程中，个体所表现出的相对稳定和独特的心理特质和行为模式。这些特质和模式会影响消费者的购物决策、购买偏好以及购物行为的方式。用户购物性格不仅涉及消费者的个性特点，还与其价值观、态度、习惯以及生活方式紧密相关。用户购物性格可以包括但不限于以下几个方面：

(1) 理智型购物性格：这类消费者在购物时注重产品的性价比，会仔细比较不同产品的性能和价格，做出理性的购买决策。他们通常不易受广告或销售人员的诱导，更注重产品的实际价值。

(2) 冲动型购物性格：具有这种性格的消费者容易受到外界刺激的影响，可能会因为一时的兴起或受到促销活动的诱惑而做出购买决策。他们往往更注重购物的即时满足感。

(3) 保守型购物性格：这类消费者在购物时倾向于选择传统、熟悉或品牌知名的产品，对新产品或新兴品牌持保守态度。他们重视产品的稳定性和可靠性。

(4) 冒险型购物性格：与保守型相反，冒险型的消费者喜欢尝试新产品或新兴品牌，追求新鲜感和独特性。他们对未知的产品或服务保持开放的态度。

(5) 意志型消费者：他们在购买决策过程中目标明确，一旦确定目标便不易受其他因素干扰而按既定目标行动。这类消费者在购买过程中表现出较强的坚定性和自制力。

(6) 节约型购物性格：这类消费者在购物时非常注重价格，倾向于选择价格较低的产品，即使这意味着在某些方面牺牲品质或功能。

(7) 奢侈型购物性格：与节约型相反，奢侈型的消费者更愿意为高品质、高品牌知名度的产品支付更高的价格，他们重视产品的品质和品牌带来的社会认同感。

(8) 独立型购物性格：这类消费者在购物时有自己的主见，不易受他人影响，会根据自己的需求和喜好来做出购买决策。

(9) 依赖型购物性格：与独立型相反，依赖型的消费者在购物时可能会更多地寻求他人的意见或建议，不太自信于自己的选择。

了解用户的购物性格对于商家来说至关重要，因为这有助于他们更精准地定位目标市场，制定个性化的营销策略，并优化产品设计和服务交付，从而提升用户满意度和忠诚度。同时，对于消费者自身而言，认识到自己的购物性格也有助于做出更明智、更符合个人需求的购买决策。

7.1.3 购物阶段偏好概念

用户在购物时，会出现偏好暂时消失或产生续购需求的情况。捕获用户的暂时偏好消失和衍生续购偏好对提高推荐系统的性能是非常关键的。

暂时消失偏好是指用户在某个时间段内对特定商品或品类的兴趣暂时消失或减弱的现象。在过去用户可能对某类商品表现出明显的购买意愿，但在某个时间段内，用户不再点击、浏览或购买该类商品，暂时表现出对该类商品的不感兴趣。暂时消失偏好是用户购买行为中的一种临时性变化，可能由于多种因素导致，如用户兴趣漂移、购买需求变化、对商品的饱和度或暂时性需求转移等。如果推荐系统不能及时识别和适应用户的暂时消失偏好，可能会继续向用户推荐他们暂时不感兴趣的商品，这种干扰性推荐会引发用户的反感情绪。

衍生续购偏好是指与用户历史交互行为相关的、且会触发用户进一步购买意愿的隐含偏好。这种偏好是用户对某个特定品类或品牌的持续兴趣和喜好，展现为用户在多次购买过程中选择相似或互补商品的需求。如图 7-1 所示，假设用户 U 在某电商平台上购买了一台笔记本计算机，并在过去的购买历史中频繁购买计算机相关配件和外设。这表明用户 U 对计算机及其相关产品有持续的兴趣和需求，是一种衍生续购偏好。推荐系统利用衍生续购偏好来提供稳定个性化推荐。通过分析用户持续购买某类商品或品牌的行为，向用户推荐相关的配件、提供续购促销，从而增强用户的满意度和忠诚度，促进再次购买行为。

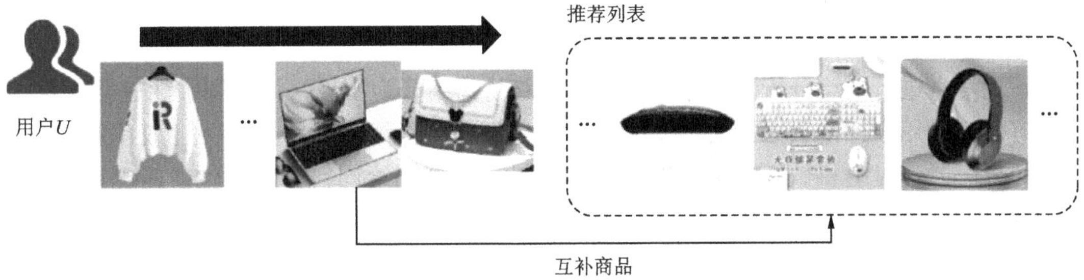

图 7-1　历史行为驱动的购买示例

用户在与不同物品互动是基于项目敏感的，展现出多样化的心理和性格特征。例如，用户在购买奢侈品时存在从众、欲望心理，而在购买日用品时则会更关注实用性。当用户在购买不同物品时表达出的心理和性格表示交织在一起时，传统的推荐系统可能难以准确捕捉用户的真实兴趣。解离化最初提出是旨在学习分解数据表征，以解释隐藏在数据中的潜在解释因素。这一方法的特点在于将用户的历史行为与当前需求分离，避免过度依赖用户过去的选择。推荐系统中，解离是指将用户的兴趣和行为解耦，从人的认知因素出发，分别捕获用户对不同概念的偏好。通过解耦不同项目的表示，推荐系统可以更精准地区分用户购物心理、性格的变化，提高对用户个性化需求的理解程度。

7.2　用户情感推荐

7.2.1　用户情感分析推荐

用户情感分析推荐是一种基于用户情感的个性化推荐方法。该推荐系统利用情感分析技术识别用户在评论、评分和反馈中的情感，结合用户行为数据，以提供更符合用户情感和兴趣的推荐内容。在情感分析方面，现有的研究主要关注用户在文本、图片和视频中表达的情感。利用自然语言处理技术对用户在社交媒体、电商平台等渠道上发布的评论等文本数据进行深度挖掘，精准地识别出用户对于不同商品或服务的情感倾向。利用计算机视觉技术自动识别图片和视频中的表情、动作和场景等关键信息，进而推断出用户的情感状态。

有研究提出一种基于混合推荐模型和 Spark 平台情感分析的电影推荐框架，使用用户情感分析来优化推荐列表。也有研究通过分析句子级别不同情感极性的用户评论内容来提取用户偏好，证明了细粒度的情感识别对稀疏等级矩阵具有良好的适应性。有学者提出一种基于影评情感分析的个性化推荐方法，对多模态情感特征进行加权。考虑内容发布的时间因素和用户的平均情感倾向，计算加权融合的情感相似度。也有人提出一种基于情感分析和矩阵分解的推荐系统，利用主题模型和深度学习技术充分挖掘评论中的隐含信息完善评分矩阵，辅助推荐。还有学者提出基于情感的评分预测方法，从社交用户评论中挖掘有价值的信息，利用情感词典计算单个用户在某项商品上的情感。目前也出现一种基于同步时间评论的情感识别算法，评估时间同步评论中单词的情感向量并根据视频片段之间的情感关系推荐视频片段。为了解决推荐过程中的冷启动问题，有研究结合不同领域用户评论中隐含的情感信息，提出了一种基于情感分析和潜在特征映射的跨领域推荐算法。通过对用户评论信息进行情绪分析，根据三种决策思路将情绪分为积极、消极和中性三类。

有研究对用户评论数据的文本挖掘，计算在不同属性维度上的用户关注权重和商户情感词评分。通过对语料做句法关系拆解得到词料，并分别给词料标注词性，匹配识别句子中的情感词。将用户关注权重和商户多维属性的情感分析评分计算建立数学模型，得出推荐指数。有研究利用大数据的聚类技术结合情感分析算法，通过相似用户对物品的需求相似对用户进行聚类。并分析情感倾向偏离程度，对评论的情感值进行量化，对目标用户进行商品推荐。有学者应用教育心理学理论，设计了一种基于人工智能和教育心理学的个性化在线学习资源推荐。从学生的基本学习行为出发，将教育心理学引入在线学习资源推荐中，挖掘学生的学习能力。有研究从消费者动机、消费者态度和消费者兴趣这三种消费者心理的角度来探讨消费者心理对产品推荐的影响。并分别将动机、态度和兴趣进行分类，将商品属性输入贝叶斯网络结构，判断每个贝叶斯网络结构是否符合用户的个性化消费心理。

然而，尽管当前的研究已经取得了一定的成果，但仍存在一些尚未充分关注的领域。首先，对于用户行为模式的深度挖掘仍显不足。现有的研究大多关注用户的固化习惯，对用户行为背后深层次信息的提取有待更深的探索，如附属用户、性格、偏离态行为等。虽然一些研究尝试将心理因素与推荐相结合，但这些方法的不足之处在于往往停留在表面现象的描述和分析，未能深层次地将用户心理与用户行为相结合。其次，对于用户情感的分析仅仅停留在用户评论等数据的分析，而缺乏对用户行为序列隐含的用户购物情感，以及异常行为的获取和利用。

以上研究通过分析用户在社交媒体、评论、评分等文本数据中的情感表达，在用户数据中自动识别和理解用户的情感状态，进一步优化推荐算法和策略。然而在用户情感分析时对多行为数据考虑较少，且未将用户情感明确区分为购买心理性格和衍生续购偏好。将用户情感进一步细分为购买心理和购买性格，可以为推荐系统提供更加细粒度的个性化推荐。通过分析用户购买心理，推荐系统可以针对用户不同的购买动机和决策进行推荐，提供符合用户需求的商品。而通过分析用户购买性格，推荐系统可以根据用户的个性特质，推荐更加符合用户兴趣的商品。

7.2.2 用户解离化表示

在推荐领域，解离化表示技术已成为一项重要的研究方向和应用核心。解离化表示通过将用户和物品的特征进行分离，从而实现对推荐任务更为精准和个性化的处理。目前，解离化表示的改进旨在解决数据稀疏性问题，提高模型的可解释性，解离用户与项目之间的关系，获得用户对不同概念的偏好。

针对没有外部引导信号学习到的解离化缺乏明确的含义，导致数据稀疏的问题，有学者提出知识引导解离化表示方法，引入知识图谱指导推荐系统中的解离化表示学习。也有研究在用户意图的更细粒度上特别关注用户-项目关系，设计解离化图协同过滤模型，以解离化用户意图并产生解离化的表示。为了解决现有的解离化表示学习只关注正反馈，未能处理多反馈数据中隐藏的复杂关系和噪声问题，有研究提出了一个课程解离化推荐模型，有效地从复杂和嘈杂的多反馈中学习解离化表示，更好地进行推荐。也有学者以弱监督的方式研究了推荐的多模态解离化表示问题，提出了多模态解离化推荐模型，学习带有来自不同模态的互补和共同信息的解离化良好的表示，从而提高推荐的准确性和表示的可解释性。有研究提出社会推荐的解离化对比学习框架，从项目和社会领域学习解离化的用户表征，并利用解离化的对比学习在解离化的用户表示之间进行知识转移，以进行社会推荐。然而，解离化表示的设计和优化较为复杂，需要考虑子特征之间的独立性和相关性，以及如何将子特征重新组合成原始特征。

解离化表示是一个活跃的研究领域，研究者正在探索使用深度学习、特征学习和注意力机制等方法，以实现将用户兴趣特征从其他因素中分离出来。然而，在解耦用户兴趣的多个特征时，解离化表示可能受到特征之间相互交叉影响而难以完全解离化。因此，如何降低特征之间的交叉影响，使得方法更容易捕捉特定特征的独立性，是当前解离化表示方法的关键挑战。如何利用用户的多行为数据对用户以精确解耦用户的心理、性格表示也是研究的重点。

7.2.3　多行为序列推荐

多行为推荐综合考虑用户的不同行为，挖掘隐含信息，预测用户未来对目标行为的交互。行为间的微观要素包括时序关联、行为强度差异等行为数据。推荐系统通过分析用户多个行为之间的微观要素，了解用户的行为模式和习惯，从而提供更为连贯和相关的商品推荐。例如，用户可能会在多个商品页面进行点击，但只有部分商品真正吸引了他们的兴趣，而用户最终购买的商品则代表了最强的兴趣和购买意愿。对于被收藏但尚未购买的商品，推荐系统可以继续推荐类似商品，促使用户完成购买行为。对于用户浏览点击但没有表现出较高兴趣的商品，推荐系统可以降低其在推荐列表中的权重，提供更精准的推荐内容。

目前，用户行为模式的研究主要集中在用户行为活动轨迹、交互方式以及消费习惯等方面。通过收集和分析用户在电商平台上的行为数据，揭示用户的行为规律和偏好。这些研究不仅有助于更好地理解用户需求，也为个性化推荐、精准营销等提供了有力支持。有研究设计行为聚合与消息传递范式，基于图卷积技术提出双通道交叉自适应对比学习推荐模型。构建基于交叉执行图卷积与多行为聚合两个模块以捕捉行为模式，形成一套新颖的行为模式挖掘框架，得到行为依赖及其协同作用。

轻量级图卷积网络（light graph convolution network，LightGCN）直接为每个行为建模而不考虑用户行为之间的关联。多行为图卷积网络（multi-behavior graph convolutional network，MBGCN）构建一个统一的图来表示多行为数据、学习行为强度和行为语义。有学者提出神经多任务推荐，解释了不同类型行为之间的级联关系，例如，用户必须在购买产品之前点击它。以全自动的方式支持多重行为关系信息的推荐，以特定类型行为上下文和类型相关行为相互依赖联合建模。有研究提出一个知识增强的层次图转换网络，建立图结构的神经体系结构，捕获特定类型的行为语义，明确区分哪些类型的用户-项目交互在协助目标行为的预测任务中更重要。有学者提出一个知识增强多行为对比学习推荐框架，设计了多行为学习模块来提取用户个性化的行为信息进行用户嵌入增强，利用知识图谱来推导出更健壮的项目知识感知表示。优化阶段对用户多行为之间的粗粒度共性和细粒度差异进行建模，进一步提高推荐效果。

基于循环神经网络的推荐方法依赖循环神经网络能够处理序列数据并捕捉数据中的时间依赖关系的特性。通过不断传递和更新状态，累积用户历史行为的信息，从而理解用户行为之间的复杂关联和模式。经过大量数据的训练和优化，更准确地预测用户未来的行为，并推荐更合适的物品或服务。RNN 较早被应用于推荐领域，对整个会话进行建模，提供更准确的推荐。有研究针对基于循环神经网络的推荐方法存在假设过强和忽视集合依赖关系的问题，提出了一种基于时序推理的分层会话感知推荐模型。对目标会话中交互物品之间的依赖关系进行推理，并通过有选择地保留和利用物品间的依赖关系，在会话中学习更灵活的时序关系，以建模用户的行为模式。

有研究提出用户偏好和电影属性都是随时间变化的，采用长短时记忆网络构建了一个自回归的模型，以适应用户及电影的动态性。也有研究通过 LSTM 和注意力机制建模用户行为序列，整合相应的内容、行为和时间信息，得到用户的兴趣向量表示。门控循环神经网络是 LSTM 的改进算法，基于 GRU 的序列推荐模型在门控循环单元的帮助下对用户序列进行建模，计算每个商品的点击概率。双向门控循环单元（bidirectional gated recurrent unit，BiGRU）同时利用前向信息和后向信息，有效解决 RNN 存在的梯度消失和梯度爆炸问题。

上述研究大多利用用户多行为和多模态数据提高推荐的效果，重点关注如何有效地融合多个行为序列，以及如何对这些不同行为进行权衡和处理。然而用户在不同时间点产生的行为往往会存在时序关联，这种时序关联可以帮助推荐系统更好地理解用户的行为演化和兴趣变化。而且用户的每个行为都包含丰富的微观要素，这些微观要素包含着用户的更细粒度的兴趣和偏好信息。在多行为推荐中，如何有效地利用这些时序关联和微观要素，将其融入推荐模型中，是一个具有挑战性的任务。

目前关于用户多行为推荐的研究较为成熟，但在不同行为间的时序关联、行为强度差异以及行为间的微观要素方面还有待研究，没有深入挖掘用户行为序列隐含的用户深层购买心理、性格和衍生续购偏好等特征。同时较少关注用户行为模式的常态化偏离，忽略了对用户多样化行为反应的挖掘，对如何根据用户近期行为模式偏离获取用户近期需求还有待进一步挖掘。此外，用户的心理、性格表示涉及人的认知因素，如何将其与解离化相结合，以细粒度分析用户是一个重要的研究方向。

7.3 基于心理-性格提取胶囊和递进式解离化的推荐方法

下面将知识图谱、胶囊网络和解离化表示相结合，提出基于心理-性格提取胶囊和递进式解离化的推荐方法 PCC-PD，提取、利用用户多行为特征，优化推荐系统。

基于心理-性格提取胶囊和递进式解离化的推荐方法通过知识图谱挖掘行为特征，通过胶囊网络表示用户数据。整体框架图如图 7-2 所示，由四个部分组成：①用户高阶特征偏好网络，通过多层次注意力挖掘多行为数据，区分用户强弱特征偏好，得到相应用户嵌入；②基于滑动窗口网络的心理-性格提取胶囊，通过设计滑动窗口网络，挖掘用户行为嵌入，提取用户购买心理、性格，得到基于行为心理性格的用户表示；③递进式偏好解离化，输入心理-性格提取胶囊得到的特征表示，递进式对其进行解离化，得到相应用户嵌入；④预测层，将最终用户表示，与通过多通道卷积神经网络得到的项目表示进行聚合，输出预测评分。

彩色图片

图7-2

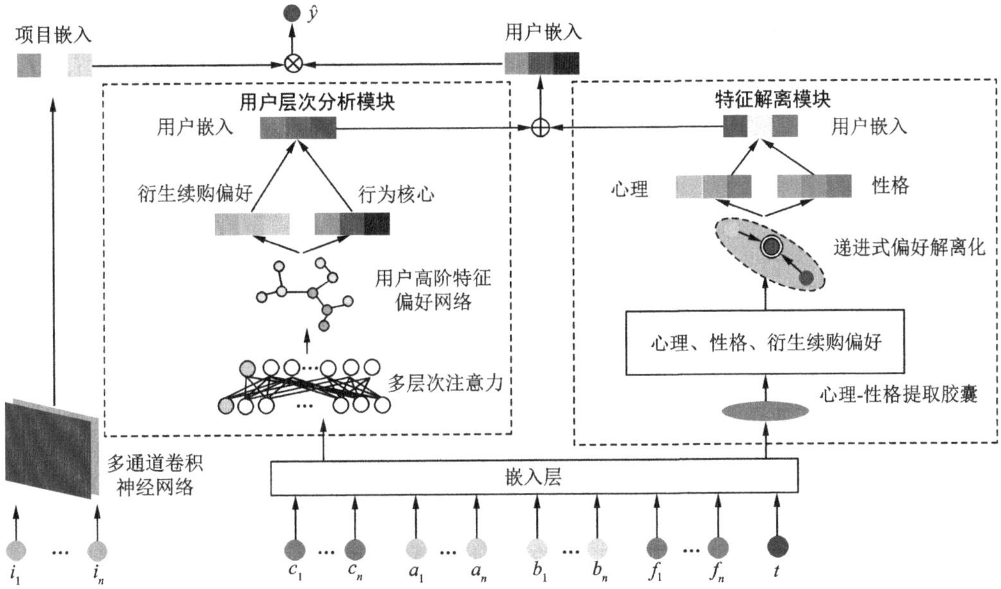

图 7-2　基于心理-性格提取胶囊和递进式解离化的推荐方法整体框架图（扫码查看彩色图片）

针对现有研究很少关注行为的微观因素，也几乎没有研究用户常态化行为模式偏差的问题，从两个角度出发，得到更高阶的用户表征。一方面，用户层次分析模块通过多层次注意力计算行为强度，构建用户高阶特征偏好网络，得到基于用户衍生续购偏好和行为核心的稳定特征。设计了一个多层次的注意力和用户高阶特征偏好网络，将用户行为区分为主行为和辅行为，获得基于微观行为和行为强度的用户表征，并基于用户更深层次的行为分析稳定的特征。另一方面，特征解离化模块通过心理-性格提取胶囊捕捉用户心理和性格特征。递进式解离化处理多个用户特征，根据用户的心理和性格推导出用户敏感特征。提出了基于滑动窗口网络的心理特征提取胶囊和递进式偏好解离化表示方法，从用户的多行为序列中提取用户的心理和性格表示，得到用户在特定场景中的敏感特征。最后，将基于稳定特征和基于敏感特征的用户表示相聚合，以获得更准确的用户表示和行为预测。

7.3.1　用户高阶特征偏好网络

将所有图片经过多通道 CNN 模块，判断出图像的“种类”“颜色”“风格”类别。A_m 被定义为项目 i 的第 m 个属性，$m \in [1, M]$，并且 M 是属性序列的总长度。项目节点表示 e^i 为

$$e^{i}=\sum_{m=1}^{M}\omega_{m}A_{m} \tag{7-1}$$

式中，ω_m 表示属性 A_m 的权重，通过 softmax 计算为

$$\omega_{m}=\frac{\exp A_{m}}{\sum_{m=1}^{M}\exp A_{m}} \tag{7-2}$$

利用多层次注意力挖掘多行为数据，构建用户高阶特征偏好网络，如图 7-3 所示。结构化形式呈现项目信息，共享用户资源，实现用户的细粒度表征，动态调整用户需求。将用户交互项目通过多层次注意力区分为主行为项目 i_3、i_5 和辅行为项目 i_1、i_2、i_4、i_6，挖掘用户强特征偏好 e_4、e_5、e_7、e_8和弱特征偏好 e_1、e_2、e_3、e_6。

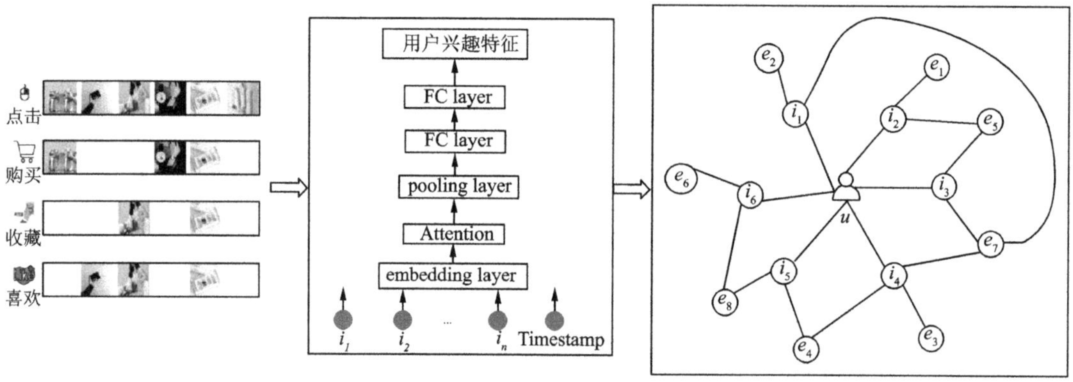

图 7-3　用户高阶特征偏好网络

在用户多行为细粒度序列知识图谱中，每个用户和每种行为都是一个节点，用户与行为之间的连接边表示用户执行了某种行为。通过分析用户在知识图谱中的行为数据，根据行为频率和行为权重定义用户的主行为和辅行为。主行为是能明显表示用户偏好的行为，而辅行为是相对表示用户偏好不明显的行为。例如，用户购买商品是主行为，而浏览商品和添加到购物车是辅行为。在构建用户高阶特征偏好网络时，利用图神经网络学习方法，从知识图谱中挖掘用户之间的行为模式和偏好关系，进行节点表征学习，通过节点之间的连接边来传递信息。

将用户多行为序列表示为$[B_1,B_2,\cdots,B_N]$，其中 N 为序列长度。通过嵌入层将其转化为多行为嵌入序列，表示为$[E_1,E_2,\cdots,E_N]$。点击、收藏、购买和喜欢的嵌入序列分别表示为 $E^c=[e_1^c,e_2^c,\cdots,e_{N_c}^c]$，$E^a=[e_1^a,e_2^a,\cdots,e_{N_a}^a]$，$E^b=[e_1^b,e_2^b,\cdots,e_{N_b}^b]$，$E^f=[e_1^f,e_2^f,\cdots,e_{N_f}^f]$，其中 N_c、N_a、N_b 和 N_f 分别为对应行为的数量。

将用户行为数据转换为知识图谱形式，作为下文挖掘用户信息，构建用户高阶特征偏好网络的基础：

$$G=(V,E,\Phi) \tag{7-3}$$

其中，G 表示知识图谱。V 表示节点集合，每个节点表示一个用户或一种行为。E 表示边集合，表示用户和行为之间的连接关系，每条边表示用户执行了某种行为。Φ 表示边

的权重，用来反映用户对行为的强弱程度，如购买次数、点击次数等。

依据行为频率、行为交互和行为权重计算行为强度，并基于行为强度将用户行为区分为主行为和辅行为，挖掘相对应的多维度强特征和弱特征，利用图像互信息最大化获取基于图表示的高阶信息。

定义 7-1 行为频率：用户对某种行为的执行次数或频率，如用户购买次数、浏览次数等。行为频率可以直接反映用户对某种行为的偏好程度。

定义 7-2 行为权重：不同的行为类型具有不同的重要性，比如购买行为通常比浏览行为更具有价值。在计算行为强度时，为不同的行为类型赋予不同的权重，以反映用户对某些行为的较高重视程度。

定义 7-3 用户敏感特征：不同用户的行为往往会有偏向，如倾向于收藏很多项目再购买，而一旦用户对某一项目 i_{sen} 没有进行收藏而是点击后直接购买，则项目 i_{sen} 即为用户的敏感项目。项目 i_{sen} 的特征 A_{sen} 为用户敏感特征。假设用户 u 在一段时间内对项目 i 进行的行为为 b_{ui}，其中 b_{ui} 可以是收藏、点击或购买等。而用户对项目 i 的行为偏向表示用户对项目 i 的行为倾向程度，取值范围为[0, 1]，其中 0 表示用户不倾向于该行为，1 表示用户非常倾向于该行为。

$$i_{sen}=\{i \mid b_{sen}=E^b \cap (\text{bias}_{sen} \ll \text{threshold} \cup \text{bias}_{sen} \gg \text{threshold})\} \tag{7-4}$$

式中，i_{sen} 是用户 u 的敏感项目，b_{sen} 为点击后购买行为，threshold 是一个设定的阈值，表示用户行为偏向的临界值，≪为远远小于，≫为远大于。当用户对某一项目 i 的行为偏向值 bias_{sen} 远远高于或低于该阈值时，则该项目 i 为用户 u 的敏感项目。同时，为了量化这些差异，设置一个相对差异百分比来表示行为偏向值与阈值的差异百分比，即 $\frac{|\text{bias}_{sen}-\text{threshold}|}{\text{threshold}}\times 100$。通过将绝对值差异表示为百分比，模型在处理不同用户和项目之间的相对变化时更具弹性。这种设计考虑到用户行为的动态性，允许模型在时间变化中更为健壮。量化方法为

$$\begin{cases} \ll, \text{bias}_{ui_{sen}} \leqslant \left(1-\dfrac{|\text{bias}_{sen}-\text{threshold}|}{\text{threshold}}\times 100\right)\times \text{threshold} \\ \gg, \text{bias}_{ui_{sen}} \leqslant \left(1+\dfrac{|\text{bias}_{sen}-\text{threshold}|}{\text{threshold}}\times 100\right)\times \text{threshold} \end{cases} \tag{7-5}$$

计算行为强度时，根据行为频率和行为权重指标，对每个用户在每种行为类型上进行相应的计算。例如，对于购买行为，可以统计每个用户购买商品的次数或累积购买金额。对于点击行为，可以统计每个用户的点击次数。对于交互行为，统计用户与其他实体的交互次数或频率。然后根据计算指标将行为强度进行归一化处理，得到用户在各种行为上的强度分值。分别用如下公式计算行为频率 α_{freq} 和行为权重 α_{weight}：

$$\alpha_{freq}=\frac{t_{freq}}{T_{freq}} \tag{7-6}$$

$$\alpha_{weight}=\alpha(k)\otimes i_{sen} \tag{7-7}$$

其中，t_{freq} 表示用户在特定行为类型上执行的次数，T_{freq} 表示观测的时间总长度。k 为

用户行为类型，α 表示关于用户行为类型 k 的非线性激活函数。

定义 7-4 主行为：用户交互序列中显式或相对更能反映用户偏好的行为，如购买、评论等行为。如用户对一个项目没有购买，则相对来说收藏即是主行为。

定义 7-5 辅行为：用户交互序列中相对反映用户偏好较弱的行为，如点击、浏览等行为。

首先，对每种行为类型，分别计算用户的行为强度。例如，计算用户在行为类型上的执行次数或频率作为该行为频率强度。将这些因素结合起来，综合考虑行为强度的指标，使用加权平均方法进行判定，即将行为频率和行为权重进行加权融合，得到一个综合的行为强度指标，划分主行为和辅行为。$\alpha \geqslant 0.5$ 即为主行为，$\alpha < 0.5$ 为辅行为。用户主行为交互项目特征为用户强特征 A_s，辅行为交互项目特征为用户弱特征 A_w。用户对项目的偏好强度则为项目特征的加权。

$$\alpha = \sum (\alpha_{\text{freq}} + \alpha_{\text{weight}}) \tag{7-8}$$

通过现有的 MCNN 方法挖掘项目的种类、颜色、风格特征作为用户主行为和辅行为相对应的多维度强弱特征引入用户高阶特征偏好网络，挖掘用户的项目特征维度偏好，获取图像信息进行维度迁移融合推荐。

多层次注意力机制针对用户多行为序列，挖掘用户的关联行为及候选偏好，提取行为之间的关联，捕获用户衍生续购偏好，促进用户的继续购买和消费行为。

从知识图谱中挖掘用户信息，构建用户高阶特征偏好网络，对于每个用户来说，项目和项目特征为网络节点，用户偏好强度为边的权重。

节点特征初始化表示为

$$\boldsymbol{\Psi} = \varphi_1, \varphi_2, \cdots, \varphi_n \tag{7-9}$$

式中，$\boldsymbol{\Psi}$ 表示节点特征矩阵，每一行表示一个节点的特征向量，如用户特征或行为特征。

利用图神经网络进行节点表征学习：

$$\boldsymbol{\Psi}' = f(X, \boldsymbol{A}, \boldsymbol{\Omega}) \tag{7-10}$$

式中，$\boldsymbol{\Psi}'$ 表示学习后的节点特征，即表示用户和行为的高阶特征偏好。f 是图神经网络的图注意力机制聚合函数，用于聚合邻居节点的信息。$\boldsymbol{A}$ 表示邻接矩阵，用来描述节点之间的连接关系，用于在聚合函数中传递信息。$\boldsymbol{\Omega}$ 表示网络的参数，需要通过训练学习得到。

定义 7-6 衍生续购偏好：用户在多次购买过程中选择相似的特征或互补的商品，这反映出他们对品牌、产品或特性的持续偏好。这种行为通常是因为他们对之前的购买经验有积极的感受，或者因为他们认为这个品牌或特性满足了他们的需求。

定义 7-7 行为核心：挖掘用户行为序列中能反映用户偏好关联的行为，例如，用户先收藏黄色双肩包，再购买黄色水杯，则收藏黄色双肩包行为和购买黄色水杯行为之间存在行为核心关系，黄色即为他们的行为核心常量。行为 b_1 和行为 b_2 之间的行为核心 q 及衍生续购偏好 d 由如下公式得到：

$$q = b_1 \oplus b_2 \tag{7-11}$$

$$d = \beta_1 e_1^q + \beta_2 e_2^q \tag{7-12}$$

式中，β_1 为行为 b_1 的权重，β_2 为行为 b_2 的权重。e_1^q 和 e_2^q 分别为行为 b_1 和行为 b_2 的嵌入表示。

根据与用户产生交互的项目强弱特征预测用户偏好，得到基于用户高阶特征偏好网络的用户嵌入表示 e^u 为

$$e^u = \left(\sum \gamma_s f_s + \sum \gamma_w f_w\right) e^i \otimes q \otimes d \tag{7-13}$$

式中，γ_s、γ_w 分别为强特征 f_s 和弱特征 f_w 的权重。

在购买完一些项目后的很长时间，用户对于这类商品及他的互补品是不需要的，再一味地根据用户短期偏好进行推荐往往是不准确的，甚至会引起用户反感，因此需要捕获用户暂时消失的偏好，暂时减少这一部分的推荐。

定义 7-8 暂时消失偏好： 对于用户已经购买的商品 v_i，如果用户在接下来的购买行为中没有进行点击或浏览，则商品 v_i 被认为是用户的暂时消失偏好，用户表示 $\{e_u^{(1)},\cdots,e_u^{(l)},\cdots,e_u^{(L)}\}$ 更新为

$$e_u^{(l)} = e^u - e^{v_i} \tag{7-14}$$

7.3.2　基于滑动窗口网络的心理-性格提取胶囊

构建基于滑动窗口网络的心理-性格提取胶囊，以识别基于用户行为序列级别的心理、性格表示。通过推断用户购买不同商品的心理、性格差异，多维度深层次表征用户购买心理、性格特征。总的来说，胶囊网络提取用户心理和性格的过程包括构建滑动窗口序列、设计滑动窗口网络、构建心理-性格特征提取胶囊、特征融合和性格提取。胶囊网络的设计使其能够捕捉特征之间的层次性和关联性，从而在特征提取任务中表现出色。

1. 用户购买心理

用户购买心理是指用户在商品需求层面产生的心理反应和态度，包括用户对商品的信息获取、权衡利弊、考虑因素、制定决策等一系列。将用户购买心理分为以下几类：

➢ **核心需求。** 用户的购买行为通常是由其对特定产品的实际需求驱动的。他们可能会关心产品是否满足其需求，并能够提供所需的功能和性能。比如用户会考虑产品是否适用于特定的场景，如健身等。如果用户购买商品大多适合运动场景，则推断用户当前处于运动阶段。用户也可能会对特定的季节性商品的需求更活跃，例如某个城市秋天比较短，一些用户对秋天的商品购买比较少，对夏冬商品的需求则更活跃。夏冬商品则被认为是该用户的核心需求。

➢ **欲望心理。** 用户的购买行为也可能受到心理上的愿望和追求的影响。用户与一些奢侈品、时尚产品等非必需品的交互往往属于欲望型。

➢ **价值感知心理。** 用户对商品的价格和其所认为的价值之间的平衡感知会影响购买决策。观察用户购买的商品类别、价格段以及频次，可以推断用户对商品的价值感知。价值感知心理往往与用户经济状况有关，例如，用户习惯购买价格昂贵的商品，但他在某次交互中，详细浏览并购买了某件价格相对较低，但性能、功能和用户评价等方面表现出色的产品，则认为本次购买心理符合价值感知类型。

➢ **情感心理。** 用户的情感对购买行为起着重要作用。积极的情感可能促使用户做出购

买决策，而消极的情感可能会阻碍购买。在一段时间内，用户进行了频繁点击而对商品的浏览时间都很短，则认为用户在这段时间有消极的情感；反之，如果用户点击频率高且浏览时间较长，则认为用户在这段时间内有积极的情感。

➢ **互惠心理**。社交因素对用户的购买心理也有影响。用户可能因为他人的推荐、社交媒体上的评价等因素而选择购买特定商品。例如，用户在电商平台上使用朋友推荐码购物，不仅享受折扣，还让朋友也获得奖励。

➢ **从众心理**：时尚敏感的消费者可能会关心当前的时尚趋势，包括服装、配饰和家居用品。例如，有一款口红受到社交媒体和时尚界的热烈推崇，用户可能被这个时尚趋势吸引，决定购买这款口红。

2. 用户购买性格

用户购买性格是指用户在购物过程中表现出来的个性化特征和偏好。每个用户都有独特的交互行为模式，反映了用户在购物过程中的行为、态度和购买决策方式。如图 7-4 所示，将用户购买性格分为以下几类：

➢ **果断型**。果断型的顾客行为果断、性格直爽，有自己的主见。在购买活动中，目标明确，行为积极主动，按照自己的意图购买商品。

➢ **冲动型**。情绪反应比较强烈，容易受各种因素的影响。买与不买的决定常会受到情绪支配，稍有不满意会在短时间内改变购买决定。

➢ **理智型**。在购买过程中喜欢通过周密思考，理智地权衡商品各种利弊因素，在未对商品各方面认识之前，不轻易购买。购买时间相对较长，挑选商品仔细。

彩色图片

图7-4

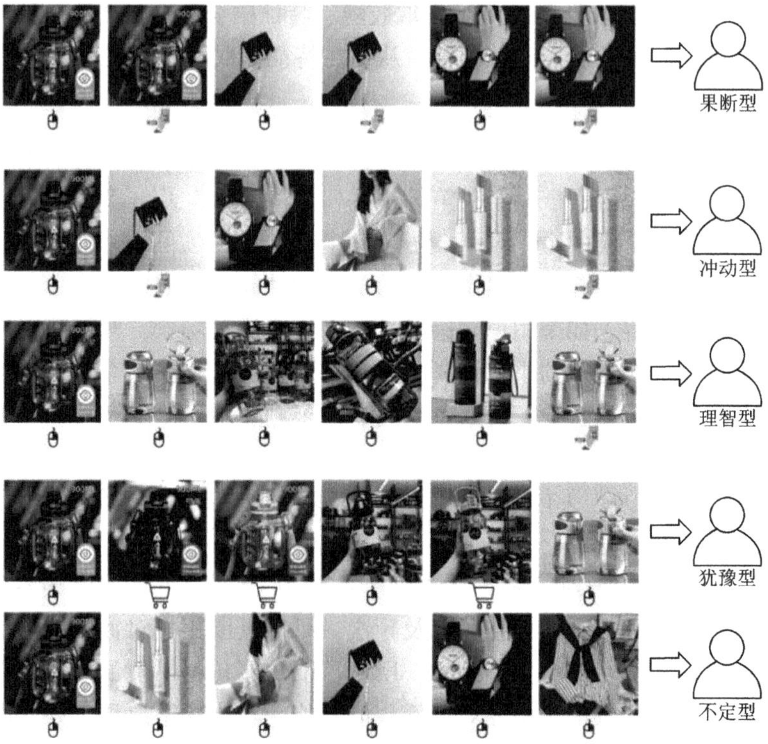

图 7-4　用交互性格提取示意图（扫码查看彩色图片）

➢ **犹豫型**。意志薄弱，没有想象中的商品，只要有好的商品就先收藏。在购买时往往会货比三家，花费大量时间进行比较。这种性格的用户往往容易产生决策疲劳。

➢ **不定型**。消费者购买意向未定、随意性较大的购买行为。持有这种购买态度的顾客，通常缺乏购买经验和相关的商品知识，从而购买心理不太稳定。

3. 滑动窗口

为了处理用户多行为序列数据，提出滑动窗口网络（sliding window network，SWN），通过在序列上使用滑动窗口的方式来提取局部用户心理和性格。具体来说，滑动窗口网络通过在输入序列上滑动固定大小的窗口，提取窗口内的局部特征，并使用这些局部特征来捕捉序列中的模式和结构。首先将用户的行为数据按照时间顺序组织成滑动窗口序列。滑动窗口是一个固定长度的时间窗口，沿着时间轴滑动，每次滑动一个时间步长，形成一个新的序列。滑动窗口序列可以捕捉用户在不同时间段的行为模式和偏好，为后续特征提取提供多个时间步长的信息。滑动窗口网络对序列中的不同部分进行不同程度的关注和建模，从而更好地理解序列数据。滑动窗口网络由两个主要组件组成：滑动窗口提取器和心理-性格特征融合器。

定义 7-9　滑动窗口提取器：滑动窗口提取器是一个 RNN 模块，用于提取滑动窗口内的局部特征，使用卷积层对窗口内的数据进行处理，从而捕捉局部特征。

定义 7-10　心理-性格特征融合器：心理-性格特征融合器用于将滑动窗口提取器提取的局部特征进行融合和整合，以产生序列级特征和全局表示。使用加权对局部特征进行汇总，以产生全局表示。

滑动窗口网络的设计涉及以下几个方面：

➢ **窗口大小**：窗口大小决定了模型能够捕获的局部上下文信息的范围。较小的窗口可以更细粒度地捕获局部特征，而较大的窗口可以提供更广阔的上下文。窗口大小的选择应根据任务的要求和序列数据的长度进行权衡。

➢ **窗口步长**：窗口步长决定了滑动窗口在序列上移动的距离。较小的步长可以提供更多的窗口重叠，增加特征的丰富性和多样性。较大的步长可以减少计算复杂度和模型的资源消耗。

x_t 表示 t 时刻输入层的输入向量，o_t 表示 t 时刻输入层的输出，s_t 表示神经元在 t 时刻的隐藏状态。o 表示输出，s 表示隐藏层，x 表示输入，$\boldsymbol{W}_1$、$\boldsymbol{W}_2$、$\boldsymbol{W}_3$ 分别表示权重矩阵。在滑动窗口网络中，$\boldsymbol{W}_1$、$\boldsymbol{W}_2$、$\boldsymbol{W}_3$ 权值共享，每个时刻都相同。在滑动窗口 t 时刻，进行下面的计算：

$$h_t = \boldsymbol{W}_2 x_t + \boldsymbol{W}_1 s_{t-1} \tag{7-15}$$

$$s_t = f(h_t) \tag{7-16}$$

$$o_t = g(\boldsymbol{W}_3 s_t) \tag{7-17}$$

滑动窗口大小设置为 50，窗口步长为 10。定义用户购买心理和购买性格。随着时间的推进，滑动窗口提取器依次提取当前窗口内的局部心理、性格特征，捕捉用户在短期内的购物心理和性格表现，从而更好地理解用户在购物过程中的态度、情感和行为。这样的局部特征提取可以帮助识别用户当前的购物动机、偏好以及个性化的购买意图。

将滑动窗口网络输出的用户购物心理和性格向量送入胶囊网络，作为胶囊网络的输入。胶囊网络将对这些特征表示进行进一步编码和提取，得到更加有意义和区分性的特征。构建心理和性格提取胶囊，提取用户行为序列级别的心理和性格表示。胶囊网络由多个胶囊单元组成，每个胶囊单元用于检测特定的用户特征。

心理-性格特征融合器使用加权对局部特征进行汇总，以产生全局表示作为胶囊网络的输入 $g \in \mathbb{R}^{|P|}$，其中 $|P|$ 是输入维度，T 为全局时间，$t \in T$，即

$$g = \sum_{t=1}^{T} o_t \tag{7-18}$$

每个胶囊单元首先计算预测向量，$o \in \mathbb{R}^{|Q|}$ 是胶囊单元的预测向量，softmax 函数用于归一化激活预测值 s，由以下公式计算：

$$s = \mathrm{softmax}(o) \cdot g \tag{7-19}$$

同样借鉴胶囊网络动态路由的思路，使用一个非线性的 squashing 函数将激活预测值 s 缩放到一个合适的范围，输出最终用户心理和性格特征的表示：

$$r = \mathrm{squash}(s) \cdot g \tag{7-20}$$

7.3.3 递进式偏好解离化

递进式偏好解离化旨在有序地解离用户特征表示，为推荐系统提供深度挖掘的能力。通过逐步分解用户特征，方法能够更全面、有序地捕捉用户的偏好和需求。关注特征的主次和侧重，即递进式偏好解离化首先聚焦于历史行为基础特征，再关注用户的主要心理、性格特征，逐步引入次要心理、性格特征，以有序解离用户特征，其中先解离的特征具有更高的优先级。该方法强调了在解离过程中对特征递进关注，以确保最终推荐能够更准确地贴合用户期望。这一有序的特征解离过程确保了先关注对用户影响最大的特征，精准地捕捉用户核心偏好。

将基于滑动窗口网络的心理-性格提取胶囊提取到的用户心理性格与用户多行为细粒度序列知识图谱结合，构建行为序列-购买心理性格二分知识图谱，由用户多行为细粒度序列知识图谱和用户心理-性格知识图谱两部分组成，其中两个知识图谱通过同一用户 u 进行连接，如图 7-5 所示。第一分支从二分知识图谱中挖掘点击序列 c_n 和加购序列 a_n 作为基础任务，后续依次引入购买序列 b_n、喜欢序列 f_n，预测第一分支结果；第二分支从二分知识图谱中挖掘购买心理序列 p_n 和购买性格序列 v_n 作为基础任务，预测对应结果，后续引入衍生续购偏好 d_n，预测第二分支结果。将两个分支结果相连，得到用户表示。$\{d_{n1},\cdots,d_{ni}\}$ 为挖掘到的用户 u_n 的衍生续购偏好节点，$\{v_{n1},\cdots,v_{nl}\}$ 为挖掘到的用户 u_n 的购买性格节点，$\{p_{n1},\cdots,p_{nj}\}$ 为挖掘到的用户 u_n 的购买心理节点。例如，通过用户高阶特征偏好网络挖掘到用户 u_1 的衍生续购偏好有白色法式连衣裙 d_{11}、黑色休闲风短袖 d_{12} 和白色 ins 风斜挎包 d_{13}。用户 u_1 喜欢购买奢侈品，则 u_1 的购买心理为欲望心埋 p_{11}；在交互过程中目标明确，购买行为更容易发生，则 u_1 的购买性格为果断型 v_{11}，则为用户 u_1 构建 d_{11}、d_{12}、d_{13}、p_{11} 和 v_{11} 节点。

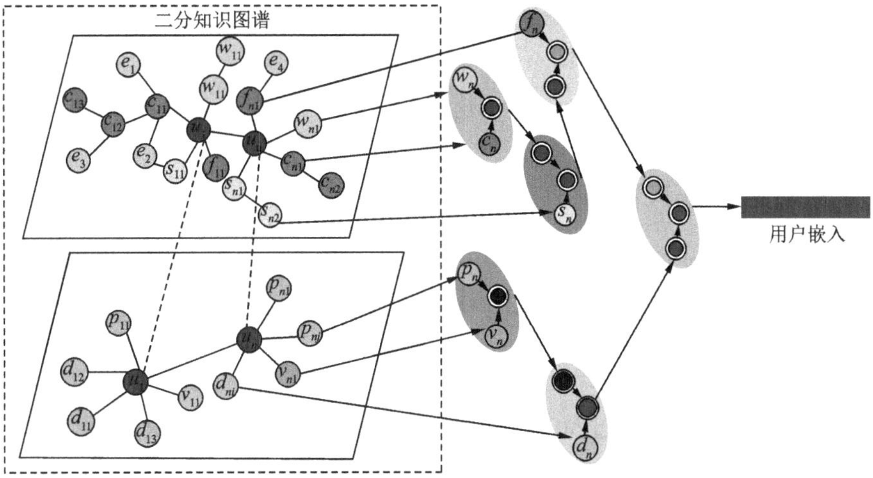

彩色图片

图7-5

图 7-5　递进式偏好解离化（扫码查看彩色图片）

递进式偏好解离化根据任务在个性化推荐中的重要性逐步引入新任务，使模型能够递进地学习更多的信息。分别将不同的任务依次递进地引入模型，同时在模型中增加一个分支，共享输入特征，输出对应的任务结果预测。在引入所有偏好因素的辅助任务后，模型变成一个多任务学习的结构，同时解离多个偏好因素。通过共同训练所有任务，模型逐渐学习到不同任务之间的相关性和特征表示。

递进式偏好解离化分为两个分支，具体来说，在第一分支，将点击和加购融合作为基础任务，基于用户表示和商品表示，预测相应结果 y_{basic1}，可以表示为

$$y_{\text{basic1}}=f_{\text{basic1}}(E^c,E^a,u,i) \tag{7-21}$$

式中，f_{basic1}表示用于预测点击和加购结果的非线性激活函数。

将购买任务引入结果 y_{basic1}，预测相应结果 y_b，表示为

$$y_b=f_b(y_{\text{basic1}},E^b,u,i) \tag{7-22}$$

式中，f_b 表示用于预测购买行为结果的非线性激活函数。

将喜欢任务引入结果 y_b，预测相应结果，得到第一分支任务的解离化结果 y_1，表示为

$$y_1=f_f(y_b,E^f,u,i) \tag{7-23}$$

式中，f_f 表示用于预测喜欢行为结果的非线性激活函数。

同理，在第二分支，将购买心理和性格融合表示 r 作为基础任务，基于用户表示和商品表示，预测相应的结果 y_{basic2}，表示为

$$y_{\text{basic2}}=f_{\text{basic2}}(r,u,i) \tag{7-24}$$

式中，f_{basic2}表示用于预测购买心理和性格结果的非线性激活函数。

将衍生续购偏好 d 引入结果 y_{basic2}，预测相应结果，得到第二分支任务的解离化结果 y_2，表示为

$$y_2=f_d(y_{\text{basic2}},d,u,i) \tag{7-25}$$

式中，f_d 表示用于预测衍生续购偏好结果的非线性激活函数。

通过将各任务的分支连接起来形成一个多任务学习的结构，共享输入特征并输出对应用户表示$\{e_u^{(1)},\cdots,e_u^{(k)},\cdots,e_u^{(K)}\}$，即

$$e_u^{(k)}=y_1\oplus y_2 \tag{7-26}$$

7.3.4 评分预测 Top-N 推荐

将通过用户高阶特征偏好网络得到的用户表示$\{e_u^{(1)},\cdots,e_u^{(l)},\cdots,e_u^{(L)}\}$和通过递进式偏好解离化得到的用户表示$\{e_u^{(1)},\cdots,e_u^{(k)},\cdots,e_u^{(K)}\}$进行聚合，得到最终用户表示$e^u$，即

$$e^u=e_u^{(l)}\oplus e_u^{(k)} \tag{7-27}$$

最后，将用户表示e^u和通过 MCNN 提取到的项目表示e^i进行内积操作，得到最终预测评分，即

$$\hat{y}(u,i)=e^u\otimes e^i \tag{7-28}$$

根据预测评分，选择评分最高的 Top-N 项目进行推荐。

7.4 实验与分析

本节进行了一系列实验，以评估推荐性能，证明 PCC-PD 与其他性能良好的方法相比具有更优的性能。在三个真实的数据集上进行了实验，并与其他模型的性能进行比较。

1. 实验设计

1）数据集

采用的数据集分别为天猫推荐数据集 Rec-Tmall、UserBehavior 和 CIKM2019 EComm AI。Rec-Tmall 是由天猫提供的一个推荐公开数据集，记录了天猫 8 133 507 个商品的属性和 1 333 729 303 行用户-项目交互的记录。该数据集包含商品属性、用户行为和评论数据三个数据集文件，商品属性包括项目 ID、项目标题、图像 url 链接、商品种类、品牌 ID 和卖家 ID；用户行为包括点击、收藏、加购物车、购买四种类型。仅使用商品属性和用户行为数据集进行实验，包括用户 ID、项目 ID、用户行为等。利用了用户多行为序列中的“点击”“添加到购物车”“购买”“喜爱”行为。然而，Rec 天猫数据集不包含喜爱的行为，数据集明确指出“行为类型，如‘点击’‘收集’‘加购’‘支付’等字符串，分别代表‘点击’‘添加到喜欢’‘加入购物车’‘购买’”。因此，使用该数据集中的“收集”行为作为“收藏”行为的近似替代。UserBehavior 是阿里巴巴提供的一个淘宝用户行为数据集，包含了 2017 年 11 月 25 日至 2017 年 12 月 3 日之间，约一百万随机用户的所有行为（行为包括点击、购买、加购、喜欢），数据集由用户 ID、商品 ID、商品类目 ID、行为类型和时间戳组成。CIKM2019 EComm AI 数据集由 CIKM2019 EComm AI 挑战提供，每个实例都由一个项目、一个用户和一个行为标签（如单击、添加到购物车、购买、喜欢）组成。该数据集包括 23 032 个用户、25 054 个项目、100 529 个购买行为、38 347 个购物车添加行为和 276 750 个点击行为。

2）实验方案

对于 Rec-Tmall 数据集，利用项目的 url 链接爬取原始图像 11 356 张。对于 UserBehavior 和 CIKM2019 EComm AI 数据集，将迁移学习与生成模型相结合。具体来说，首先选择生成对抗网络作为预训练的生成模型，以利用其生成相似特征的图像能力。同时，应用迁移学习的思想，在包含真实图像信息的大规模数据集上预训练一个卷积神经网络作为图像特征提取器，用于提取图像的高级特征。接下来，将预训练的生成模型和特征提取器进行结合。通过连接它们的中间层，使生成模型生成的图像在特征空间上与真实图像更加接近。分别包含图片 13 075 和 9 748 张。对数据集进行进一步处理，以保证数据的质量和一致性，创建适合的数据集。参考之前的数据集设置，这里删除了交互次数小于 5 的用户和交互次数小于 10 的项目，以确保每个用户和项目的有效性。为了保证数据代表性的同时提高计算效率，在实验中随机选取用户大小为 1 000 的子数据集，见表 7-1。由于用户的行为序列长度因用户活跃程度和数据采集时间而异，为了统一序列的长度，对序列进行截断或填充。原始数据随机分成训练集（80%）和测试集（20%），运行 5 次，并将 5 次实验结果的平均值作为最终的评测值。

表 7-1　处理后的数据集描述

数据集	用　户	项　目	交　互
Rec-Tmall	1 000	11 356	439 337
UserBehavior	1 000	13 075	570 264
CIKM2019 EComm AI	1 000	9 748	426 670

最后，为了体现 PCC-PD 方法性能与其他方法的差别，将 PCC-PD 方法与以下基线进行比较，包括 GRU4Rec、Caser、SASRec、R-GCN、NMTR、MBGCN 和 CHCF：

（1）**GRU4Rec** 是一种常用于序列型推荐任务的简单而有效的推荐算法。它基于循环神经网络中的门控循环单元构建，旨在处理用户历史行为序列并预测用户未来的行为。

（2）**Caser** 是一种用于推荐系统的经典算法，基于卷积神经网络和序列建模的思想，专门用于处理用户历史行为序列并进行个性化推荐。通过多尺度卷积操作，Caser5 能够捕捉序列中不同位置的特征，有效地处理短期和长期依赖关系。

（3）**SASRec** 是一种基于自注意力机制的序列推荐算法，专门用于处理用户历史行为序列并进行个性化推荐。通过自注意力机制，SASRec 能够捕捉序列数据中的全局依赖关系，同时保持序列中项目的顺序信息。

（4）**R-GCN** 通过引入关系特征来更好地建模不同类型节点之间的关系，并通过自定义的图卷积操作充分利用关系信息，能够适应多行为推荐的任务。

（5）**NMTR** 考虑了不同类型行为之间的级联关系，在多任务学习框架的基础上进行了联合优化，将对一种行为的优化视为一项任务，以级联方式关联每个行为类型的模型预测。

（6）**MBGCN** 考虑用户和项目节点以及多种类型的边，将相邻的项目节点的嵌入传播到用户节点，捕捉不同行为的强度差异。通过项目到项目的传播层，捕捉各种行为的项目相似性的不同协同过滤语义。

（7）**GHCF** 将用户和项目表示为异构图中的节点，不同类型的边表示不同的用户-项目交互行为。通过图神经网络学习节点嵌入，捕捉不同行为的强度差异，全面建模用户兴趣和项目特征。

PCC-PD 与基线方法的比较见表 7-2。√表示方法考虑了该因素，×表示未考虑。为了公平比较，为每个方法设置了初始超参数，如隐藏层维度、学习率、正则化参数等，这些超参数在实验中保持不变。对于所有基线，基于推荐性能的结果保持超参数的最佳设置。具体而言，对于 GRU4Rec，设置隐藏层维度 = 100，学习率 = 0.001，顺序长度 = 10。对于 Caser，设置嵌入维度 = 64，卷积核数量 = 16，池化大小 = 2。对于 SASRec，设置隐藏层维度 = 128，学习率 = 0.001，自注意力头数 = 4。对于 R-GCN，设置隐藏层维度 = 64，学习率 = 0.01，正则化参数 = 0.001。对于 NMTR，设置隐藏层维度 = 100，学习率 = 0.001，注意力头数 = 2。对于 MBGCN，设置隐藏层维度 = 64，学习率 = 0.01，正则化参数 = 0.001。对于 CHCF，设置隐藏层维度 = 128，学习率 = 0.001，邻域大小 = 16。通过随机梯度下降算法，反向传播更新模型参数以最小化总体损失函数。在模型训练过程中，采用了负采样技术，使用训练集进行模型训练，并使用测试集对超参数进行调优，以获得最佳性能。

表 7-2 PCC-PD 与基线方法的比较

方 法	时序关联	行为强度	行为模式偏离	心理性格
GRU4Rec	√	×	×	×
Caser	√	√	√	×
SASRec	√	×	×	×
R-GCN	×	×	×	×
NMTR	√	×	×	×
MBGCN	×	√	×	×
GHCF	×	√	×	×
PCC-PD	√	√	√	√

实验选择 F1 值、NDCG@10 和 AUC 作为评价指标。

2. 实验结果及分析

1）PCC-PD 与基线方法的性能对比

下面对 PCC-PD 与多个基线方法进行全面的性能比较与讨论，以评估 PCC-PD 方法在推荐系统任务中的有效性和优越性。在数据集上的性能比较见表 7-3、表 7-4、表 7-5。

表 7-3 Rec-Tmall 数据集上方法性能比较

数据集	方 法	Precision	Recall	F1	NDCG	AUC
Rec-Tmall	GRU4Rec	0.218 4	0.227 5	0.222 9	0.237 5	0.418 4
	Caser	0.246 5	0.313 6	0.276 0	0.265 5	0.509 3
	SASRec	0.369 6	0.390 0	0.379 5	0.399 7	0.565 7
	R-GCN	0.412 2	0.479 7	0.443 4	0.558 5	0.617 4
	NMTR	0.647 3	0.612 8	0.629 6	0.604 3	0.849 4

续上表

数据集	方　法	Precision	Recall	F1	NDCG	AUC
Rec-Tmall	MBGCN	0. 721 1	0. 744 2	0. 732 5	0. 661 8	0. 851 1
	GHCF	0. 798 8	0. 793 1	0. 795 9	0. 727 5	0. 901 3
	PCC-PD	**0. 854 4**	**0. 803 0**	**0. 827 9**	**0. 785 3**	**0. 921 7**

表 7-4　UserBehavior 数据集上方法性能比较

数据集	方　法	Precision	Recall	F1	NDCG	AUC
UserBehavior	GRU4Rec	0. 255 9	0. 268 9	0. 262 2	0. 262 4	0. 331 3
	Caser	0. 314 4	0. 281 4	0. 297 0	0. 368 7	0. 423 4
	SASRec	0. 411 7	0. 471 8	0. 439 7	0. 457 8	0. 508 7
	R-GCN	0. 630 4	0. 652 7	0. 641 4	0. 564 4	0. 624 6
	NMTR	0. 759 7	0. 815 9	0. 786 8	0. 621 4	0. 685 6
	MBGCN	0. 772 6	0. 756 2	0. 764 3	0. 681 7	0. 780 3
	GHCF	0. 841 4	0. 857 6	0. 849 4	0. 726 8	0. 866 4
	PCC-PD	**0. 923 5**	**0. 877 9**	**0. 900 1**	**0. 760 3**	**0. 899 6**

表 7-5　CIKM2019 EComm AI 数据集上方法性能比较

数据集	方　法	Precision	Recall	F1	NDCG	AUC
CIKM2019 EComm AI	GRU4Rec	0. 240 6	0. 270 8	0. 254 8	0. 339 6	0. 419 3
	Caser	0. 339 7	0. 376 8	0. 357 3	0. 419 5	0. 434 2
	SASRec	0. 454 3	0. 518 1	0. 484 1	0. 453 9	0. 557 2
	R-GCN	0. 523 3	0. 608 5	0. 662 7	0. 524 8	0. 650 7
	NMTR	0. 693 4	0. 644 6	0. 688 1	0. 647 1	0. 688 7
	MBGCN	0. 784 1	0. 707 4	0. 743 8	0. 683 7	0. 736 9
	GHCF	0. 837 4	0. 835 9	0. 836 6	0. 693 3	0. 831 9
	PCC-PD	**0. 890 2**	**0. 859 3**	**0. 874 8**	**0. 756 4**	**0. 864 3**

PCC-PD 为电商多行为推荐提供准确和多样的推荐列表。从表中结果可以看出，与基线模型相比，PCC-PD 在所有评价指标上都取得了最佳的性能。具体而言，在 Rec-Tmall 数据集上，PCC-PD 在 F1、NDCG@ 10 和 AUC 方面分别比次优的 GHCF 模型高出 4%、8% 和 2. 3%。这表明 PCC-PD 在推荐准确性、排名质量和整体预测性能方面都有明显的提升。在 UserBehavior 数据集上，PCC-PD 在 F1、NDCG@ 10 和 AUC 方面分别比 GHCF 模型高出 6%、4. 6% 和 3. 8%。这说明 PCC-PD 在不同数据集上都能保持一致的优势，具有更好的泛化性能。在 CIKM2019 EComm AI 数据集上，PCC-PD 在 F1、NDCG@ 10 和 AUC 方面分别比 GHCF 模型高出 4. 6%、9. 1% 和 3. 9%。这表明 PCC-PD 在不同电商领域数据集上都能取得显著的改进。具体讨论和分析如下：

（1）PCC-PD 相较于基线模型 GHCF 在所有数据集上均表现出明显的推荐准确度提升。以 F1 值为例，发现 PCC-PD 在 Rec-Tmall 数据集上平均提高了 4.1%，在 UserBehavior 数据集上提高了 6.1%，以及在 CIKM2019 EComm AI 数据集上提高了 4.6%。这表明 PCC-PD 在不同数据集上都能显著地提升推荐结果的准确性。推荐准确度的提升可以归因于 PCC-PD 对用户高阶特征偏好网络的建模，通过构建用户高阶特征偏好网络和设计心理-性格提取胶囊，更全面地理解用户的购物行为和偏好，从而提供更精准的推荐。

（2）另一方面，PCC-PD 还显著提高了推荐结果的排序质量，即 NDCG@ 10 指标。在 Rec-Tmall 数据集上，NDCG@ 10 提升了 8%；在 UserBehavior 数据集上提升了 4.6%；在 CIKM2019 EComm AI 数据集上提升了 9.1%。这表明 PCC-PD 能够更好地对推荐结果进行排序，使得用户更容易找到感兴趣的商品。排序质量的改进可以归因于 PCC-PD 中引入的递进式偏好解离化方法，通过多任务同时解离多个偏好因素，获取不同行为之间显著的用户行为特征，进一步提高了排序的准确性。

（3）通过在不同数据集上的实验，验证了 PCC-PD 的泛化性能。实验结果表明，PCC-PD 在 Rec-Tmall、UserBehavior 和 CIKM2019 EComm AI 三个数据集上都保持了稳定的优势。这意味着 PCC-PD 能够适用于不同电商领域和用户行为模式，具备较好的推广能力。这一结果使得 PCC-PD 在实际应用中更具有吸引力，因为它不仅在单一数据集上表现优异，而且在不同场景和行为样本上也表现出了稳定的性能。

PCC-PD 的第一个关键优势是构建了用户高阶特征偏好网络。通过关注用户微观行为，能够更细致地捕捉用户的行为模式和偏好。而 R-GCN 模型在这方面较为简化，可能会忽略一些重要的行为细节。第二个关键优势是 PCC-PD 的心理-性格提取胶囊设计。通过滑动窗口网络处理序列数据，构建了购买心理和购买性格提取胶囊，以推断用户购买不同商品的心理和性格差异。这种多维度深层次的用户行为特征提取使得 PCC-PD 能够更全面地了解用户的购物行为和偏好，从而为用户提供更加个性化的推荐。相比之下，基线方法在购物心理和性格方面没有明确建模，可能无法充分理解用户的购物心理和偏好特征。第三个关键优势是 PCC-PD 采用了递进式偏好解离化方法。这种方法融合了点击和加购行为，并引入了多个辅助任务，如购买、喜欢、购买心理和性格等。通过多任务同时解离多个偏好因素，PCC-PD 能够获取不同行为之间显著的用户行为特征，提高推荐结果的排序质量。相比之下，基线方法在偏好解离化方面较为简单，可能无法充分捕捉用户行为特征之间的复杂关系。

GHCF 只考虑行为强度，而 Caser 考虑了时间相关性、行为密度和行为模式偏差。但是 GHCF 的性能优于 Caser。这是因为 GHCF 专注于多关系推荐问题，利用图卷积网络和高效非抽样优化处理高跳异构用户-项目交互。因此在处理复杂用户-项目关系时表现更为强大。而 Caser 则主要解决顺序推荐问题，通过卷积滤波器学习局部特征，以统一捕捉通用偏好和顺序模式。MBGCN 和 GHCF 同样考虑了行为强度，而 GHCF 性能优于 MBGCN。这是因为 MBGCN 通过用户项目传播层学习行为强度和捕获行为语义。而 GHCF 专注于处理高跳异构用户-项目交互，通过图卷积网络的联合嵌入更全面地捕捉用户和项目之间的多维关系。GRU4Rec、SASRec 和 NMTR 同样只考虑时序关联，而 NMTR

的性能优于 SASRec，SASRec 优于 GRU4Rec。NMTR 相对于 SASRec 的性能优势来自对多类型行为数据的综合利用，特别关注不同类型行为之间的级联关系。SASRec 相对于 GRU4Rec 的性能优势源于引入自注意机制，使得模型能够在每个时间步中更灵活地捕捉用户的长期语义和与当前推荐相关的项目。R-GCN 没有考虑这些因素，GRU4Rec、Caser 和 SASRe 考虑的因素更多，但 R-GCN 性能优于其他的。这是因为 R-GCN 专门为处理知识库中的高度多关系数据而设计，能够更有效地适应知识图谱的特征。GRU4Rec、Caser 和 SASRec 更侧重于顺序建模或单一类型用户行为数据的推荐任务，对复杂多关系的适应性相对较弱。

2）实验参数选取

分别尝试了不同的隐藏层大小，因为较小的隐藏层可能无法捕获复杂的模式，而较大的隐藏层容易过拟合，所以过小或过大的隐藏层都会导致性能下降。从单层 SWN 开始训练，逐渐增加隐藏层数，找到性能最好的隐藏层设置。结果如图 7-6 所示。

由于学习率直接影响模型的收敛速度和性能，所以分别尝试了不同学习率策略，学习率太小可能导致收敛缓慢，而学习率太大可能导致优化过程不稳定甚至无法收敛。在训练过程中逐渐减小学习率，使得模型在接近收敛时更加稳定，结果如图 7-7 所示。

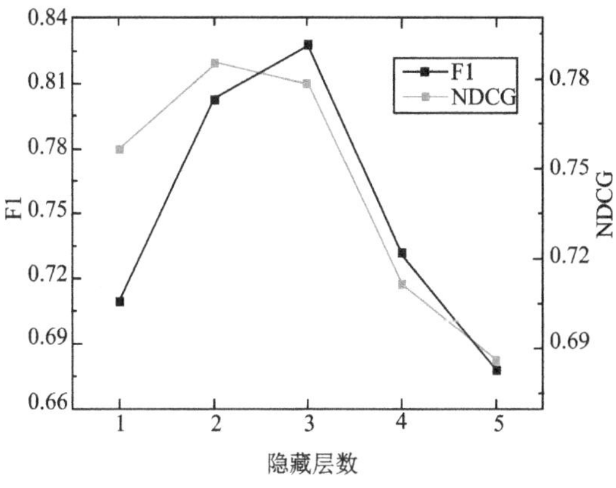

图 7-6 不同隐藏层数的影响

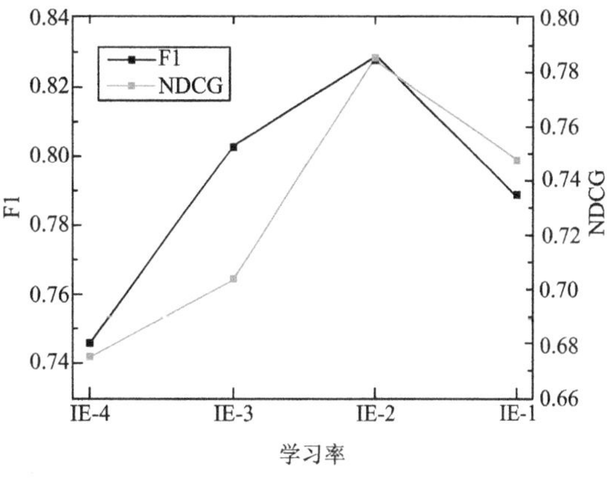

图 7-7 不同学习率的影响

批次直接影响模型的训练速度和性能，较大的批次通常可以提高训练速度，而较小的批次可以使模型更稳定，避免模型陷入局部最优解或者震荡现象。因此使用小批量随机搜索方法来寻找最优的批次。结果如图 7-8 所示。

训练轮次（epoch）数量在深度学习中对模型性能和训练效果产生显著影响。较少的 epoch 可能导致模型未能充分学习训练数据的特征和模式，从而导致欠拟合，而较多的 epoch 可能引起过拟合。随着 epoch 的增加，模型的训练和验证误差逐渐收敛，但进展可能变得缓慢。适当的 epoch 数有助于提升模型的泛化能力。为了探索方法在训练过程中的学习行为，设计了 epoch 超参数实验，结果如图 7-9 所示。

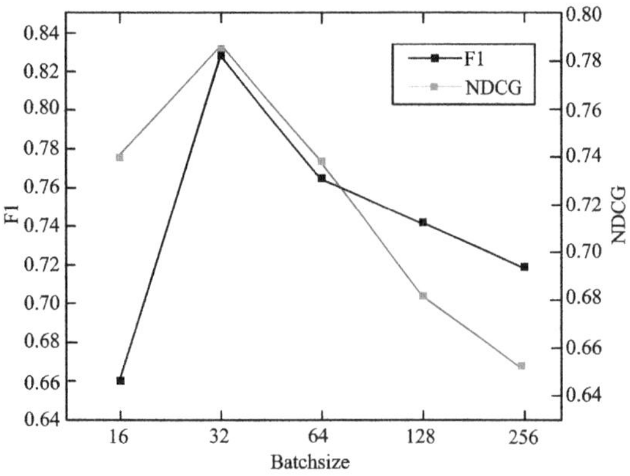

图 7-8　不同批次的影响

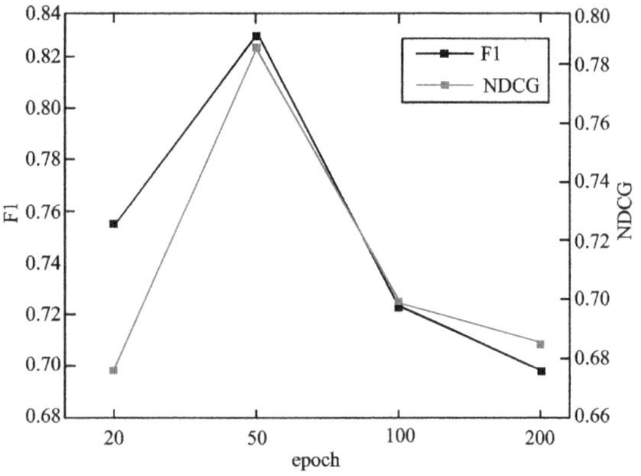

图 7-9　不同 epoch 的影响

通过实验结果可以得出在隐藏层为 3，学习率为 0.01，批次为 32 时取得了最优性能的结论。图 7-6 实验结果表明，在隐藏层为 3 时模型取得最优性能。这表明在当前任务中，隐藏层数为 3 可以更好地捕捉数据中的复杂特征和模式，更浅的模型不足以提取更高层次的特征。然而，深层模型也需要更多的参数和计算资源，可能导致更长的训练时间。在隐藏层数为 3 时，模型具有适当的复杂性，使得模型在任务上表现出色。由图 7-7 可知，学习率为 0.01 时取得最优性能。学习率的选择通常需要在不同值之间进行权衡。当学习率为 0.01 时，模型更容易在合理的训练时间内收敛到较好的结果。图 7-8 表明在批次为 32 时取得最优性能。这意味着较小的批量大小不足以提供稳定的梯度估计，而较大的批量大小可能导致模型陷入局部最优。在批量大小为 32 时，在平衡收敛速度和泛化性能方面取得了最佳结果。由图 7-9 可以发现，当 epoch 为 50 时模型取得最优性能。这表明，在模型训练的早期，性能迅速提升，但在经过一定的 epoch 后，性能提升可能会减缓，甚至趋于稳定。epoch 为 50 是模型在训练集上充分学习特征并在验证集上泛化的平衡点。

3）消融实验

由于 Rec-Tmall 数据集规模大，能够提供充足的样本和信息，为了进一步验证提出框架中各主要组成部分的有效性，在该数据集上进行了消融实验。为了验证用户高阶特征偏好网络（HFN）的有效性，将删除 HFN 的模型定义为 PCC-PD-HFN。其中，PCC-PD 表示所提出的方法，“-HFN”表示去除 HFN。同样，还设计了消融实验来评估另外两个因素的作用，这两个因素是心理-特征提取胶囊（PCC）和递进式偏好解离化（PD）因素。这两个模型分别被定义为 PCC-PD-PCC 和 PCC-PD-PD。实验结果见表 7-6。

表 7-6　模块消融实验性能比较

方　法	F1	NDCG@10	AUC
PCC-PD-HFN	0.789 4	0.723 9	0.890 9
PCC-PD-PCC	0.816 2	0.761 8	0.916 8
PCC-PD-PD	0.791 6	0.707 4	0.880 1
PCC-PD	0.827 9	0.785 3	0.921 7

从表 7-6 可以观察到，实验 PCC-PD-HFN 中移除了用户高阶特征偏好网络，导致 F1 值、NDCG@10 和 AUC 都有下降，说明用户高阶特征偏好网络对性能有正向贡献。实验 PCC-PD-PCC 中移除了心理-性格提取胶囊，F1 值和 NDCG@10 有轻微下降，AUC 有较小下降，说明心理-性格提取胶囊在模型中对性能有一定影响。实验 PCC-PD-PD 中移除了递进式偏好解离化，F1 值、NDCG@10 和 AUC 都明显下降，表明递进式偏好解离化对性能的提升有重要作用。

通过消融实验，验证了推荐框架中各主要组成部分的有效性。实验结果表明，用户高阶特征偏好网络、心理-性格提取胶囊和递进式偏好解离化是推荐性能的三大关键因素。用户高阶特征偏好网络对于提高推荐结果的准确性和召回率至关重要；心理-性格提取胶囊在推荐列表的优化和用户兴趣建模方面有一定作用；而递进式偏好解离化对于用户历史行为的建模和推荐列表的排序质量至关重要。这些实验结果将为进一步优化推荐框架提供重要参考。

本章提出了一种基于心理-性格提取胶囊和递进式解离化的推荐方法，旨在探讨从用户多行为序列中提取用户心理和性格特征的重要性，并强调用户心理对用户购买决策的主导性作用。通过构建用户高阶特征偏好网络，更准确地捕捉用户的多样兴趣和偏好强度。通过设计滑动窗口网络处理序列数据，成功实现了对用户购物行为的心理和性格特征的提取，并通过递进式偏好解离化方法，融合多种行为来获取更多用户行为特征。通过实验在三个真实数据集上的对比分析，PCC-PD 在 F1、NDCG@10 和 AUC 等评价指标上相较于基线方法取得了显著的提升。这表明 PCC-PD 能够更准确地挖掘用户多行为序列中的潜在用户表征关系，并有效地验证了在推荐系统中，相比于偏好和性格，用户心理对用户购买决策起主导性作用。

第8章 基于时间信号的行为转化预测推荐方法

本章关注用户的高阶偏好和行为转化，提出一种基于时间敏感的用户行为转化预测和多视角强化学习推荐方法（time-sensitive behavior conversion prediction and multi-view reinforcement learning based recommendation approach，TCMR），旨在通过分析用户兴趣漂移、需求时机和用户行为稳定性实现更准确和自适应的推荐。根据用户多行为序列数据，全面、深层次挖掘隐含信息，利用时间信号高度协同的超行为空间模型建模用户行为的复杂关系挖掘用户行为隐含的多维变化。并通过基于三类子网（核心子网、相似性子网和行为子网）的子网协同用户常态行为模式预测表示方法完成用户常态行为转化预测。为了建模用户行为轨迹，构建多层级用户行为轨迹树采用跨分支和跨层级的注意力机制挖掘与用户偏好相关的行为偏差，预测用户偏离态行为转化率。通过对常态和偏离态行为模式的结合与转化，完成用户兴趣漂移和需求时机的预测。结合行为模式的稳定性分析，最终预测用户的行为转化率。通过多元视角的异步强化学习策略，优化奖励机制，同时采用了多时间戳异步机制，以适应用户行为的时间动态性。

8.1 时间敏感行为转化相关研究

8.1.1 用户兴趣漂移和用户行为

用户兴趣漂移的现象可以追溯到多种因素。个人经历、生活阶段和社交圈子都会影响用户的兴趣。例如，年轻人可能在某个时间段对电子游戏产生浓厚兴趣，而随着年龄的增长，可能会逐渐将注意力转向职业发展或家庭生活。此外，时事热点和新闻事件也可以暂时性地改变用户的兴趣，比如一场重大体育赛事或直播可能会引起用户对相关内容的短期兴趣。及时捕捉和适应用户动态兴趣漂移，可以使推荐系统对用户兴趣中保持高度敏感，以确保用户获得相关性更高的个性化推荐。

分析用户常态行为转化可以帮助电商平台深入了解用户的行为模式和购买偏好。如图 8-1 所示，用户 u_a 历史行为中习惯于频繁点击多个商品后再进行购买。如果某次交互过程中，用户 u_a 仍然采用该模式，则本次交互行为被认为是用户常态行为。通过满足用户的购物需求和偏好，电商平台可以提高用户的购物体验和满意度，增强用户的忠诚度。例如，如果一个用户经常在某个电商平台购买衣服，并且对购买的产品感到满意，那么该用户可能会更加倾向于在该平台购物，甚至成为忠实的重复购买用户。

在推荐领域，用户行为分析是提高用户体验的重要组成部分。一些对推荐系统的研究侧重于用户的常态行为转化，例如用户是否习惯于在购买前查看大量评论，或更喜欢在购买前多次比较各种产品。然而，由于各种因素，用户的行为转化可能会偏离之前的常态行为或预期行为模式，这种现象称为行为偏差。从用户行为偏差中分析用户的偏好和行为模式，有利于识别出潜在的兴趣漂移、动机变化和需求时机，从而促进用户行为转化。如图 8-1 所示，用户 u_b 在过去习惯于对很多项目频繁点击比较后再进行购买。然而对于项目 i，用户 u_b 毫不犹豫地立即进行购买。这种行为偏差说明用户 u_b 目前对项目 i 具有强烈兴趣或即时需求。即用户在遇到特定项目时，由于强烈的兴趣或迫切的需要而迅速做出购买或决策。如果推荐系统能及时捕捉用户的行为偏差数据，可帮助平台更好地理解用户的新需求，实时调整推荐策略。

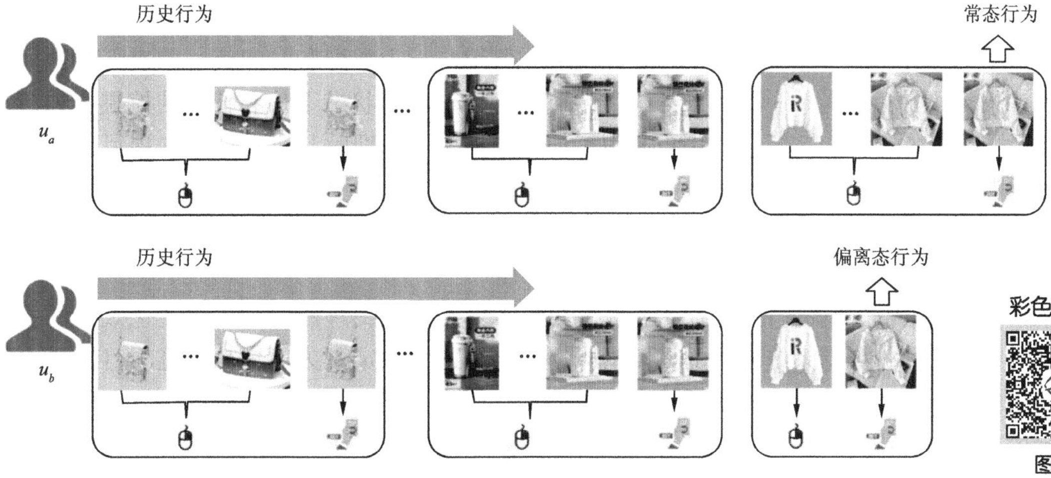

彩色图片

图8-1

图 8-1　用户常态/偏离态行为示例（扫码查看彩色图片）

用户的购物决策过程往往受到多种因素的影响，其中时间因素尤为关键。具体而言，用户喜欢的东西不一定会现在购买，可能会等待更好的价格、时机或更全面的产品信息。例如，一位时尚爱好者发现了一件心仪的服装，但由于价格偏高或季节尚未到来，选择暂时观望。同样地，用户现在买的东西也不一定是他们真正喜欢的，有时可能是因为时间紧迫，没有足够的时间进行精挑细选。例如，一位忙碌的上班族可能在工作日的午休时间匆忙下单，购买的商品并非最优选择，而是出于时间限制做出的妥协。因此，研究时间协同下的用户行为转化率显得尤为重要。通过深入分析用户在不同时间尺度下的行为模式，可以更准确地把握用户的购物心理和行为模式，通过提高转化率来帮助匹配用户的兴趣和需求。

8.1.2　时间依赖的推荐研究

为了解决时间信号依赖的用户行为建模，一些研究主要从用户行为序列进行多尺度建模或多任务学习来动态跟踪用户协同时间的不同行为变化。

例如，有研究提出将行为依赖融入多任务学习的个性化推荐模型，将行为之间复杂的依赖关系分为特征相关性和时序相关性。也有研究提出探索不同类型行为之间不断随时间演变的相关性，共同捕获动态短期和长期用户-项目交互模式。有学者提出一种分层的基于时间的定向注意力网络，通过应用具有丰富全局顺序交互特征的细粒度用户意图表示和动态用户偏好表示来增强序列推荐。有研究人为提取用户行为的复杂关联，提出了一种由用户行为感知模块和项目知识图模块组成的用户行为感知推荐方法。也有研究提出一种用于音乐推荐的注意力时间点过程（ATPP）方法，有效地从行为序列中捕捉长期和短期偏好，用于顺序音乐推荐。也有研究关注神经图协同过滤推荐框架（NGCF），基于用户-项目交互的高阶连通性解决协同信号的嵌入建模。

与两个实体简单连接的路径表示相比，一些研究将超元路径表示方法引入推荐系统。超元路径是异构网络中指定两个端节点之间多个元路径的组合。有研究考虑多个元路径之间的语义差异和每个单独元路径中邻居对之间的影响差异，提出了一种基于注意力感知元路径的网络嵌入方法。也有学者人为捕捉元路径上更复杂的依赖关系并且考虑用户的社会关系，提出一种社交推荐模型。有学者通过用元路径构造显式地建模项目关系，来探索用户在历史交互之外的兴趣。

上述研究中的方法虽取得了较好的效果，但用户行为序列和时间信号的表征和嵌入不够深入，通常只嵌入单一时间戳。同时，缺乏对用户即时状态下核心特征的挖掘。如何利用微情境下的超行为空间进行用户通用表征进而提取用户即时状态特征是本项目研究的关键问题。

8.1.3 用户行为转化率

转化率（conversion rate，CVR）是衡量电子商务平台销售能力和用户转化效果的关键指标，也是评价推荐系统性能的重要指标。转化率通常被定义为用户从浏览项目到最终执行目标行为（如广告的点击行为或产品的购买行为）的比例，直接反映了一个电子商务平台的效率。在淘宝平台，用户点击之后，48.78%的用户选择添加到购物车，25%的用户选择收藏并添加到购物车，7.45%的用户选择直接购买。高转化率意味着更好的推荐效果、更高的收入和更满意的用户体验。为提高目标转化率，电商平台需优化个性化推荐算法，确保推荐内容符合用户兴趣，从而引导用户更频繁地完成目标行为。推荐系统的主要目的是为用户提供更好的行为体验，并最终促进购买行为。因此，识别用户的购买行为和习惯，实现较高的购买行为转化率，有助于提高电子商务平台的收入，从而提高用户满意度。

转化率预测是许多在线应用程序的关键组成部分，如搜索引擎、推荐系统和在线广告。点击率最早在在线广告领域被提出，旨在衡量用户通过点击与广告发生交互的事件。而转化率衡量某些用户采取预定义的、可取的行动的比例。有学者将二者相结合，关注点击后转化问题，对用户/页面上下文中点击转化的概率进行了研究。点击转化率指用户点击广告或特定元素后完成所期望操作的百分比，通常用于评估广告或页面的效果。为了找到最大期望利润的推荐列表，有研究将计算在线中的点击转化率的基本概念推广到电子商务中任意用户操作的转化率。针对小规模推荐场景下的 CVR 建模存在数据分布波动问题，有研究从基于度量的元学习的角度将小场景分解成四种情况，即提升前、提升中、提升后和不提升。然而，CVR 估计中仍然存在样本选择偏差和数据稀疏两个关键问题。现有学者已经进行了一些研究来应对这些挑战。例如，充分利用用户行为的顺序模式，在整个空间上直接建模 CVR，解决样本选择偏差和数据稀疏问题。

现有推荐系统的研究在促进用户购买方面已经取得了显著的进展。早期的研究主要关注用户的兴趣、偏好和购买历史等，以构建用户画像，并基于这些画像进行推荐。这种方法的局限性在于它忽略了用户行为的多样性和动态性。有学者认为 CVR 预测是直接影响最终购买量的关键因素，提出了多层次深度级联树方法完成基本任务 CVR 预测，鼓励通过逐级级联结构进行表示学习。这种方法的局限性在于它忽略了用户行为的多样性和动态性。

随后，与关注用户画像不同的是，研究转向了行为分析，如用户的点击、购买等行为。通过分析这些行为，推荐系统能够更准确地捕捉用户的意图和需求，从而提供更精准的推荐。然而，单一行为分析仍然无法全面反映用户的复杂行为模式。例如，有人提出了一种基于时间漂移和增强潜在主题的推荐模型，将用户对每一类项目的兴趣漂移与评论演变相结合。考虑了用户的历史评分行为和每个项目评论文本的潜在主题进行建模，引入了时间正则化因子以考虑外部因素对用户偏好的协同效应，来平衡时间影响，并通过转换矩阵捕捉用户偏好的演变。有学者提出兴趣演变层来捕获与目标项目相关的兴趣演变过程。在兴趣进化过程中增强了相对兴趣的影响。然而，基于单一行为的用户行为转化存在数据偏差、上下文信息缺乏、无法捕捉复杂行为模式等问题，难以准确反映用户真实需求和兴趣。

为了建模时间信号依赖的用户行为，一些研究主要从用户行为序列进行多尺度建模或多任务学习来动态跟踪用户协同时间的不同行为变化。例如，有人提出探索不同类型行为之间不断随时间演变的相关性，共同捕获动态短期和长期用户-项目交互模式。有研究为提取用户行为的复杂关联，提出了一种由用户行为感知模块和项目知识图模块组成的用户行为感知推荐方法。也有研究提出一种用于音乐推荐的注意力时间点过程方法，有效从行为序列中捕捉长期和短期偏好，用于顺序音乐推荐。有学者提出一种神经图协同过滤推荐框架，基于用户-项目交互的高阶连通性解决协同信号的嵌入建模。

针对用户兴趣漂移问题，目前已经提出了一些解决方案来捕捉用户兴趣的动态变化，如序列建模、注意力机制和上下文感知。例如，有人提出一种上下文感知兴趣漂移网络（context-aware interest drift network），利用一个双向注意力循环网络有效地捕捉用户阅读兴趣的漂移。也有研究提出了一种基于相关性信息增强的双向表示推荐。通过设计一个相关性信息增强模块，自适应地从邻居的会话中捕获与用户的新兴趣相关的信息，有效地增强用户的历史对话与新兴趣之间的相关性。

尽管上述研究方法取得了一些有希望的结果，但它们缺乏对情境因素的关注，如用户的内在购物体验、微观时间粒度的用户状态和环境敏感性。同时，缺乏对用户在即时状态下的兴趣漂移的挖掘，导致推荐系统对用户兴趣漂移不够敏感，这可能会错过为用户提供更适合的项目的机会。

强化学习可以模拟用户决策过程，使得推荐系统能够根据用户的行为反馈自适应地调整推荐策略。一方面，设置多视角的分析框架，可以有效应对两种行为模式转化的复杂性。用户的行为和需求往往呈现出多种不同的形态和模式，单一的视角很难全面捕捉这些变化。通过引入多视角，可以从多个角度和层面分析用户的行为数据，使得推荐系统能够应对不同用户群体和情景的变化。另一方面，异步机制结合时间尺度和行为变换，考虑到用户行为在时间上的异步性和行为之间的依赖性。用户的行为并不是按照固定的时间间隔发生的，而是根据个人的需求、情境和兴趣随时变化。异步机制使得推荐系统能够实时地捕捉用户行为的变化，并据此调整推荐策略，以满足用户在不同时间点的需求。

目前基于图协同过滤的推荐系统结合了图论和协同过滤技术，利用用户-项目交互数据构建图结构，并通过在图上进行传播和计算相似度来生成推荐。该方法能够捕捉用户与物品之间的复杂关联，利用图计算技术来加速推荐过程，具有良好的可扩展性和灵活性。然而在实际应用中仍面临一些问题。随着用户和项目数量的增加，图的规模和复杂性也会迅速增长。而且用户通常只对一小部分项目产生交互行为，导致图的节点之间存在大量的未连接边。这种数据稀疏性会影响相似性度量的准确性，进而影响推荐的效果。如何将图结构和协同过滤推荐进一步结合，利用图结构弥补协同过滤技术的缺陷，是一个重要的研究方向。

因此，用户行为转化率对推荐系统的性能是至关重要的。本章的研究动机主要有以下几点：

（1）用户行为转化率的高低直接反映了推荐系统对用户即时需求的匹配程度。一个高效的推荐系统能够准确捕捉用户的兴趣点和偏好，将最符合用户需求的商品或信息呈现在用户面前。当用户的行为转化率较高时，说明在这一时刻推荐系统成功地吸引了用户的注意力并促成了购买或其他目标行为。

（2）用户行为转化率的变化趋势可以揭示用户行为模式的动态变化。通过监测用户行为转化率的变化，可以及时发现用户行为模式的变化趋势，进而调整推荐策略以适应这些变化。例如，当发现用户在某个时间段内对某类商品的转化率突然上升时，推测用户可能对该类商品产生了新的兴趣或需求，或步入了一个新阶段，从而加大对该类商品的推荐力度，提升用户满意度和购买意愿。

（3）用户的常态行为转化率和偏离态行为转化率的相互转化能够反映用户对特定商品或类别的了解程度以及他们在购物过程中的心理变化。例如，如果用户在购买大多数商品时是果断的，并且快速实施购买行为，但在与口红的交互中频繁点击商品而没有实施购买行为。这表明用户可能对口红领域不太熟悉。这种偏离态行为转化率提供了一个重要的线索，即用户可能正在探索新的购物领域或者面临着选择困难。随着时间的推移，如果用户与口红的交互变得果断，并且出现了更多的购买行为，那么对口红的偏离态行为可能逐渐转化为常态行为。这意味着用户逐渐熟悉口红领域，形成了新的购物习惯和兴趣。捕获用户的行为转化过程可以追踪用户的偏好成熟度和兴趣漂移状态，从而实现更具适应性的推荐。

（4）行为转化率推荐的主要依据，多角度强化学习是提高行为转化率的重要模块，从多种视角进行推荐，设置多种奖励，能够保证推荐的自适应性。例如，对于价格敏感的用户，可以优先推荐打折或促销的商品；对于追求高质量商品的用户，则推荐用户评分较高的商品。同时，用户与商品的交互会形成一定的周期性。例如用户 A 每个月都会购买一次食品，推荐系统可以在上次购买后的三周内推荐新款，提高用户再次购买的可能性。

8.2 用户行为模式相关研究

8.2.1 基于树的推荐

在推荐系统领域，基于树的推荐算法是一种有效且常用的方法，它利用树结构来组织和表示用户与物品之间的关系，以提供个性化的推荐服务。这种推荐方法的核心思想是通过构建树状结构，将用户和物品划分为不同的节点或分支，从而实现高效的推荐过程。

为了学习显式顺序来指导从局部到全局的特征集成，有学者研究将图转换为树的方法，适用于传统的卷积神经网络和递归神经网络。有学者提出了一种基于上下文树的新闻推荐系统，根据当前的浏览行为向匿名访问者提供高质量的新闻推荐。有研究基于用户历史数据生成树模型，并通过考虑用户树模型的特性来规范用户的偏好。现有的因果推理模型严重依赖于线性结构或固定层次结构等简化结构来进行因果推理，不能完全理解具有外部知识的话语之间的复杂关系。针对这一问题，有研究提出了一种新的树结构推理模式（tree structure reasoning schema，TREA）。TREA 构建了一个多层次的可伸缩树作为推理结构，以澄清实体之间的因果关系，并充分利用历史对话来为推荐结果生成更合理和合适的响应。有研究提出了一种端到端的交叉注意树感知网络，用于联合捕获序列间相关性和序列内时间模式。有学者结合了嵌入和基于树的模型的优势，采用基于树的模型来从丰富的边信息学习显式决策规则。数据稀疏是推荐中的经典问题之一。为了缓解数据稀疏问题，有学者提出了一种结合 k-近邻和梯度提升决策树的混合推荐算法，采用基于梯度提升决策树思想提出极度梯度提升树、梯度增强决策树和类别提升树算法建立回归模型。

近年来，深度学习已经在推荐系统中取得了显著的进展。一些研究工作提出了将树结构引入深度学习模型中的方法，如树状长短时记忆网络和树状卷积神经网络。这些模型可以有效地建模用户和项目之间的复杂关系，从而提高推荐的准确性和个性化程度。然而，传统的树结构方法通常基于用户的行为转化率或相似性进行推荐，缺乏对用户行为背后偏差因素的建模能力。同时，未能有效将用户常态和偏离态行为相结合，忽略了用户行为模式的所处状态，可能忽略兴趣漂移、需求时机和用户行为稳定性等重要信息。

8.2.2　强化学习推荐

强化学习（reinforcement learning，RL）关注智能体在与环境的交互中学习如何做出一系列决策，以最大化累积奖励，在推荐系统中具有广泛的应用潜力。基于 RL 的推荐方法通常以马尔可夫决策过程形式表示的环境模型，对用户的动态状态进行明确建模，同时考虑长期性能规划。

在强化学习中，状态和奖励是两个核心概念，共同构成了强化学习问题的基础。智能体通过感知状态来做出决策，这些状态反映了环境的关键特征。有研究提出了图卷积 Q 网络，根据用户项目二分图构建高质量的图结构状态/动作，解决了传统基于强化学习的推荐方法中非结构化状态/动作表示的限制。有学者发现在状态表示中显式建模用户-项目交互可以在很大程度上帮助推荐策略执行有效的强化学习，设计了四种状态表示方法学习推荐策略。有研究利用用户之间普遍存在的社交网络来估计行动价值，基于用户和社会邻居的偏好来近似最优行动值函数，得到具有社交网络的用户状态表示。奖励是智能体从环境中获取的反馈，目标是使智能体通过学习选择能够最大化累积奖励的策略。有研究利用知识图谱提供的结构化信息，设计图搜索算法的状态表示和软奖励策略，在知识图谱中提供实际路径来耦合推荐性和可解释性。

在强化学习研究中，与深度学习相结合和建模用户行为序列的方法得到了广泛应用。这些方法利用深度学习模型（如循环神经网络等技术）捕捉用户行为序列中的时序信息。然而，由于用户兴趣随时间、事件变化，目前对于强化学习的研究需要能够动态地适应这些变化。通过设计合适的奖励机制引导强化学习模型对用户行为偏差进行建模，并引入更多内在因素，从而更深入地理解用户行为转化。

8.3 时间敏感的行为转化预测和多视角强化学习推荐

目前关于用户多行为推荐的研究较为成熟，但用户兴趣的演变过程涉及更为复杂和抽象的转化，尤其是通过用户行为转化获取隐含的用户兴趣方面还需要更深层次的挖掘和理解。此外，先前研究较少关注用户的偏离态行为转化，对如何挖掘利用用户行为偏差获取用户兴趣还有待进一步研究。另一方面，复杂的用户行为、多样化的项目属性和不断变化的用户需求对推荐系统的适应性和准确性提出了更高的挑战。因此，本章将协同过滤思想推广到图协同，与注意力机制、树结构和强化学习相结合，提出 TCMR 方法，通过基于多视角和异步的时间敏感行为演化和强化学习方法来建模和预测用户行为转换率，从而实现更准确的推荐。

TCMR 的整体框架图如图 8-2 所示，由五部分组成：①时间信号高度协同的超行为空间模型，对时间协同信息的行为-项目序列进行建模。②子网协同的用户常态行为模式预测表示方法，捕捉用户-项目节点之间的深层次关系和高阶关联，得到常态行为模式。③多层级用户行为轨迹树，提出包含共享特征提取器的跨分支和跨层级注意力机制，通过传递单一行为模态和不同行为模态的信息，得到用户偏离态行为模式。④首先获得基于常态和偏离态行为模式的复合行为转化率，然后基于兴趣漂移、需求时机和行为稳定性计算中间态行为转化率。最后聚合复合行为转化率和中间态行为转化率，以计算深度行为转化率。⑤多元视角的异步强化学习策略，从多时间戳、多属性、多用户和多目的角度设计奖励机制、引导代理行为，优化推荐策略。

彩色图片

图8-2

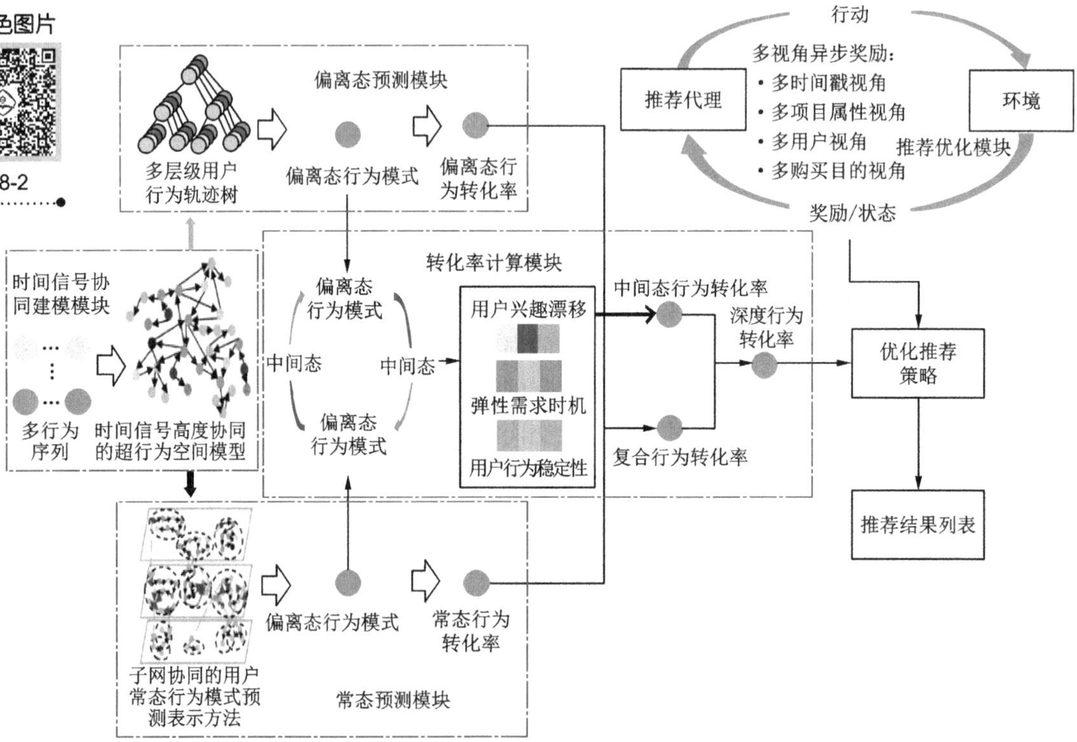

图 8-2　TCMR 框架图（扫码查看彩色图片）

8.3.1　超行为空间模型

在 TCMR 中，首先获取行为关联的微情境表示，然后构建行为超元节点和超元路径，进而生成时间信号高度协同的超行为空间模型。用户需求和偏好要素是复杂的、多维度的，而简单的用户模型不能保证推荐结果的准确性。另一方面，复杂的用户模型会增加推荐系统实现的难度，不利于嵌入表示。由于用户行为包含丰富的用户信息，因此将用户行为作为建模用户模型的基础是一种非常有效的方法。此外，提取用户的兴趣漂移更为关键。

其中，涉及的核心概念如下：

定义 8-1 微情境：指灵活时间尺度的购物情境。在一定时间尺度内，用户体现特定的购买需求、注意力和行为模式等。微情境建模可以揭示用户购物中偏好的动态变化、行为模式的机理，以及行为转化和平滑体验的把控。

定义 8-2 购物平滑体验：是指保证用户达成综合满意度的购物体验，包括对推荐内容/类型/特征的满意度、推荐项目与用户需求的匹配度、推荐时间的精准性、推荐内容的多样性与新鲜感。

为了描述微情景下，如何通过行为转化率提升用户平滑体验，本章融合不同用户的多种行为序列嵌入，以获得通用的用户在微购物情境下的嵌入表征，用于下游的推荐任务。为了实现这一目标，提出了超元节点、超元路径和超行为空间模型的概念，明确地描述用户不同行为之间的依赖关系，获得每种行为的时间渐进和全面表示。超行为空间模型的设计是为了更好地理解用户在不同时间和情境下的行为转化，增强推荐系统对用户兴趣随时间演变的建模能力。超行为空间模型如图 8-3 所示。

彩色图片

图8-3

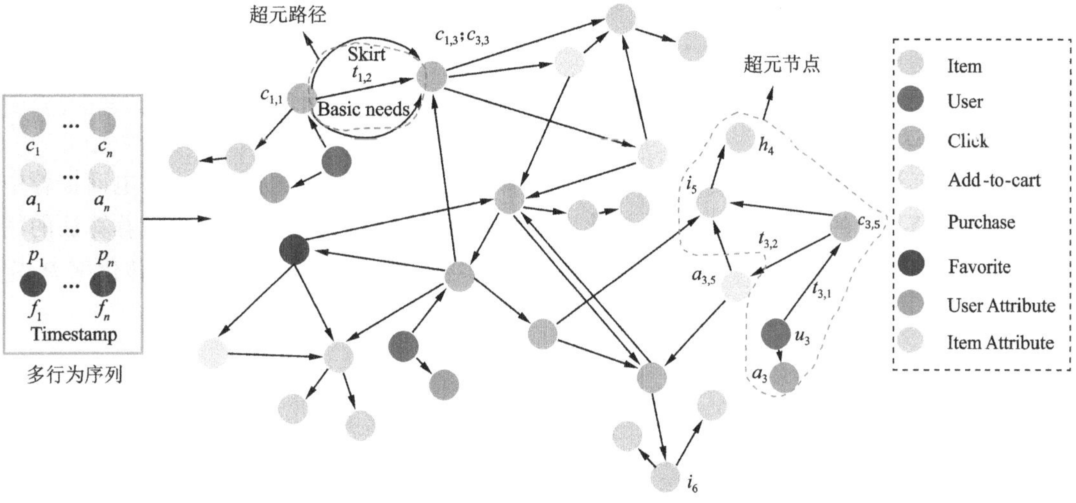

图 8-3　超行为空间模型（扫码查看彩色图片）

超行为空间通过异构节点同时考虑多维行为和时间信息，并形成了用户–行为–项目的关联。该网络的核心思想是通过有向图的形式，依据边上记录的时间戳信息，揭示用户与项目之间的交互行为如何随时间演化。

定义 8-3 超行为空间：描述用户和项目之间多行为序列随时间变化的动态过程的模型。多种行为构成一个超元节点。通过引入交互行为发生的时间戳富信息，形成了一系列反映时序关系的超元路径。这些路径连接不同的交互事件，形成一个动态的、随时间推移变化的有向图。

定义 8-4 超元节点：指以某个项目为核心，将与其相关的行为节点、用户节点、项目节点连接起来所形成的一个综合节点，用于表示围绕该项目的多维交互关系。如图 8-4（a）所示，三种颜色的椭圆表示三个超元节点。这样的超元节点形成一种更高层次的关联，反映了节点之间交互行为的多样性。例如，一个连接用户节点、项目节点和行为节点的超元节点表示了用户与该项目进行交互的行为集合。

定义 8-5 超元路径：指在超行为空间模型中，由连接用户节点和项目节点的边（连接边）以及标定交互行为时间的时间边共同组成的路径。用户与项目之间发生一次交互时，创建一条连接用户节点和项目节点的边，称为连接边，同时标定该交互行为开始和截止的时间，即时间边。蓝色的时间边和黄色的连接边共同组成超元路径，如图 8-4（b）所示。超元路径不仅表示了节点之间的直接连接，还包含了与交互行为相关信息。如交互时间、交互间隔、交互时长、行为关联和其他行为上下文信息。

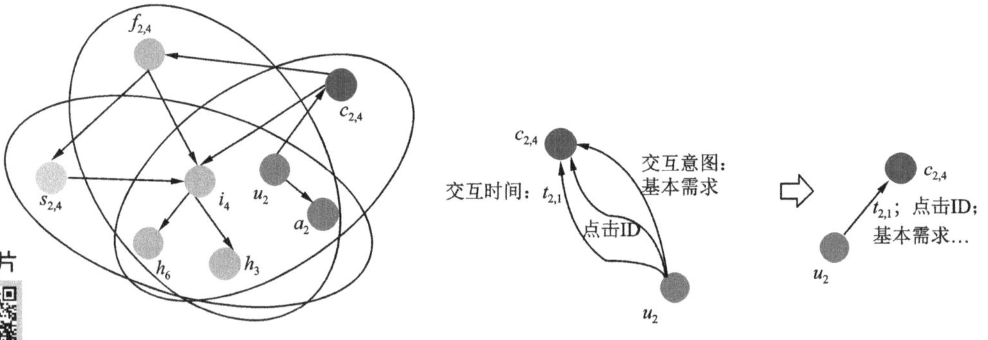

（a）超元节点　　（b）超元路径

彩色图片

图8-4

图 8-4　超元节点和超元路径图（扫码查看彩色图片）

定义 8-6 用户行为转化率：指用户在浏览项目后，最终执行目标行为（在电商推荐中通常为购买商品）的概率。用户行为转化率受到多种因素的综合影响，包括推荐算法的精准度、商品的质量与吸引力、用户的个人偏好与购物习惯等。目标行为 b_t 的转化率 P_t 定义为

$$P_t = \frac{\sum b_t}{\sum B_i} \times \frac{\gamma_h}{\gamma} \tag{8-1}$$

式中，$\sum b_t$ 表示完成目标行为 b_t 的用户数，$\sum B_i$ 表示初始行为 B_i 的用户数。γ_h 为用户特征对转化的影响因子。不同用户具有不同的特征，如购买意愿、购买力、兴趣等，这些特征会影响用户的行为转化率，引入 γ_h 表示用户特征对转化的影响。γ 为总影响因子。

8.3.2　用户常态行为模式预测表示

用户转化率的提升可以帮助用户以更加流畅的体验完成购买目标，也可以衡量电商平台的吸引力和效果。但是目标行为的多样性和行为样本稀疏增加了行为转化率的预测难

度。因此借鉴协同过滤的思想，提出子网协同的用户常态行为模式预测，利用图互信息增强子网关联，缓解上述问题。根据用户与项目的交互信息，计算对于特定用户而言，其他用户及不同行为的重要程度，有效地利用节点关联性，更好地预测用户常态行为的转化情况。

定义 8-7 子网协同的用户常态行为模式预测表示：指通过构建多种类型的子网，来捕捉用户与项目之间的复杂关系，从而预测用户在未来可能展现的常态行为模式的方法。

利用节点相关性挖掘时间信号高度协同的超行为空间模型中更多的隐含关系，抽象出基于核心子网、相似性子网和行为子网的三类子网。每一类子网包含若干个子网，用于不同层次的关系挖掘，如图 8-5 所示。核心子网通过设定时间间隔阈值，将用户的历史交互行为分割成不同时间段，同时删除超过时间间隔阈值的边。行为子网分析用户行为中隐含的行为轨迹特征，挖掘用户行为的隐含联系。相似性子网利用图注意力网络聚合邻居节点信息，得到用户、项目节点表示，并分别根据相似用户和相似项目挖掘相似度联系，多个子网构建成相应的子网。

接下来详细介绍三类子网的构建方式和计算方法：

1. 多时间尺度核心子网提取

定义一个时间间隔阈值，用于判断两个行为之间的时间间隔。例如，将阈值设置为 30 min，如果两个行为之间的时间间隔超过 30 min，则认为它们之间存在较大的时间间隔。阈值以最大化行为时间间隔确定。对于每一条边，计算两个行为之间的时间间隔阈值，对于超过阈值时间间隔的边将其断开，即删除时间间隔过大的边，保留时间间隔较小的边。这样就得到了核心子网，其中保留了较为重要和密集的交互模式和关联关系，同时减少了网络的复杂度和噪声。时间间隔阈值逐渐降低，则得到不同时间尺度的核心子网，如图 8-5 左侧中间层所示。

2. 行为子网与核心子网协同

行为子网是根据用户行为模式构建的图结构。对用户的交互行为进行截取，选取能够反映用户行为轨迹的行为构建成行为子网。这样的构建方式能够从用户行为中提取出具有代表性的特征，突出用户购买的偏好和行为模式。基于行为子网和核心子网，分析用户行为中隐含的行为轨迹特征，根据行为轨迹挖掘行为子网中的隐含联系。例如，图 8-5 左侧第一层的行为子网中用户 u_2 和 u_3 的历史行为表现相似的行为轨迹 B，则在行为子网中认为它们互为关联子网，由于用户 u_1 表现出不同的行为轨迹 A，那么在对用户 u_2 进行预测时，相比于 u_1，用户 u_3 的行为将会提供更大的贡献度。行为子网的贡献度反映了不同行为模式对于用户行为的影响程度。通过分析行为子网的贡献度，推荐系统可以确定哪些行为模式对于用户的购买偏好具有较大的影响力，从而针对性地调整推荐策略，提高对用户行为的理解和预测能力。即如果两个子网存在相似的行为轨迹，则赋予该子网较大的贡献度。用户 u 与行为 b 的交互次数为 $k_{u,b}$，采用基于时间戳和交互次数的加权计算方式得到关键行为转化 β_{gb}：

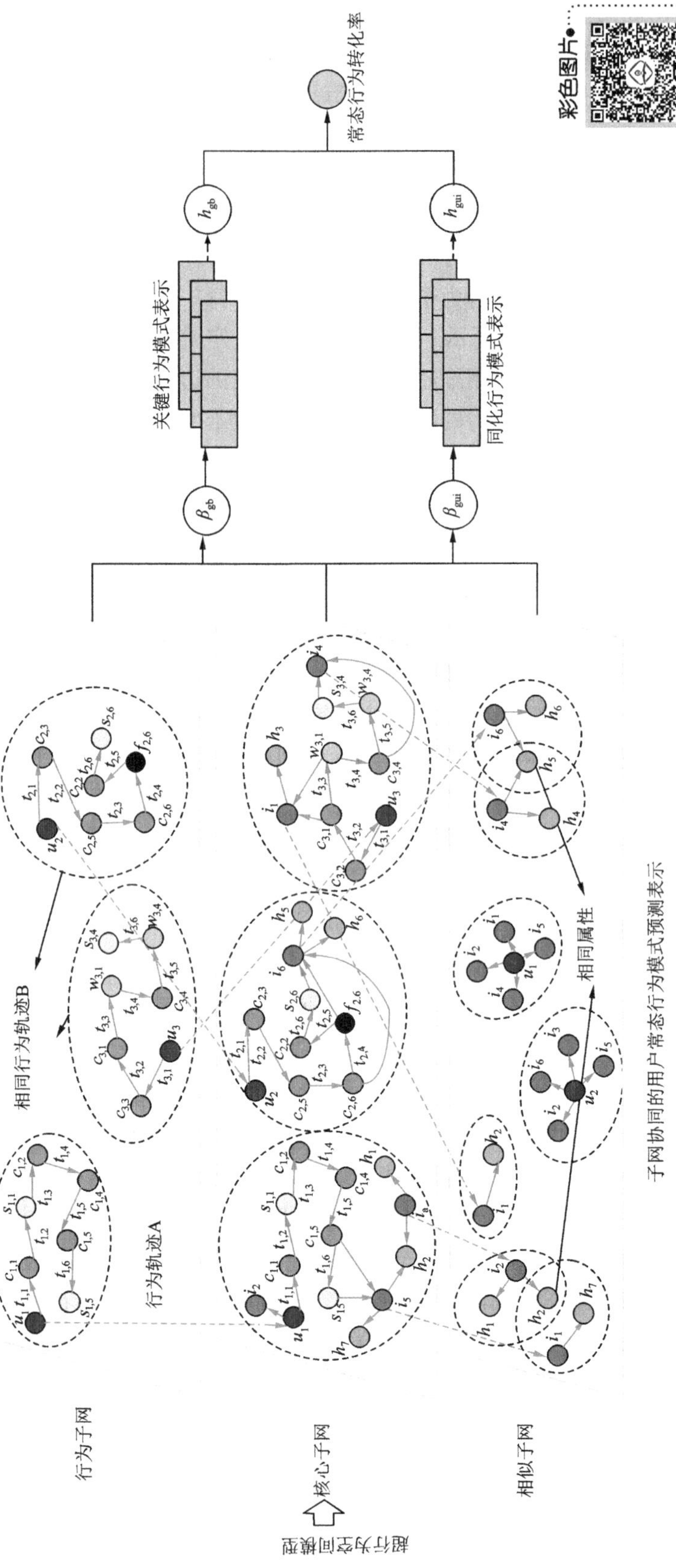

彩色图片
图8-5

图 8-5 子网协同的用户常态行为模式预测表示（扫码查看彩色图片）

$$\beta_{\mathrm{gb}}=\frac{\exp\left(\sum_{b}^{\mathrm{gb}} W_{ub}\cdot k_{u,b}\cdot b\right)}{\sum_{\mathrm{gb}}^{\mathrm{netb}}\exp\left(\sum_{b}^{\mathrm{gb_b}} W_{ub}\cdot k_{u,b}\cdot b\right)} \tag{8-2}$$

式中，W_{ub}是与用户 u 进行交互 b 的权重，$\mathrm{gb_b}$ 表示行为子网 gb 中的行为节点 b，行为子网 netb 包含若干行为子网 gb。

3. 用户/项目相似性子网协同

相似性子网是根据用户与项目之间的属性关系构建的图结构。相似性子网不仅考虑用户与项目之间的直接交互，还从用户与项目的相似性出发，分别得到用户之间和项目之间的关系。从用户相似性出发，根据用户对项目的交互以及项目表示的相似性，构建用户之间的关系。例如，如果两个用户对相似的项目进行了类似的交互行为，那么认为这两个用户之间存在一定程度的相似性。从项目相似性出发，根据项目表示的相似性，构建项目之间的关系。例如，如果两个项目存在相同的属性，那么认为这两个项目之间存在一定程度的相似性。使用图注意力网络聚合邻居节点信息，得到项目节点表示 h_i。

对于项目子网，根据相似项目挖掘相似性子网中的隐含联系。例如，用户 u_a 喜欢购买菠萝，与用户 u_a 没有实际联系的用户 u_b 喜欢购买榴莲，而菠萝和榴莲都属于热带水果，则认为用户 u_a 和 u_b 具有隐含的联系。相似性子网中，热带水果则为两个项目的相同属性，即如果两个子网存在相同的项目特征，则赋予该子网较大的贡献度。相似性子网的贡献度反映了用户和项目之间的相似性程度。根据相似性子网的贡献度，推荐系统可以确定哪些用户和项目之间的关联关系对于个性化推荐的重要性较高，从而优先考虑这些关联关系，提高推荐的个性化程度和准确性。利用第 i 个项目子网的项目节点表示 h_i 计算项目子网 gi 的贡献度β_{gi}，即

$$\beta_{\mathrm{gi}}=\sum_{i\in \mathrm{gi}}\mathrm{softmax}(\boldsymbol{W}_2\cdot \mathrm{ReLU}(\boldsymbol{W}_1\cdot h_i+\boldsymbol{c}_1)+\boldsymbol{c}_2) \tag{8-3}$$

式中，$\boldsymbol{W}_1$ 和 $\boldsymbol{W}_2$ 为项目子网的权重矩阵，$\boldsymbol{c}_1$ 和 $\boldsymbol{c}_2$ 为偏置向量。

用户子网中，上述例子中的 u_a 和 u_b 即为相似用户。对于每个用户子网，利用图注意力网络来聚合每个用户节点的邻居节点信息，从而得到用户节点的表示 h_u。将 h_u 看作用户在子网中的特征向量，其中包含了用户与其他项目节点之间的关系、偏好以及其他相关信息。

综合考虑用户与项目之间的多步关联关系，使用基于图的随机游走算法，模拟用户对项目的随机访问来计算用户子网的贡献度。具体来说，首先定义一个转移概率矩阵 $\boldsymbol{P}^{(t)}$。然后，根据用户子网中节点之间的连接关系来初始化转移概率矩阵 $\boldsymbol{P}^{(t)}$。对于每个用户节点，转移概率根据与其相连的项目节点的权重来确定。接着，执行多次随机游走，从用户节点开始，根据转移概率矩阵 $\boldsymbol{P}^{(t)}$确定下一步的节点，直至到达子网中的其他节点。在每次随机游走结束后，统计每个节点被访问的次数。最后，根据每个节点的访问频率来计算用户子网在子网中的贡献度，得到第 i 个用户子网 v_i 的贡献度β_{gu}，即

$$\beta_{\mathrm{gu}}=\sum_{i\in v_i}\left(\alpha_{iu}(i,u)\cdot k_{u,b}(i)\right) \tag{8-4}$$

式中，$\alpha_{iu}(i,u)$表示用户节点 u 与项目节点 i 之间的权重，$k_{u,b}(i)$表示项目节点 i 被访问的频率。

聚合项目子网的贡献度β_{gi}和用户子网的贡献度β_{gu}，得到同化行为转化β_{gui}：

$$\beta_{gui}=\beta_{gi}\cdot\beta_{gu} \tag{8-5}$$

彩色图片

图8-6

8.3.3 用户偏离态行为模式预测

多层级用户行为轨迹树从时间信号高度协同的超行为空间模型出发表示多层级树结构，以更深入地了解用户的行为偏差。图 8-6 所示为一个多层级用户行为轨迹树的例子。

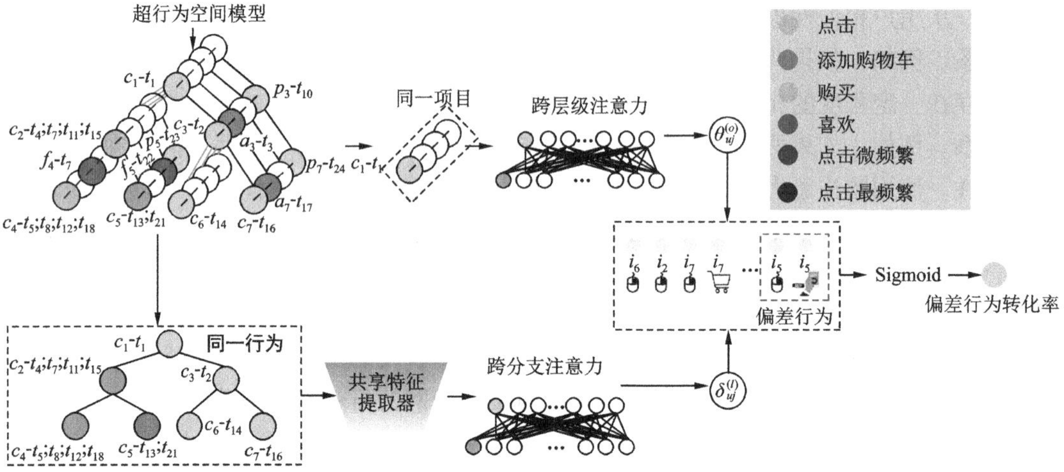

图 8-6 多层级用户行为轨迹树（扫码查看彩色图片）

将每个单一行为中与用户产生交互的项目视为树的一个节点。按照行为发生时间以及项目页面嵌入关系，将每个嵌入序列构建成树结构，即一个页面被嵌入另一个页面内部，形成的网页层次和包含关系。该树结构包含四个层级，分别代表与用户进行点击、加购、喜欢和购买交互的项目。在同一层级中，所交互的项目不是按照根节点到叶子节点的延续关系排列，而是按照产生交互的时间顺序排列。四个层级的节点在横向上位于同一位置的节点相连表示它们是用户对同一项目进行的相应交互。节点的连接关系反映了用户与项目之间的交互步骤，使得整个树状结构能够清晰地展示用户在不同层次上的行为轨迹。如果用户在某一层次没有执行特定操作，将相应的节点置为空，反映了用户在该层次上的行为缺失。例如，用户首先点击了苹果 i_1，则每个行为层级的根节点代表用户与该项目的多种交互。c_1–t_1 为该用户在 t_1 时间点击了 i_1。如果 i_1 的页面中推荐系统为用户推荐了西瓜 i_2 和芒果 i_3，则该节点的孩子节点代表了用户与这些项目的交互。依此类推，用户对某一项目的交互越频繁，该树节点颜色越深，代表用户对该项目的偏好程度。

在每个用户行为轨迹树中，将项目节点作为输入，使用注意力机制处理多层级用户行为轨迹树。在不同层级的用户行为轨迹树之间，通过跨层级注意力得到同一项目不同行为的差异。在用户行为轨迹树的不同分支之间，通过跨分支注意力得到单一行为不同项目之间的关联。基于上述获取的差异和关联，揭示用户偏离态行为转化。

定义 8-8 跨分支注意力：是一种在树结构中应用的注意力机制，通过关注树中不同分支之间的关联性，计算用户在单一行为上表现出的差异。

首先引入共享特征提取器，确保每个分支提取到的特征具有一定的关联性。引入注意力机制，动态关注不同分支的重要性，以适应用户在某些分支上的强烈行为偏差。跨分支信息传递被嵌入到轨迹树的中间层，以促使在不同分支之间共享知识，更全面地理解用户的行为转化。

假设每个用户的行为轨迹树有 L 层分支，每一层包含 K 个项目。用$I_u^{(l)}$ 表示用户 u 第 l 层的项目节点集合。整个输入表示为 $I_u=\{I_u^{(1)},I_u^{(2)},\cdots,I_u^{(L)}\}$。

针对每个项目节点，使用嵌入层将其转换为固定维度的向量表示。对于用户 u 在第 l 层的项目节点集合$I_u^{(l)}$，得到嵌入后的表示 $E_u^{(l)}=\{e_{ij}^{(l)}\mid j=1,2,\cdots,K\}$。其中 $e_{ij}^{(l)}$ 是第 i 个分支项目节点 j 嵌入表示。

引入共享的特征提取器，该提取器在所有分支之间共享参数。假设共享特征提取器的权重矩阵为 $\boldsymbol{\Theta}_{\text{shared}}$，对于用户 u 在第 l 层的项目节点集合$I_u^{(l)}$，得到共享特征表示$H_u^{(l)}$，即

$$H_u^{(l)}=\text{ReLU}(E_u^{(l)}\cdot\boldsymbol{\Theta}_{\text{shared}})\tag{8-6}$$

为了引入跨分支的关联性，使用注意力机制来获得用户 u 对于同一项目不同行为的差异。对于每个项目 j 计算注意力分数，即

$$\delta_{uj}^{(l)}=\text{softmax}\left(\frac{(\boldsymbol{W}_qH_u^{(l)})_j(\boldsymbol{W}_kH_u^{(l)})_j}{\sqrt{d_k}}\right)\tag{8-7}$$

式中，$\boldsymbol{W}_q$和 $\boldsymbol{W}_k$ 是学习到的注意力权重矩阵，d_k 是特征维度。通过注意力机制，得到每个项目节点在特定分支的加权表示，即

$$\hat{H}_{uj}^{(l)}=\sum_{l=1}^{L}\left(\delta_{uj}^{(l)}H_u^{(l)}\right)\tag{8-8}$$

对于用户 u 在分支 l 上的项目节点集合 $I_u^{(l)}$，计算分支的偏差表示，即

$$\Delta_{\text{branch}}=\sum_{l=1}^{L}\left(\hat{H}_{uj}^{(L)}-\hat{H}_{uj}^{(l)}\right)^2\tag{8-9}$$

定义 8-9 跨层级注意力：是一种在多层树结构中应用的注意力机制，通过关注树中同一分支不同层级之间的关联性，得到用户在多行为上表现出的偏差。

将面信息嵌入特征表示中，每个面的节点包含一个向量，表示其所在的面信息。面间的层级传递机制被引入，使得轨迹树能够在不同层级之间传递有关用户行为的重要信息。

每个用户的行为轨迹树有 O 层，每一层包含 S 个项目。用 $I_i^{(o)}$ 表示用户 u 第 o 层的项目节点 i 的集合，整个输入表示为 $I_u=\{I_u^{(1)},I_u^{(2)},\cdots,I_u^{(O)}\}$。

使用嵌入层将每个项目节点转换为固定维度的向量表示。对于用户 u 在第 o 层的项目节点集合 $I_u^{(o)}$，得到嵌入表示 $E_u^{(o)}=\{e_{uj}^{(o)}\mid j=1,2,\cdots,S\}$。其中 $e_{uj}^{(o)}$是第 i 个层级项目节点 j 嵌入表示。

为了感知用户在不同层级上的行为偏差，引入跨层级的注意力机制，计算注意力分数$\theta_{uj}^{(o)}$：

$$\theta_{uj}^{(o)} = \text{softmax}\left(\frac{\prod_{o\in O}(\boldsymbol{W}_{ko}E_u^{(o)})_j}{\sqrt{d_k}}\right)(\boldsymbol{W}_x E_u^{(o)})_j \tag{8-10}$$

式中，$\boldsymbol{W}_{ko}$、$\boldsymbol{W}_x$ 是学习到的注意力权重矩阵，d_k 是特征维度。整合所有层级的注意力机制结果，得到整体的注意力加权表示，即

$$\hat{E}_{uj}^{(o)} = \sum_{o=1}^{O}\left(\theta_{uj}^{(o)}E_u^{(o)}\right) \tag{8-11}$$

在多层级用户行为轨迹树中，注意力权重表示了关注用户行为序列中不同位置的程度。如果某些行为与之前的转化不同，将会分配更高的权重给这些新行为。对于用户 u 在层级 o 上的项目节点集合$I_u^{(o)}$，计算层级的偏差表示，即

$$\Delta_{\text{hierarchy}} = \sum_{o=1}^{O}\left(\hat{E}_{uj}^{(O)} - \hat{E}_{uj}^{(o)}\right)^2 \tag{8-12}$$

将层级内差异和层级间差异结合，得到最终的行为偏差表示，即

$$\Delta_u = \sum_{l=1}^{L}\Delta_{\text{branch}} + \sum_{o=1}^{O}\Delta_{\text{hierarchy}} \tag{8-13}$$

较大的 Δ_u 表示注意力权重分布差异较大，反映了行为偏差。设定当 $\Delta_u>0.5$ 时，表示存在行为偏差。

8.3.4 用户行为转化率计算

使用图注意力网络来融合关键行为转化和同化行为转化，计算常态行为转化率。使用 F 个注意力头，每个头学习不同的关系权重。注意力头的输出被汇总后再经过非线性变换得到最终的输出。将所有注意力头的输出进行加权求和，并通过残差连接和非线性激活函数 ϵ 进行变换，得到关键行为模式 β_{gb} 和同化行为模式 β_{gui} 的融合表示 h_{gb} 和 h_{gui}，即

$$h_{\text{gb}} = \text{sigmoid}\left(\text{ReLU}\left(\sum_{f=1}^{F}\alpha_{\text{gb}}^{(f)}\epsilon(\beta_{\text{gb}}) + \boldsymbol{W}_{\text{gb}}\beta_{\text{gb}}\right)\right) \tag{8-14}$$

$$h_{\text{gui}} = \text{sigmoid}\left(\text{ReLU}\left(\sum_{f=1}^{F}\alpha_{\text{gui}}^{(f)}\epsilon(\beta_{\text{gui}}) + \boldsymbol{W}_{\text{gui}}\beta_{\text{gui}}\right)\right) \tag{8-15}$$

式中，$\alpha_{\text{gb}}^{(f)}$ 和 $\alpha_{\text{gui}}^{(f)}$ 是注意力权重，$\boldsymbol{W}_{\text{gb}}$ 和 $\boldsymbol{W}_{\text{gui}}$ 是可学习的参数矩阵，用于将贡献度进行变换。

最后，将融合后的表示 h_{gb} 和 h_{gui} 进行连接，以捕捉用户与商品之间的交互关系，得到常态行为转化率 $P_{u,i,b}$：

$$P_{u,i,b} = \text{softmax}\left(\boldsymbol{W}_{\text{out}}\text{concat}(h_{\text{gb}}, h_{\text{gui}})\right) \tag{8-16}$$

式中，$\boldsymbol{W}_{\text{out}}$ 是输出层的权重矩阵，用于将连接后的表示转换为最终的概率分布。

偏差行为转化率是一种衡量用户在特定偏差行为上完成的可能性的指标。通过考虑用户在各个行为上的偏差以及与偏差相关的权重，计算用户完成某个行为的概率。通过将每个行为的偏差与其对应的权重相乘并加权求和，得到一个综合的偏差分数。通过 sigmoid 函数将这个分数映射到 0~1 之间，得到偏离态行为转化率 P_{bias}，即

$$P_{\text{bias}} = \frac{1}{1 + e^{-\sum_{b}^{B} \omega_b \Delta_{ub}}} \tag{8-17}$$

Δ_{ub}表示用户 u 在行为 b 上的偏差，ω_b 是与偏差相关的权重，B 是行为的数量。

最后，聚合常态行为转化率 $P_{u,i,b}$ 和偏离态行为转化率 P_{bias}，得到复合行为转化率 $P_{\text{Composite}}$，即

$$P_{\text{Composite}} = \text{sigmoid}(\varepsilon P_{u,i,b} + (1-\varepsilon) P_{\text{bias}}) \tag{8-18}$$

ε 是用于调整常态行为转化率 $P_{u,i,b}$ 和偏离态行为转化率 P_{bias} 权重的超参数。通过调整 ε 的值，平衡两种转化率的贡献，以达到最佳的综合效果。

通过对用户行为的分析，确定用户在常态和偏离态之间的转换规律。这种转换可能受多种因素的影响，如用户对项目的了解程度、交互次数、时间因素等。结合用户常态和偏离态行为模式，推断用户在什么时间可能会对哪一项目感兴趣。这种推断基于用户的行为历史、个人特征和外部环境等因素进行建模和预测。最后，通过用户的历史行为数据和当前的行为特征，定义并计算中间态行为转化率。以此评估用户目前属于哪一状态和阶段，准确捕获用户的兴趣漂移、需求时机和用户行为稳定性，从而更好地理解和预测用户行为，如图 8-7 所示。

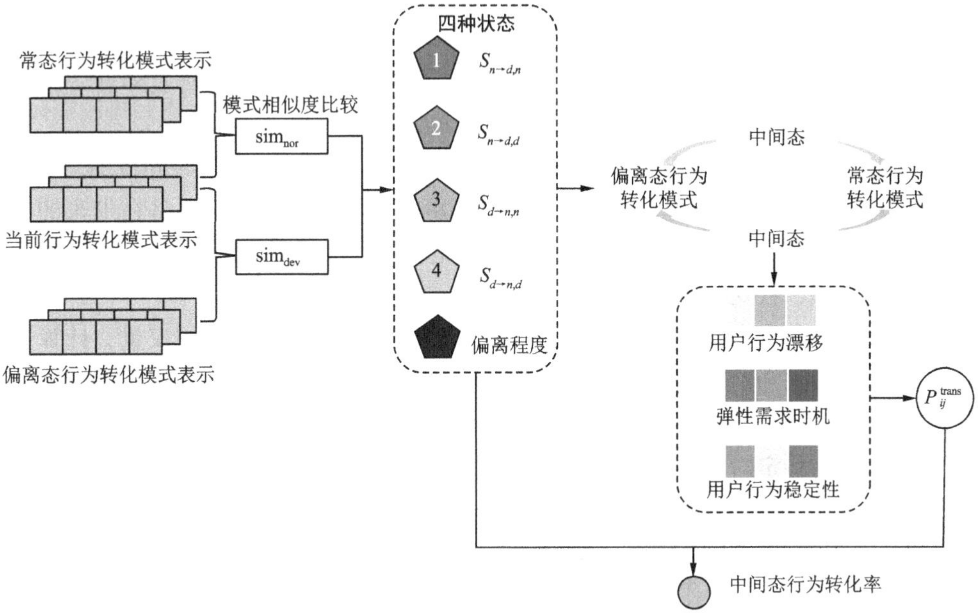

图 8-7　用户中间行为转化率预测框架图

定义 8-10 用户兴趣漂移：指在一段时间内，用户对商品类别、品牌或特定产品的偏好发生变化的现象。这种变化可能受到个人兴趣、季节性需求、新品上市、潮流或社交影响等因素的影响。

通过比较用户常态和偏离态行为模式的特征向量之间的相似度，确定哪些商品或商品类别在两种模式下表现出显著差异。假设有 n 个商品或商品类别作为特征，每个行为模式 b 都是一个 n 维的向量。用户 u 的常态行为模式表示为 b_u^{nor}，偏离态行为模式表示为 b_u^{dev}。

基于余弦相似度来比较计算每个特征的差异程度，即

$$\mathrm{sim}(b_u^{\mathrm{nor}}, b_u^{\mathrm{dev}}) = \frac{\sum_{i'}^{n} b_u^{\mathrm{nor}}(i') \cdot b_u^{\mathrm{dev}}(i')}{\sqrt{\sum_{i'}^{n} (b_u^{\mathrm{nor}}(i'))^2} \cdot \sqrt{\sum_{i'}^{n} (b_u^{\mathrm{dev}}(i'))^2}} \tag{8-19}$$

式中，$b_u^{\mathrm{nor}}(i')$和$b_u^{\mathrm{dev}}(i')$分别表示常态行为模式和偏离态行为模式中第i'个特征的权重。

根据计算得到的差异度，识别出权重差异较大的项目。这些项目即为用户在兴趣漂移过程中产生兴趣变化的对象。设定阈值来筛选显著的差异度，如果$\mathrm{sim}(b_u^{\mathrm{nor}}, b_u^{\mathrm{dev}}) > \mathrm{threshold}$，则将项目$i$认定为兴趣漂移项目。本章利用一个相对差异百分比来表示差异程度与阈值的差异百分比，即$\frac{|\mathrm{sim}(b_u^{\mathrm{nor}}, b_u^{\mathrm{dev}}) - \mathrm{threshold}|}{\mathrm{threshold}} \times 100$。同时考虑负向差异度，即在偏离态行为模式中，某些项目的相似度减少到一定程度，表示用户对这些项目的兴趣下降。如果存在差异度小于阈值的项目，并且其负向差异度较大，则认为这些项目是用户不再感兴趣的兴趣漂移项目。假设偏离态行为模式中第j'个项目的权重集合为$\{\omega_{j'1}^u, \omega_{j'2}^u, \cdots, \omega_{j'P}^u\}$，其中$P$是样本数量，$\omega_{j'p}^u$表示第$p$个样本中用户$u$对项目$j'$的权重。则可以计算该项目权重的平均值$\mu_{j'}^u$和标准差$\sigma_{j'}^u$。然后，将阈值设置为

$$\mathrm{thre}_{j'}^u = \mu_{j'}^u - W_3 \times \sigma_{j'}^u \tag{8-20}$$

其中，W_3是一个系数，通常选择1、1.5或2，以覆盖不同程度的负向差异度。将识别出的兴趣漂移项目按照差异度的大小排序，得到用户的兴趣漂移项目序列。

定义8-11 弹性需求时机：指用户可能会购买某个特定商品的灵活时间范围。用户的历史行为中，可能会表现出对某些商品的偏好，但并不一定立即购买，而是在未来的某个时刻或特定情景下才会实际采取行动。这种时间上的灵活性可能受到用户个人生活节奏、经济状况、购物习惯、社交活动等因素的影响。

综合考虑用户的常态行为模式和偏离态行为模式，以及时间因素的权重，计算用户的弹性需求时机。使用当前时间T_{now}作为基准点。然后，通过考虑用户常态行为模式b_u^{nor}和偏离态行为模式b_u^{dev}在一系列时间点τ_i上的差异$\Delta\tau_i$，衡量用户在不同时间点上的行为偏离程度。计算用户在特定时刻对特定商品的弹性需求时机，即

$$T_{\mathrm{demand}}(P_{\mathrm{item}}) = T_{\mathrm{now}} + \frac{\sum_{\tau_i \in \tau} \omega_i^{\tau} \Delta\tau_i(P_{\mathrm{item}})}{\sum_{\tau_i \in \tau} \omega_i^{\tau}} \tag{8-21}$$

式中，T_{demand}是预测的用户需求时机，$\Delta\tau_i(P_{\mathrm{item}})$是用户在时间点$\tau_i$对商品$P_{\mathrm{item}}$的常态和偏离态行为模式的差异，$\omega_i^{\tau}$是时间点$\tau_i$的权重，反映了不同时间点对用户需求时机的影响程度。

定义8-12 中间态行为模式：指用户在与某一项目的交互过程中，由常态（已有的习惯或熟悉程度）向偏离态（不熟悉或不确定的状态）或由偏离态向常态转化的过渡状态。这种过渡可能受到用户对项目了解程度的影响，随着交互次数或时间的增加，用户的行为模式在常态和偏离态之间转换。

根据用户的中间态行为模式可以推断用户偏好所处的阶段和程度，从熟悉到不熟悉，或从不熟悉到熟悉。例如，某用户在购买衣服时，习惯于果断地购买，例如点击浏览后就直接购买。而用户某次频繁点击口红却没有购买，这说明用户对口红不熟悉，用户行为由常态转化为偏离态。随着用户与口红交互次数的增加，用户不需要过多的交互行为就知道自己想要买哪一个。这时用户与口红的交互又会由偏离态转化为常态。如果用户在接下来的很长一段时间不再与口红进行交互，用户可能跟不上潮流或时代，慢慢地对当前的口红不再了解，则用户的行为又由常态转化为偏离态。

结合用户的历史行为数据和当前的行为特征，通过建立状态转移模型来推断用户目前处在哪一状态，衡量用户行为的稳定程度。首先根据用户当前的行为特征，分别计算用户当前的行为模式 b^{cur} 与常态行为模式 b^{nor} 和偏离态行为模式 b^{dev} 的匹配程度 mat_{nor} 和 mat_{dev}，即

$$\mathrm{mat}_{nor}=f_1(b^{cur},\sigma(\beta_{gb},\beta_{gui})) \tag{8-22}$$

$$\mathrm{mat}_{dev}=f_2(b^{cur},b^{dev}) \tag{8-23}$$

式中，f_1 和 f_2 分别用于计算两个行为模式的相似度，σ 为非线性函数。常态行为模式 b^{nor} 包含关键行为模式 β_{gb} 和同化行为转化模式 β_{gui}。

根据计算得到的匹配度，判断用户当前的行为模式偏向常态还是偏离态，以及偏向程度，并以此判断用户的需求时机。其中用户共有四个动态状态：常态→偏离态，偏向常态 $S_{n\to d,n}$；常态→偏离态，偏向偏离态 $S_{n\to d,d}$；偏离态→常态，偏向常态 $S_{d\to n,n}$；偏离态→常态，偏向偏离态 $S_{d\to n,d}$。

如果 $\mathrm{mat}_{nor}>\mathrm{mat}_{dev}$ 且 $\mathrm{nor}_{t_1}>\mathrm{nor}_{t_2}$，$t_2>t_1$ 用户处于状态 $S_{n\to d,n}$，即常态→偏离态，偏向常态。同理，如果 $\mathrm{mat}_{nor}<\mathrm{mat}_{dev}$ 且 $\mathrm{nor}_{t_1}>\mathrm{nor}_{t_2}$，用户处于状态 $S_{n\to d,d}$，即常态→偏离态，偏向偏离态。如果 $\mathrm{mat}_{nor}>\mathrm{mat}_{dev}$ 且 $\mathrm{nor}_{t_1}<\mathrm{nor}_{t_2}$，用户处于状态 $S_{d\to n,n}$，即偏离态→常态，偏向常态状态。如果 $\mathrm{mat}_{nor}<\mathrm{mat}_{dev}$ 且 $\mathrm{nor}_{t_1}<\mathrm{nor}_{t_2}$，用户处于状态 $S_{d\to n,d}$，即偏离态→常态，偏向偏离状态。

偏向程度 Bias_level 是根据匹配程度 mat_{nor} 和 mat_{dev} 来定义的。在[0,1]之间，值越接近 0 表示用户越接近中间态，即

$$\mathrm{Bias}_{level}=1-\frac{\max(\mathrm{mat}_{nor},\mathrm{mat}_{dev})}{\max(\mathrm{mat}_{nor},\mathrm{mat}_{dev})+1} \tag{8-24}$$

用户行为稳定性是评估用户行为一致性和可预测性的指标。当用户在一段时间内对某种类型或风格的项目持续表现出兴趣，并且在交互的过程中表现出一致的行为模式，就认为该用户的行为是稳定的。

定义 8-13 用户行为稳定性：指用户在与项目交互的过程中，持续展现出一种相对稳定的行为模式。这种稳定性体现在用户对于特定类型或风格的项目的兴趣、使用习惯以及交互方式上。例如，一个用户如果经常浏览和购买电子产品，那么其行为在电子产品上就表现出较高的稳定性。

根据用户当前所处的状态和偏向程度，预测用户可能转移到的下一个状态，评估用户行为的稳定性。基于历史数据中不同状态之间的转移频率来估计转移概率。假设状态转移

矩阵 $\boldsymbol{T}$，其中 T_{ij} 表示用户从状态 i 转移到状态 j 的概率，共有 n 个状态。转移矩阵的行 i 进行归一化，以确保每一行的概率之和为 1。通过构建状态转移矩阵，计算用户从当前状态 k 转移到下一个状态的概率 P_{ij}^{trans}：

$$P_{ij}^{\text{trans}} = \frac{T_{ij}}{\sum_{k=1}^{n} T_{ij}} \tag{8-25}$$

将用户的转移概率与用户的偏向程度结合起来，计算中间态行为转化率 P_{inter}：

$$P_{\text{inter}} = P_{ij}^{\text{trans}}(1-\text{Bias}_{\text{level}}) \tag{8-26}$$

定义 8-14 深度行为转化率：一种评估用户与推荐内容之间深度互动程度的指标。这种深度互动不仅包含用户对推荐内容的直接响应，如点击、购买等，还涉及用户与推荐内容之间的长期关系、多次交互以及用户行为背后的深层动机和偏好。

最后聚合复合行为转化率 P_{deep} 和中间态行为转化率 P_{inter}，预测深度行为转化率 P：

$$P=\sigma(P_{\text{deep}},P_{\text{inter}}) \tag{8-27}$$

式中，σ 表示非线性激活函数。

8.3.5 多元视角的异步强化学习

为了充分利用用户行为偏差，提出基于常态行为转化和偏离态行为转化的多视角强化学习，如图 8-8 所示。其中用户是环境，向用户提供推荐的推荐系统则是代理。用户的信息和交互历史记录构成了环境的状态。代理根据用户的需求和交互历史记录，自动学习并选择最优的推荐策略。代理根据当前状态选择一个动作，用户的反馈被看作对代理的奖励信号。基于奖励信号，代理进行策略更新，并开始下一轮交互。

彩色图片

图8-8

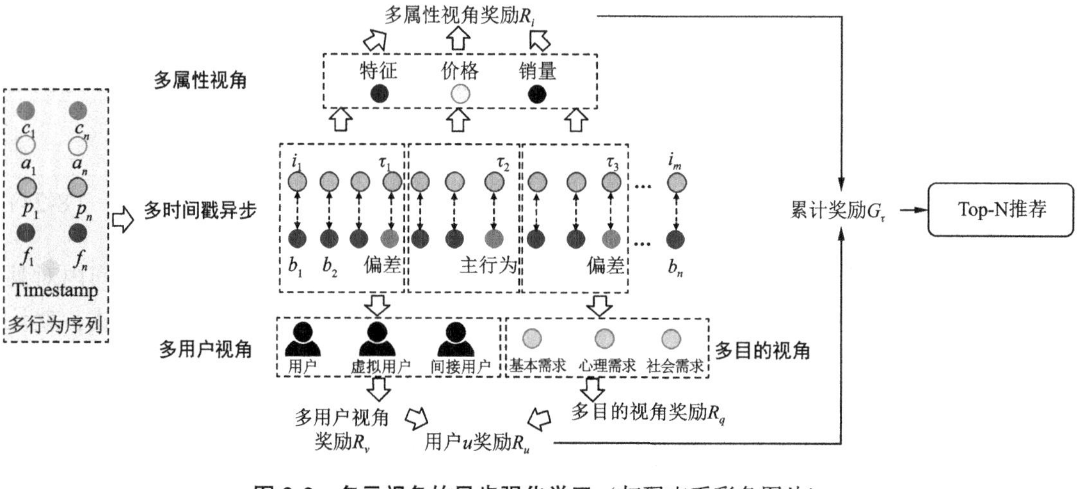

图 8-8 多元视角的异步强化学习（扫码查看彩色图片）

多元视角的异步强化学习策略集成了多时间戳异步机制、多属性视角、多用户视角以及多购买目的视角。可以有效解决时间尺度建模用户行为以及用户常态和偏离态行为模式转换问题。一方面，多元视角的互补使得推荐系统能够分析用户在不同时间尺度上的行为模式、特定需求以及购买动机。同时将用户行为数据进行细化，细粒度分析用户常态和偏离态行为模式。另一方面，异步机制使得推荐系统及时捕捉用户行为的时间尺度变化，精准分析用户目前所处的动态状态，为理解用户行为模式的转换提供过程支持。

1. 多时间戳异步机制

状态空间包括在不同行为时间戳上观察到的状态，即 $\text{state}=\{U,I,B,T,a\}$。其中用户特征 U 包括用户的年龄、性别、职业等特征。商品特征 I 包括商品的属性，如风格、价格等。用户行为 B 包含用户的行为历史序列，如点击、浏览、购买等。时间戳 T 作为时间维度表示用户行为发生的时间。而行动 a 定义了代理根据当前环境的状态奖励在不同时间戳上采取的行动。确定不同时间戳，每个时间戳分别计算累计奖励 G_τ。引入时间窗口，代理只能在每个窗口内选择行动，然后等待下一个窗口。时间窗口为 $\tau\in[\tau_i,\tau_i+\Delta\tau]$，其中 τ 是当前时间戳，τ_i 是时间窗口的开始时间戳，$\Delta\tau$ 是当前时间窗口的时长。

为了提高学习效率，设计了多时间戳异步机制，以相邻两次发生行为偏差时间间隔 τ 作为时间戳。为了解决可能存在较大时间间隔的问题，引入主行为辅助时间戳作为时间戳标定的补充，并结合 lamport 逻辑时间戳 L_τ，表示行为的相对顺序。即时间戳 $L_\tau\in\tau$，$\tau\in T$。其核心思想在于，不仅仅依赖单一的时间戳来记录用户行为，而是采用多个时间戳来同步捕捉信息，从而实现高效的并行处理，提高计算效率。

定义 8-15　多时间戳异步机制：每个时间戳对应着一次用户行为偏差或主行为。这意味着每当用户的行为与预期或标准行为出现偏差，或者用户执行了某种主要行为时，系统都会记录一个时间戳。异步则表示系统在学习和更新推荐策略时，可以根据各个时间戳的信息进行不同步的处理。

每个时间戳 τ 内，为每个操作分配唯一的逻辑时间戳 L_τ，$L_\tau=\{1,2,\cdots\}$，标识用户行为的相对顺序。

设置多个智能体，每个智能体在各自的环境中独立地执行动作，更新参数，收集经验数据（状态、动作、奖励和下一个状态）。根据时间间隔 τ 的长度和主行为辅助时间戳频率设置更新阈值。为了平衡结果的稳定性和计算效率，本章设置阈值为 50。当某个智能体收集到的经验数据达到阈值，开始异步更新其参数：

$$\psi_{L_\tau+1}=\psi_{L_\tau}-\zeta\nabla T(\psi_{L_\tau}) \tag{8-28}$$

式中，ψ_{L_τ} 是当前时刻的模型参数，ζ 是学习率，$\nabla T(\psi_{L_\tau})$ 是损失函数关于模型参数的梯度。

2. 多属性视角奖励机制

根据行动在不同时间戳上的反馈设计多属性奖励机制，激励代理采取期望的行动。为了实现这一目标，设计了多属性奖励函数融合，每个函数对应一个特定的目标。例如，对于销量，项目销量较高时设置为销量强化的正奖励；对于价格，设置与用户历史行为中同等级项目的价格差异较小时为正奖励；对于项目特征，设置与用户历史交互项目特征相似为正奖励。同时，为了避免不希望的行为，还设置相应的负奖励，例如在价格过高时施加负奖励，以鼓励代理选择更合理的价格。

定义 8-16 多属性视角奖励机制。用户完成交互和转化可以被看作积极的事件，因此奖励由多个项目视角组成，包括项目的多个属性奖励。以项目特征奖励、价格奖励、销量奖励为例，即 attributes = {features, price, amount}。

为了更具体地体现不同特征的差异性，将每个特征的奖励 R_i 计算进行细化，允许奖励函数根据不同特征和它们之间的关系进行灵活调整：

$$R_i = \sum_{\tau} \sum \omega_{\text{attributes}} r_{\text{attributes}} \tag{8-29}$$

式中，$\omega_{\text{attributes}}$、$r_{\text{attributes}}$分别表示单一视角属性的权重和奖励。

3. 多用户视角奖励机制

在这个强化学习框架中，基于 6.3.3 提出的用户附属关系，从不同的用户视角考虑行为偏差，包括用户本身、社交用户以及间接用户。为每个视角的用户分别赋予不同的权重，以反映他们的购买偏好。如图 8-9 所示，用户 u_1 历史行为中更多购买成年女性的商品，而某一次她购买了一件女式童装上衣，则用户 u_1 构建一个女儿的间接用户。平台中有另一个用户 u_2 与用户 u_1 存在相似的偏好，则对于用户 u_1 来说，用户 u_2 是社交用户。

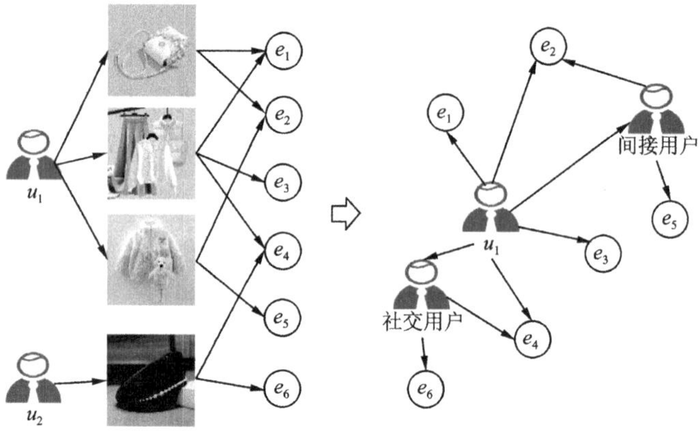

图 8-9 多用户视角奖励机制

定义 8-17 多用户视角奖励机制：综合考虑不同用户视角下的行为偏好，并为每个视角的用户分配适当的权重，以反映其对当前用户决策的重要性。

对于用户本身视角 Y_1，根据用户的个人特征和历史行为动态调整权重。基于用户的历史行为，为不同行为赋予不同的权重，注重频繁出现的行为：

$$R_1 = \sum_{\tau=1}^{T} \left(\sum_{\varphi} \omega_{\varphi_{\text{features}}} \text{features}_{\varphi} + \sum_{\phi} \omega_{\phi_b} b_{\phi} \right) r_1^{\tau} \tag{8-30}$$

式中，$\omega_{\varphi_{\text{features}}}$和 ω_{ϕ_b} 分别对应个人特征和历史行为的权重系数，$\text{features}_{\varphi}$是用户的个人特征，$b_{\phi}$是用户的历史行为，$r_1^{\tau}$ 是用户本身视角 Y_1 在时间步 τ 时的奖励信号。

间接用户视角 Y_2 是通过挖掘用户为那些在电商平台中不存在的用户购买的情况而获得

的。这一视角旨在提供额外的用户偏好信息，通过综合多个用户来源，推荐系统能够更好地理解和反映潜在用户群体的购物行为。在处理间接用户时，考虑到这些非真实用户的行为可能与真实用户存在一些本质差异，因此引入偏置项来调整这些差异：

$$R_2 = \sum_{\tau=1}^{T} \lambda_2^{\tau-1}(r_2^{\tau} + \xi) \tag{8-31}$$

式中，R_2 表示间接用户视角 Y_2 的奖励，λ_2 是间接用户视角 Y_2 的折扣因子，ξ 是间接用户的偏置项，r_2^{τ} 是间接用户视角 Y_2 在时间步 τ 时的奖励信号。

社交人物视角 Y_3 是社交网络中与目标用户相似或存在社交关系的用户群体。这些用户的行为模式与目标用户有一定的相似性，因此可以作为一种参考来辅助推荐决策。在处理社交人物时，注意社交用户在行为和偏好上与用户本身存在一定的差异，因此引入权重参数来捕捉和适应这些差异。在强化学习中，社交人物 Y_3 的奖励信号 R_3 表示为

$$R_3 = \sum_{\tau=1}^{T} \lambda_3^{\tau-1} \mu_{\tau} r_3^{\tau} \tag{8-32}$$

式中，R_3 表示社交人物视角 Y_3 的奖励，λ_3 是社交人物视角 Y_3 的折扣因子，μ_{τ} 是在时间步 τ 时的权重参数，r_3^{τ} 是社交人物视角 Y_3 在时间步 τ 时的奖励信号。

4. 多购买目的视角奖励机制

同时，本章的强化学习策略并行考虑多用户视角和多购买目的视角。针对用户的购买目的，将其分为三类：

（1）**基本需求**。这一类购买目的涉及生存的基本需求，如食品、水等日常用品。购买这些产品的目的主要是确保个体能够维持基本的生活水平，满足其基本的物质需求。这层面的购买决策往往与个体的生存和基本生活功能密切相关。

（2）**心理需求**。用户通过购买一些商品来提高生活品质、表达个体品位以及获得愉悦感。购买时尚品牌、娱乐产品和豪华物品等产品的目的不仅仅是满足实际需求，更是为了在心理上获得满足。这类购买行为关乎个体对品位和愉悦感的追求，为购买赋予了情感和心理层面的动机。

（3）**社会需求**。用户在购买时往往希望通过产品或服务在社会中获得认同或满足社会交往的期望。购买与社交活动、社交媒体和社交礼品相关产品的目的在于建立社会关系、获得认可以及满足社交期望。这一类购买行为与个体在社会层面的互动和认同紧密相连，反映了购买行为的社会性质。用户基于个人社会背景，或由于集体、家庭、朋友而产生的购买项目和行为都属于社会需求。

定义 8-18 多购买目的视角奖励机制：综合考虑用户在购买行为中的多种目的。该机制将购买行为划分为不同的目的视角，每个购买目的视角都具有不同的奖励权重，代表了其对用户决策的重要性。

每个目标函数对应一个购买目的，代理同时学习这些目标函数，根据当前需要选择不同的行动。设计状态表示，包括关于购买目的的信息。代理根据当前状态了解到目前最重要的购买目的，并相应地选择行动。基于用户购买目的的奖励机制 R_q：

$$R_q(s_{\tau}, a, s_{\tau+1}) = \sum_{\tau} \sum \omega_q r_q \tag{8-33}$$

式中，s_τ 代表当前状态，$s_{\tau+1}$代表采取动作后进入的下一个状态。ω_q 是权重，用于调整每种购买目的的相对重要性。r_q为单一购买目的视角的奖励函数，根据用户购买行为进行计算。

将用户视角和购买目的视角的奖励聚合，得到用户 u 的奖励 R_u 表示为

$$R_u = \sum_{y \in Y} R_y \oplus \sum_{q \in Q} R_q \tag{8-34}$$

使用状态-动作值函数 $Q(s,a)=Q_{\psi_{L_\tau+1}}(u,i,a)$ 来估计每个状态-动作对的累积奖励 G_τ。智能体在当前状态 s_τ 选择动作 a 后，获得用户奖励 R_u 和项目属性奖励 R_i，然后在下一个状态 $s_{\tau+1}$中选择能够使累积奖励 G_τ 最大化的动作 a'，并将未来奖励折算至当前时刻。更新后的状态-动作值函数计算累积奖励 G_τ：

$$G_\tau = R_u + R_i + \eta \max_{a'} Q_{\psi_{L_\tau+1}}(u_{\tau+1}, i_{\tau+1}, a') \tag{8-35}$$

式中，$u_{\tau+1}$和 $i_{\tau+1}$是下一个状态 $s_{\tau+1}$对应的用户和项目属性信息，η 是折扣因子，用于衡量未来奖励的重要性。

8.3.6 行为预测 Top-N 推荐

利用用户深度行为转化率生成 Top-N 推荐序列，以向用户展示最有可能引发其目标行为的商品或内容。多元视角的异步强化学习根据用户的实时反馈和行为数据优化推荐策略。

定义 8-19 行为转化率预测：对用户的预期行为完成率进行预估，以预测他们是否会按照推荐内容完成目标行为。

根据当前的状态表示 s_τ 和动作空间 $\mathcal{A}$，使用深度 Q 网络进行最大化累积奖励 G_τ 对每个动作 a 进行评估。通过以下公式确定最优动作 a^*：

$$a^* = \operatorname{argmax}_{a \in \mathcal{A}} G_\tau \tag{8-36}$$

经过多元视角的异步强化学习优化后，从候选推荐列表中选出转化率最高且最符合用户个性化需求的 N 个商品作为最终的推荐结果。

8.4 实验与分析

为了评估 TCMR 的推荐性能，本节进行了一系列实验，并与序列处理、多行为推荐等方法进行对比。从推荐效率、准确性和排序质量等方面对方法进行评价。

1. 实验设计

1）数据集和评价指标

本章仍然采用第 7 章所列 Rec-Tmall、UserBehavior 和 CIKM2019 EComm AI 作为实验数据集，利用 F1 值、NDCG 和 AUC 作为评价指标。

2）实验方案

采用 7.4 中所提出的实验方案对数据集进行进一步处理，随机选取用户数量为 1 000 的数据子集创建数据集，见表 8-1。

表 8-1　处理后的数据集描述

数据集	用　户	项　目	交　互
Rec-Tmall	1 000	14 762	879 408
UserBehavior	1 000	12 862	538 852
CIKM2019 EComm AI	1 000	9 103	415 478

一些超参数和配置设置如下：对于输入层的大小，考虑到用户历史行为、商品特征等，设置为 200。隐藏层大小为 128。输出层大小与商品类别数相匹配，设置为 50，以应对广泛的商品选择。另外，将学习率设置为 0.001，批量大小为 64，这既能充分利用计算资源，又不至于导致内存问题。迭代次数为 15。权重初始化采用 Xavier 初始化方法，而正则化项的权重设置为 0.01，以抑制过拟合。在优化器和损失函数方面，选择了 Adam 优化器，而损失函数采用交叉熵损失。

最后，为了体现 TCMR 方法性能与其他方法的差别，将 TCMR 方法与以下基线进行比较，包括 DIEN、ESMM、ESM^2、DEERS、NMTR、MBGCN 和 GHCF。

（1）**DIEN** 利用损失函数获得兴趣序列的表达，捕获历史行为序列中暂时的兴趣。将注意力机制嵌入序列结构中以加强相对兴趣的作用，捕捉在给定项目下的用户兴趣进化过程。

（2）**ESMM** 引入浏览后点击率和浏览后的点击率和转化率，直接在整个空间上建模 CVR。

（3）**ESM^2** 通过线性全连接层将 ID 特征的一个热点特征向量嵌入密集表示中，依次组成最终的 CVR 和一些辅助概率。

（4）**DEERS** 使用循环神经网络对用户的正反馈和负反馈信息进行编码，将其融合得到用户状态，随后采用基于值的深度强化学习算法进行训练。

（5）**NMTR** 考虑了不同类型行为之间的级联关系，在多任务学习框架的基础上进行联合优化。

（6）**MBGCN** 考虑用户和项目节点以及多种类型的边，捕捉不同行为的强度差异，同时捕捉各种行为的项目相似性的不同协同过滤语义。

（7）**GHCF** 通过图神经网络学习节点嵌入，捕捉不同行为的强度差异，全面建模用户兴趣和项目特征。

为了公平比较，为每个方法设置了初始超参数，如隐藏层维度、学习率、正则化参数等，这些超参数在实验中保持不变。对于所有基线，基于推荐性能的结果保持超参数的最佳设置。具体而言，对于 DIEN，6 个 FCN 层的维度面积分别为 600、400、300、200、80、2，历史行为的最大长度设置为 50。对于 ESMM，设置嵌入向量的维度为 18，每层 MLP 网络为 $360\times200\times80\times2$。对于 ESM^2，学习率设置为 0.000 5，批量大小设置为 1 000。对于 DEERS，跳过/点击/排序项目的奖励分别设置为 0、1 和 5，项目嵌入维度为 50，贴现因子 $\gamma=0.95$。对于 NMTR，设置隐藏层维度 = 100，学习率 = 0.001，注意力头数 = 2。对于 MBGCN，设置学习率 = 0.001，批处理大小为 128，退出率 = 0.5，最大序列长度 = 50。对于 GHCF，设置隐藏层维度 = 128，学习率 = 0.001，邻域大小 = 16。通过随机梯度下降算法，反向传播更新模型参数以最小化总体损失函数。在模型训练过程中，采用了负采样技术，使用训练集进行模型训练，并使用测试集对超参数进行调优，以获得最佳性能。

2. 实验结果及分析

1）TCMR与基线方法的性能对比

下面对TCMR与多个基线方法进行全面的性能比较与讨论，以评估方法TCMR在推荐系统任务中的有效性和优越性。在数据集上的性能比较见表8-2、表8-3和表8-4。

表8-2　Rec-Tmall数据集上方法性能比较

数据集	方法	Precision	Recall	F1	NDCG	AUC
Rec-Tmall	DIEN	0.387 5	0.366 3	0.376 6	0.290 7	0.451 0
	ESMM	0.433 9	0.381 2	0.405 8	0.265 5	0.577 4
	ESM^2	0.580 6	0.418 1	0.486 1	0.406 5	0.585 1
	DEERS	0.631 8	0.522 1	0.571 8	0.451 7	0.638 9
	NMTR	0.720 1	0.610 2	0.629 6	0.604 3	0.737 8
	MBGCN	0.759 3	0.743 8	0.751 5	0.772 0	0.749 2
	GHCF	0.812 0	0.793 1	0.802 4	0.825 7	0.952 3
	TCMR	**0.879 5**	**0.855 4**	**0.867 3**	**0.904 1**	**0.947 2**

表8-3　UserBehavior数据集上方法性能比较

数据集	方法	Precision	Recall	F1	NDCG	AUC
UserBehavior	DIEN	0.370 2	0.202 2	0.261 5	0.280 3	0.392 7
	ESMM	0.408 5	0.362 8	0.384 3	0.323 4	0.464 0
	ESM^2	0.468 1	0.444 3	0.455 9	0.419 6	0.594 4
	DEERS	0.536 6	0.505 6	0.520 6	0.495 1	0.627 0
	NMTR	0.686 3	0.665 6	0.675 8	0.553 5	0.688 7
	MBGCN	0.701 8	0.735 2	0.718 1	0.601 1	0.763 6
	GHCF	0.720 9	0.813 2	0.764 3	0.751 3	0.851 0
	TCMR	**0.800 6**	**0.847 0**	**0.823 1**	**0.819 1**	**0.924 9**

表8-4　CIKM2019 EComm AI数据集上方法性能比较

数据集	方法	Precision	Recall	F1	NDCG	AUC
CIKM2019 EComm AI	DIEN	0.313 2	0.326 9	0.319 9	0.314 9	0.379 8
	ESMM	0.364 3	0.409 4	0.385 5	0.407 2	0.416 3
	ESM^2	0.473 0	0.556 3	0.511 3	0.456 8	0.569 0
	DEERS	0.548 9	0.643 8	0.592 6	0.556 0	0.646 3
	NMTR	0.605 4	0.718 0	0.656 9	0.649 8	0.677 4
	MBGCN	0.744 5	0.772 9	0.758 4	0.698 1	0.743 5
	GHCF	0.793 3	0.863 1	0.822 7	0.709 6	0.803 8
	TCMR	**0.827 8**	**0.847 8**	**0.837 7**	**0.794 0**	**0.851 7**

TCMR为多行为推荐提供准确和多样的推荐列表。从表8-2、表8-3和表8-4中可以看出，与基线相比，TCMR在所有评价指标上都取得了最佳的性能。具体而言，在Rec-Tmall数据集上，TCMR在F1、NDCG和AUC方面分别比次优的GHCF模型高出8.1%、9.5%和9.2%。这表明TCMR在准确性和效率方面均取得了显著的改善，特别是在处理大规模数据时，其性能优势更为明显。在UserBehavior数据集上，TCMR在F1、NDCG和AUC方面分别

比次优的 GHCF 模型高出 7.7%、9% 和 8.7%。这说明 TCMR 在捕捉数据内部关系和特征上的能力远远超过基线方法，这直接导致了更高的准确性和更强的模型泛化能力。在 CIKM2019 EComm AI 数据集上，TCMR 在 F1、NDCG 和 AUC 方面分别比次优的 GHCF 模型高出 3.4%、8.4% 和 6%。这表明 TCMR 在不同数据集上都能保持一致的优势，具有更好的泛化性能。

通过分析实验结果，可以得出以下结论：

（1）在 Rec-Tmall 数据集上，除 AUC 低于 GHCF 外，TCMR 在各项指标上都表现出明显的优势。在 UserBehavior 数据集上，TCMR 表现出绝对的优势，所有指标都展现出最优性能。在 CIKM2019 EComm AI 数据集上，TCMR 的 Recall 与 GHCF 相比稍显劣势，在其他指标上依然表现优秀。结果表明，TCMR 能够有效地捕获用户的兴趣和行为模式，提供高度个性化的推荐服务。

（2）在 NDCG 指标上，TCMR 均表现出最优性能。这充分证明了其能够准确地将最符合用户偏好的项目排在推荐列表的前列，从而显著提高了推荐的排序准确性和用户体验。这一优势不仅展示了 TCMR 的有效性，也凸显了其在满足用户个性化需求方面的强大能力。

TCMR 的第一个关键优势是构建了时间信号高度协同的超行为空间模型。通过关注用户行为转化，能够捕捉用户行为-项目序列中的深层关系。相较于基线方法，子网协同的用户常态行为模式预测表示方法更全面地考虑了用户和项目之间的关系，使得对用户行为转化预测更为精准。第二个关键优势是 TCMR 的多层级用户行为轨迹树设计。多层级用户行为轨迹树的引入允许网络在推理用户行为轨迹时更好地捕捉序列中的重要特征。用户行为偏差是 TCMR 优于基线方法的最大特点。第三个关键优势是 TCMR 引入多元视角的异步强化学习策略，考虑了不同用户视角、不同属性视角和不同购买目的视角的信息。这相较于基线方法更为灵活和全面。

2）实验参数选取

由于学习率直接影响模型的收敛速度和性能，所以分别尝试了不同学习率策略。学习率太小可能导致收敛缓慢，而学习率太大可能导致优化过程不稳定甚至无法收敛。在训练过程中逐渐减小学习率，使得模型在接近收敛时更加稳定。结果如图 8-10 所示。

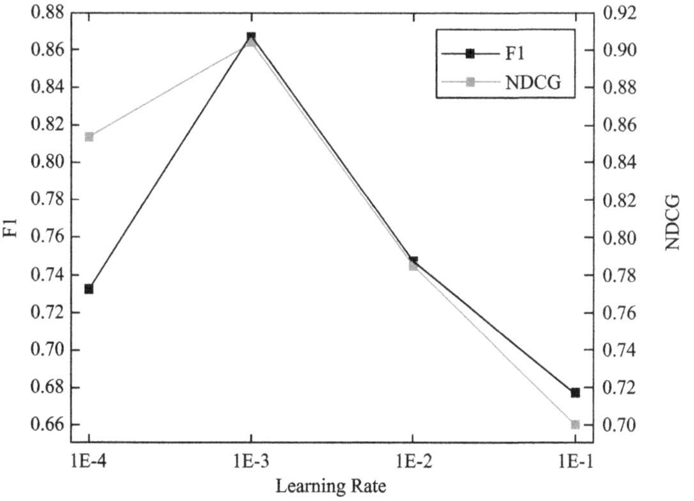

图 8-10　不同学习率的影响

批次直接影响模型的训练速度和性能，较大的批次通常可以提高训练速度，而较小的批次可以使模型更稳定，避免模型陷入局部最优解或者震荡现象。因此使用小批量随机搜索方法来寻找最优的批次，结果如图 8-11 所示。

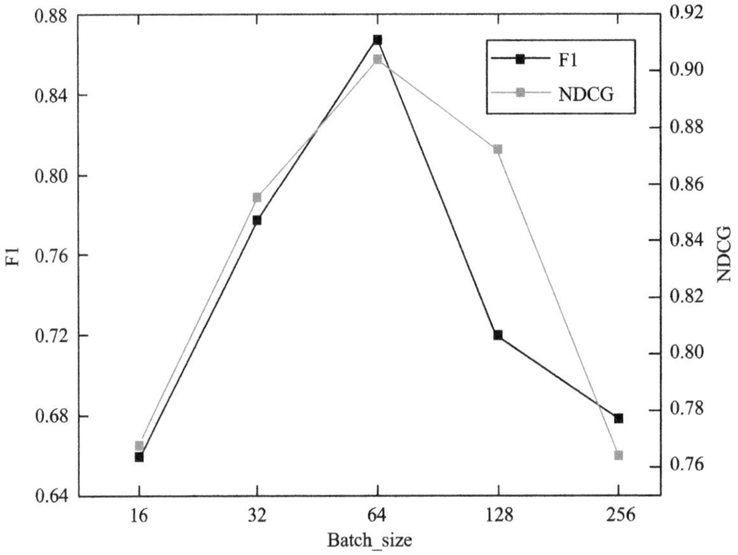

图 8-11　不同批次的影响

ε 用于调整常态行为转化率和偏离态行为转化率权重，在模型预测过程中平衡对两种行为模式的关注度。当常态行为的权重过高时，模型会更多地依赖于用户过去的稳定行为模式进行预测，可能会降低模型对于用户行为多样性的捕捉能力。相反，如果偏离态行为的权重设置得过高，可能导致模型过于敏感，对于微小的行为变化产生不必要的误报。为了找到最优的 ε 值，使用交叉验证方法。通过在不同的 ε 值下训练模型，找到使得模型性能最优的 ε 值。结果如图 8-12 所示。

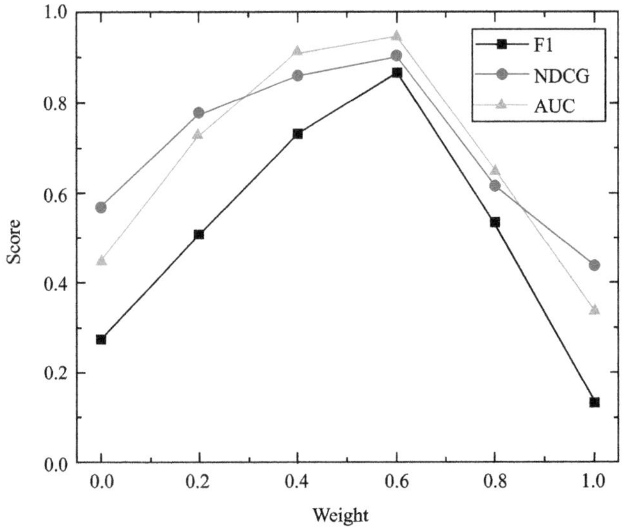

图 8-12　不同行为转化率权重的影响

用户兴趣漂移的阈值决定了推荐系统是否能准确地识别用户兴趣的变化。阈值设置得越低，系统对兴趣变化的敏感度就越高。但过低的阈值可能导致系统过于敏感，误将用户正常的兴趣波动识别为兴趣漂移。阈值设置得越高，系统对兴趣变化的稳定性就越高。但过高的阈值可能导致系统无法及时检测到用户真正的兴趣漂移，影响用户体验。因此需要通过不断迭代和改进，找到最适合用户需求的阈值。结果如图 8-13 所示。

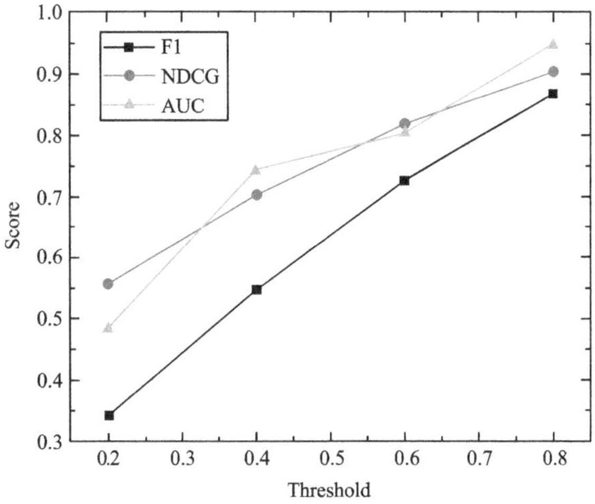

图 8-13　不同兴趣漂移阈值的影响

图 8-10 实验结果表明，学习率为 0.001 时取得最优性能。学习率的选择通常需要在不同值之间进行权衡。当学习率为 0.001 时，方法更容易在合理的训练时间内收敛到较好的结果。图 8-11 表明在批次为 64 时取得最优性能。这意味着较小的批量大小不足以提供稳定的梯度估计，而较大的批量大小可能导致方法陷入局部最优。在批量大小为 64 时，在平衡收敛速度和泛化性能方面取得了最佳结果。由图 8-12 可知，当常态行为转化率权重为 0.6，偏离态行为转化率权重为 0.4 时，性能达到最优。说明常态和偏离态行为模式共同影响推荐系统的性能。而相比来说，常态行为模式发挥了更大的作用。这是因为常态行为模式代表了用户的基本兴趣和需求，是推荐系统为用户提供个性化推荐的基础。虽然偏离态行为模式在推荐系统中的作用相对较小，但它代表了用户的特殊需求和兴趣点。由图 8-13 可以发现，用户兴趣漂移阈值为 0.8 时取得最优性能。这是因为阈值为 0.8 能够确保系统只关注那些真正显著的兴趣变化，从而避免因为微小波动而导致的推荐策略误调整。这有助于提高推荐的准确性和针对性。

3）消融实验

由于 Rec-Tmall 数据集规模大，能够提供充足的样本和信息，为了进一步验证 TCRM 框架中各主要组成部分的有效性，在该数据集上进行了消融实验。为了验证子网协同的用户常态行为模式预测表示方法（SCU）的有效性，将删除 SCU 的方法定义为 TCMR-SCU。其中，TCMR 表示所提出的方法，“-SCU”表示去除 SCU。同样还设计了消融实验来评估另外两个因素的作用，这两个因素是多层级用户行为轨迹树（MBT）因素和多元视角的异步强化学习（MPA）因素。分别被定义为 TCMR-MBT 和 TCMR-MPA。实验结果见表 8-5。

表 8-5　模块消融实验性能比较

方　法	F1	NDCG@10	AUC
TCMR-TSIE	0.851 4	0.896 9	0.928 2
TCMR-MBT	0.829 6	0.861 5	0.891 2
TCMR-MPA	0.831 7	0.887 6	0.906 1
TCMR	0.867 3	0.904 1	0.947 2

从表 8-5 可以观察到，实验 TCMR-SCU 中移除了子网协同的用户常态行为模式预测表示方法，F1 值、NDCG@ 10 和 AUC 有轻微下降，说明子网协同的用户常态行为模式预测表示方法对性能有一定影响。实验 TCMR-MBT 中移除了多层级用户行为轨迹树，F1 值、NDCG@ 10 和 AUC 都明显下降，表明多层级用户行为轨迹树对性能的提升有重要作用。实验 TCMR-MPA 中移除了多元视角的异步强化学习，F1 值、NDCG@ 10 和 AUC 在一定程度上降低，说明多元视角的异步强化学习对性能有积极贡献。

通过消融实验，验证了推荐框架中各主要组成部分的有效性。实验结果表明，子网协同的用户常态行为模式预测表示方法、多层级用户行为轨迹树和多元视角的异步强化学习策略是推荐性能的三大关键因素。子网协同的用户常态行为模式预测表示方法在计算用户常态行为转化率方面有一定作用，多层级用户行为轨迹树对于用户偏离态行为转化率的提取较为重要；多元视角的异步强化学习和推荐列表的排序质量至关重要。这些实验结果将为进一步优化推荐框架提供重要参考。

本章提出的方法探讨从时间信号协同的用户多行为序列中提取用户常态行为和偏离态行为的重要性，并强调用户行为转化过程对推荐系统的潜在作用。通过构建时间信号高度协同的超行为空间模型，实现时间协同的多行为序列建模。提出子网协同的用户常态行为模式预测表示方法，完成常态行为转化预测，挖掘用户行为隐含的多维变化。通过设计多层级用户行为轨迹树，本章成功实现了对用户偏离态行为转化率的计算。分别考虑用户常态和偏离态行为的结合与转化，准确捕获了用户的核心偏好、需求时机和用户行为稳定性。通过多元视角的异步强化学习策略，提高了推荐系统对时间、情景动态性的适应能力。实验表明 TCMR 能够更准确地挖掘用户多行为序列中的潜在用户表征关系，并有效地验证了在推荐系统中，用户行为的离群偏差对于实现个性化推荐十分重要。

第9章 推荐系统中的对偶理论

推荐系统可以视为用户和项目相互选择的过程，即向用户根据群体协同选择他有可能评分最高的项目，同时基于项目特征向用户推荐他可能最喜欢的项目。这体现了推荐任务的对偶特质。本章介绍基于对偶学习的混合推荐方法，首先对于对偶学习的思想及框架进行分析，构建基于对偶学习的推荐模型（dual learning based recommendation approach，DLRA）。提出推荐空间、推荐过程以及推荐依据的三种对偶策略并进行分析。在真实数据集上验证框架的可行性，提高系统的自校正、自优化功能。

9.1 对偶理论概述

9.1.1 对偶理论概念

对偶理论是研究线性规划中原始问题与对偶问题之间关系的理论。在线性规划早期发展中最重要的发现是对偶问题，即每一个线性规划问题（称为原始问题）有一个与它对应的对偶线性规划问题（称为对偶问题）。1928 年美籍匈牙利数学家 J. von 诺伊曼在研究对策论时发现线性规划与对策论之间存在着密切的联系。两零和对策可表达成线性规划的原始问题和对偶问题。

每一个线性规划问题都伴随有另一个线性规划问题，称为对偶问题。原来的线性规划问题则称为原始线性规划问题，简称原始问题。对偶问题有许多重要的特征，它的变量能提供关于原始问题最优解的许多重要资料，有助于原始问题的求解和分析。对偶问题与原始问题之间存在着下列关系：①目标函数对原始问题是极大化，对对偶问题则是极小化；②原始问题目标函数中的收益系数是对偶问题约束不等式中的右端常数，而原始问题约束不等式中的右端常数则是对偶问题中目标函数的收益系数；③ 原始问题和对偶问题的约束不等式的符号方向相反；④原始问题约束不等式系数矩阵转置后即为对偶问题的约束不等式的系数矩阵；⑤原始问题的约束方程数对应于对偶问题的变量数，而原始问题的变量数对应于对偶问题的约束方程数；⑥对偶问题的对偶问题是原始问题，这一性质称为原始和对偶问题的对称性。

9.1.2 对偶理论描述

对偶理论中的原始问题和对偶问题的标准形式如下：

设原始问题为

$$\min z = \boldsymbol{c}x \tag{9-1}$$

$$\text{s. t. } \boldsymbol{A} \leqslant \boldsymbol{b}$$
$$x \geqslant 0$$

则对偶问题为

$$\max\ w = y\boldsymbol{b} \tag{9-2}$$
$$\text{s. t. } y\boldsymbol{A} \geqslant \boldsymbol{c}$$
$$y \geqslant 0$$

式中，max 表示求极大值，min 表示求极小值，s. t. 表示“约束条件为”；z 为原始问题的目标函数，w 为对偶问题的目标函数；x 为原始问题的决策变量列向量（$n\times1$），y 为对偶问题的决策变量行向量（$1\times m$）；$\boldsymbol{A}$ 为原始问题的系数矩阵（$m\times n$），$\boldsymbol{b}$ 为原始问题的右端常数列向量（$m\times1$），$\boldsymbol{c}$ 为原始问题的目标函数系数行向量（$1\times n$）。在原始问题与对偶问题之间存在着一系列深刻的关系，现已得到严格数学证明的有如下一些定理：

弱对偶定理：若上述原始问题和对偶问题分别有可行解 x_0 和 y_0，则 $\boldsymbol{c}x_0 \geqslant y_0\boldsymbol{b}$。这个定理表明极大化问题任一可行解的目标函数值总是不大于它的对偶问题的任一可行解的目标函数值。

强对偶定理：若上述原始问题和对偶问题都可行，则它们分别有最优解 x^* 和 y^*，且 $\boldsymbol{c}x^* = y^*\boldsymbol{b}$。

最优准则定理：若上述原始问题和对偶问题分别有可行解 x_0 和 y_0，且两者的目标函数值相等，即 $\boldsymbol{c}x_0 = y_0\boldsymbol{b}$，则两个可行解分别为对应线性规划的最优解。

互补松弛定理：若上述原始问题和对偶问题分别有可行解 x_0 和 y_0，且 u_0 和 v_0 分别为它们的松弛变量，则当且仅当 $v_0x_0+u_0y_0=0$ 时，x_0 和 y_0 分别为它们的最优解。

松弛定理：若上述原始问题和对偶问题分别有可行解 x_0 和 y_0，且 u_0 和 v_0 分别为它们的松弛变量，则当且仅当 $v_0x_0=0$ 和 $u_0y_0=0$ 时，x_0 和 y_0 分别为它们的最优解。$v_0x_0=0$ 和 $u_0y_0=0$ 这两个等式称为互补松弛条件。

对偶问题的最优解：从原始问题的最终单纯形表中（最优单纯形算子）可直接得到对偶问题的最优解。原始问题中松弛变量的检验数对应着对偶问题的解（符号相反）。在用单纯形法时每一步迭代可得到原始问题的可行解 x_0 和对偶问题的补充解 y_0，且 $\boldsymbol{c}x_0 = y_0\boldsymbol{b}$，若 x_0 不是原始问题的最优解，y_0 就不是对偶问题的可行解。最后一步迭代得到原始问题的最优解 x^* 和对偶问题的补充最优解 y^*，且 $\boldsymbol{c}x^* = y^*\boldsymbol{b}$。

对偶理论在机器翻译和图像生成/图像分类领域应用较多。机器翻译中，两种语言的互译互为对偶任务；图像的生成和图像的分类也互为对偶。另外，对偶理论被应用到语义图像分割中，以减少标记的工作量，即原始任务是从图像中预测标签映射和标签，对偶任务则使用预测的标签映射重建图像。

9.2 对偶学习研究现状

9.2.1 对偶学习实现机制

对偶学习的提出，主要是为了应对大数据的问题。例如，ImageNet 中标注过的训练样本量，大概是 120 万张图片；语音识别领域需要成千上万小时的语料数据；机器翻译里面需要上千万对语句来训练；围棋（如 AlphaGo）需要上千万个职业棋手的比赛落子记录。

而目前，大量的人工标注数据存在几个问题：首先是标注代价高；其次是某些应用领域很难拿到数据，如癌症数据（需要与医院合作），而因为涉及个人隐私，病人可能不愿意共享数据。机器翻译标注数据的代价也是十分昂贵的。像微软这样的公司，通常提供的是几十种甚至上百种语言的互译。如果仅仅考虑 100 种语言的互译，数据标注可能就已经超过千亿美元。

因为标注数据的代价如此大，研究人员也提出了不同的解决方案来降低对标注数据的依赖。目前互联网非常发达，没有标注的数据量非常大，对偶学习采用一种新的视角来应对标注数据不足的问题。以机器翻译为例，假设手头有两个智能体，一个只懂英文不懂中文，另一个反之。希望同时训练英翻中和中翻英的模型。首先，拿到一个无标注的英文句子，人们并不知道 x 的正确中文翻译。通过 primal model f；翻译成一个中文句子 y。

因为没有进行标注，因此无从判断句子 y 的正误。但懂中文的智能体可以判断作为一个中文句子，y 是否为一个通顺的、语法正确的句子。因此，懂中文的智能体可以给出一个 partial feedback，反馈句子 y 的质量如何。

随后，通过对偶模型（dual model）将中文句子 y 翻译为英文句子 x'。懂英文的智能体收到这个句子后，它可以比较 x 与 x' 的相似度。如果 f 和 g 的表现很好，那么 x 与 x' 应该非常相近。如果反之，可能模型就需要改进。

这个过程实际上非常像强化学习的过程。在训练过程中，没有人告诉机器某个状态下正确的 action 是什么，只能通过试错-反馈的过程反复尝试。

对偶学习的基本思想，实际上是一个新的学习范式，利用 AI 任务的对称属性（primal-dual）使其获得更有效的反馈/正则化，从而引导、加强学习过程（特别是在数据量少的情况下）。即对偶学习利用任务的对称结构来获得有效的反馈或正则化信号来增强学习过程。应用对偶学习理论的前提是任务本身表现出对偶性，即一个任务的输入是（或可以转换为）另一个任务的输出，反之亦然。两个对偶任务可以构建一个自然闭环，通过有效反馈形成学习机制。因此，使用这种闭环结构，可以用更少的标记数据来实现学习任务。

对偶学习的思想非常直观。如果将一个 x 从一个域映射到另一个域，然后映射回来，应该可以得到原来的 x。通常在基于对偶学习的应用中，要设计一个 agent 来表示原始任务模型，另一个 agent 用来表示对偶任务模型，然后通过强化学习过程来完成这两个任务的自校正和自我改进。基于此过程中产生的反馈信息（例如，一个模型输出的语言模型似然，主翻译和对偶翻译后原始句子的重构误差），可以迭代更新两个模型，直到收敛（例如，使用策略梯度方法）。

对偶学习理论的规范和实现已经得到证明。具体来说，研究者们提出基于联合概率原理的理论工作，且证明为什么和何时对偶学习可以改善映射函数。

9.2.2　对偶学习的主要应用

对偶性的重要性在许多领域都得到了证明，例如，从一种语言翻译到另一种语言的相反方向、语音识别与语音合成、图像分类与图像生成，以及车辆识别等。

由于神经机器翻译中人类标注成本非常高，有研究者提出了对偶学习方法来解决训练数据瓶颈。具体而言，对偶学习机制的灵感来自观察到机器翻译任务具有对偶任务，即来自相反方向的两种语言之间的翻译以对偶形式呈现。主任务和对偶任务可以形成一个闭环，并生成信息反馈信号来训练翻译模型，即使没有人类标注人员的参与。这些模型也可以通过强化学习过程中产生的反馈信号来相互学习。

机器翻译是对偶学习理论应用最为广泛和成熟的领域。双向翻译是一种经典的对偶任务，可以相互训练，相互反馈。有研究转移了对偶模型中包含的知识，以增强主模型的训练。对偶学习在图像生成和图像分类领域也有很好的表现，因为图像生成和图像分类也表现出对偶性的特征。有学者将对偶任务引入人工智能的推理阶段，提出了一个对偶推理的一般框架，该框架可以利用两个对偶任务的现有模型对单个任务进行推理。

有研究将对偶学习方法应用于语义图像分割，以此来减少标记工作量。语义图像分割被建模为两个互补的学习任务，并共同解决。一种是从图像中预测标签映射和标签，另一种使用预测的标签映射重建图像。通过大量的实验，证明了该方法优于现有的其他性能最好的基线。为了降低机器学习方法中未标记实例的风险，有学者提出了基于对偶学习的安全半监督学习方法。该方法首先利用主模型对未标记实例进行分类，然后根据分类结果利用对偶模型对未标记实例进行重构。可以通过分析原始和重建的未标记实例的重建误差和预测来衡量风险。

9.2.3 推荐领域的对偶学习研究现状

在推荐领域，有个别研究用对偶机制缓解冷启动问题。例如，有研究将用户和项目映射到一个类别共享空间，通过类别标签对用户偏好和项目属性进行填充，以解决冷启动问题。对偶策略被应用于用户类别和项目类别的指派任务上，验证用户喜欢的类别是否与共享空间中的项目类别一致。该方法的前提是推荐系统的评价矩阵数量是充分的，这并不适合通用的应用场景。也有研究联合对内容信息进行深度表示学习，对评分（反馈）矩阵进行协同过滤。一方面，评级信息可以指导特征学习过程；另一方面，提取的特征可以通过相互作用进一步提高 CF 模型的预测能力。紧耦合方法可以自动从侧信息中学习特征，自然地平衡评分和侧信息的影响。然而，该模型只适用于隐式评级预测问题，不能有效地学习潜在表征。此外，推荐系统的对偶性在这个模型中没有涉及。

有研究将对偶学习应用于可解释的推荐系统。其中，用户偏好预测和评论生成任务以双重形式呈现，并对这两项任务之间的概率相关性进行建模，以实现用户对商品的准确评估。针对测试阶段的偏好和评论不可用问题，提出了一种基于迁移学习的模型来模拟每个用户-商品对的评论表示，仿真结果可以近似地用于偏好预测和评论生成。对偶任务用于优化有评论设置的推荐场景下的用户模型。在现有信息不可用时，推荐性能严重依赖于生成评论的模拟方法，降低了方法的通用性。

有学者提出了一种基于两个相关域之间的对偶学习机制的跨域推荐方法，以迭代的方式直到学习过程稳定。通过开发了一种潜在的正交映射，以提取多个领域的用户偏好，同时保留不同潜在空间的用户之间的关系。这种研究仅限于跨域场景，未考虑数据稀疏性和冷启动问题。还有研究只考虑了推荐过程中的概率/相似度反馈，没有应用推荐依据和推荐结果的对偶特征来优化推荐模型。因此，对偶理论在推荐系统中的应用需要进一步研究。

另一个类似于对偶学习的无监督学习框架是生成对抗网络（GANs）。GANs 包含两个组件，它们相互竞争以生成逼真的输出。GANs 网络的两个组成部分相互竞争以获得相同的任务。为了保证 GANs 模型的有效性，需要足够的数据集，通常结合神经网络机制来构建 GANs 模型。GANs 与对偶学习模型的最大区别在于，GANs 的目标是处理只有一个任务的情况，而对偶学习可以用来解决有两个任务的问题，而且这两个任务是相互依赖的。因此，对偶学习方法更能满足利用对偶性解决推荐系统冷启动和数据稀疏问题的初衷。

9.3 基于对偶理论的推荐方法

本节介绍一种基于对偶学习的推荐方法 DLRA，该方法利用推荐系统本身存在的对偶特性，在面临冷启动、评分矩阵稀疏和辅助信息缺失的情况下能够触发推荐，并在推荐过程中逐步完善推荐机制，提高推荐性能。

9.3.1 基于对偶学习的推荐框架

图 9-1 所示为 DLRA 的基本原理。DLRA 是一种基于对偶学习理论的混合过滤推荐方法，可以在零或极少训练数据的情况下执行基于对偶学习的推荐任务。以零标记数据的情况为例来说明 DLRA 的实现。零标记数据意味着在主任务 CBF 中没有用户的历史访问数据，在对偶任务 CF 中也没有用户对项目的评级数据。

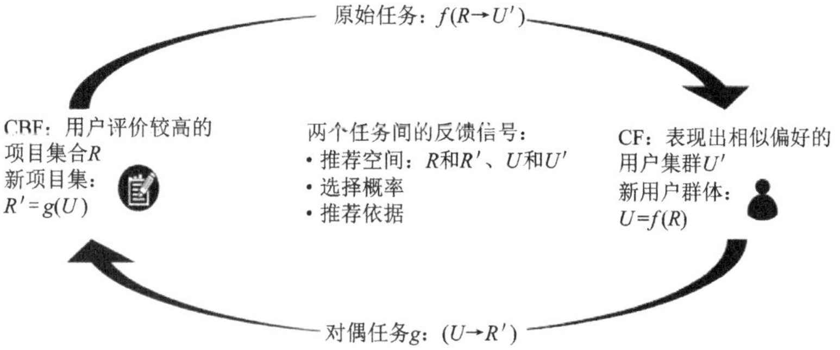

图 9-1　DLRA 的基本原理

对于主任务，在没有用户历史数据的情况下，初始化与用户匹配的项目的选择概率。R 为推荐项目列表，由 CBF 模型 f 实现。根据 R 生成的用户集群记为 U'。由于没有标记数据，因此无法评估推荐结果的质量。而基于 U'，对偶任务可以生成用户最喜欢的项目集 R'。如果推荐模型 f 和 g 表现良好，R 和 R' 应该具有较高的相似性。同样，对于对偶任务，即使没有评分数据，也可以初始化用户选择某一物品的选择概率，然后根据 CF 模型 g 得到用户簇 U，从而得到物品推荐 R'。在推荐 R' 的情况下，原任务将生成新的聚类 U'。因此，通过比较 U 和 U'、模型 f 和模型 g 的相似度可以被训练和优化。

显然，主任务和对偶任务构造了一个闭环推荐过程。更具体地说，f 和 g 的映射函数应该是周期一致的，以减少推荐差距。对于主任务，推荐循环能够将一个项目 r 返回给同一个用户 u，即 $r \to f(r) \to g(f(r)) \to r$，这个循环称为正向循环一致性。意思是，如果在主任务中向用户 u 推荐了一个项目 r，那么对偶任务 g 将根据用户集群向用户 u 推荐 r。同理，$u \to g(u) \to f(g(u)) \to u$ 表示向后循环一致性。

图 9-2 中的框架描述了推荐系统中两个对偶任务的实现过程以及它们之间的连接。图 9-2 的上半部分为主任务示意图，下半部分为对偶任务示意图。最基本的任务是向用户推荐合适的商品，该任务被建模为 $f(R,U' \mid \mathrm{UF};\theta_{ru'})$。UF 指的是用户偏好。$\theta_{ru'}$ 包含模型 f 的参数。推荐过程是根据用户的偏好对候选项目进行分类。对偶任务是向用户推荐商品，此任务建模为 $g(U,R' \mid \mathrm{RU};\theta_{ur'})$。RU 表示物品的评级矩阵。$\theta_{ur'}$ 包含模型 g 的参数。R_0 是候选项，U_0 是用户集。主任务和对偶任务之间的对偶性特征，通过减少对标记信息的依赖，保证了推荐系统能够主动有效地进行推荐。

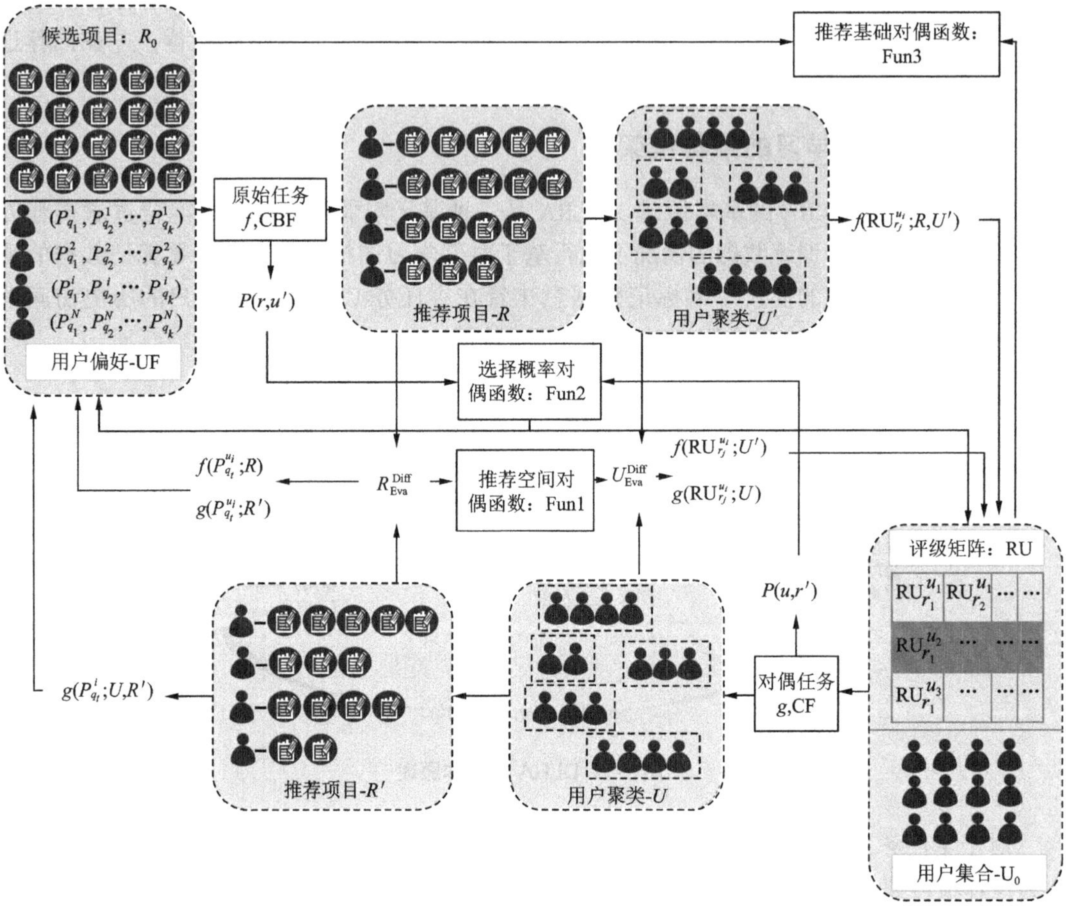

图 9-2　DLRA 的框架

9.3.2　推荐中的对偶策略理论

一个推荐系统可以被模拟为具有对偶性的两个双向任务，即原始任务和对偶任务。原始任务是一种基于内容的推荐，它以项目为中心，项目采取主动行为寻找对项目评价较高的用户，其中项目选择用户的概率可以随机初始化。而对偶任务是一种协同过滤任务，它以用户为中心，用户采取主动行为找到自己的用户群，并根据用户群中邻居的信息找到自己的目标项目。用户选择正确邻居的概率也可以随机初始化。在此前提下，本方法提出了三种对偶策略，对偶策略基于推荐结果空间、选择概率和推荐依据。DLRA 的三种对偶策略的含义如图 9-3 所示。这些对偶策略涵盖了推荐系统中最重要的组成部分，即推荐系统生成什么，推荐系统如何工作，推荐系统中有哪些可用信息。这三种策略可以相互影响和验证，最终形成闭环反馈。这种交互行为是确保推荐系统即使在可用信息稀缺的情况下也能生成推荐的基础。原任务通过 $R_0 \to R$ 和 $R \to U'$ 的空间转换实现推荐，对偶任务的空间转换为 $U_0 \to U$ 和 $U \to R'$。

三种对偶学习策略，将两个任务的推荐过程紧密耦合起来，实现了每个任务的自调整和自改进，进一步优化了整个推荐模型。因此，即使只有很少或没有历史数据，推荐系统也可以有效地工作，推荐系统的适应性和有效性会得到提高。图 9-3 所示为三种对偶策略的示意图。

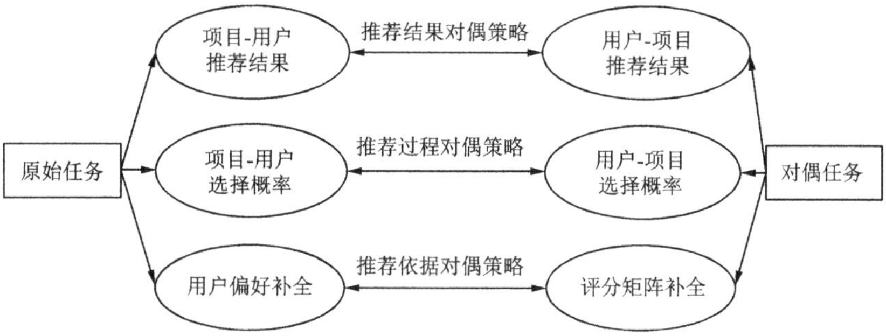

图 9-3　对偶策略示意图

三个对偶策略的概念和设计动机如下：

（1）推荐结果空间的对偶策略。两个任务之间的空间映射是 DLRA 第一个重要的对偶策略。具体来说，空间映射包括原始任务中产生的用户集合与对偶任务中的用户群的对偶性，以及原始任务中产生的资源集合与对偶任务中的资源集合的对偶性，即 $R \to R'$ 和 $U \to U'$。这种用户集合和资源集合之间的空间映射可以作为推荐系统的评价函数，也是用户偏好和评价矩阵补全的主要依据。推荐结果空间的对偶性是一种针对推荐结果的对偶策略。

（2）选择概率的对偶策略。在 DLRA 推荐模型中，两个任务的选择概率具有强对偶性，即原始任务资源选择用户的概率和对偶任务中用户选择资源的概率。在推荐初始阶段，可用信息较少的情况下，概率值可以随机生成，随着推荐过程的进行，在其他对偶机制的辅助下，两种概率值互相校正。在理想情况下，这两个任务的选择概率分布应该是相同的。选择概率的对偶性是一种针对推荐过程的对偶策略。

（3）信息补全的对偶策略。两个任务推荐依据的补全是 DLRA 的第三个对偶策略。原始任务的推荐依据是用户的偏好，通常以向量的形式表示；对偶任务中的推荐依据是用户对项目的评分矩阵或评价信息，通常以矩阵的形式表示。在 DLRA 推荐模型中，原始任务和对偶任务通过推荐过程中实时交互产生的反馈，逐步补全各自的推荐依据。这样保证了每个任务的推荐质量，进而提高推荐系统的性能。推荐依据补全的对偶性是一种基于推荐基础的对偶策略。

上述三种对偶策略利用推荐过程中两个双向任务的内在对偶机制实现推荐。推荐概率的对偶性保证了推荐的可启动性，缓解了冷启动带来的问题，并保证了推荐方向的一致性；推荐依据补全的对偶性保证了推荐算法的有效性，缓解了数据稀疏带来的问题，并保证推荐过程的性能持续提升；推荐结果空间的对偶性保障了推荐结果的一致性。所以本方法提出的三个对偶策略设计了两个推荐子任务的强耦合对偶策略，这些策略共同构建了整个推荐过程的闭环反馈，保证了推荐结果的有效性，也极大地保证了对偶学习推荐系统能够有效地减少对历史数据和辅助信息的依赖，具备解决数据稀疏和冷启动的能力。

基于主模型和对偶模型之间奖励最大化的思想，基于对偶学习的推荐方法的数学理论可以建模为推荐方法的参数优化。

对于主要任务f，将R表示为中间输出。这个中间输出有一个基于现有用户历史文件的即时奖励 $\mathrm{re}_1=g(R)$，表明输出与g中的评级矩阵 RU 是如何一致的。然后使用从R中对应的推荐的对数概率作为两个任务之间通信的奖励。奖励表示为 $\mathrm{re}_2=\log(g(U,R'\mid R;\theta_{ur'}))$，log() 函数的底通常取 e。采用这两个奖励的线性组合，$\mathrm{re}=\alpha\mathrm{re}_1+(1-\alpha)\mathrm{re}_2$，其中$\alpha$是一个超参数。由于奖励可以被认为是$U$、$R$、$U'$、$R'$、$\theta_{ur'}$和$\theta_{ru'}$的函数，通过策略梯度方法优化模型中的参数以使奖励最大化。

策略梯度的基本概念是当采取某种行动时获得反馈/奖励。如果反馈是积极的，将调整模型，以增加下次采取相同行动的概率。如果反馈是负面的，需要更新模型，以降低采取相同行动的概率。

从主模型f中选取R。然后计算期望奖励$E[\mathrm{re}]$相对于参数$\theta_{ur'}$和$\theta_{ru'}$的梯度，即

$$\nabla\theta_{ru'}E[\mathrm{re}]=E[\mathrm{re}\,\nabla_{\theta_{ru'}}\log(f(R\mid R_0;\theta_{ru'}))] \tag{9-3}$$

$$\nabla\theta_{ur'}E[\mathrm{re}]=E[(1-\alpha)\nabla_{\theta_{ur'}}\log(g(R'\mid R;\theta_{uu'}))] \tag{9-4}$$

类似地，如果从对偶任务g中抽取U，则可以计算期望奖励$E'[\mathrm{re}]$。有下面的方程，

$$\nabla\theta_{ur'}E'[\mathrm{re}]=E[\mathrm{re}\,\nabla_{\theta_{ur'}}\log(g(U\mid U_0;\theta_{ur'}))] \tag{9-5}$$

$$\nabla\theta_{ur'}E'[\mathrm{re}]=E[(1-\alpha)\nabla_{\theta_{ru'}}\log(f(U'\mid U;\theta_{ru'}))] \tag{9-6}$$

为了达到预期的梯度，分析两个任务之间的奖励函数是非常重要的。本章设计了三种对偶策略来表示有利于优化f和g的反馈信号。对偶策略包括推荐空间、项目选择概率以及推荐依据。理想情况下，两个推荐任务之间的三个反馈信号完全一致，并实时交互，通过不断的比较-试错反馈来保证模型的优化。因此，式（9-3）~式（9-6）可以看作f和g之间损失函数的函数，通过分析三种对偶策略得到损失函数。

$$\nabla\theta_{ru'}\theta_{ur'}(E[\mathrm{re}]E'[\mathrm{re}])=\mathrm{fun}(f(R,U'\mid \mathrm{UF};\theta_{ru'}),g(U,R'\mid \mathrm{RU};\theta_{ur'}))+\mathrm{fun}(\mathrm{Fun1},\mathrm{Fun2},\mathrm{Fun3}) \tag{9-7}$$

其中 Fun1、Fun2、Fun3 分别将损失函数表示为推荐空间、选择概率和推荐依据。

9.4 DLRA中对偶策略建模

9.4.1 最小化推荐空间的对偶策略

空间映射的第一个对偶学习策略可以作为目标函数，其目的是最小化生成的项目空间和用户空间在这两个任务中的匹配差异。R_0 与 R 的差记为 $R_{\text{Eva}}^{\text{Diff}}$，相似度，$U_0$ 与 U 的差记为 $U_{\text{Eva}}^{\text{Diff}}$。具体来说，函数如下：

$$\text{Fun1}=\text{minimize}(\text{loss}(R_{\text{Eva}}^{\text{Diff}},U_{\text{Eva}}^{\text{Diff}})) \tag{9-8}$$

在这里，

$$R_{\text{Eva}}^{\text{Diff}}=\text{diff}\left(\sum_i(\text{Coverage}(R_{u_i},R'_{u_i})+\text{Top}_y(R_{u_i},R'_{u_i})+\text{Rank}(R_{u_i},R'_{u_i})+\text{Sim}_R(R_{u_i},R'_{u_i}))\right) \tag{9-9}$$

式中，$i\in[1,N]$，N 为用户数量。R_{u_i} 和 R'_{u_i} 分别为 R 和 R' 中推荐给用户 u_i 的项集，R_{u_i}，$R'_{u_i}\in R$。$\text{Coverage}=(R_{u_i},R'_{u_i})$ 用于对同一个用户评价 R_{u_i} 和 R'_{u_i} 中相同的项。$\text{Top}_y(R_{u_i},R'_{u_i})$ 用于比较用户在这两个任务中推荐的前 y 项的相似度，y 是一个参数。$\text{Rank}(R_{u_i},R'_{u_i})$ 是指评价项目在 R_{u_i} 和 R'_{u_i} 中的顺序。$\text{Sim}_R(R_{u_i},R'_{u_i})$ 从物品特征的角度衡量 R_{u_i} 和 R'_{u_i} 的相似性。物品的特征向量是相似度计算的基础。

$U_{\text{Eva}}^{\text{Diff}}$ 的定义如下：

$$U_{\text{Eva}}^{\text{Diff}}=\text{diff}\left(\sum_i(\text{Coverage}_{\text{clu}}(U,U')+\text{Relationship}_{\text{clu}}(U,U')+\text{Sim}_{\text{UF}}(\text{UC}_{u_i},\text{UC}'_{u_i}))\right) \tag{9-10}$$

式中，$\text{Coverage}_{\text{clu}}(U,U')$ 通过分析聚类中用户的组成来衡量 U 和 U' 中聚类的相似度。$\text{Relationship}_{\text{clu}}(U,U')$ 的目的是比较集群中用户之间的关系强度。首先根据 U' 中的用户相似度和 U 中的评分矩阵计算关系强度，然后对两种相似度结果进行归一化比较。$\text{Sim}_{\text{UF}}(\text{UC}_{u_i},\text{UC}'_{u_i})$ 根据用户偏好 UF 计算 U 和 U' 中的聚类相似度。

9.4.2 最小化选择概率的对偶策略

通常，主任务和对偶任务之间的结构对称性可以从概率的角度进行分析。如果 x 和 y 分别表示主任务和对偶任务的域，则联合概率可分解为 $P(x,y)=P(x)P(y|x;f)=P(y)P(x|y;g)$。其中，$P(x)P(y|x;f)$ 表示主视图，$P(y)P(x|y;g)$ 显示对偶视图。这种分解意味着两个任务之间有很强的概率联系。对偶学习的过程是更新模型 f 和 g，最终使 $P(y|x;f)$ 和 $P(x|y;g)$ 尽量接近。由于模型 f 和模型 g 都是为了给用户提供他们喜欢的物品，所以这两个模型需要同时训练。因此，添加正则化项以最小化 $P(y|x;f)$ 和 $P(x|y;g)$ 之间的损失函数。

基于上述对偶学习的数学分析，设计了第二对偶策略，使这两种任务中选择概率的差异最小化。目标函数如下：

$$\text{Fun2} = \text{minimiza}(\text{loss}(P(f,u'),P(u,r'))),\ \forall(r,u)\in R,U,\ \forall(r',u')\in R',U' \quad (9\text{-}11)$$

对于主任务，选择概率 $P(r,u')$ 是指基于 $\theta_{ru'}$ 的某项与用户匹配的概率。

$$P(r,u')=P(r)P(u'|r;\theta_{ru'})=P(u')P(r|u';\theta_{u'r}) \quad (9\text{-}12)$$

$\theta_{ru'}$ 和 $\theta_{u'r}$ 是与当前用户偏好 UF、UF 梯度变化、物品相似度以及 U' 和 U 的差异评价有关的参数。

选择概率 $P(u,r')$ 是指用户根据 $\theta_{ur'}$ 选择商品的概率。

$$P(u,r')=P(u)P(r'|u;\theta_{ur'})=P(r')P(u|r';\theta_{r'u}) \quad (9\text{-}13)$$

$\theta_{ur'}$ 和 $\theta_{r'u}$ 是与评级矩阵、RU 梯度变化、当前用户聚类以及 R' 和 R 的差异评价相关的参数。

选择概率可以随机初始化。在 RSs 的过程中，根据两个任务推荐结果的比较，实时更新对偶选择概率，保证了即使没有标记的数据，RSs 也能有效工作。因此，选择概率的对偶性为 RSs 应用于数据稀疏或冷启动场景提供了可能性。

9.4.3 对偶策略优化用户偏好和评价矩阵

提出了第三种策略来完成用户偏好和评价矩阵。用户偏好指定为用户对某项特性的偏好。评分矩阵是用户对物品的评分。首先说明了如何完成用户偏好和评分矩阵的过程，然后给出了目标函数 Fun3。

1. 用户偏好补全

用户偏好可以表示为特征向量，通常通过分析用户的历史访问数据获得。

假设用户 u_i 对某项的偏好表示为 $\text{UF}^{u_i}=(P_{q_1}^{u_i},P_{q_2}^{u_i},\cdots,P_{q_t}^{u_i},\cdots,P_{q_k}^{u_i})$。$q_t$ 是该项的第 t 个特征，$P_{q_t}^{u_i}$ 表示用户 u_i 偏爱 q_t 的概率。

基于策略梯度，主任务中用户偏好的更新方程如式（9-14）所示。首先，通过评估商品推荐空间中主任务和对偶任务的反馈，确定用户对商品特征偏好的更新；此外，用户偏好的更新还依赖于对偶任务中生成的用户集群的评级反馈。

分别由 f 和 g 反馈 R 和 U，$P_{q_j}^{u_i}$ 更新如下：

$$P_{q_t}^{u_i\prime}=P_{q_t}^{u_i}+\alpha(\nabla(f(P_{q_t}^{u_i};R),g(P_{q_t}^{u_i};R')))+\theta\nabla g(P_{q_t}^{u_i};U,R') \quad (9\text{-}14)$$

模型的梯度简单地表示为∇。

公式（9-14）给出了由模型 f 和模型 g 生成的商品推荐空间中用户偏好的反馈评价定义。

$$f(P_{q_t}^{u_i};R),g(P_{q_t}^{u_i},R')\triangleq\text{Con}_{\text{Quantity},\text{Rank},\text{Top}_y}(R_{u_i},R'_{u_i},U_{q_t};R,R') \quad (9\text{-}15)$$

式中，R_{u_i} 和 R'_{u_i} 分别是两个任务中推荐给 u_i 的项。U_{q_t} 是用户对特征 q_t 的偏好，Quantity 是 u_i 推荐项中 q_t 的数量。Rank 是 q_t 在 u_i 的首选项中的顺序。Top_y 是指 u_i 的前 y 个首选项。Con() 表示对用户偏好的置信度评价。例如，如果对 R 和 R' 中的用户的推荐都显示了高比例的特征 q_t，q_t 将被赋予高置信度给 u_i，那么 u_i 选择 q_t 的概率就会增强。

式（9-14）右侧的第三部分表示主任务中的用户偏好可以根据对偶任务生成的用户集

群中邻居的偏好进行更新。如果一个用户的某一种偏好对于他/她的邻居来说也被高度认可为重要的，那么这个偏好对于 u_i 的权重就会很大，否则，这个偏好的权重就会降低。

由于两个任务具有较强的对偶性，对偶任务的反馈可以促进主任务中用户偏好的更新。假设 u_i 所属的集群中有 Z 个用户，用户 u_i 在 UF 中有 L 个特征，则主任务中用户 u_i 对 q_t 的偏好可通过对偶任务中的 $g(P^i_{q_t};U)$ 计算如下：

$$P^{u_i'}_{q_t} = \begin{cases} P^{u_i}_{q_t} + \omega \sum_{j=1}^{Z} \frac{P^{u_j}_{q_t}}{Z} & \text{if} \quad \sum_{j=1}^{Z} \frac{P^{u_j}_{q_t}}{Z} \geqslant P^{u_i}_{q_a} \\ P^{u_i}_{q_t} - \omega \sum_{j=1}^{Z} \frac{P^{u_j}_{q_t}}{Z} & \text{if} \quad \sum_{j=1}^{Z} \frac{P^{u_j}_{q_t}}{Z} < P^{u_i}_{q_a} \end{cases} \tag{9-16}$$

在 CBF 推荐方法中，项目的相似度计算是关键。f 和 g 之间的对偶特征考虑到项目的相似度，可以通过两个任务中用户偏好变化的一致性来计算。也就是说，如果在两个任务中都增强了用户对某些物品的偏好，那么这些物品的相似性就会进一步提高。如果两项 r_1 和 r_2 描述为：$r_1=(q_1^1,q_2^1,\cdots,q_k^1)$，$r_2=(q_1^2,q_2^2,\cdots,q_k^2)$，$r_1$ 和 r_2 的相似度计算如下：

$$\mathrm{Sim}(r_1,r_2)=\omega_t \mathrm{Sim}(q_t^1,q_t^2),t\in[1,k] \tag{9-17}$$

$$\omega_t = (P^{u_i'}_{q_t}/P^{u_i}_{q_t}) \Big/ \sum_{j=1}^{t} (P^{u_j'}_{q_t}/P^{u_j}_{q_t})$$

该方程利用从两个任务中获得的用户偏好的变化对物品的相似性计算做出反应。由式（9-17）可知，对于不同的用户，商品的相似度是不同的。

2. 评价矩阵补全

同样，对于对偶任务，评价矩阵 RU 也有望通过两个任务的用户集群反馈和物品推荐来更新。用户 u_i 对物品 r_h，$\mathrm{RU}^{u_i}_{r_j}$的评分值更新如下：

$$\mathrm{RU}^{u_i'}_{r_j}-\mathrm{RU}^{u_i}_{r_j}+\alpha(\nabla(g(\mathrm{RU}^{u_i}_{r_j};U),f(\mathrm{RU}^{u_i}_{r_j};U')))+\theta\nabla f(\mathrm{RU}^{u_i}_{r_j};R,U') \tag{9-18}$$

式中，$g(\mathrm{RU}^{u_i}_{r_j};U)$和$f(\mathrm{RU}^{u_i}_{r_j};U')$的目的是寻找 u_i 最有价值的邻居来完成和更新 u_i 对物品的评级，这部分定义如下。

$$g(\mathrm{RU}^{u_i}_{r_j};U),f(\mathrm{RU}^{u_i}_{r_j};U')\triangleq \mathrm{argmax}(\mathrm{UM}_{U,U'}(u_i,u_x)) \tag{9-19}$$

其中，$u_i,u_x\in U$，$u_i,u_x\in U'$。UM()为用户关系矩阵。u_i 最相似、最有用的邻居集可以通过下面的函数获得：

$$U_{u_i,u_x}=\mathrm{function}(u_i,u_x),u_x\in \mathrm{UC}'_{u_i}\cup(\mathrm{UC}'_{u_i}\cap \mathrm{UC}_{u_i})\cup \mathrm{UC}'_{\mathrm{UC}_{u_{i_{\mathrm{Top}_m}}}} \tag{9-20}$$

UC 和 UC′分别指对偶任务和主任务中的用户集群。$\mathrm{UC}\in U$，$\mathrm{UC}'\in U'$。UC'_{u_i}和 UC_{u_i}对应的是这两个任务中生成的 u_i 的邻居。$\mathrm{UC}'_{u_i}\cap \mathrm{UC}_{u_i}$是用户集 UC'_{u_i}和 UC_{u_i}的交集，代表 U 和 U'中属于 u_i 所属集群的用户。$\mathrm{UC}'_{\mathrm{UC}_{u_{i_{\mathrm{Top}_m}}}}$ 指的是 u'中的用户集，它与 U 中的 u_i 有相同的前 m 个最近的邻居。u_x 是上述三个集合并集中的候选邻居。该功能确保了 $\mathrm{RU}^{u_i}_{r_j}$对偶任务可以从用户空间映射中引用邻居来获得。

$f(\mathrm{RU}^{u_i}_{r_j};R,U')$返回基于主任务 R 的项目评级。假设有 N 个项目推荐给一个用户，$\mathrm{RU}^{u_i}_{r_j}$

可以更新如下：

$$\mathrm{RU}_{r_j}^{u_i'}=\mathrm{RU}_{r_j}^{u_i}+\alpha(\nabla f(\mathrm{Rank}_{r_j}^{u_i}/N,\mathrm{Rank}_{r_k}^{u_i}/N,\mathrm{Sim}_{r_j,r_k},\mathrm{Rank}_{r_j}^{u_k}/N)) \tag{9-21}$$

式中，u_i 和 u_k 属于 U'中的同一个聚类。r_j 和 r_k 属于主任务中对 u_i 的推荐。$\mathrm{Rank}_{r_j}^{u_i}$表示 r_j 在推荐列表中对 u_i 的排名。$\mathrm{Rank}_{r_k}^{u_i}$与 r_k 具有相同的含义。Sim_{r_j,r_k}是指 r_j 和 r_k 基于特征向量的相似度。$\mathrm{Rank}_{r_j}^{u_k}/N$ 表示 u_i 在 U'中的邻居 r_j 在推荐列表中的 rank。式（9-21）确保对偶任务中的 RU 可以根据 R 中主任务的建议进行更新。

理想情况下，完成的用户偏好和评分矩阵应该是一致的。如果用户对某些功能的偏好增加，他/她会给包含这些功能的项目打更高的分，反之亦然。因此，推荐完成度的目标函数可以表示为：

$$\mathrm{Fun3}=\mathrm{minimize}(\mathrm{loss}(P_{q_t}^{u_i'},\mathrm{RU}_{r_j}^{u_i'})) \tag{9-22}$$

式中，q_t 是 r_j 项的特征之一。

9.4.4 DLRA 算法描述

DLRA 的算法描述为算法 1。

为了解决 DLRA 的过程，本章分别在主任务和对偶任务上应用了 CBF 方法和 CF 方法。算法 1 采用基于物品的 KNN（k-近邻）方法在主任务中获得对用户的推荐- R，物品相似度是通过计算物品的特征信息而不是用户的评分来获得的。基于 R 集的 k-均值方法得到用户群 U'。对于对偶任务，采用 K-Means（k-均值）方法得到 U 个聚类，并根据用户聚类之间的用户-物品评价矩阵进一步得到 R'。即，R'为活跃用户所属用户集群评分排序的前 N 项。

算法 1：DLRA 算法

输入：用户历史文件 UH，候选项目集 R_0，历史项目评级 RH，用户集 U_0。

输出：对用户的推荐 R_{rec}。

1：如果 UH 不为空，则提取用户首选项 UF。用随机概率初始化 $P(r,u')$ 如果 RH 不为空，则提取商品评级矩阵 RU 和用户关系矩阵 UM。用随机概率初始化 $P(u,r')$。

2：实现主模型和对偶模型，生成推荐 U、U'、R 和 R'。

3：计算 $\nabla_{\theta_{ru'},\theta_{ur'}}(E[\mathrm{re}]E'[\mathrm{re}])$。如果 f 和 g 收敛，或者满足终止条件，跳转到 4，否则，向下执行。

  3.1 根据 R 和 R'更新 $P(r,u')$。根据 u 和 u'更新 $P(u,r')$。

  3.2 根据式（9-14）更新 UF。

  3.3 根据式（9-18）更新 RU。

  3.4 更新 f 中的 $\theta_{ru'}$ 和 g 中的 $\theta_{ur'}$。

  3.5 根据 f 和 g 生成推荐。

4：输出 R_{rec}。

这里列出了算法 1 中的两个任务选择 KNN 和 K-Means 的原因。第一，这两种算法分别是基于最近邻推荐和用户聚类推荐的经典算法。KNN 和 K-means 都适用于常见的推荐场景。第二，本章重点研究了对偶特征在推荐系统中的有效性。KNN 和 K-Means 推荐机制很好地符合三种对偶策略。第三，为了评价 DLRA 的性能，在实验验证中选择了基于 KNN 和 K-Means 的混合推荐方法作为对比实验方法，保证了实验的可行性和有效性。

9.5　实验与分析

在本节中，首先介绍计算环境，包括硬件和软件工具。然后，列出了基准数据集和本实验的数据集设计。之后介绍了几种比较算法，设计了评估矩阵来测试这些算法的性能。

本研究的实验在一台拥有 8GB 内存、Intel Core i5-8250 CPU、Nvidia RTX 2070 GPU 的台式计算机上进行，并且只有基于深度学习的程序在 gpu 上运行。操作系统是 Windows 10，64 位，使用的软件是 Python 3.6。

1. 数据集

本章利用电影评分社区的 MovieLens 100K（ML）、MovieLens 1M（ML-1M）和 MovieLens 20M（ML-20M）数据集和图书阅读网站的 BookCrossing（BC）数据集对推荐方法进行评估。其中 ML 和 ML-1M 包含用户的侧信息，如年龄、职业、性别、邮政编码等。ML-1M 和 ML-20M 包含 19 种不同类型的电影信息。BC 还包含侧信息，如用户年龄、作者、出版年份和图书类别。

为了评估提出的推荐方法在处理数据稀疏性和冷启动问题上的性能，根据表 9-1 设计了不同的实验方案。首先，在实验中设置了不同的边信息使用比例。实验数据设计见表 9-2。第一列表示实验数据集的设计策略。这些策略可用于从 MovieLens 和 BC 中选择合适的实验数据集。例如，Ⅱ2 行可以解释为：实验中不考虑用户或物品的辅助信息。如果一个数据集有 100 组项目评分数据，则 50% 的评分数据应用于实验。如果采用 10 倍交叉验证，则使用 45 组数据作为训练集，5 组数据作为基本测试集，得到基本算法性能指标。

表 9-1　数据集描述

数据集	用户	项目	评分	评定量表	密度
ML-100K	610	9 742	100 836	[1,5]	6.3
ML-1M	6 040	3 706	1 000 209	[1,5]	4.47
ML-20M	138 493	27 278	20 000 263	[0.5,5]	0.53
BC	10 339	6 708	361 349	[1,10]	0.005

表 9-2　实验数据的稀疏性模拟

No	侧信息	评分使用比例
Ⅰ1	Yes	100%
Ⅰ2	No	
Ⅱ1	Yes	50%
Ⅱ2	No	
Ⅲ1	Yes	10%
Ⅲ2	No	

冷启动是 RSs 中的一个常见问题。在该实验中，模拟冷启动问题来测试推荐模型的性能。用户冷启动意味着用户没有对任何项目进行评级，项目冷启动意味着任何用户都没有

对某个项目进行评级。由于表 9-1 中的数据集已经过预处理，因此这里不存在冷启动问题。也就是说，只有那些至少有 20 次交互的用户，以及至少有 5 次交互的项目被保留在表 9-1 中。在 BC 中，评分小于或等于 5 分的用户被删除。为了构建冷启动环境，本章删除了特定的评级来模拟用户冷启动和项目冷启动问题。实验数据见表 9-3。前四行是用户冷启动模拟，后四行是项目冷启动数据集。例如，UCY2 意味着在实施推荐方法时考虑用户的侧信息，数据集中有 30% 的用户没有对任何项目进行评分。ICN1 表示在实施推荐方法时不考虑项目的侧信息，数据集中有 10% 的项目没有获得任何评分。

表 9-3　冷启动问题仿真实验数据

UCY1	Users	Yes	20%
UCN1	Users	No	
UCY2	Users	Yes	50%
UCN2	Users	No	
ICY1	Items	Yes	20%
ICN1	Items	No	
ICY2	Items	Yes	50%
ICN2	Items	No	

通过表 9-1 至表 9-3 的设计，可以评估算法在不同数据稀疏程度和不同规模数据集冷启动下的性能。使用 10 倍交叉验证来评估推荐算法的性能。

2. 比较算法及评估指标

目前还没有研究将 RS 视为两个闭环交互任务，并利用两个对偶任务的对偶性特征实现推荐。在本章中，使用传统的推荐方法构建 RS 的两个任务，主要任务由基于项目的 KNN 算法实现，对偶任务分别是基于用户的 KNN 算法和基于项目的 KNN 算法。本研究的所有推荐方法见表 9-4。

表 9-4　推荐方法说明

方　法	分　类	评　论
DLRA	HF	集成了基于项目的 KNN CBF 和 K-Means CF
K-Means	基于内存的 CF	基于项目
SVD	基于模型的 CF	基于偏差的 SVD
C-HF	HF	基于项目的 KNN CB 优先，并遵循 K-Means CF
S-HF	HF	在基于项目的 KNN CB 和 K-Means CF 之间切换
Non-deep NN	深度学习	1 个隐藏层
DNNRec	深度学习	3 个隐藏层

本章提出的 DLRA 是一种 HF 推荐方法。因此，使用几种 HF 推荐策略作为比较方法。如前文所述，大多数 HF 推荐方法都是基于特征提取的。为了获得更好的性能，这些 CF 方法使用基于上下文或基于社会关系的额外信息来完成评级矩阵。在本章中，没有专注于挖掘用户或物品的隐含信息来促进推荐过程。因此，使用开关 HF 和级联算法作为比较，分别标记为 S-HF 和 C-HF。基于项目的 KNN CBF 算法和基于用户（项目）的 K-Means CF 算

法分别设计为 S-HF 和 C-HF 方法。

奇异向量分解（singular value decomposition，SVD）作为一种机器学习方法，是一种比较流行的矩阵分解技术，它可以生成评分矩阵的低秩近似，将低秩矩阵用于推荐系统中获取用户和物品的潜在关系，然后用低维表示来计算物品的邻域。将 SVD 作为基于模型的 CF 方法的代表，并将其用作比较方法。

由于深度学习方法在推荐系统中取得了巨大的成功，在本研究中加入了基于深度学习的推荐方法作为比较。这里应用了 DNNRec 和 Non-deep NN（NDeep）方法。DNNRec 将侧信息集成到一个 3 隐藏层神经网络中。非深度神经网络只有一个隐藏层。

提出的 DLRA 和比较方法基于以下标准进行评估。均方根误差（RMSE）被用来衡量推荐方法的准确性。方程如下：

$$\mathrm{RMSE} = \sqrt{\frac{1}{m}\sum_{i=1}^{m}(\hat{y}_i - y_i)^2} \tag{9-23}$$

式中，m 是预测物品的总数。$\hat{y}_i$ 是预测评级，y_i 是实际评级。

使用 R^2 来评估这些推荐模型的拟合性能。定义如下：

$$\mathrm{R}^2 = 1 - \sum_{i=1}^{m}(\hat{y}_i - y_i)^2 \Big/ \sum_{i=1}^{m}(\bar{y}_i - y_i)^2 \tag{9-24}$$

式中，$\bar{y}_i$ 是实际评分的平均值。

如果将 RS 的推荐过程视为一个分类问题，使用 F1 来衡量推荐模型的综合指数。首先，假设如果用户的某一物品的评分高于或等于用户对所有物品评分的平均值，则认为用户喜欢该物品，否则说明用户不喜欢该物品。除了 RMSE 和 R^2 外，使用 1.5.3 中的 F1 值评价推荐方法的性能。此外，还记录了训练/运行时间，以比较这些推荐方法的效率。

3. 结果和讨论

主要介绍了针对推荐系统数据稀疏和冷启动问题的实验过程、实验结果和讨论。

1）数据稀疏问题的比较

表 9-5 给出了四个基本数据集的实验结果，其中考虑了用户或物品的所有辅助信息。从表 9-5 中，可以大致了解这些推荐方法的性能。K-Means、SVD、C-HF 和 S-HF 的 RMSE 性能差异不太显著。

表 9-5　精度与模型拟合的性能比较

数据集	方　案	RMSE	R^2	F1	运行时间/ms
Ml-100K	DLRA	0.763	0.401	0.43	2 394
	K-Means	0.917	0.238	0.36	2 183
	SVD	0.808	0.216	0.48	1 761
	C-HF	0.886	0.253	0.36	2 769
	S-HF	0.895	0.276	0.38	3 128
	N-deep	0.821	0.299	0.41	1 265
	DNNRec	0.785	0.374	0.45	1 443

续上表

数据集	方案	RMSE	R^2	F1	运行时间/ms
Ml-1M	DLRA	0.807	0.424	0.38	15 347
	K-Means	0.893	0.378	0.29	13 824
	SVD	0.827	0.362	0.31	9 324
	C-HF	0.905	0.335	0.44	20 454
	S-HF	0.911	0.341	0.27	23 193
	N-deep	0.904	0.328	0.29	16 371
	DNNRec	0.856	0.399	0.35	14 290
ML-20M	DLRA	0.822	0.268	0.41	12 592
	K-Means	0.913	0.238	0.26	10 381
	SVD	0.884	0.216	0.36	11 825
	C-HF	0.916	0.253	0.34	13 621
	S-HF	0.905	0.246	0.29	12 476
	N-deep	0.893	0.138	0.34	14 785
	DNNRec	0.802	0.216	0.43	13 443
BC	DLRA	1.637	0.132	0.35	21 425
	K-Means	1.789	0.026	0.21	18 765
	SVD	1.892	0.008	0.18	19 244
	C-HF	1.801	0.087	0.24	18 236
	S-HF	1.847	0.066	0.27	9 128
	N-deep	1.894	0.072	0.20	22 832
	DNNRec	1.721	0.119	0.27	4 690

DLRA 算法在大部分数据集上明显优于 K-Means、SVD、C-HF、S-HF 和 N-deep。前两个数据集的 SVD 性能优于 K-Means、C-HF 和 S-HF。但在后两个数据集上，在具有较高数据稀疏性的 ML-20M 和 BC 数据集上，SVD 算法的性能要低于其他算法。在 ML-20M 数据集中，DNNRec 在 RMSE 上略优于 DLRA，但 DLRA 在 BC 数据集上优于 DNNRec 4.88%。通过 R^2 上的分析，发现 DLRA 在小数据集 ML-100K 上并没有表现出比其他方法更好的性能。但随着稀疏度的增加，DLRA 的优势明显。在 ML-1M、ML-20M 和 BC 数据集上，DLRA 的 R^2 分别比次优方法高 6.27%、5.93% 和 10.9%。对于 F1，DLRA 的排名一直在前三，在 BC 数据集中，DLRA 的排名大大超过了其他方法。图 9-4 为模型在 BC 数据集上三种参数的对比。在运行时间的比较结果中，DNNRec 由于 GPU 配置的原因，运行时间最短。DLRA 的速度远远快于 N-deep，这表明 DLRA 作为一种 HF 推荐方法，比基于深度学习的推荐方法具有更短的运行/训练时间的优势。DLRA 与 K-Means、S-HF 和 C-HF 的运行时间相近。

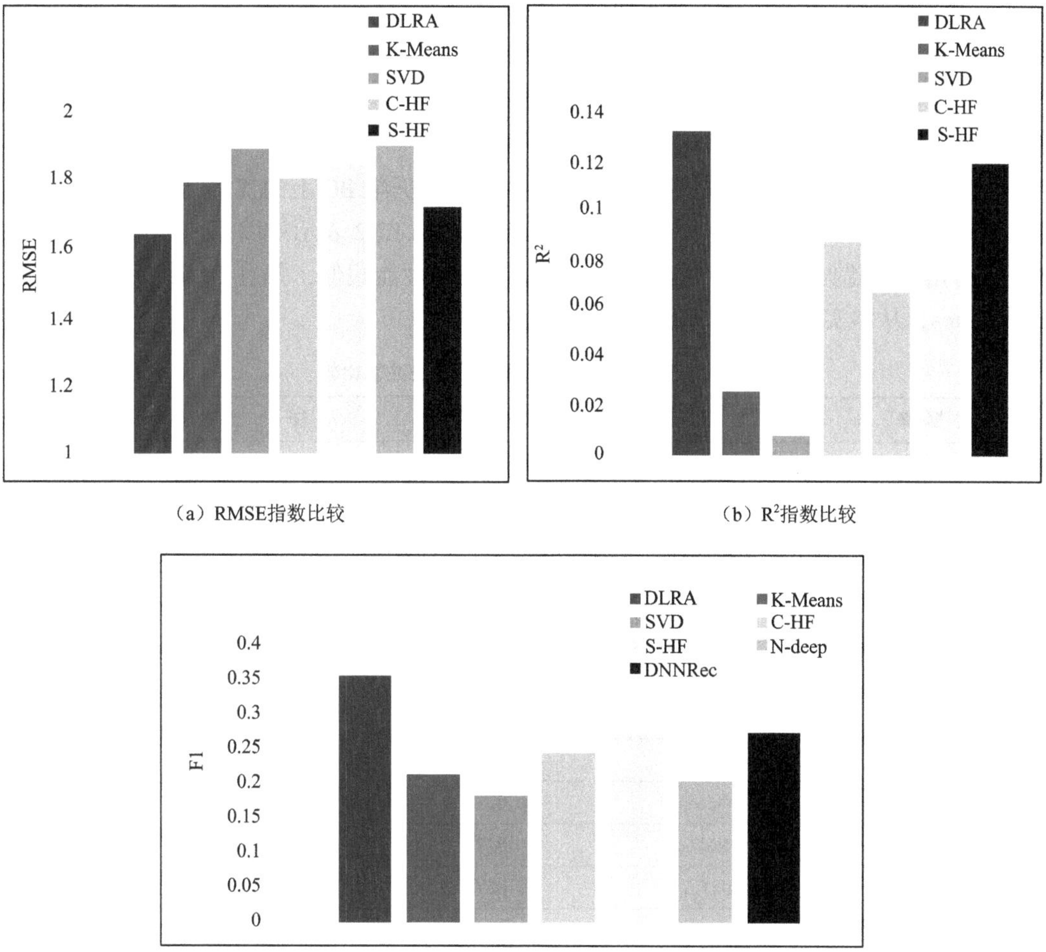

（a）RMSE指数比较　（b）R^2指数比较

（c）F1指数比较

图 9-4　BC 数据集上三种指标比较

从前面的分析可以得出下面一些结论：

（1）DLRA 在所有数据集的 RMSE 和 R^2 上都明显优于其他比较方法，除了 DLRA 在 RMSE 上比 DNNRec 低 2.4%之外。由此可见，在存在一定标记数据的情况下，DLRA 算法比传统混合滤波算法和基础深度学习算法都能获得更好的性能。这是由于 DLRA 的对偶策略增强了学习机制。

（2）随着数据密度的降低（见表 9-1），DLRA 算法相比其他算法的优势更加明显。以 R^2 为例，表 9-5 第一列所示的四个数据集，DLRA 的 R^2 值分别比次优算法高 7.2%、6.3%、5.9%和 10.9%，比最差算法分别高 85.6%、29.2%、94.2%、1 550%。当数据密度降低时，其他算法的性能会受到影响，而 DLRA 算法仍能保持良好的模型拟合效果和较高的推荐精度。

（3）DLRA 算法 F1 指标在 BC 数据集上表现最好，在其他数据集上排名第二或第三。同时也表明，当标记数据极其稀疏时，DLRA 算法的稳定性更好。在其他数据集中，DLRA 的 F1 指标不是最优的，这可能是由于初始化的选择概率策略影响了模型在相对较小的数据集中的稳定性。

2）冷启动问题的比较

为了评价算法解决冷启动问题的性能，使用表 9-3 中的数据集选择标准，并以 ML-1M 和 BC 作为实验数据集。

表 9-6 为用户冷启动问题的实验结果，表 9-7 为数据集 BC 上的实验结果。在这两个表中，UCY1 和 UCY2 表示考虑用户的侧信息，UCN1 和 UCN2 表示排除用户的侧信息。项目侧信息的相同设置见表 9-7。考虑到 S-HF 和 C-HF 的性能相似，并且 DLRA 的性能明显优于 K-Means，从本实验中去掉了 K-Means 和 C-HF 方法。

表 9-6　用户冷启动问题各算法性能比较

数据集	方　案	RMSE	R^2	F1
ML-1M UCY1	DLRA	0.803	0.421	0.38
	SVD	0.899	0.386	0.29
	S-HF	0.879	0.334	0.25
	N-deep	0.913	0.327	0.28
	DNNRec	0.824	0.385	0.27
ML-1M UCN1	DLRA	0.851	0.405	0.34
	SVD	0.917	0.351	0.27
	S-HF	0.923	0.311	0.23
	N-deep	0.831	0.387	0.22
	DNNRec	0.877	0.363	0.23
ML-1M UCY2	DLRA	0.827	0.204	0.31
	SVD	0.914	0.154	0.18
	S-HF	0.945	0.112	0.24
	N-deep	0.911	0.108	0.21
	DNNRec	0.908	0.176	0.22
ML-1M UCN2	DLRA	0.819	0.138	0.25
	SVD	0.912	-0.007	0.13
	S-HF	0.953	0.011	0.17
	N-deep	0.928	0.021	0.16
	DNNRec	0.887	0.117	0.18

表 9-7　算法在项目冷启动问题上的性能比较

数据集	方　案	RMSE	R^2	F1
BC ICY1	DLRA	0.874	0.393	0.35
	SVD	0.936	0.348	0.25
	S-HF	0.981	0.319	0.22
	N-deep	0.952	0.307	0.26
	DNNRec	0.928	0.352	0.29

续上表

数据集	方　案	RMSE	R^2	F1
BC ICN1	DLRA	0.891	0.386	0.31
	SVD	1.132	0.342	0.21
	S-HF	1.195	0.306	0.19
	N-deep	1.228	0.311	0.22
	DNNRec	1.103	0.337	0.24
BC ICY2	DLRA	1.342	0.246	0.27
	SVD	1.674	0.148	0.21
	S-HF	1.789	0.103	0.17
	N-deep	1.591	0.093	0.13
	DNNRec	1.874	0.152	0.19
BC ICN2	DLRA	1.693	0.183	0.21
	SVD	1.874	-0.013	0.11
	S-HF	1.994	0.008	0.13
	N-deep	1.930 1	0.015	0.11
	DNNRec	1.904	0.076	0.14

对比表9-6和表9-7中用户和物品冷启动问题的实验结果，可以发现表9-7中的RMSE、R^2和F1值总体上低于表9-6。证明了面对数据稀疏性明显的数据集，算法解决冷启动问题的性能将在一定程度上下降。关注表9-6，DLRA的RMSE值在第一、第二和第四数据集上分别比次优技术高2.55%、8.92%和7.67%。DLRA的R^2值分别比次优技术高9.06%、4.65%、15.91%和17.95%。F1的优胜率分别为31.03%、25.93%、29.17%和38.89%。很明显，DLRA在所有数据集上都优于其他技术。图9-5所示为模型在ML-1M UCY2数据集用户冷启动比较。此外，在数据稀疏度高、冷启动问题严重的情况下，所提出的DLRA算法的性能明显优于其他算法。

通过分析表9-6和表9-7的实验结果，可以得出以下结论：

（1）在ML-1M实验中，除了UCN1下的RMSE低于N-deep算法外，DLRA在各指标上都有明显的优势。在BC数据集的实验中，DLRA算法表现出了绝对优势，各指标均优于其他算法。结果表明，DLRA在面对不同数据稀疏度和不同冷启动问题时具有较强的健壮性。

（2）与表9-5的结果相比，DLRA在表9-6和表9-7中的稳定性更为突出。一个原因是，在表9-6和表9-7中构建了实验数据的数据稀疏条件。特别地，由于BC的密度相对较低，表9-7生成了数据极其稀疏的RS场景。DLRA的优异性能进一步证明了基于对偶学习的DLRA推荐效率是非常有前景的。

3）DLRA和DNNRec的性能评估

公认的是，有效的评价数据越多，推荐系统的性能越好。但是数据稀疏性的问题是难以避免的。因此，通过使用具有不同数据稀疏性的相同数据集来比较推荐方法的性能。

从表9-8的结果可以看出，当评级数据快速下降时，DLRA保持了相对稳定的精度，

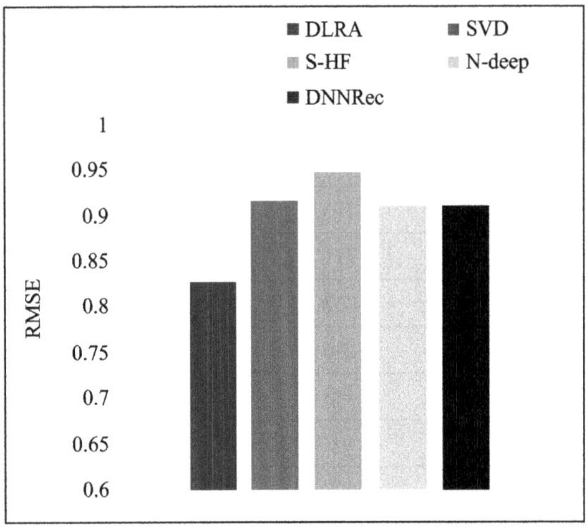

（a）RMSE指数比较

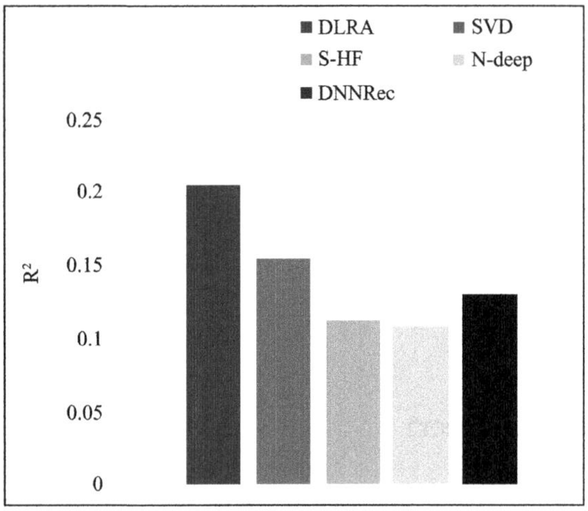

（b）R^2指数比较

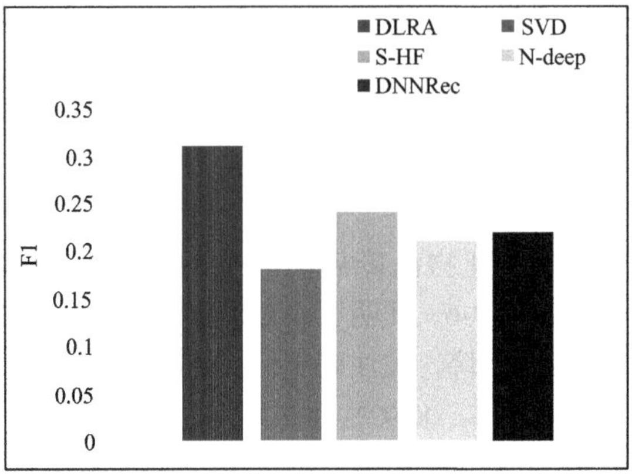

（c）F1指数比较

图 9-5　ML-1M UCY2 数据集用户冷启动比较

这说明 DLRA 通过两个双向对偶任务的相互反馈，通过自调优机制保证了推荐模型的有效性。然而，DNNRec 的性能急剧下降。主要原因在于 DNNRec 方法在可用数据很少的情况下，能学到的潜在影响因素较少，不能保证有效的推荐。

表 9-8　ML-20M 和 BC 的 RMSE

数据集	数据集数量	DLRA	DNNRec
ML-20M	Ⅱ1	0.867	0.938
	Ⅱ2	0.864	0.957
	Ⅲ1	0.885	0.912
	Ⅲ2	0.891	0.987
BC	Ⅱ1	1.134	1.536
	Ⅱ2	1.227	1.719
	Ⅲ1	1.211	1.874
	Ⅲ2	1.301	1.953

为了对这些方法进行指定的比较，本章研究了 RMSE 如何随着训练迭代而变化。ML-20M 上具有代表性的训练曲线如图 9-6 所示。其中 DLRA 最终显示 RMSE 值最小。而且，它的曲线显示，推荐算法的准确率在一开始不是很高，但在第 10 代左右迅速下降，然后保持稳定的下降趋势。从表 9-8 的结果可以看出，在初始阶段对参数进行调整后，DLRA 的推荐性能提升很快，并保持良好的稳定性。该曲线也证明了 DLRA 具有较强的学习能力和模型调整能力。它可以快速地从推荐过程中学习知识，用少量的标记数据更好地适应推荐场景。SVD、N-deep 和 DNNRec 算法也呈现出相对稳定的下降趋势，但性能明显不如 DLRA。特别是深度学习算法在数据高度稀疏的情况下存在一定的局限性。

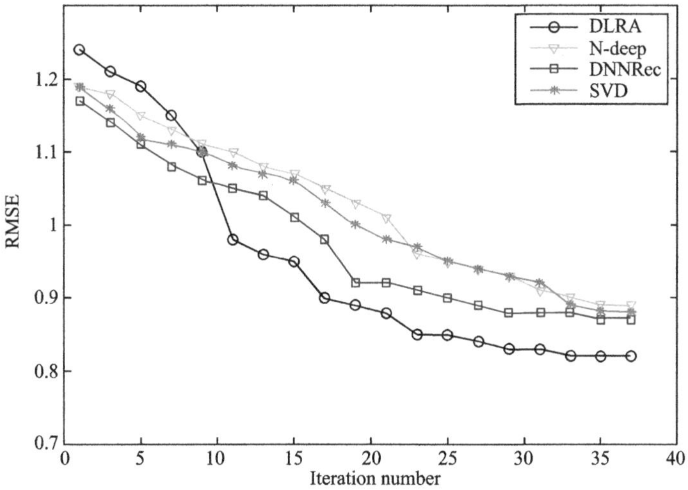

图 9-6　RMSE 比较

4）对偶策略的性能评估

为了评估这三种策略在 DLRA 中的意义，设计了消融实验。表 9-9 第一行中的最后三个算法分别对应不存在每种对偶策略；DLRA_23 表示没有应用推荐空间的对偶性；DLRA_13 表示不应用选择概率的对偶性；DLRA_12 表示不应用推荐依据的对偶性。分别使用 ML-1M 和 ML-20M 考虑了数据稀疏和冷启动的推荐场景。RMSE 结果见表 9-9。使用 DLRA 作为基准比较算法。与 DLRA 相比，如果一个算法与 DLRA 之间的 RMSE 差异较大，则表明该算法中未包含的对偶策略对推荐系统的性能影响较大。也就是说，这种被消融掉的对偶策略对于推荐系统的实现更为重要。

表 9-9　DLRA 消融实验 RMSE

数 据 集	数据集数量	DLRA	DLRA-23	DLRA-13	DLRA-12
ML-1M	Ⅱ1	0.867	0.841	1.128	1.214
	Ⅱ2	0.864	0.877	1.191	1.225
	Ⅲ1	0.885	1.012	1.026	0.873
	Ⅲ2	0.891	1.127	1.321	0.916
ML-20M	ICY1	0.831	0.992	1.027	1.121
	ICN2	0.853	1.024	1.145	0.911
	ICY1	1.198	1.342	1.512	1.507
	ICN2	1.402	1.318	1.428	1.465

通过 DLRA 与其他算法的比较结果可以看出，DLRA_23、DLRA_13 和 DLRA_12 的性能整体上略逊于 DLRA。在数据稀疏场景的实验中，DLRA_23 在数据极其稀疏时表现更好，DLRA_12 在数据不显著稀疏时表现更好。推荐空间的对偶策略有助于在可用数据稀疏的情况下指导推荐过程的方向，并使用正向奖励来提高推荐的准确性。推荐的基本补全策略适用于数据稀疏性不是非常明显的情况，这表明随着可用用户偏好或评分矩阵越来越充分，该策略将变得越来越有效。

在冷启动场景的实验中，最后三列的数据表明三种策略都发挥了显著的作用。特别是推荐空间的对偶性在数据稀疏的情况下仍然表现出良好的性能。此外，DLRA_13 列的结果表明，选择概率的对偶策略在数据稀疏和冷启动场景下发挥着重要而稳定的作用。

消融实验结果表明，这三种策略在 DLRA 中起着不可替代的作用。推荐空间的对偶策略可以更好地解决数据稀疏的推荐场景。概率选择的对偶推荐策略保证了推荐过程的实现和收敛，在所有场景下都表现出稳定的性能。在有一定可用数据量的情况下，基于推荐依据补全的对偶策略具有更好的性能。随着推荐的发展，这三种策略的作用越来越重要。

推荐系统以用户的历史信息或用户-商品评价矩阵作为输入数据，输出用户可能最喜欢的商品。为了向用户提供最能满足他们需求和喜好的商品，用户历史文件和现有评级矩阵的质量都起着至关重要的作用。但冷启动和数据稀疏通常是不可避免的，这阻碍了推荐系统的应用。尽管一些混合推荐方法使用边信息来完成评级矩阵，但这些信息并不总是可用的。深度学习在推荐系统中也被广泛应用，但其性能严重依赖于大数据，这限制了其在许多场景中的应用。

在本研究中，将对偶学习理论应用于推荐系统。将推荐任务分解为主任务和对偶任务。利用推荐系统中两个任务之间固有的对偶性特征，设计了一种新的推荐策略。基于此分析，提出了一种基于对偶学习的推荐方法来解决数据稀疏和冷启动问题。具体来说，设计了三种基于对偶的推荐技术来实现推荐，它们是通过最小化用户/物品空间的差异，最小化用户和物品的选择概率，以及补全用户偏好和评分矩阵来实现。DLRA 具有以下特点：

（1）对偶学习机制保证了两个任务的自调优和自我完善，从而减轻了对用户历史数据或评级矩阵的依赖。

（2）通过两个任务交互的实时反馈，更新用户偏好和评分矩阵。这种闭环反馈保证了整个推荐任务的准确性和有效性。

（3）对偶理论具有坚实的数学基础，本章提出的推荐方法属于白盒理论。因此，DLRA 可以被解释和优化。

在考虑数据稀疏性、冷启动和辅助信息可用性的情况下，设计了实验来评估推荐方法。与传统的混合推荐算法和深度学习算法相比，发现 DLRA 在数据极其稀疏和缺乏边信息的情况下，表现出相对稳定和优秀的推荐精度。DLRA 的训练时间也比深度学习算法快得多。DLRA 为无监督、半监督和监督推荐方法提供了强有力的方法指导。同时，如果对偶性存在或可以模拟，基于对偶学习的方法可以应用于许多其他领域。

第10章 E-learning推荐系统中的自组织理论

推荐系统的设计与实现要考虑其应用领域的特质，领域内特定的用户行为、数据特征、推荐目标和用户需求。根据领域需求可以设计匹配的推荐策略。本章介绍推荐系统在E-learning领域的应用情况。E-learning推荐问题涉及学习者、学习资源以及学习者对学习资源的交互行为，其关键任务之一是预测学习者对学习资源的需求和偏好，进而向学习者推荐有效的学习资源。然而，E-learning领域的推荐在推荐实体、实体关系、推荐目标中具有特殊性。E-learning推荐中知识资源具有强关联性，导致资源具有内在的自组织特征。E-learning推荐中用户的知识背景、能力背景、学习风格和学习目的更为复杂，用户模型构建是个挑战。E-learning推荐要考虑知识达成的最终目的，不能过于追求个性化。E-learning推荐要构建基于知识增强的推荐策略，因此用户群体协同推荐更为重要。本章考虑E-learning领域的用户和知识模型、基于自组织的推荐策略，灵活调整推荐策略和系统架构，可以为用户提供更加符合其学习需求和目标的个性化学习资源推荐。

10.1 E-learning概述

E-learning被定义可以在开放、灵活和分布式的学习环境中，利用多种数字技术或数字资源，给任何人、在任何时间、任何地点均能提供面向用户的、交互的学习资源和环境。网络学习环境中的资源包括大量数据、档案资料、程序、教学软件、兴趣讨论组、新闻组等，形成了一个高度综合集成的资源库。E-learning通常将碎片化知识作为基本教学资源，借助数字化技术和网络技术，对教育的实施过程进行加工改造，发挥引导作用，以满足用户能力提升的需求。

E-learning作为一种在线的学习情境和学习技术，突破了传统课堂教学对时间和空间的限制，通过优质资源共享为用户的自主学习和终身学习提供了保障，有利于促进公平教育、素质教育和终身教育的发展。

10.1.1 E-learning特点

E-learning并不局限于远距离的教育，在线教学同样可以在传统校园教学环境中发挥重要的作用，它能很好地实现某些教育目标。但E-learning完全取代传统的课堂教学是不现实的，传统课堂教学在知识传授、社会性、互动性方面具有巨大优势。同样，在远程网络教育中，一些常规的教学手段与教学方法同样是非常重要的。E-learning进入校园，并不是对传统教学替代式的进入，而是不断与传统教学相互碰撞，在碰撞中逐步融合，在融合中不断补充和完善，形成实践中有效可行的信息技术环境下的教学方法体系。可以说，在线教学与传统教学优势互补的混合式教学是一种迭代更新的教学方法或理论，混合式学习是未来教育发展的一个重要趋势，它将传统的课堂教学与数字化教学方式相结合，为学生提供更加个性化、高效的学习体验。而随着教育信息化的深入，人们的教育思想观念从表面上看是在回归，而实际上是按螺旋方式上升、运动趋势发展。

1. E-learning的优势

在目前的教育环境下，特别是高等教育中，网络教育日益普及。E-learning 的主要优势如下：

（1）大众化与个性化兼容：E-learning 能够满足不同学习者的个性化需求，同时由于其开放性和可访问性，使得学习资源能够被广泛的人群所利用。

（2）高效率和低成本：通过 E-learning，可以有效地提高学习效率，同时由于减少了传统面对面教学的物理资源需求，从而降低了教育成本。

（3）可跟踪，易管理：E-learning 平台提供了强大的跟踪和管理功能，使得学习进度和效果可以方便地进行监控和管理。

（4）适用于所有人群：E-learning 提供了灵活的学习时间和地点，使得学习不再受物理空间的限制，适用于各种人群，包括地理位置偏远或工作时间不固定的学习者。

（5）可以模拟现实场景：通过使用虚拟现实技术，E-learning 能够模拟真实场景，提供接近实际的操作体验，增强学习的实用性和效果。

这些优点使得 E-learning 成为现代教育领域中不可或缺的一部分，它不仅改变了传统的教学方式，也为学习者提供了更加灵活和高效的学习途径。

2. E-learning的弊端

但是，E-learning 也存在如下一些弊端：

（1）缺乏互动和社交体验：在线教育平台的学习体验可能相对较差，缺乏面对面交流和互动，难以获得与同学和老师之间的社交体验。

（2）网络问题影响学习效果：在线教育平台需要依赖网络，当网络出现问题时，如卡顿、掉线等，会影响学生的学习效果。

（3）需要自我管理能力强：在线学习需要学生具备较强的自我管理能力，包括时间管理、注意力控制等方面，否则容易分心或者浪费时间。

（4）课程质量不稳定：由于在线教育的开放性，课程质量的稳定性难以得到保证，有些课程可能缺乏深度和广度。

（5）缺乏实践环节：某些学科需要实践环节才能更好地理解和掌握知识，在线教育难以提供这样的实践机会。

（6）学生反馈困难：在线教育中，学生很难直接向老师反馈问题和困难，这可能会导致学习效果不佳。

（7）眼睛疲劳和身体健康问题：长时间使用计算机或其他电子设备容易造成眼睛疲劳和身体健康问题。

（8）缺乏传统线下课程的学习氛围：传统的线下课程能够营造浓厚的学习氛围，而在线教育平台则难以提供这样的学习环境，学生在长时间的线上教学过程中很容易引起厌烦、无聊等负面情绪，这些情绪投射在学生的实际学习过程中，便会导致他们的学习积极性降低。

虽然在线教育平台存在这些弊端，但是其便利性和灵活性等优点仍使其成为一种重要的教育方式。

10.1.2　E-learning 智能导学

随着网络和数字化技术的发展，学习者对 E-learning 的期望也有了显著变化，除了教学内容的质量和课程的精彩程度之外，更注重教学资源和教学策略的针对性。更多的用户对学习体验的要求在提高，他们渴望从 E-learning 中获取具有针对性的、个性化的学习资源，快速有效地提升自身知识能力；用户更注重与其实时需求精准匹配的内容；知识点细粒度匹配，后续内容的衔接，沉浸式学习；用户希望在线教育可以灵活地支持其个性化的学习方式，例如，匹配学习风格和学习场景等。

但是，E-learning 中的学习资源数量持续增加，而用户对资源的获取、识别能力有限。互联网快速发展，信息爆炸式增加，对于非专业人士，寻找有用信息变得更加的困难，信息的检索能力以及信息的捕获能力都需要进行相关的学习，才能够有所提升。这样一些情况导致用户很难迅速获得所需的资源，容易出现困惑或烦躁的状态，学习效率较低。如何为用户快速有效地提供学习资源、提升用户的学习满意度、提高 E-learning 平台的利用率成为当前面临的主要问题。

早在 20 世纪 80 年代，有研究者注意到学生在传统教学中由于认知能力的不足，容易出现消极的学习状态，于是提出智能教学系统（intelligent tutor system，ITS）以提高教学质量和满足学生的学习需求。ITS 被定义为在没有人类教师干预的情况下，向用户提供及时和定制的学习指导或反馈的计算机系统。ITS 开启了使用计算机技术加强用户有意义和有效学习行为的时代。ITS 偏向以“智能导师”为中心，依赖于专家知识，根据学生的认知、行为和心理等模型，为学生选择最合适的资源。ITS 一般借助问答反馈或即时提示实现“智能”教学。Kurt Vanlehn 的研究发现 ITS 和一对一的教学在学习效果上并没有显著差异，因为它比较注重用户建模和个性化资源精准匹配。但是 ITS 已经被批评过于“教学化”、降低了学生内在的学习动机、脱离社会学习环境，因为过多地注重提示和暗示会削弱学生的反思行为，不利于培养学生深度学习的能力。智能导学系统偏向以“智能导师”为中心，依赖于专家知识，根据学生的认知、行为和心理等模型，为学生选择合适的资源。

自适应多媒体教学系统是一种利用多媒体技术和人工智能技术，根据学生的学习情况、学习风格和知识水平等因素，自动调整教学内容、难度和教学方法的智能教学系统。该系统可以根据学生的学习情况，自动识别学生的学习需求和问题，并针对性地提供相应的解决方案和教学资料，以帮助学生更好地理解和掌握知识。同时，该系统还可以根据学生的学习风格和兴趣爱好等因素，提供个性化的学习内容和教学方法，激发学生的学习兴趣和积极性。自适应多媒体教学系统的核心是人工智能技术，它能够自动分析和处理大量的学习数据，并根据数据结果自动调整教学策略和内容，从而提高了教学的针对性和有效性。

自适应多媒体教学系统偏向以“学习者”为中心，根据学生的先验知识和偏好，为学生提供自适应的资源和导航。但是不太注重引导性知识和学习路径的构建，不利于激发学生潜力和创新能力，对学习能力的提升较有局限。

E-learning推荐技术是随着互联网和大数据技术的发展而逐渐兴起的，它是一种基于在线学习平台和推荐算法的学习资源推荐方式。这种技术通过分析用户的学习行为和习惯，利用推荐算法，向用户推荐最适合的学习资源。与智能导学系统和自适应多媒体学习系统相比，E-learning推荐技术旨在为学生提供个性化、智能化、自适应的学习服务，实现更丰富的用户需求，例如，满足用户对资源的需求、促进用户达成学习目标、培养用户学习兴趣、提升用户的学习体验、激发用户学习潜能。E-learning推荐的优点包括：

（1）个性化：E-learning推荐系统能够根据用户的学习历史、兴趣偏好和行为特征，为其推荐符合个性化需求的学习资源，提高学习效果和效率。

（2）智能化：E-learning推荐系统通过机器学习和人工智能技术，不断优化推荐算法，提高推荐质量和准确度，从而更好地满足用户的学习需求。

（3）丰富多样：E-learning推荐系统涵盖了多种学科领域和课程类型，包括视频课程、音频课程、在线书籍、学习软件等，为用户提供丰富多样的学习资源。

（4）便捷高效：E-learning推荐系统通过在线学习平台，为用户提供便捷高效的学习服务，用户可以在任何时间、任何地点进行学习，提高学习体验和学习效果。

随着技术的不断进步和应用，E-learning推荐技术将会更加智能化和个性化，能够更好地满足学生的学习需求。同时，随着教育理念的不断更新和教育模式的不断创新，E-learning推荐技术也将会得到更广泛的应用和推广。

10.2 E-learning推荐技术

10.2.1 E-learning推荐系统框架

E-learning中，学习者在学习背景、知识水平和学习方式等方面具有差异性，因此向特定学习者推荐合适的学习资源就成为一个颇具挑战的问题。即便两个学习者的学业表现相似，但由于他们具备不同的学习特征，因而也需要不同的学习内容。因此，E-learning推荐系统需要考虑学习者的具体需求，以为其提供个性化推荐服务与个性化学习体验。为E-learning用户选择最优的资源构成学习路径是一个多目标、多约束的复杂问题。

为了让用户快速准确地获取个性化资源，将推荐系统应用到在线学习领域成为近些年研究的热点。E-learning推荐系统主要通过分析用户和资源的关系，向用户提供个性化的学习资源和导航路径，降低用户资源搜索的时间，满足用户流畅的学习体验。E-learning推荐系统的实现框图如图10-1所示。其中，用户模型、资源描述模型和推荐模块是推荐系统的重要组成部分。

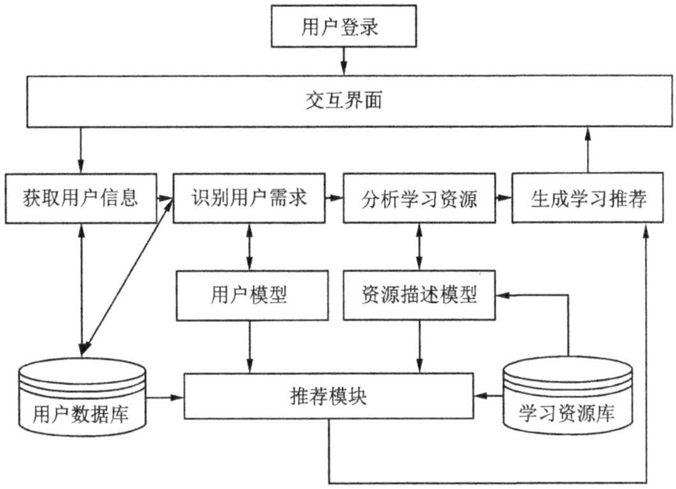

图 10-1　在线学习推荐系统框图

10.2.2　E-learning 推荐技术现状

E-learning 推荐技术也主要包括基于内容推荐、协同过滤推荐和混合推荐。

1. 基于内容推荐

基于内容推荐是指 CB 推荐方法针对特定的用户，分析用户目标和偏好，为其匹配资源推荐。目前的 CB 推荐方法一般考虑用户的能力、学习目标、认知模式、学习体验等因素。CB 推荐方法不依赖于用户间关系和用户对资源的评分数据，适用性比较高。但是 CB 推荐方法存在以下问题：

（1）CB 推荐方法以用户的特定需求和偏好为中心，容易产生信息过载问题。系统向用户推荐与用户需求匹配的、过多的、相似的资源，用户经常需要对推荐内容进行二次提取，降低了学习效率。

（2）CB 推荐完全基于用户和资源的匹配关系进行推荐，推荐结果的多样性较低。多样性下降容易让用户产生疲劳情绪，不利于激发用户长期的学习兴趣和刺激用户的学习动机。如何降低信息过载、提高推荐多样性，并保证推荐结果的个性化实现是 CB 推荐方法需要解决的关键问题。

2. 协同过滤推荐

协同过滤推荐方法通过分析其他用户或项目的评分信息找到相似用户，向活跃用户推荐其相似用户所偏好的项目。用户或项目之间的相似性测量是 CF 推荐系统的关键。CF 推荐方法被广泛应用到餐饮、娱乐、购物、旅游、新闻等领域的推荐中，取得较好的推荐效果，如 Grouplens、Video、Amazon、Google、Netflix、TiVo and Yahoo。这些领域一般具有明确的评分系统，或设置了评价入口，易于获取用户评分或评价信息。虽然 CF 推荐的准确度一般高于 CBF 推荐方法，但 E-learning 中的数据缺失比较严重，阻碍了 CF 推荐方法的应用，主要原因如下：

(1) 用户的学习预期往往是在计划的、有限的、连续的时间内完成阶段性的学习，加之细粒度资源数量较多，所以用户的评分积极性较低。

(2) 学习平台的评分或评价、讨论功能相对缺乏，所以用户对其他用户或学习资源的评价信息稀少。

(3) E-learning 中资源和用户群体的更新频率较快，用户的学习行为往往是“孤立”于其他用户的，用户针对共同资源的活动减少，加大了用户间信任或友谊等隐式关系获取的难度。

(4) CF 只能对具有一定量评分信息的项目进行推荐，新资源会遇到冷启动问题。另外，没有进行过评分的用户也会导致冷启动问题。

当前 CF 推荐算法在 E-learning 中的研究一般通过增设用户评价模块或分析用户文件的方法获取评价信息。但是增设评价模块的方法缺乏通用性，特别是很难针对海量资源设置评价入口；分析历史文件的方法不适用于针对新用户的推荐；而且由于 E-learning 用户多是针对未知知识进行阶段性的学习，用户的共同学习活动较少，用户之间的隐式信息提取困难。如何在有效协同信息缺失的情况下进行 CF 推荐是 E-learning 推荐系统实现的关键问题。

3. 混合推荐

混合推荐是使用两种或两种以上的推荐方法进行推荐。混合推荐也可以兼顾用户的行为挖掘、资源的序列模式挖掘、用户的主观偏好和用户之间的相似性。

而且，目前在 E-learning 的混合推荐方法中，多为基于特征融合的混合推荐方法。例如，有研究将用户的能力模型融入用户-项目评分信息中进行以协同过滤为主的混合推荐。有研究提取用户间的信任关系特征，结合评分矩阵进行评分预测。也有研究针对多判据的评分矩阵展开研究，应用 SOM（self-organizing map）的方法产生高质量的数据集聚类，利用模糊规则的方法发现评分的重要性，再进行协同过滤推荐。有学者先对用户的学习风格进行分类，再利用关联规则挖掘用户的学习习惯和兴趣，最后通过频繁序列的评分预测给出推荐结果。

有研究对不同学习风格聚类，再使用 AprioriAll 算法挖掘用户的频繁序列模式，分析用户兴趣，最后根据频繁模式进行协同过滤完成个性化推荐。有研究通过挖掘用户的学习文件，使用软件原型产生用户的学习经验，并采用协同过滤方法给出用户学习目标所要求的推荐资源。有学者提出两阶段的推荐方法，首先使用基于项目的协同过滤方法发现内容相关的项目集合，然后使用序列模式挖掘方法根据学习顺序过滤项目集合。有研究将 CB 推荐和 CF 推荐方法分开或融合使用，用于对用户的访问记录、用户偏好和教育内容的差异性进行处理，实现学习资源的推荐。有学者提出由两个推荐模块构成的混合推荐方法，在基于序列模式的推荐模块中使用关联规则和模式树挖掘资源信息；在基于属性的推荐模块中通过 k-均值方法对用户聚类，产生包括用户评分、访问序列等信息的用户树。再将这两个模块融合进行推荐。此外，混合推荐还通常使用基于概率的方法，如遗传算法、神经网络、贝叶斯网络 Bayesian、聚类分析等。但是 CB 推荐和 HF 推荐是混合推荐的基本方法，HF 面临的信息过载、数据稀疏和冷启动问题仍亟待解决。

10.3　E-learning 推荐的用户和知识表示

10.3.1　E-learning 用户模型

目前，许多基于内容推荐的 E-learning 系统根据特定的用户模型向用户提供推荐资源。自适应教育超媒体系统以匹配用户的学习目标为目的，产生可能的学习路径，并根据决策模型的指导自适应地推荐学习资源，这种方法通常会面临较高的计算复杂度。有研究根据课程的先验顺序和用户认知水平给出个性化的课程顺序推荐。有研究基于用户能力的推荐，将个性化推荐问题转换为用户能力与资源元数据相匹配的约束满足问题。有研究考虑用户的认知状态和 Felder Silverman 学习风格给出初始的学习推荐，再根据用户的能力变化修正推荐结果。有学者提出基于图理论的模型，将学习对象根据用户能力进行组织，应用贪婪算法给出局部最优的学习路径。有研究以满足用户流畅性学习过程为目标进行推荐，但是将用户的学习体验与学习时间视为正比关系，即认为用户的学习时间越长，学习体验越流畅。这种假设与用户实际的学习感受不完全符合，而且没有考虑其他因素对学习情感的影响。有研究考虑用户学习风格（主动学习和被动学习）和用户知识水平为用户推荐有效的学习路径。

不同于传统的面对面课堂教学环境，E-learning 环境中用户和用户之间、用户和 E-learning 平台之间的交互行为往往不能得到有效的及时反馈。用户处于相对独立的学习环境中，用户的很多内在学习感受不能得到及时获取和处理，容易出现学习动机下降、注意力不集中的问题，甚至中断学习过程。所以在用户建模时，应该考虑影响用户内在学习感受的更多因素。

通常，除年龄、性别等客观因素外，用户的性格和独特的学习背景等众多因素影响着用户的学习状态、学习效果以及对有效的知识接收形式。用户模型中存在的难以定量或定性分析的关键因素，称为学习风格，而学习风格被公认为是一个模糊的概念。每个人都有其独特的学习风格，它既反映出个体独特的生理特征，又反映出个体受环境影响的痕迹。目前，针对学习风格出现了很多定义。有研究认为学习风格是学习者特有的认知、情感和生理行为，它是反映学习者如何感知信息、如何与学习环境相互作用并对之做出反应的相对稳定的学习方式。有研究认为学习风格是指学习者个体在接收信息和信息加工过程中所采用的自然习惯偏爱方式，这些偏爱方式具有一定的持久性。我国的谭顶良将学习风格定义为：学习风格是学习者持续一贯的带有个性特征的学习方式模式学习策略和学习倾向的总和。目前应用较广泛的有 Kolb 学习风格、费尔德学习风格、邓恩夫妇的学习风格、Andrew 学习风格等。在传统的线下教育和目前的在线教育中，现有的学习风格得到一定的认可。但是 E-learning 用户的学习风格还应该考虑以下问题：

（1）E-learning 推荐系统的根本目的是保证用户的学习能力得到提升，并保证用户获得平滑的学习感受，即用户对学习过程具有沉浸感、用户对学习资源释放出积极肯定的情感。当用户的内在学习感受得不到满足时，就会出现挫败、烦躁和动机下降的情况。所以，从用户平滑学习感受的角度回溯，可以获取更为关键的用户模型因素。

（2）对 E-learning 用户学习感受的描述通常是围绕用户情感和用户心理展开的。这种描述方法比较抽象，很难直接作为推荐系统的输入，加大了推荐系统实现的难度。抽取影响用户学习感受的关键因素，并将其转化为用户对学习资源的偏好有助于个性化推荐系统的实现。

所以，针对 E-learning 中用户需求、资源结构和教学环境的独特性，重新审视用户模型的构成是实现个性化学习资源推荐的重点。

10.3.2 E-learning 用户信息补全

针对用户信息缺失，目前常见的补全方法包括用户间信息获取、基于模糊理论的推荐和基于用户自组织的推荐等。

1. 用户间信息获取

针对协同过滤推荐面临的数据缺失问题，很多研究采用矩阵分解、融入信任或朋友关系等方法进行缺失数据的补全。这些方法在现有评分矩阵的基础上，通过挖掘用户之间的隐式关系补全缺失数据。该类方法在旅游、娱乐、购物、餐饮等领域取得了较好的应用。因为在这些领域，一般会设置评分机制或评论区，鼓励用户积极参与评论，有助于提取用户间的隐式信息。但在 E-learning 中，数据稀疏问题比其他领域更为突出。E-learning 中的社区环境较少，而且对每个细粒度资源设置评论功能是不可行的。另外，通常用户是为了学习新知识加入学习环境，所以特定知识模块的历史信息较少，很少有用户针对共同资源进行学习的历史行为，所以用户很难有机会建立隐式的用户关系。

在商业推荐领域，现有研究针对数据稀疏问题提出了很多解决方法。有学者提出了混合特征选取的方法进行内容聚类，并根据候选项的热度（被使用和评分情况）进行加权计算相似度的方法。有研究引入概率矩阵分解、模糊理论等方法，将用户的相似与信任关系相结合进行推荐。有学者根据用户获得的评分衡量用户的可信度进行协同推荐。有的研究根据相似程度对用户进行评分，根据朋友关系对用户进行聚类，进行推荐。有学者将用户的影响力、信任关系、相似性以及个性偏好相结合进行个性化的推荐。有学者同时考虑评分和信任值之间显式和隐式的关系进行推荐。有研究考虑信任传递和用户访问项目及时间的序列行为相似性进行协同推荐。在 E-learning 领域，有研究考虑了学习项目的被访问时间和访问频率对项目进行评分。这些推荐方法基于现有的评分数据或用户历史关注关系补全缺失数据，选取电影、旅游等实验数据对推荐算法进行评测，没有针对信息极度缺失的 E-learning 推荐展开研究。

有些研究直接通过 E-learning 平台获取用户的评分信息。首先是利用社区问答系统的答案推荐。有研究针对成熟的社区学习环境展开研究，通过用户评价信息抽取他们对其他用户和资源的评分，这里的资源通常是较为独立的课程或 MOOC 中的片段，而不是小粒度资源。有研究在学习平台中增设了评分和投票机制获取用户的评价信息。有研究利用用户的协同标注方法获取用户之间的关系进行推荐。有研究指出在推荐系统中，考虑用户的重要性（如用户级别、用户分数等）对用户进行加权从而实现协同推荐。有研究将用户基于 Kolb 理论的学习风格与学习项目的隐含信息结合进行推荐，考虑了学习项目被访问的时间和被访问的频率对项目进行评分。但是，考虑海量资源的存在以及用户的意愿，并不是所有学习平台都适合或喜欢设置评论、投票和标注功能入口。目前的研究未能充分考虑影响用户协同推荐的综合因素。

目前，很多研究将上下文信息作为辅助信息，优化评分矩阵，以期得到更准确的用户相似度，常用的上下文信息有用户的能力、用户的某一种风格偏好等。有研究指出与活跃用户具有相似知识能力和相似学习风格的用户，可以为活跃用户提供更加准确和有价值的推荐。但这些研究还是基于用户-资源评分信息进行的，在没有有效的评分信息的情况下，如何实施协同过滤推荐需要深入研究。

2. 基于模糊理论的推荐

为了保证推荐结果的多样性，一种方法是引入多维属性的用户模型。例如，在用户影响力模型中，尽可能多地考虑影响用户学习体验的学习风格和属性。另一种方法是引入模糊理论描述用户的不确定性行为。目前很多研究关注用户评价的不确定性和模糊性，模糊理论可以表示事物的确定性和不确定性因素，可以有效处理用户在进行决策时的模糊性、不确定性和主观性特征，所以使用模糊集理论、模糊逻辑和模糊关系处理相似性，可以得到更为准确有效和多样性的推荐。有研究提出自适应的模糊神经系统进行多判据的协同过滤推荐。有研究通过推荐平台与用户的交互获得用户需求，然后设计基于模糊理论的推荐系统为用户推荐最佳的电子设备产品和配置。有研究应用模糊集方法进行通信产品和服务的推荐。有研究将极值和加权的模糊集理论应用到基于内容的推荐系统中，进行相似性和聚合度计算。有研究给出模糊推荐系统的数学定义，并提出基于用户模糊数据和确定数据相似程度的推荐方法。在 E-learning 领域，用户的决策受很多因素影响，由于用户有内在的自我挑战、自我提高和自适应的特点，用户的一些行为是与直觉相关的。目前模糊理论在 E-learning 中得到了成功的应用，例如，表示用户的模糊项目响应、基于模糊树的相似性测量方法。有研究研究了基于模糊项目反应理论（item response theory，IRT）的个性化智能教学系统，可以根据用户的不确定响应为用户推荐合适难度的课程。目前没有研究将模糊理论应用到用户的多种属性表达中，也没有考虑用户的直觉模糊特征优化用户模型，模糊集的相关理论也没有应用到信任或影响力的传播中。

3. 基于用户自组织的推荐

自组织理论可以不依赖用户-资源评分，通过模拟用户之间的交互行为进行推荐。在之前应用个体信息传播进行 E-learning 资源推荐的研究中，一些研究重点关注用户和资源匹配错误的信息传递，以及学习效果较好的用户学习路径反馈，没有从用户综合影响力的角度分析用户之间的相互影响关系，判定用户在推荐中的作用。信任传递和信任融合是最常用的信任传播模型的创建方法。有的研究将用户之间的信息传递应用到协同过滤推荐中，即通过网络中现有的信任关系推演出其他用户之间的信任关系。有研究建立了信任和不信任关系的传递模型，但是只考虑信任关系的直接传递，忽略知识自发构建的可能性。有研究针对基于记忆的协同过滤方法在发现社交关系时速度慢的问题，提出基于矩阵分解的模型协同过滤方法。有研究通过语义网模仿人的理解，形成扩展活跃模型，用来研究信任传递，但是计算复杂性对推荐结果的有效性和准确性产生较大的影响。有研究通过分析信任路径的长度和聚合度来评价信任的级别。有研究考虑信任关系的传递，将信任传递融入评分矩阵中，但没有考虑用户信任关系的深层繁衍传播，这与实际社交网络的传播关系不符。

在真实的社交传递中，用户对其他用户的信息通常不能以定量和定性的方法获取，而且由于用户的主观能动性原因，用户在选择其他用户作为推荐参考时，呈现出随机性、动态性和模糊性的动机。所以用户之间的交互呈现出非线性、不确定性和复杂性。研究 E-learning 中用户之间的影响，刻画用户有效学习圈的形成过程是一个难题，准确客观地模拟用户交互行为是提高推荐质量的关键因素。

10.3.3 E-learning 用户模型改进

用户模型中的学习风格需要包括能够增强用户有意义和有效学习的关键因素。为了获取影响 E-learning 用户内在学习感受的因素，本章提出基于用户平滑学习感受的 E-learning 用户模型（smooth learning emotion model，SLEM），并结合现有学习风格测试量表和心理测试量表设计了相应的学习风格测试量表进行调研。测试问卷列出影响用户 E-learning 学习内在感受的一些因素，并鼓励用户补充其他影响因素。问卷面向学生用户、一线授课教师，以及具有丰富 E-learning 教学平台设计维护和管理经验的专家等。参与问卷调查的用户有 1 563 人。问卷主要是由单选题和是非题构成，总共包括 69 个题目。调查问卷的克隆巴赫系数为 0.87，表明问卷的一致性程度较高，能够保证问卷结果的可靠性和可信度。

通过对问卷调研结果的分析，总结出影响用户平滑学习感受的主要因素包括：①用户对推荐资源难度的满意度、对资源推荐顺序的满意度、对学习时间的满意度等；②推荐是否满足用户学习目标和学习动机的需求；③用户是否保持对学习过程的控制、保持对学习资源的好奇、保持被激发的学习兴趣等。其中对学习过程的控制主要体现在推荐资源的难度是否符合预期，是否与能力提升相匹配；学习兴趣以及对资源的好奇主要体现在用户对资源多样性的要求。针对调研结果，给出与用户平滑学习感受相关的学习风格定义：学习风格是指用户接受知识的偏好形式、用户的能力、学习态度和对资源的适应性。该定义不仅关注用户的认知风格，也考虑了用户的学习感受。

表 10-1 列出了用户学习风格的核心元数据。

表 10-1　SLEM 学习风格核心元数据集

序　号	内　容
1	学习对象媒体序列偏好
2	学习对象内容属性偏好
3	时间容忍度
4	用户的态度
5	学习能力
6	自适应能力
7	重复学习对象的容忍度
8	通过标准

具体含义如下：

第 1 项是用户对学习对象媒体性质的偏好序列。由于 E-learning 中数字资源的媒体格式比较丰富（如视频、音频、文本、图片等），用户在学习某个知识模块时，对资源的媒体呈现顺序显示出独特的偏好。

第 2 项是用户对学习对象内容属性的偏好序列。内容属性是指学习对象的性质，如理论、例子、解释、测验等。E-learning 用户对学习对象的内容属性呈现顺序表现出较大的偏好差异。

第 3 项是用户对学习时间的容忍度。在 E-learning 环境下，用户通常具有一定的时间自主权，但同时用户表现出不同的时间容忍度。例如，有些用户可以花费较长的时间进行某个知识点的学习，特别是在平时学习过程中，对学习时间无明确的要求。而有的用户却只接受较短的学习时间，这种情况通常也会出现在用户进行考前复习的学习阶段。

第 4 项是用户的学习态度。学习态度主要是指用户在 E-learning 学习过程中表现出的学习状态，包含积极态度、消极态度和平和态度。具有积极态度的用户勇于面对挑战，学习激情较高，不容易感到倦怠，这种态度有助于知识的获取；具有消极态度的用户过多地表现出“无所谓”的状态，缺乏探究精神，容易降低学习目标和分散注意力，这种态度不太利于在线学习；平和态度介于上述两种态度之间。

第 5 项是用户的能力。用户的能力由两部分构成，一部分是通过风格量表得到的用户自主学习能力，包括理解、思考、发现和自我管理能力等。另一部分是指用户在特定知识领域的知识水平能力，一般通过预评测和阶段性测验获得。在实施个性化学习资源推荐时，需要综合考虑用户的两种能力，为其推送学习资源。

第 6 项是用户的自适应能力。在传统教学中，用户对资源的“挑剔”行为影响着教师制定教学策略的容差度。当 E-learning 推荐系统向用户推荐资源时，用户的自适应能力同样影响用户对推荐资源的评价。高自适应能力表示用户可以接纳较多不符合其需求或偏好的推荐资源，即倾向于接受多样化的资源。低自适应能力表示用户不愿意接受不匹配的资源。

第 7 项是用户对重复资源的接受程度。在传统教学中，教师有时候会反复讲解某项知识点或进行某项测试，用户只能选择接受教师的教学行为。在 E-learning 学习推荐中，用户具有更多的主动权，即系统要针对用户的弱项知识点进行推荐时，用户可以选择是否学习重复的资源，或者设置接受重复资源的比例。

第 8 项是用户的通过标准。该项内容是调查问卷中用户补充填写的影响因素中比例最高的一项。即便是同一班级的学生，也将通过标准作为影响其学习效果和学习感受的关键因素。首要原因是用户的学习目的不尽相同，有的用户希望对知识模块融会贯通，彻底吸收消化并进行熟练运用，有的用户只希望通过某个级别的测试。通过标准也与学生对自己知识背景和自身能力的评价相关。如果用户对某门课程兴趣低或感觉学习吃力，又不想消耗过多的时间，那么用户就降低预期的通过标准，使自己的学习过程更加轻松流畅。不同的通过标准会引发推荐策略实施的差异性。

N 个用户构成的用户集为 U，$U=\{u_1,u_2,\cdots,u_N\}$。下面给出 SLEM 模型的形式化描述：

SELM 由三部分构成，即用户目标知识集 GP，用户的基本属性 B 和用户学习风格 UP。其中，GP 表示用户的学习目标。$\mathrm{GP}=\{\mathrm{gp}_1,\mathrm{gp}_2,\cdots,\mathrm{gp}_N\}$。$\mathrm{gp}_i$ 表示用户 u_i 的学习目标，它由用户需要掌握的模块构成。B 为用户的基本客观属性，B=<性别-SE，年龄-AG，序号-NO，年级-LE，目标-GU>。UP 为用户学习风格，由表 10-1 中所示的八项核心元数据构成，UP=<能力-CL，计划时间-UT，态度-AT，媒体序列-MP，内容序列-FP，自适应能力-AD，重复资源接受能力-AC，通过标准-PU>，UP 中每项元数据的描述及含义如下：

- CL 表示用户的能力，$CL=\{cl_1,cl_2,\cdots,cl_N\}$。$cl_i$ 表示用户 u_i 的学习能力。计算公式为$cl_i=w_a\cdot cl_{ia}+w_b\cdot cl_{ib}$。$cl_{ia}$是通过知识领域测试得到的分值。$cl_{ib}$是调查问卷中用户自我评估得到的分值。$w_a$ 和 w_b 是对应的权重，w_a 通常略大于 w_b。通过归一化处理，$cl_i\in\{1,2,3,4,5\}$。cl_i 越大说明用户的能力越强。
- 用户计划时间 UT，$UT=\{ut_1,ut_2,\cdots,ut_N\}$，$ut_i\in[total\cdot\alpha,total\cdot\beta]$，$0<\alpha<\beta\leqslant 1$。total 为用户学习目标中所覆盖资源的建议学习时间，由专家经验和老用户的学习反馈得到。用户的计划时间不大于 total 时为有效计划时间。如果用户的最长计划时间超过 total，则将 total 赋值为用户的最长计划时间。
- AT 是用户的学习态度。$AT=\{at_1,at_2,\cdots,at_N\}$。$at_i$ 表示用户 u_i 的态度。$at_i\in\{a_1=$积极$,a_2=$平和$,a_3=$消极$\}$。
- MP 是用户的媒体序列偏好。$MP=\{mp_1,mp_2,\cdots,mp_N\}$。$mp_i$ 是用户 u_i 对学习对象的媒体偏好序列。$mp_i\in\{m_i>\cdots>m_j\mid m_i,m_j\in M\}$。$M$ 指学习对象媒体性质 m_i 的集合。
- 用户的内容偏好 FP。$FP=\{fp_1,fp_2,\cdots,fp_N\}$。$fp_i$ 是用户 u_i 对学习对象内容属性偏好的序列。$FP=\{f_i>\cdots>f_j\mid f_i,f_j\in F\}$。$F$ 是学习对象内容性质 f_i 的集合。
- 自适应能力 AC，$AC=\{ac_1,ac_2,\cdots,ac_N\}$，$ac_i$ 表示用户 u_i 对资源的自适应能力。$ac_i\in\{1,2,3,4\}$，值越高表示用户的适应能力越强。
- 重复资源接受能力 DC，$DC=\{dc_1,dc_2,\cdots,dc_N\}$。$dc_i$ 表示用户 u_i 对重复资源的接受能力。$dc_i\in\{1,2,3,4\}$，值越高表示用户对重复资源的接受程度越强。
- 学习通过标准 PU。$PU=\{pu_1,pu_2,\cdots,pu_N\}$。使用布鲁姆教育目标分类方法将 PU 分成 1~6 级，$pu_i\in\{1,2,3,4,5,6\}$。每一级别的含义见表 10-2。表中最后一列为该级别对应的能力测试要求。

表 10-2　布鲁姆学习者学习目标分类

级　别	定　义	举　例	级　别
1	知识	描述、标注、筛选	掌握概念性知识
2	领会	区别、解释、概括、总结	以解释、陈述方式展现理解水平
3	应用	操作、解决、使用	使用新知识解决问题
4	分析	区分、说明、概述、图解	知识融合，信息分解
5	综合	分类、策划、规划	知识重组，融会贯通
6	评价	评鉴、比较、判断	知识推理、推断

10.3.4　E-learning 资源模型

资源模型作为个性化学习资源推荐系统的另外一个重要输入，对提高推荐系统的性能是非常重要的。即便用户模型能够准确描述用户的学习偏好和行为，但是如果忽略了教学内容、教学策略与用户学习风格的一致性，将会使用户失去学习动机，降低学习效果，因而会导致失败的学习过程。为了得到匹配用户学习风格的教学策略和教学资源输出，合理有效的学习资源模型同样非常关键。

本体作为一种知识表示方法，与谓词逻辑、框架等其他方法的区别在于它们属于不同层次的知识表示方法，本体表达了概念的结构、概念之间的关系等领域中实体的固有特征，即“共享概念化”，而其他知识表示方法（如语义网络等）可以表达某个体对实体的认识，不一定是实体的固有特征。

概念图是知识以及知识之间关系的网络图形化表征，也是思维可视化的表征。一幅概念图一般由“节点”“链接”“有关文字标注”组成。作为知识的有效组织和表示形式，概念图已经成功地应用于教育领域。主要特征为：①层级结构，运用层级结构的方式表示概念之间的关系。含义最广最具概括性的概念在最上端，更多的明细的概括性不强的概念依次排列在下方。一个特定知识领域的概念层级结构也取决于这个知识应用的背景，因此，构建概念图最好能够参考试图回答的特定问题，或者参考希望通过概念图来理解的事物或情境。②交叉连接：运用交叉连接表示概念之间的关系。交叉连接表明了概念图上的某些领域知识相互联系的方式。在新知识的创建中，交叉连接表明了知识创造的跳跃性。③理性与情感交融，虽然概念图表现的是概念和命题，但同样反映了创建者在创建概念图过程中的情感状态，概念图既有理性的、清晰性的特点，也映射了创建者的情感品质。有研究通过分析用户的问答表现自动构建概念图。有研究提出资源动态概念图的概念以支持自适应学习。有研究收集教师在课堂使用的教学题目数据集，并用布鲁姆的分类认知水平进行标注，研究资源的分类和推荐。有学者考虑在四种不同学习情景（初始学习、平时复习、考前学习和考前复习）中不同学习者学习路径的不同偏好，提出基于知识图的多约束学习路径推荐算法，通过问卷调查结果验证了算法的有效性。有研究考虑用户的先验知识提供支持多层次能力提升的推荐策略，提出一种具有扩展和消逝策略的概念图模型。有研究分别应用概念图获取用户的学习成就变化以及学习过程的实时反馈。也有研究将本体应用到概念图的描述中，进行个性化学习路径的推荐。

在资源建模时，参考国际现有的 Dublin Core、SCORM 等核心集，以及国内的现有研究，选取了与 SLEM 相关的资源核心集数据元素。假设有 n 个细粒度学习资源集合 L，$L=\{l_i \mid i\in[1,n]\}$。对每一个 l_i，它的属性 LA_{l_i} 可以表示为：$LA_{l_i}=\{C_{l_i},GR_{l_i},S_{l_i},D_{l_i},M_{l_i},F_{l_i},T_{l_i},G_{l_i},R_{l_i}\}$。表 10-3 列出了 LA_{l_i} 包含元素的意义。

其中 G_{l_i} 是资源 l_i 的先验顺序，即资源 l_i 与其他学习资源的顺序约束。如果 l_1 应该在 l_2 之前被学习，则 l_1 是 l_2 的先序知识，$l_1>l_2$，$G_{l_1,l_2}=1$。G_{l_i,l_j} 的计算公式为

$$G_{l_i,l_j}=\begin{cases}1, & \text{if } l_i>l_j\\ 0, & \text{if } l_i \text{ 与 } l_j \text{ 不存在先验关系}\end{cases} \tag{10-1}$$

关联 R_{l_i} 指资源 l_i 与其他所有资源的知识关联。R_{l_i,l_j} 表示 l_i 和 l_j 之间的知识关联强度。R_{l_i,l_j} 的计算公式为

$$R_{l_i,l_j}=N(l_i\cap l_j)/N(l_i) \tag{10-2}$$

$N(l_i)$ 是没有通过 l_i 所属知识点测试的用户数目。$N(l_i\cap l_j)$ 是指既没有通过 l_i 所在知识点测试，也没有通过 l_j 所在知识点测试的用户数目。粒度较大的学习模块 M_i 和 M_j 的关联值为 R_{M_i,M_j}，其计算公式为

$$R_{M_i,M_j}=\sum_{l_i\in M_i,i=1}^{nm_i}\sum_{l_j\in M_j,j=1}^{nm_j}R_{l_i,l_j}/(nm_i\cdot nm_j) \tag{10-3}$$

nm_i，nm_j 分别表示模块 M_i 和 M_j 中的小粒度学习对象的数目。在推荐系统中，R_{l_i,l_j} 和

R_{M_i,M_j}越大，则相应的学习对象和学习模块被联合推荐的概率越高。

表10-3中SLEM学习风格的部分核心元数据描述与资源属性直接相关，譬如对资源媒体、内容、难度和时间的偏好。而其他学习风格，如能力、态度等也与资源的某些属性相关，挖掘用户属性和资源属性之间的关联可以提高推荐的准确度。本节中使用数据挖掘方法获取用户学习风格和资源属性之间的隐含关系，并建立用户-资源混合概念图。图10-2描述了利用混合概念图生成候选资源的方法。

表10-3 学习对象核心元数据集

元素	符号	描述	取值
知识点	C_{l_i}	学习对象所包括的知识点	$C_{l_i} \in [1,m]$
粒度	GR_{l_i}	学习对象的粒度层次	$GR_{l_i} \in [1,6]$，取值分别对应科目、模块、子模块、概念、子概念、原子对象（细粒度）
重要程度	S_{l_i}	学习对象的重要级别	$S_{l_i} \in [1,5]$，值越大，资源越重要
难度	D_{l_i}	学习对象的难度级别	$D_{l_i} \in [1,n]$，值越大，资源的难度越高
媒体类型	M_{l_i}	学习对象的媒体资源	$M_{l_i} \in [1,n]$，譬如，1-V：表示视频，2-I：表示图像，3-A：表示音频，4-T：表示Office文档
内容属性	F_{l_i}	学习对象的内容类别	$F_{l_i} \in [1,5]$，其中1-Pre：表示预测题，2-Th：表示理论介绍，3-Exa：表示例子，4-Exp：表示解释性文本题目，5-Post：表示模块测验
时间	T_{l_i}	完成该学习对象的建议时间	T_{l_i}用自然数进行表示，通常以秒或分为单位
先验	G_{l_i}	学习对象与其他对象之间的先后学习顺序	—
关联	R_{l_i}	学习对象在知识层次上的关联	—

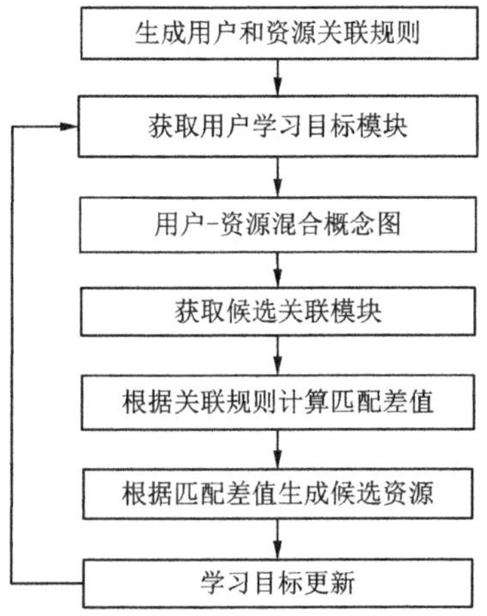

图10-2 基于混合概念图的候选资源生成流程图

10.3.5　用户和知识匹配分析

采集某学校 4 328 名用户一个学期的在线学习数据文件作为数据源。每个用户在使用在线平台时均先通过学习风格量表测试得到其学习风格属性。在学习结束后，将用户遍历过的资源作为候选数据集，挖掘资源与用户学习风格的关联。Apriori 算法在对用户访问资源顺序的挖掘中已经得到广泛应用。首先使用 Apriori 算法挖掘资源频繁访问模式，再挖掘用户学习风格与学习资源之间的关系，获取具有特定偏好的用户对学习资源的访问规则。

下面给出 Apriori 算法用于挖掘用户属性和资源属性关联的频繁项目集生成算法。提取用户属性的核心元数据（如用户的能力、态度、自适应能力）与资源的核心元数据（如难度、重要度、媒体属性、内容属性、时间等）作为候选项集，将候选事务集中的项目设置为用户属性候选项集和资源属性候选项集之间匹配关系的全排列事务集，如“能力 3→难度 3、重要性 4”表示能力为 3 的用户经常访问难度为 4 且重要度为 4 的资源。通过关联规则算法获得用户属性与资源属性的频繁项集。其中，F_k 为符合最小支持度的 k-频繁项目集。其中 candidate-gen 为候选项集集合 C_k 的生产函数，由合并和剪枝两步实现。

算法 1：用户风格和资源属性频繁项集产生算法

```
输入：T-用户风格（a 种）-资源属性（b 种）事务集
      minsup - 最小支持度计数阈值
输出：F-T 中的频繁项集
C1←init-pass（T）;
F1← {f | f∈C1, f.count/n≥minsup};
for (k=2; F(k-1)≠∅; k++)
    Ck← candidate-gen（F(k-1)）;
        for each transaction t∈T
            for each candidate c∈Ck
                if c is contained in t then
                    c.count ++;
            endfor
        endfor
    Fk← {f | c∈Ck, c.count/n≥minsup}
endfor
输出频繁项集 F←∪k Fk
```

接下来使用频繁项集生成数据库中置信度大于最小阈值的关联规则。针对用户属性和学习资源属性的潜在规则 r：$A \to B$，对置信度进行如下改进：

$$\mathrm{Confidence}(A \to B) = \frac{\mathrm{Support}(A \cup B)}{\mathrm{Support}(A)} \tag{10-4}$$

A 表示用户学习风格的某项或多项元数据，如用户的能力；B 表示学习资源的某项或多项元数据，如学习资源的难度。在关联规则中，r 必须满足最小置信度和最小支持度的阈值。

传统关联规则的支持度一般仅考虑项目 A 和 B 是否同时出现。为了提高规则的准确度，将每个用户和资源的重要性作为加权值，确定用户和资源项集的信度。

对于 N 个用户序列 $\{u_1, u_2, \cdots, u_j, \cdots, u_N\}$，定义每个用户的权重值为

$$W_{uj} = \text{Rank}\left(\frac{\text{Score}_{u_j}}{\sum_{j=1}^{N} \text{Score}_{u_j}}\right) + \text{Rank}\left(\frac{\Delta\text{Score}_{u_j}}{\sum_{j=1}^{N} \Delta\text{Score}_{u_j}}\right) \tag{10-5}$$

Score_{u_j}表示用户 u_j 的最终评测分数。ΔScore_{u_j}表示用户 u_j 在期中和期末阶段测试的分数变化。Rank 表示具有 A 属性的用户 u_j 在此类用户序列中的综合排名，排名依据用户的评测分数以及分数变化进行计算。公式（10-5）保证了学习成绩较高和学习分数提升较大的用户在属性 A 上的信度较高。W_{uj} 需要进行归一化处理。

同样方法，计算每个学习对象的信度。对于 n 个学习对象序列 $\{l_1, l_2, \cdots, l_j, \cdots l_n\}$ 中，定义每个学习对象的权重值为

$$W_{l_j} = \left(\text{Sequence}_{l_j} + \frac{\text{Time}_{u_j}}{\sum_{j=1}^{n} \text{Time}_{u_j}}\right) \tag{10-6}$$

Sequence_{l_j}表示学习对象 l_j 在用户学习特定模块时出现的顺序；Time_{u_j}表示用户在 l_j 上花费的学习时间。由于学习对象的媒体性质不同，Time_{u_j}使用学习对象的字节大小进行归一化处理。该权重值标明，用户选择学习对象 l_j 的顺序和在 l_j 上花费的时间影响该学习对象在属性 B 中的可信度。

通过上述算法，获得置信度较高的用户与资源之间的映射规则，表 10-4、表 10-5 和表 10-6 给出几项规则示例。

表 10-4　用户-学习对象映射规则 1

AT（用户态度）	*D*（学习对象难度）
1	3,4,5
2	2,3,4
3	1,2,3

表 10-5　用户-学习对象映射规则 2

CL（用户能力）	*D*（学习对象难度）	*S*（重要性）
1	1,2,3	4,5
2	1,2,3,4	3,4,5
3	2,3,4	2,3,4,5
4	3,4,5	3,4,5
5	4,5	4,5

表 10-6　用户-学习对象映射规则 3

AC（用户自适应能力）	F（学习对象内容）	M（学习对象媒体）
1	Post，Exp	T
2	Pre，Exp，Exa	V，T
3	Th，Exa，Post	T，V，I
4	Th，Exa，Pre，Exp	V，T，A，I

为了提高用户模型和资源模型的动态适应性，增强个性化推荐的效率和准确性，应用混合概念图描述用户的多维属性、分级学习目标，以及与用户需求相匹配的资源结构，即将用户视为一个概念，描述其属性特征。概念图中用于描述资源和概念之间关系的“文字标注”使用上述的“映射规则”替代。

当用户的目标学习模块确定后，计算目标模块和其他模块的关联值，将强关联的模块作为候选资源推荐给用户。强关联的模块知识结构性强，有助于用户的预习、复习，帮助用户通过连贯性知识减少资源学习数量，提高学习效率。

模块关联阈值 RT 的计算公式为

$$\mathrm{RT}=\left\lfloor\left(\sum_{i=1}^{N} RM_i/N\right) * 0.8\right\rfloor \tag{10-7}$$

式中，N 为学习科目中的模块总数，0.8 为经验值。如果模块之间的关联值大于阈值 RT，则模块之间的关联为强关联。

根据用户和学习资源的映射规则表 10-4、表 10-5 和表 10-6，用户 u_j 和学习资源 l_i 的匹配差值 diff_{l_i,u_j} 计算公式为

$$\begin{aligned}\mathrm{diff}_{l_i,u_j}=&w_1(|\mathrm{at}_j-D_{l_i}|+|\mathrm{cl}_j-D_{l_i}|+|\mathrm{cl}_j-S_{l_i}|)+w_2\,|\mathrm{Pos}(l_i,\mathrm{FP}_j)-\overline{\mathrm{Pos}(l_i,\mathrm{FP}_j)}\,|+\\&w_3\,|\mathrm{Pos}(l_i,\mathrm{MP}_j)-\overline{\mathrm{Pos}(l_i,\mathrm{MP}_j)}\,|\end{aligned} \tag{10-8}$$

式中，第一项是用户的态度和能力与学习资源的匹配差值；第二项是资源实际内容偏好排序和用户期望的内容排序的差值；第三项是资源实际媒体偏好排序和用户期望的媒体排序的差值。$\mathrm{Pos}(l_i,\mathrm{FP}_j)$ 为学习对象 l_i 在推荐资源序列中的实际位置，$\overline{\mathrm{Pos}(l_i,\mathrm{FP}_j)}$ 为用户内容偏好 FP_j 中期望学习对象 l_i 出现的位置。

w_1、w_2 和 w_3 是各项匹配差值的权重。权值的设定主要依据专家给出的用户风格中各因素重要性和用户关注的学习风格重要性排序。用户关注学习风格的重要性排序根据用户在学习风格测试中的分值高低获得的。

通过用户-资源的匹配差值，获取候选资源的排序，再结合资源之间的先验和关联关系等因素，为用户确定更为准确的候选资源。

图 10-3 所示为混合概念图的一个例子，该例中涵盖了用户属性和资源属性以及两者的关联。此概念图的信息为：Jake，男生、18 岁、学号 12、大一新生、学习目标多行结构、能力值为 4、计划时间不超过建议时间的 60%、资源重复容忍度为 2、学习态度积极、自适应能力为 3、媒体偏好：视频>图像>Office 文档、内容偏好为预测>例子>理论>模块测验>解释、学习通过标准为 3、优先级偏好顺序为态度>内容>媒体>通过标准>时间容忍度>自适应能力>资源重复容忍度。在概念图中，单箭头直线表示学习对象的隶属关系，单箭头

虚线表示先序关系，双箭头圆弧表示模块之间的关联值。15 个候选学习对象的主要核心元数据见表 10-7。

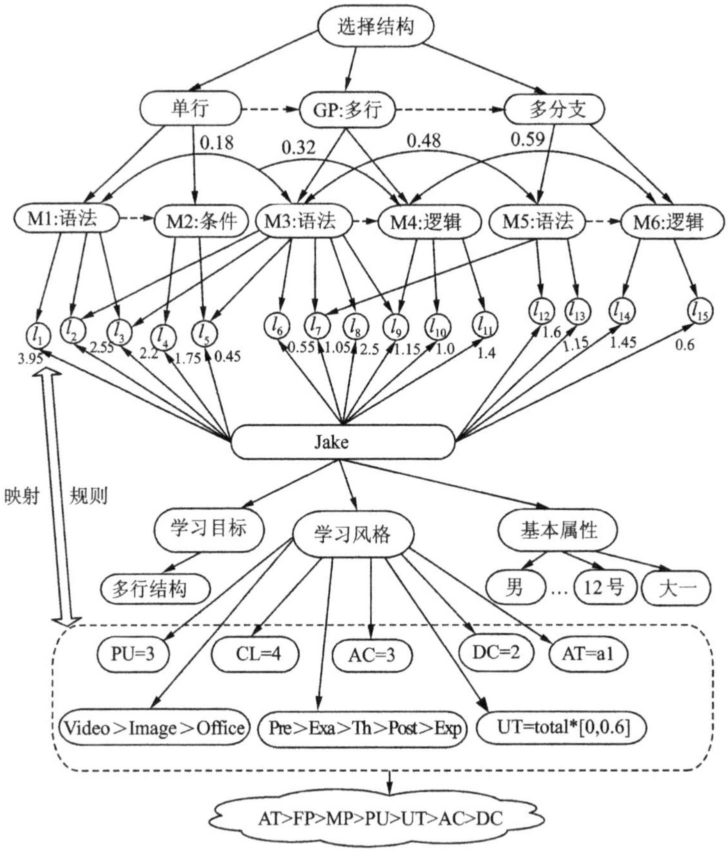

图 10-3　混合概念图举例

表 10-7　候选学习对象元数据

序　号	核心元数据集(C,D,S,T,M,F)	序　号	核心元数据集(C,D,S,T,M,F)
1	Sin,1,1,1,T,Th	9	Mul/Sel,2,5,3,I,Th
2	Sin/Mul,1,2,2,T,Exa	10	Mul,3,4,2,T,Pre
3	Sin/Mul,4,2,2,I,Exp	11	Mul,2,3,1,T,Exp
4	Sin,2,2,3,V,Exa	12	Sel,2,3,2,I,Th
5	Mul,2,5,2,V,Th	13	Sel,3,4,5,T,Post
6	Mul,4,4,3,T,Pre	14	Sel,2,5,2,T,Pre
7	Mul/Sel,3,4,5,V,Exp	15	Sel,3,4,3,V,Exp
8	Mul,2,2,3,T,Post		

根据 Jake 的学习目标，可以确定候选资源集合为$\{l_2,l_3,l_5,l_6,l_7,l_8,l_9,l_{10},l_{11}\}$。图 10-3 的例子中，RT 为 0.3，所以除 M3 和 M4 外，M2 模块也出现在候选学习资源列表中。因此，根据混合概念图的资源层次关系，将候选资源集合更新为$\{l_2,l_3,l_4,l_5,l_6,l_7,l_8,l_9,l_{10},l_{11}\}$。考虑 Jake 的风格量表测试结果，设置 $w_1=0.4$，$w_2=0.40$，$w_3=0.20$。应用式（10-8）得到

用户和候选资源集合之间的匹配差值。根据匹配差值获得资源的排序为$\{l_5, l_6, l_{10}, l_7, l_9, l_{11}, l_4, l_3, l_8, l_2\}$。最后考虑用户的时间约束和资源的先验顺序，为 Jake 给出推荐资源的组合及学习顺序为$\{l_5, l_7, l_6, l_9, l_{10}, l_{11}, l_4\}$。

可以看出，混合概念图通过关联规则将用户和学习资源连接起来，根据映射规则计算用户和学习资源之间的匹配差值，推荐过程迅速准确，推荐结果可以在很大程度上满足用户的个性化需求。

10.4　基于自组织的推荐

10.4.1　信息自组织概念

自组织性是指在一定条件或规则下，系统自动地从无序走向有序，从简单走向复杂，从粗糙走向精细，从低级走向高级，保持并更新功能的能力，包括自我组织与创生、自我结构化与单元化、自我生长与复制、自我控制、自我反馈与通信、自我学习与进化、自我决策与实现等能力与性质。

信息自组织是指作为信息系统组成要素的信息，由于人与人之间、人与系统其他要素之间存在的相关性、协同性和默契性而形成特定结构与功能的过程，也就是信息系统无须外界指令而能自行组织信息，自我有序化和优化的过程。

自组织理论是 20 世纪 60 年代末期开始建立并发展起来的一种系统理论。它的研究对象主要是复杂适应系统的形成和发展机制问题，即在一定条件下，系统是如何自动地由无序走向有序，由低级有序走向高级有序的。自组织理论的思想可以描述为：依存于一个新型的计算系统，如开放的非平衡系统，实体遵循特定的源自自然或真实世界的行为规则，通过相互之间或者与环境的局部交互，实现信息交换和效用更新。通过交互行为中的正反馈或负反馈机制，某些行为被放大和积聚，而其他行为被抑制，最终重构稳定的系统。

Haken 认为自组织概念包含以下几个层面：

从系统论的观点来看，自组织是指一个系统在内在机制的驱动下，自行从简单向复杂、从粗糙向细致发展，不断地提高自身复杂度和精细度的过程。

从热力学的观点来说，自组织是指一个系统通过与外界交换物质、能力和信息，从而不断地降低自身的熵值，提高其有序程度的过程。

从进化论的观点来看，自组织是指一个系统在遗传、变异和优胜劣汰机制的作用下，其组织结构和运行模式不断地自我完善，从而不断提高对环境适应能力的过程。

从结构论-泛进化理论的观点来看，自组织是指一个开放系统的结构稳态从低层次系统向高层次系统的构造过程。因为系统的物质、能量和信息的量度增加，导致系统进化的过程。

自组织的构成可分为以下几方面：

（1）**耗散结构论**：主要研究系统与环境之间的物质与能量交换关系及其对自组织系统的影响等问题。建立在与环境发生物质、能量交换关系基础上的结构即为耗散结构，如城市、生命等。远离平衡态、系统的开放性、系统内不同要素间存在非线性机制、系统的涨落是耗散结构出现的四个基本条件。远离平衡态，指系统内部各个区域的物质和能量分布是极不平衡的，差距很大。

（2）**协同论**：主要研究系统内部各要素之间的协同机制，认为系统各要素之间的协同是自组织过程的基础，系统内各序参量之间的竞争和协同作用是系统产生新结构的直接根源。涨落是由于系统要素的独立运动或在局部产生的各种协同运动以及环境因素的随机干扰，系统的实际状态值总会偏离平均值，这种偏离波动大小的幅度称为涨落。当系统处在由一种稳态向另一种稳态跃迁时，系统要素间的独立运动和协同运动进入均势阶段时，任一微小的涨落都会迅速被放大为波及整个系统的巨涨落，推动系统进入有序状态。

（3）**突变论**：它建立在稳定性理论的基础上，认为突变过程是由一种稳定态经过不稳定态向新的稳定态跃迁的过程，表现在数学上是标志着系统状态的各组参数及其函数值变化的过程。突变论认为，即使是同一过程，对应于同一控制因素临界值，突变仍会产生不同的结果，即可能达到若干不同的新稳态，每个状态都呈现出一定的概率。

（4）**协同动力论**：有三大要点：第一，在大量子系统存在的事物内部，在输入必要的物质、能量和信息的基础上，须激励竞争，形成影响和相互作用的网络；第二，提倡合作，形成与竞争相抗衡的必要的张力，并不受干扰地让合作的某些优势自发地、自主地形成更大的优势；第三，一旦形成序参量后，要注意序参量的支配不能采取被组织方式进行，应按照体系的自组织过程在序参量支配的规律下组织系统的动力学过程。这可能产生两种有序运动，一种即数量化的水平增长其复杂性和组织程度的演化，另一种则是突变式的组织程度跃升动力学演化。

（5）**演化路径论**：演化的路径具有多样性，有三条路径，一是经过临界点或临界区域的演化路径，演化结局难以预料，小的激励极可能导致大的涨落；二是演化的间断性道路，有大的跌宕和起伏，常出现突然的变化，其间大部分演化路径可以预测，但有些区域或结构点不可预测；三是渐进的演化道路，路径基本可以预测。突变论所利用的形态演化方法（结构化方法）在整体背景上进行自组织演化路径的突变可能性分析，为研究者提供了一个整体观。

（6）**混沌论**：它对研究复杂性的非线性方法具有重大贡献。首先，混沌不仅可以出现在简单系统中，而且常常通过简单的规则就能产生混沌。简单系统能够产生复杂行为，复杂系统也能够产生简单行为。分层、分岔、分支、锁定、放大，非线性的发展或演化过程就是这样神奇而不可预测；其次，非线性动力学混沌是内在的、固有的，而不是外加的、外生的。尤其是在管理中的混沌特性决定了“混沌管理”方法的非最优化和不确定性。企业并不追求最优化和最高效率——这是由稳定的管理价值观所决定的；管理过程与结果之间无决定的直接的关系。

自组织理论对复杂系统最小和最简单的实体建模，通过抽取真实系统的行为规则，分析实体之间或实体与周围环境的局部交互，催生有序的自组织系统。目前自组织理论研究对象的类型逐步扩展和多样化，从物理和化学系统中的自组织研究向地质学、气象学、宇宙学，特别是向生物学及社会系统中的自组织研究拓展。在图像识别、分布式网络信息挖掘、交通控制、城市发展和人口控制的研究中，自组织理论也取得显著效果。有研究将自组织理论应用到分布式社区网络挖掘中，通过自治实体管理和更新共享相似链接模式的节点，发现隐藏在网络中的全局社区。有研究提出基于自组织理论的预免疫和自适应传播策略，模拟病毒通过蓝牙和 SMS 的传播、有效地抑制病毒在大规模、动态演化和/或基于社区的网络中的传播。有研究应用自组织理论研究患者的医院选择行为和医院服务行为，以及其他各种影响因素的相互作用，对医院的就诊环境进行建模和仿真。有研究将自组织理论应用到信任网络中，研究在开放或分布式环境中的文件共享和任务分配等应用中，如何评估和更新实体之间的关系，以寻找合作伙伴。

10.4.2　推荐系统中的自组织特性

E-learning 推荐系统是由用户、资源和环境三部分构成的。影响用户学习过程和学习感受的因素众多，很难一一量化描述。但是，用户和资源在推荐系统中是活跃的，用户和资源状态被环境影响，同时用户和资源又互相影响。用户的行为或某个资源被操作的状态推动了资源结构的不断变化。所以，推荐系统是一个复杂适应系统，用户和资源之间、资源和资源之间、以及用户和用户之间具有自组织的交互行为。

自组织理论认为复杂适应系统从无序（或低级有序）到有序（或高级有序）的演化要具备几个基本条件。下面简要介绍这几个基本条件，并结合用户和资源两种实体分析 E-learning 中的自组织基本因素，论证应用自组织理论实现个性化学习资源推荐的可行性。

（1）系统必须是开放的，只有通过与外界进行物质能量和信息的交换，才能产生和维持有序的结构。

从用户角度分析，用户群体处于一定的社会环境或网络环境中，用户不断地同周围环境、学习平台、学习资源和其他用户交换信息，更新自身的能力水平、知识状态。用户通过开放环境下的学习过程完善自己，因而 E-learning 资源推荐是开放的系统。

从资源角度分析，推荐平台中的资源群体通过用户的选取操作与用户进行信息交互。用户对资源的操作改变了资源的某些属性以及资源的效用。资源信息的改变通过环境反馈给用户。因此，资源处于与用户和环境交互的状态中，资源群体构成的系统是开放的。

（2）系统必须远离热平衡的状态，非平衡是有序之源。远离平衡态，指系统内部各个区域的物质和能量分布是不平衡的。

从用户角度分析，由于用户自身的兴趣偏好以及一些遗传因素的影响，用户在头脑中所形成的知识结构、认知结构以及能力结构中的各个因素不可能具有同样的质量和数量，用户之间的差异性导致用户群体结构是远离平衡态的。

从资源角度分析，在用户需求没有被满足的情况下，学习资源会根据用户的状态进行重组或改变属性，这些变化会引起资源群体持续的状态改变，因此资源系统是远离平衡态的。

（3）系统内部的子系统之间存在非线性的相互作用，从而使子系统之间产生协同动作。

从用户角度分析，学习系统是一个复杂、混沌的系统，而用户是具有复杂思维能力的主体。用户身处社会和网络环境中，他们之间可以进行信息传递。但是由于主观能动性的存在，用户的思维通常是跳跃性的，用户的学习行为也充满了不确定性。例如，遗传学研究表明，人类的遗传中含有文化的遗传，所以人具有顿悟能力。有时不需要学习前面的知识，学习者根据已有的先验知识就能够接受一些新的知识。而且用户对信息的提取、吸收和转化能力是不相同的。所以，用户之间的相互影响是非线性的。传统的推荐方法往往不能根据学习过程中的非线性特征进行准确推荐。

从资源角度分析，在学习推荐系统中，每一个学习对象均携带一定的信息量。用户和学习对象之间可以通过信息传递进行协同操作，每一个学习对象被选取的操作或学习对象在候选队列中排序信息的改变，会以一定的规则影响它周围的邻居。例如，当视频资源被多次选取，表明用户对媒体的实时偏好较强，那么其他视频资源会向用户聚集。资源之间的影响是基于正反馈和负反馈机制的，是非线性的，而不是简单的线性叠加效果。

综上所述，个性化推荐过程实际上是网络环境、社会环境、教学资源与用户之间进行相互作用的过程。最初，推荐系统中的各个部分处于低级有序状态。当用户需求和行为进入系统后，打破了系统原有的平衡，触发用户和学习对象的自组织行为，使系统处于演化中的无序状态。用户、学习资源和环境通过信息传递产生信息增益，从而逐渐形成一个高级有序的稳定结构，此时对应着一个较为理想的推荐方案。所以，推荐系统虽然是一个复杂系统，但是具有自组织系统的条件。用自组织理论来审视教学系统，可以充分利用资源和资源以及用户之间的交互信息，降低信息过载，提高推荐系统的适用性和自适应性。

自组织系统通过实体或计算单元构建自治计算系统，通过最小单元实体之间的自组织，完成对系统结构的重构。下面给出自组织系统的形式化描述：

定义 10-1：一个自组织系统是一个三元组 $<\{e_1,\cdots,e_N\},E,\phi>$。$\{e_1,\cdots,e_N\}$ 表示 N 个自治实体；E 表示自治实体 $\{e_1,\cdots,e_N\}$ 所在的环境；ϕ 是评估系统的目标函数。

定义 10-2：$E=\{\mathrm{es}_1,\cdots,\mathrm{es}_N\}$。$\mathrm{es}_i \in D_{\mathrm{es}_i}$，$D_{\mathrm{es}_i}$ 为实体的属性集合，es_i 对应环境的一个静态或动态属性，N 为属性的个数。环境 E 的状态空间表示为：$D_{\mathrm{ES}}=D_{\mathrm{es}_1}\times D_{\mathrm{es}_2}\times\cdots\times D_{\mathrm{es}_N}$。

定义 10-3：实体 e 是一个五元组 $<S,F,G,B,R>$。S 描述实体 e 的当前状态；F 是评估函数；G 是 e 的目标集；B 是行为；R 是行为规则。

定义 10-4：Le 是实体 e 的一组邻居，$\mathrm{Le}=\{l_{1e},\cdots,l_{Ne}\}$。

定义 10-5：S 用一组静态或动态属性刻画实体 e 的状态。$S=\{S_1,\cdots,S_N\}$，$s_i \in D_{s_i}$。实体 e 的状态空间表示为：$D_S=D_{s_1}\times D_{s_2}\times\cdots\times D_{s_N}$。

定义 10-6：一个实体的评估函数 F 包括①内部状态 F：$\hat{D}_S \to R$；②环境状态 F：$\hat{D}_{\mathrm{ES}} \to R$；③邻居的状态 F：$\prod_{l_i^e \in L^e}(\hat{D}_{S^{l_i^e}}) \to R$；④内部状态和环境 F：$\hat{D}_S \times \hat{D}_{\mathrm{ES}} \to R$；⑤内部状态和邻居 F：$\hat{D}_S \times \prod_{l_i^e \in L^e}(\hat{D}_{S^{l_i^e}}) \to R$。其中 R 是 F 的值域；$\hat{D}_S$ 和 $\hat{D}_{\mathrm{ES}}$ 是笛卡儿乘积，$\hat{D}_S \subseteq D_S$，$\hat{D}_{\mathrm{ES}} \subseteq D_{\mathrm{ES}}$；$l_i^e$ 是实体 e_i 的第 i 个邻居。$S^{l_i^e}$ 和 $\hat{D}_{S^{l_i^e}}$ 是 l_i^e 的当前状态和状态空间，$\hat{D}_{S^{l_i^e}} \subseteq D_{S^{l_i^e}}$；$\prod$ 表示笛卡儿乘积运算。

定义 10-7：G 为实体 e 的一组目标，$G=\{g_1,\cdots,g_N\}$。每个目标要取得一个状态，满足 F 中的某一条评估函数。

定义 10-8：B 表示实体 e 的行为，$B=\{b_1,\cdots,b_N\}$。每个行为 b_i 满足下面一种形式的映射：①自我繁殖：$e \to e^m$，表示实体 e 被复制 m 次；②消亡：$e \to \varnothing$，表示实体 e 从环境中消失；③改变内部状态：$\hat{D}_S \to \hat{D}_S$；④改变环境状态 $\hat{D}_{\mathrm{ES}} \to \hat{D}_{\mathrm{ES}}$；⑤改变内部和环境状态：$\hat{D}_S \times \hat{D}_{\mathrm{ES}} \to \hat{D}_S \times \hat{D}_{\mathrm{ES}}$；⑥改变内部和邻居状态：$\hat{D}_S \times \prod_{l_i^e \in L^e}(\hat{D}_{S^{l_i^e}}) \to \hat{D}_S \times \prod_{l_i^e \in L^e}(\hat{D}_{S^{l_i^e}})$。

定义 10-9：R 是实体 e 的行为规则集，$R=\{r_1,\cdots,r_N\}$。每个行为规则 r_i 是决定选择一个或多个行为。行为规则有两种①基于评估的规则：$\mathrm{Dom}(F)\to\{\hat{B}\}$，$\mathrm{Dom}(F)$ 为评估函数的值域；$\{\hat{B}\}\subseteq B$；②基于概率的规则：$\{0,1\}\to\{\hat{B}\}$，每个子集 $\hat{B}$ 被分配一个概率 $P_{\hat{B}}$，此概率可以是固定或者随机随时间动态改变的。

定义 10-10：系统目标函数 Φ 是一些实体状态的函数，通常是非线性函数。对于不同的应用，Φ 的定义可以分为面向状态的和面向过程的。①面向状态的：$\prod_{e_k\in\{e_i\}}(\hat{D}_{S^{l}_{e_k}})\to R^m$，$\{e_i\}$ 是实体集，m 是 Φ 的值域的维数。②面向过程的：$\{\prod_{e_k\in\{e_i\}}(\hat{D}_{S^{l}_{e_k}})\}^{\Pi}\to R^m$，$\{\cdot\}^{\Pi}$ 表示括号中元素的有限次乘积。第一种类型表示系统自组织的目的是某一个渴望的状态，第二种类型表示系统期待获得它进化过程中的某些特征或模式。

定义 10-11：实体 e 和环境 E 之间的直接交互用一组映射 $\{I_{e_E}\}$ 表示，I_{e_E} 包含两种形式：①$\hat{D}_{ES}\to_{b_i}\hat{D}_{ES}$；②$\hat{D}_S\times\hat{D}_{ES}\to_{b_i}\hat{D}_S\times\hat{D}_{ES}$。其中 $\to_{b_i}$ 表示 I_{e_E} 是实体 e 的行为 b_i。

定义 10-12：实体 e_A 和 e_B 之间的直接交互作用是一组映射元组 $\{<I_{AB},I_{BA}>\}$。I_{AB}：$\hat{D}_{S^A}\times\hat{D}_{S^B}\to_{b^A}\hat{D}_{S^A}\times\hat{D}_{S^B}$；$I_{BA}$：$\hat{D}_{S^B}\times\hat{D}_{S^A}\to_{b^B}\hat{D}_{S^B}\times\hat{D}_{S^A}$。$\to_{b^A}$ 和 $\to_{b^B}$ 分别表示实体 e_A 和 e_B 的行为。

定义 10-13：实体 e_A 和 e_B 之间的间接交互作用是一组映射元组 $\{<I_{AE},I_{BE}>\}$。其中，先发生 e_A 和环境 E 之间的交互 I_{AE}，再发生实体 e_B 和环境 E 之间交互 I_{BE}。即：

在 t 时刻，I_{AE}：$\hat{D}_{ES}\to_{b^A}\hat{D}_{ES}$，或者 I_{AE}：$\hat{D}_{S^A}\times\hat{D}_{ES}\to_{b^A}\hat{D}_{S^A}\times\hat{D}_{ES}$。

在 t' 时刻：I_{BE}：$\hat{D}_{ES}\to_{b^B}\hat{D}_{ES}$，或者 I_{BE}：$\hat{D}_{S^B}\times\hat{D}_{ES}\to_{b^B}\hat{D}_{S^B}\times\hat{D}_{ES}$。

其中，t 先于 t' 时刻。

10.5　基于资源自组织的推荐算法

10.5.1　资源自组织算法的框架

图 10-4 所示为基于资源自组织的推荐策略（learning resources self-organization，LR-Self）的流程图。

在 LR-Self 算法中，根据用户和资源的匹配关系初始化推荐资源，然后在用户学习行为的触发下，资源进行自组织交互，通过环境发布和传递信息，实现资源之间的协同推荐。当用户学习目标达成或用户要中断学习时，结束推荐。

图 10-5 所示为基于实体的推荐环境模拟图，也是资源自组织过程的一个示例。在用户和资源实体构成的二维推荐环境中，中心方块表示用户，用户位置是固定的。彩色圆圈资源表示资源，资源的位置使用细胞自动机理论初始化。用户被资源层层包围，越靠近用户的资源表示它在推荐序列中的排序越靠前。在同一层中，资源的优先顺序是顺时针方向从高到低排序的。推荐策略的目的是将有效的学习对象向用户方向聚集，直到系统达到一种稳态。图中的粗边框圆圈表示当前的一个活跃资源。

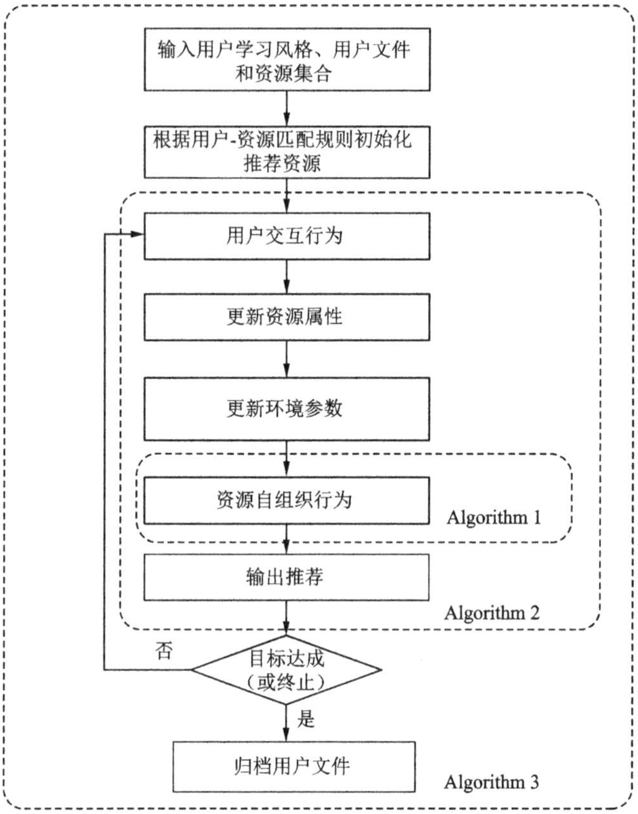

图 10-4　LR-Self 流程图

彩色图片

图10-5

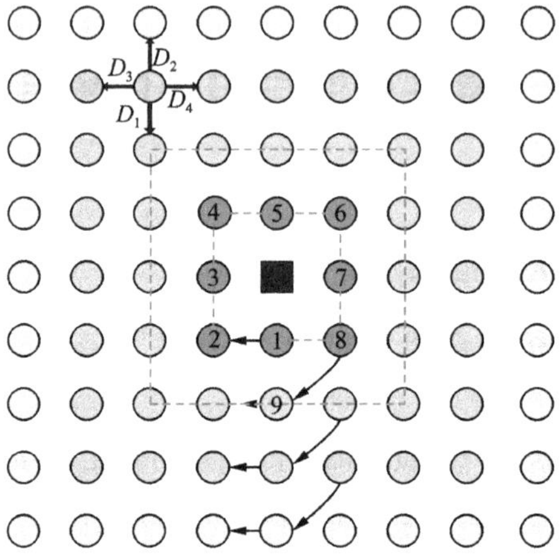

图 10-5　推荐环境示意图及资源自组织示例（扫码查看彩色图片）

在用户行为和资源信息传递的影响下，可以将资源行为抽象为以一定幅度和概率向四个方向（前向、后向、左向、右向）的移动。当一个资源被用户操作后，该资源成为活跃资源。根据被操作的具体方式，该资源的属性以及状态被立即更新，特别是 EC 和 EM 属性。资源属性改变反映了用户偏好的实时变化。环境感知模块将这些偏好变化进行捕捉并广播给环境中的其他资源，从而触发资源的自组织行为。

为了描述资源的行为规则，将活跃资源对用户动态偏好的影响分成两大类，即积极影响和消极影响。积极影响是指该资源被用户喜欢，有利于用户的知识获取或保持平滑的学习感受，积极影响会吸引类似的资源靠近用户，即前向移动。消极影响是指资源不被用户欢迎，不利于用户的知识获取或保持平滑的学习感受，消极影响会导致类似的资源远离用户，即后向移动。下面给出与资源行为规则描述算法相关的参数：

- ST 是实体之间相似度的阈值。如果资源 l_i 带给用户的是积极影响，那么与 l_i 的相似度超过阈值 ST 的资源将会被激活，有可能向用户移动。
- QT 是 LOP 的排序阈值，用于判定资源 l_i 在当前的知识模块中的质量。
- p_1 和 p_2 是资源的移动概率，用于标定资源在特定的条件下前向移动或后向移动的概率。
- Top_{LPC}是 LPC 的一个子集，它包含了在 LPC 中排序前 30% 的偏好。
- Top_{LPF}是 LPF 的一个子集，它包含了在 LPF 中排序前 30% 的偏好。

在 LR-Self 中，以上参数被先设定为经验值，再采用模拟实验的方法，以生成稳定资源结构的质量和稳定资源结构的生成速度作为依据确定参数取值。问题规模、系统熵值，以及聚类的类间差异性也是设定参数值的主要判据。

下面给出以积极影响的资源为活跃资源的基于资源自组织资源结构生成算法。

算法 2：资源自组织算法

输入：活跃资源 l_i

输出：稳定的资源结构 EP

1： for all $l_i \in$ LOR

2： 在 LOR 中随机选择一个 l_i 的邻居资源 l_j，计算 $\text{sim}(l_i,l_j)$

3： 如果 $\text{sim}(l_i,l_j)>\text{ST}$，$\text{LOP}_{l_j}>\text{QT}$，并且 $\exists \text{BL}_{l_j} \in \text{Top}_{\text{LPC}}$，那么 l_j 以概率 p_1 向内层移动。在图 10-5 中，以 D_1 表示该移动方向

4： 如果 $\text{sim}(l_i,l_j)<0.3\times\text{ST}$，$\text{LOP}_{l_j}<\text{QT}$，并且 $\forall \text{BL}_{l_j} \notin \text{Top}_{\text{LPC}} \cup \text{Top}_{\text{LPF}}$，$l_j$ 以概率 p_2 向外层移动。在图 10-5 中，以 D_2 表示该移动方向

5： 如果$0.3\times\text{ST}<\text{sim}(l_i,l_j)<0.6\times\text{ST}$，并且 $\exists \text{BL}_{l_j} \in \text{Top}_{\text{LPC}}$，
$\text{sim}(l_i,l_j)<0.3\times\text{ST}$，并且 $\exists \text{BL}_{l_j} \in \text{Top}_{\text{LPF}}$，$l_j$ 以概率 p_1 沿着该层靠近用户。在图 10-5 中，以 D_3 表示该移动方向

6： 如果 $0.3\times\text{ST}<\text{sim}(l_i, l_j)<0.6\times\text{ST}$，并且 $\forall \text{BL}_{l_j} \notin \text{Top}_{\text{LPC}} \cap \text{Top}_{\text{LPF}}$，$l_j$ 以概率 p_2 沿该层远离用户。在图 10-5 中以 D_4 表示该移动方向

7： 否则，资源随机选择一个方向进行移动

8： endfor

9： 如果资源的移动频率下降使系统的熵值低于指定阈值，而且聚类间距低于阈值，跳转到 11，否则更新 E、EP 和 LA 参数并且跳转到 10

10：选择 l_j 的一个新邻居作为新的活跃资源 l_i，更新为 l_i 的属性，跳转到 1

11：更新 EP 中的资源结构

当某个资源移动时，与活跃资源处于同一个 LOR 子集的邻居资源被率先影响，这些资源在 LOP 中的排序以及它们与活跃资源的相似度成为决定资源行为规则的主要判据。在满足一定的条件下，资源开始移动。活跃资源的邻居集合及邻居状态开始发生改变。活跃资源的难度、内容属性以及其他属性都会以某种概率刺激其周围的邻居。邻居状态或属性的改变可以繁衍传播，影响其周围邻居的状态，从而引发资源群体的自组织行为。这种资源之间的信息传递和资源行为状态的改变是逐级、动态传播的。

10.5.2 推荐资源的生成算法

用户对资源的操作激活了活跃资源，并引发资源的自组织行为，获取新的资源推荐。假设用户操作的资源数为 n，下面给出了由用户的操作触发资源自组织行为，从而生成推荐资源的算法。

算法 3：推荐资源生成算法

输入：用户的操作行为 BU

输出：更新的推荐资源

1：根据用户行为 BU，更新 E、PE

2：for each l_i，$i \in [1,n]$

3：　更新扩展属性 EL

4：　对 l_i，执行 Algorithm 2

5：　更新 l_i 的邻居

6：endfor

7：输出新的推荐

算法 4：LR-Self 算法

输入：用户学习目标和学习风格，资源库

输出：用户学习文件

1：根据用户和资源的匹配度，列出候选学习资源

2：根据 Top-N 策略，给出推荐资源的初始队列

3：用户的学习行为触发推荐资源的生成，见 Algorithm 3

4：如果用户的学习目标达成或用户中断学习过程，跳转到 5，否则跳转到 3

5：输出用户学习文件

10.5.3 实验及分析

为了评估 LR-Self 的性能，设计了基于自组织理论的个性化学习资源推荐平台，将其应用到实际的 E-learning 教学环境中。通过与其他推荐方法的比较，评估 LR-Self 的性能。

1. 实验设置

1）实验数据

C 课程相应的模块以及包含的概念如图 10-6 所示。根据教学计划和教学经验，在基础知识模块和结构模块分别准备了 175 个和 482 个学习对象作为候选资源。

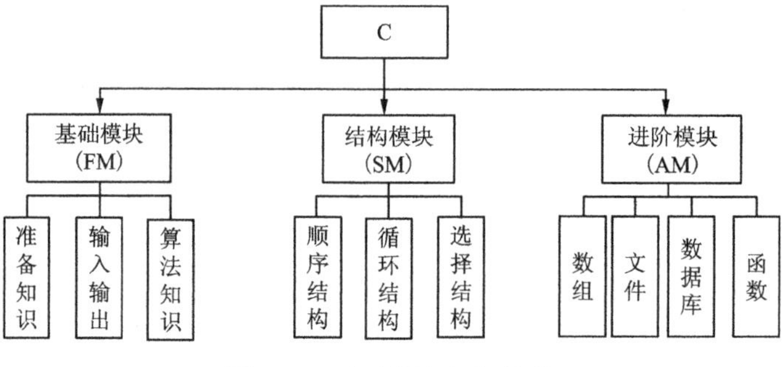

图 10-6　实验课程知识结构

共 4 个班的大一学生参与实验，每个班级的学生为 30~32 人。

2）比较策略的选取

由于遗传算法是基于概率选择策略实现的，马尔可夫链具有随机行走的机制，将遗传算法（GA）和马尔可夫链（markov chain，MC）这两个算法作为比较策略进行实验。同时，将传统教学模式 Tra 作为比较策略之一。

表 10-8 列出了实验的方案。考虑到用户学习知识的持续性，为了保证实验结果的公平性，不设计用户重复学习环节，即每个班组仅参与一种方法的学习和测试。

表 10-8　实验方案分配

资　源		应用方法			
模块	规模	LR-Self	GA	MA	MC
FM	175	W151	W152	W153	W154
SM	482	W151	W152	W153	W154

3）推荐系统平台实现

选取 Anylogic 作为实现智能推荐后台系统的工具。Anylogic 是一个性能强大和完备的建模工具，具有直观友好的图形界面。这种建模方式提供给建模者一种独特的观察复杂系统的方式。在 E-learning 的环境下，用户无法明确系统的结构和行为、关键变量及附属内容，甚至无法观察系统变化的过程流。采用 Anylogic 建模，可以建立智能体和定义智能体行为，各个智能体之间通过传递信息进行协同操作，从而大量学习对象的并发独立行为得以涌现，促使推荐系统结构的全局演变。

基于 Anylogic 的自组织学习推荐方法实现步骤简述如下：①构建一个基于智能体的环境，并将实体分布于环境中；②定义实体的行为和行为规则，建立资源、用户和环境之间的关系；③设计描述实体状态转换的状态图，图 10-7 和图 10-8 分别是用户和资源的状态图；④系统达到稳态时，生成推荐序列。

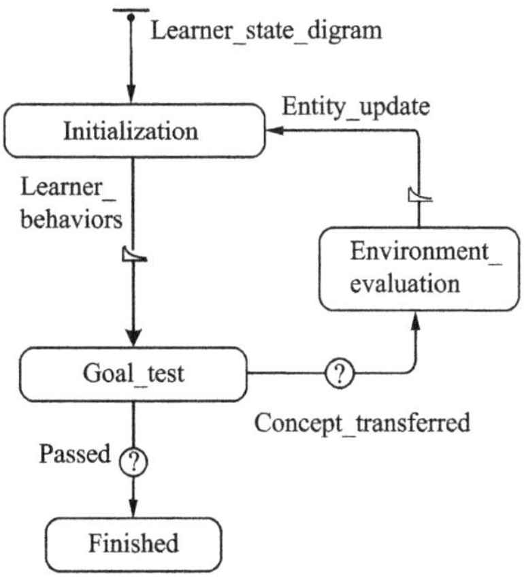

图 10-7　用户状态图

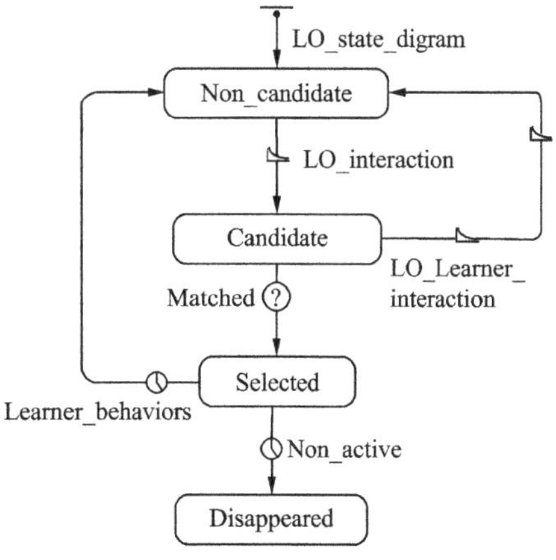

图 10-8　资源状态图

用户与系统的交互界面，提供以下功能：

（1）交互功能。用户在学习过程中，可以在学习界面下对资源进行标注。另外，用户还可以根据学习体验调整对资源内容、媒体性质、内容、难度属性的偏好。但是当用户单击 Apply for setting 按钮后，推荐系统会将用户的请求与环境感知模块的参数进行对比。当用户的请求与 LPC 或 LPF 中的信息基本保持一致时，才允许用户对参数自行微调。这样既保证学习过程中的动态交互，又保证为用户提供实时性的、自适应的推荐资源。

（2）推荐结果呈现。在用户和资源之间的自组织达到一个稳态之后，呈现学习界面。当用户在学习中进行交互参数设置或学习目标逐步完成时，会触发新的自组织演变。

2. 实验结果及分析

评价方法主要包括三部分。首先，通过客观评价分析学习策略的性能，如测试分数、资源利用率、信息熵、资源评估适值和个性化的实现程度。其次，对用户的学习感受进行主观评估，主要是为了获得用户体验的学习过程。最后，从后台模拟界面评估资源结构的变化信息、系统资源状态变化等，从系统宏观角度对 LR-Self 进行评判。

1）效率及有效性评价

首先分析实验基本数据评测算法的有效性和效率，如资源的利用率、用户的分数、学习时间等。针对每一组实验数据，对 FM 和 SM 分别进行统计。

（1）测试分数

表 10-9 记录了不同组别的用户在不同知识模块的测试分数。平均分数值（Mean）和标准均方差（D）反映了用户测试成绩的平均值和用户整体分数的差异。

表 10-9 学习成绩的比较

	LR-Self		GA		MC		Tra	
	Mean	Std. D	Mean	Std. D	Mean	Std. D	Mean	Std. D
FM	76.3	10.3	70.9	14.9	74	13.1	72.3	16.4
SM	74.4	6.8	69.3	15.8	73.3	12.7	71.9	18.7

统计结果表明，算法组（LR-Self、GA 和 MA）的平均分和均方差均优于传统策略组。LR-Self 组的平均分略高于其他组。而且对比其他三组数据，LR-Self 组的标准差明显较低。LR-Self 组中结构模块的均方差值也明显低于基础模块。所以，自组织学习推荐策略的推荐结果可以帮助用户获得较好的成绩。LR-Self 组的整体学生知识水平差异较低，表明学习过程有助于提高全体学生的综合能力。

（2）学习时间

表 10-10 中记录了推荐学习资源的建议时间，以及用户实际花费的学习时间与系统推荐的学习资源建议时间的比例（TimeP）。通常，用户倾向于接受在较短的学习时间内完成学习目标。

表 10-10 推荐资源的学习时间和用户实际消耗时间比值

	LR-Self		GA		MC		Tra	
	LOs	TimeP	LOs	TimeP	LOs	TimeP	LOs	TimeP
FM	103	126%	147	168%	132	155%	114	192%
SM	347	108%	367	137%	387	149%	322	161%

通过表 10-10 的结果发现，Tra 组用户选择的资源具有最短的平均建议时间，LR-Self 组推荐资源的建议时间也低于其他两个算法组。通过分析 TimeP 的结果，发现 LR-Self 组用户实际消耗的学习时间仅仅略高于推荐资源的时间总和，在结构模块，比值甚至接近于 1。然而对于 Tra 组，学生们实际消耗的时间明显高于选中资源的建议时间。这表明自组织策略推荐的学习资源较好地吻合了用户的需求偏好，用户呈现出流畅的学习过程。Tra 组用户在学习中倾向于在较短的时间内完成学习过程，所以他们选择的学习资源的建议时间是最短的，但是这种选择往往不能充分考虑个体的能力以及其他需求偏好，导致用户花费了比预期时间较长的时间。

（3）资源利用率

图 10-9 给出了用户选中学习资源与推荐的候选资源的百分比。可以看出 LR-Self 组用户最终学习的资源数量比例均低于另外两种启发式方法。而且在结构模块的学习中，LR-Self 组资源的利用比例较大幅度地低于其他算法组。这说明自组织方案能针对用户学习目标给出有效的推荐资源，降低了用户学习资源的数量。且在资源数量较多时，LR-Self 的推荐优势比较明显。

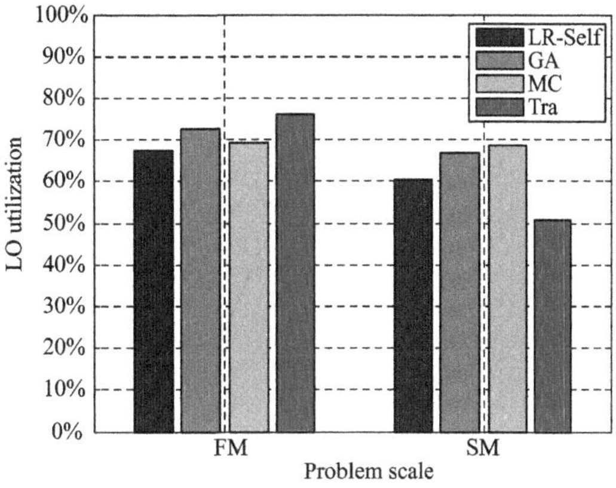

图 10-9　学习资源利用率

图 10-9 显示 Tra 组也获得了较低的资源利用率。这是因为学生的选择主要考虑自己的学习风格和经验。当候选资源的数量相对较少时，他们很容易在他们可以接受的时间范围内选择合适的资源量。当候选资源的数量比较多的时候，他们还是倾向于选较少的资源数量，这种选择符合学生的心理习惯。

2）个性化评价

从推荐结果的适值函数、推荐资源的命中率和用户的标注信息三个方面评估推荐策略的个性化实现。

（1）适值比较

基于资源自组织的推荐策略给出的推荐列表不是固定的，它根据用户的学习行为实时更新推荐结果。同时，用户的学习目标和偏好信息也随着学习进程发生变化，特别是环境感知模块将用户的偏好转移实时更新到用户隐式偏好中。这里设计了基于实时匹配度的适值函数评测推荐资源是否满足用户的个性化需求。适值函数评测公式为

$$\mathrm{Fs} = \mathrm{norm}\left(n / \sum_{i=1}^{n} \mathrm{sim}(l_i, U^t)\right) \tag{10-9}$$

式（10-9）中，n 表示用户所学习的所有资源，l_i 表示用户学习的一个资源，t 表示资源达到稳态时，形成推荐的一个时刻点，U^t 表示用户 U 在 t 时刻的偏好匹配度，$\mathrm{sim}(l_i, U^t)$ 表示资源 l_i 与用户 U 在 t 时刻的偏好匹配度。

在计算适值函数时，GA 和 MC 算法是使用迭代次数 1 000 作为终止条件，即每次迭代后，评测推荐结果的罚函数值，再使用相应的操作算子或寻优机制指导下一次迭代。直到迭代结束，将结果推送给用户。记录迭代过程的罚函数值得到罚函数的趋势。对于 LR-Self

方法，由于资源和用户之间的信息传递是持续的，所以系统的罚函数值处于动态变化中。为了便于比较，记录推荐过程中稳态资源生成的时间点，将其映射到0~1 000的坐标轴上，获取罚函数趋势。

图10-10给出了不同推荐策略中每组学生的平均罚函数值。可以看出LR-Self和MC方法的适值远低于GA和Tra。MC在后半部分呈现出明显的下降趋势，但是LR-Self方法较早实现平稳下降。另外，LR-Self方法的罚函数值下降速度较快，不会陷入局优。该实验表明，LR-Self方法可以提供给用户较高匹配度的资源。Tra的适值曲线呈现不稳定的状态，且没有明显的收敛趋势。这表明用户的主观选择通常不能综合考虑学习资源的特点和本身个性化需求的匹配关系，用户也很难根据他在学习过程中需求变化调整选择策略。

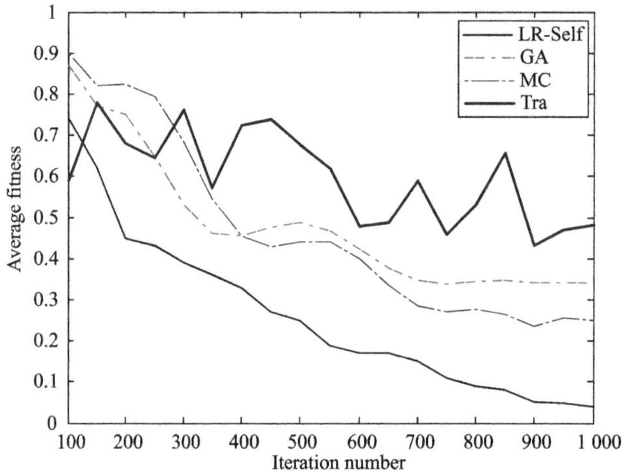

图10-10 平均适值比较

（2）推荐命中率

根据式（10-9）统计每组用户获得的学习资源序列与其用户内容偏好风格的罚函数平均值，结果如图10-11所示。在资源数量较少的基础模块中，LR-Self与MC和GA相比，罚函数略低。但是在稍大规模的SM中，LR-Self的内容偏好罚函数显著低于其他算法。

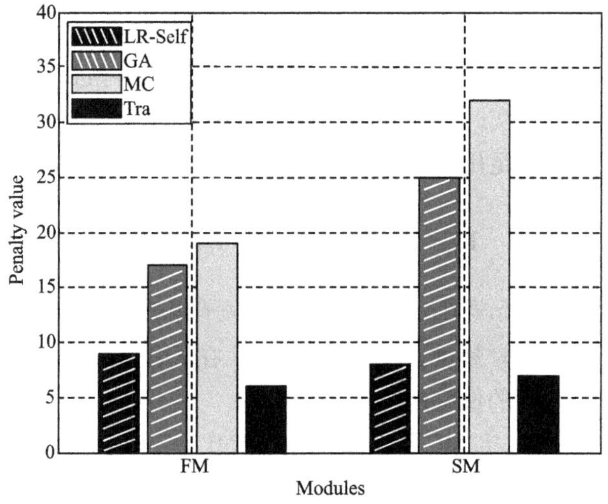

图10-11 用户内容偏好实现的罚函数比较

图 10-12 给出用户学习资源序列与用户媒体偏好的罚函数平均值。通过对比发现，在基础模块内容学习中，算法组的学习资源序列的罚函数值相差不多，MC 算法要略好一些。在 SM 的学习中，LR-Self 组的媒体偏好罚函数值较低。主要原因是候选学习资源多为 Office 文档和图表，而调查问卷测试学生的学习风格以及用户在进行参数微调时，较大部分偏向优先获取视频、音频和动画资源。

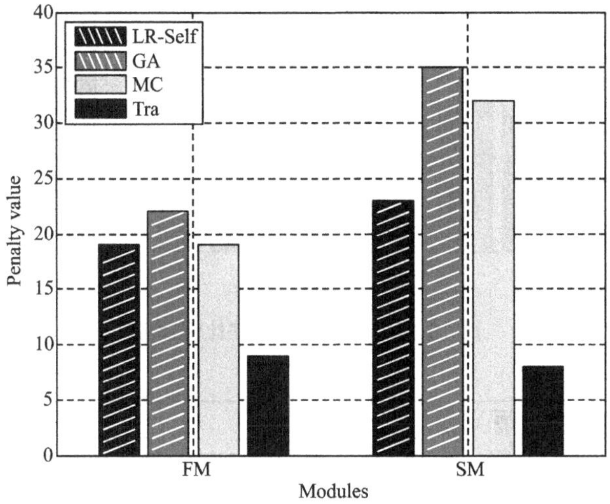

图 10-12 用户媒体偏好实现的罚函数比较

另外，从图 10-11 和图 10-12 的结果中可以发现，Tra 组 FP 和 MP 的罚函数值均低于其他各组。在 Tra 组中，由于学生的潜意识存在，他们在学习时首先选择他们喜欢的内容和媒体属性。而 LR-Self、MC 和 GA 在推荐的算法中尝试全面兼顾的用户和资源匹配，所以这三个组别的罚函数函数值高于 Tra 组。而 LR-Self 表现出优于其他两个算法的性能。

（3）标注比例比较

图 10-13 记录了用户在学习过程中对学习对象进行“Later”标注的比例。“Later”是指当用户感到所推荐的资源与当前学习目标或学习风格不匹配时，采取的一种回避措施，即暂时放弃。如果用户在后续的学习中觉得被标注“Later”的资源有利用价值，或者在自己能力或风格偏好范围之内，可以再进行学习。从图中可以看到，在 FM 和 SM 模块中，LR-Self 组别的“Later”标注比例较低。而且 LR-Self 算法在 SM 中标注“Later”的比例明显低于其他组别。GA 和 MC 在问题规模增大时，标注比例提升。这反映出 LR-Self 推荐策略在问题规模变大时，自适应能力较强。另外，Tra 组较高的标注比例也表明用户倾向于选择更少和更适合的学习资源。

图 10-14 中记录了用户对学习对象进行“Ignore”标注的比例。“Ignore”是用户在对当前推荐的学习资源不满意时采取的策略。被标注的资源将被放置到候选队列的外围，不再出现到用户的推荐列表中。由图可知，LR-Self 组的“Ignore”标注比例同样低于其他组别。说明基于自组织策略的推荐资源获得用户较高的认可。与图 10-13 的标注比例相比，用户使用“Ignore”的比例较低，表示用户在决定放弃学习资源时更为谨慎。

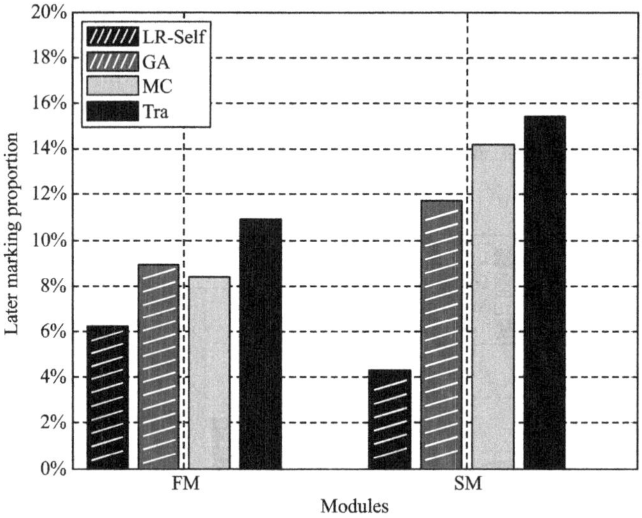

图 10-13 “Later”标注比例比较

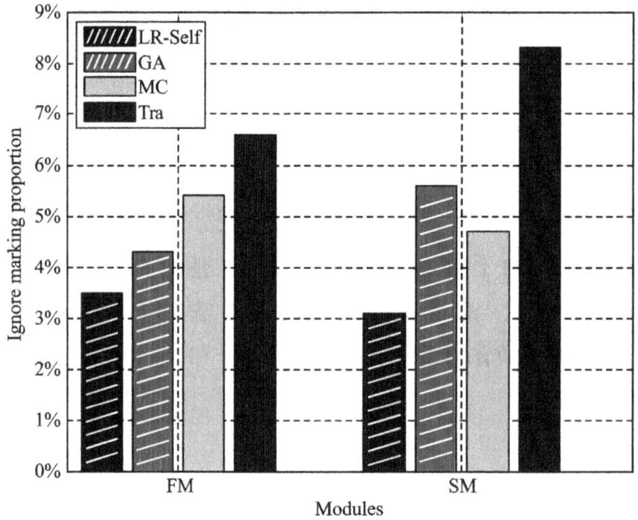

图 10-14 “Ignore”标注比例比较

（4）热点偏好推荐比较

将每个班级用户分成不同的小组，每一个小组具有相同的第一内容偏好。根据偏好的不同，将小组的名字命名为 TheoryG、ExplanationG、TestG 和 ExampleG。另外，将 LR-Self 组在预测偏好 LPF 中的命中率记为 Self-p。图 10-15 记录了不同组别得到的推荐中，第一内容偏好所占的比例。

从统计数据中发现与 GA 和 MC 相比，LR-Self 组推荐资源与用户的热点偏好具有较高的一致性。同时，Tra 组的比例略高于自组织推荐策略。如前所述，在 Tra 组中，只提供给学生统一的教学资源，学生倾向于根据自己的判断和喜好选择资源，因此内容属性的命中比例较高。然而，综合前面的统计结果，用户这种无监督的选择往往导致内容属性过载，测试成绩不理想。Self-p 的命中率要高于 LR-Self，表明 LR-Self 方法能够为用户提供高准确度和预测性的推荐资源。

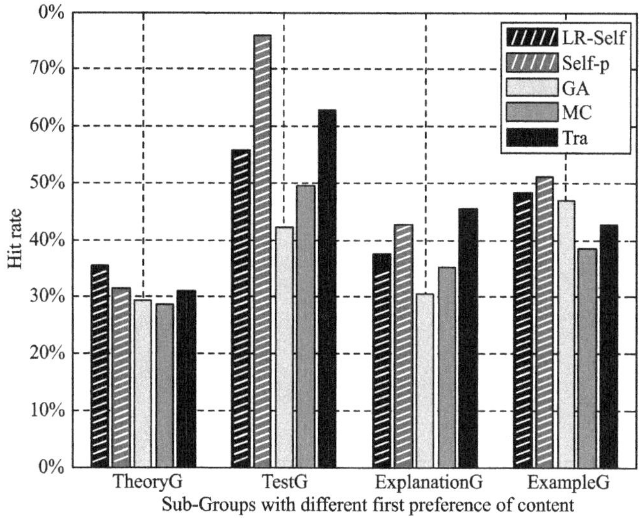

图 10-15　UF 热点偏好的推荐比例比较

3）多样性评价

为了评价推荐结果的多样性，首先分析了推荐资源属性分布情况，然后对匹配度较低的长尾资源被推荐的情况进行分析。

（1）多样性评价

引入 Top-N 策略中多样性的测量方法评测推荐结果的多样性，即根据资源的属性分布是否具有均衡性计算多样性。考虑基于项目特征的多样性函数可以看作相似性度量的补充，把属性的非集中分布作为多样性的评价指标。多样性 DI(R)的计算公式为

$$\mathrm{DI}(R)=\left(\frac{1}{|R|(|R|-1)}\right)\sum_{i\in R}\sum_{j\in R,j\neq i}\mathrm{div}(l_i,l_j) \tag{10-10}$$

式中，R 是为用户 U 推荐的资源集合，其个数记为$|R|$，$\mathrm{div}(l_i,l_j)$是 $\mathrm{sim}(l_i,l_j)$的补充。此处的 $\mathrm{sim}(l_i,l_j)$仅考虑资源的内容属性、媒体属性、难度和重要性属性。通常情况下，提高多样性是以降低推荐的准确度为代价的。将式（10-9）中的适值转换成倒数（1/Fs），再将倒数值进行归一化处理，得到推荐结果的准确度。

图 10-16 是推荐结果准确度和多样性的关系对比图。图中 LR-Self、GA 和 MA 的曲线趋势表明随着准确度的提高，多样性都呈现下降趋势。与 GA 和 MC 相比，LR-Self 的多样性下降比较缓慢，始终维持在高于 0. 33 的水平。所以在准确度提升的时候，LR-Self 的多样性损失不是很显著。自底向上的推荐策略有助于提高推荐结果的多样性，同时，以用户行为为主要刺激的资源自组织行为，保障了推荐结果的准确程度。图中 Tra 的曲线保持一个较为稳定的状态，表明用户的选择具有稳定特性，用户很少主动改变自己的学习策略。

（2）新奇性评价

与一个对象受欢迎的程度相呼应，可以通过一个对象满足用户需求又意外出现的可能性来评测推荐的新奇特征。这里通过“长尾”区域的资源被推荐的百分比来评价推荐

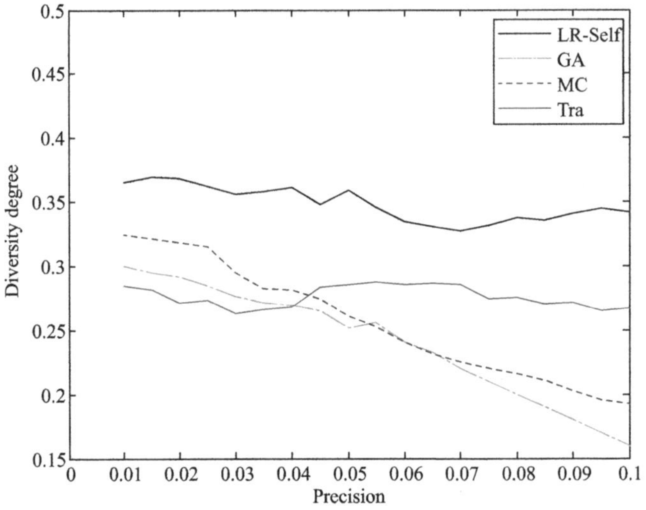

图 10-16　准确率和多样性比较

的新奇性。将与用户匹配度在 40% 低区间的资源作为长尾资源。根据不同的属性，将长尾资源划分为几个集合，即重要性、难度、媒体和内容长尾，也从四个属性评测推荐的新奇度。

图 10-17 给出了新奇度的统计数据。比较明显的结果是 LR-Self 在内容和难度上具有较高的新奇性。这是由于基于概率和自组织策略的推荐机制降低了信息过载。结合 LR-Self 的其他实验结果，表明用户在使用推荐系统进行学习时，更容易被不同的内容属性和难度属性所吸引，这归功于环境感知模块对用户偏好的捕捉和预测。

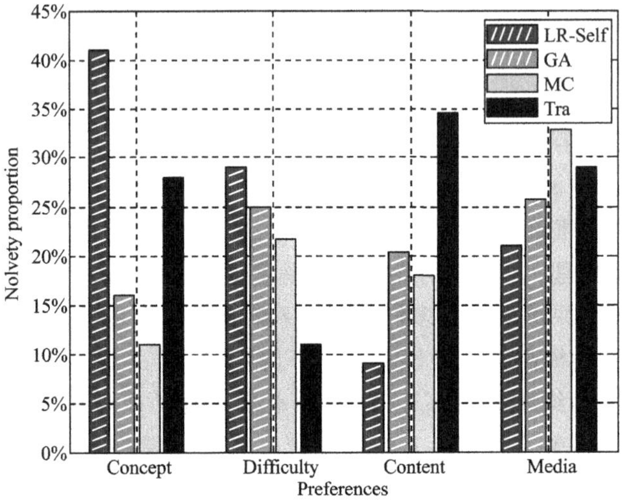

图 10-17　推荐结果新奇度比较

4）用户学习体验评价

用户对推荐系统的主观感受结果见表 10-11。

表 10-11　用户学习体验比较

项　目	内　容	LR-Self	GA	MC	Tra
个性化实现评估	难度	3.9	3.4	3.6	4.1
	媒体	3.1	3.3	3.3	4.5
	内容	4.3	3.7	3.7	4.2
	时间	4.5	4.2	4.2	3.8
流畅性体验评估	控制力	3.8	3.7	3.5	3.1
	吸引力	4.5	4.2	4.1	3.3
	惊奇度	4.2	3.6	3.9	2.9
	兴趣程度	3.5	3.2	3.5	2.8
实时性评估	交互灵活性	4.6	3.4	3.9	4.0
	薄弱知识加强	4.1	3.8	3.8	3.7
总体满意度		4.5	4.3	4.2	3.9

个性化实现评估设计了四个评测项目，分别是难度匹配、媒体匹配、内容序列和时间。

流畅性体验评估借鉴 Trevino 和韦伯斯特的四个维度情感体验评价方法，即控制力、关注力、好奇度和内在兴趣。控制维度关注学习者是否感觉学习过程在自己的能力控制之下。关注力是指学习过程是否能让学生足够的投入。好奇度是学习过程的设计是否能让学生保持探索的好奇心。内在兴趣是指学习过程是否能激发学生内在学习兴趣。

实用性评估关注推荐资源序列与用户交互的灵活性，以及学习资源对用户薄弱知识的加强能力。

通过对问卷的结果分析可知，LR-Self 方案在个性化实现评价上优于 GA 和 MC，说明自组织推荐策略比传统的启发式算法更能满足用户对难度、内容属性和媒体属性的偏好。Tra 组的评价分数一般高于其他三组，这与用户在自由选择学习资源时的表现一致，因为用户会遵从自己的偏好直觉进行学习。在学习时间的评价上，LR-Self 的评分要优于其他组别。

在流畅性体验评估中，LR-Self 组的系统控制力和吸引力上要大幅度优于其他方案，说明用户在使用自组织策略推荐的资源时有沉浸感。推荐的资源较好地贴合了用户的需求和心理预期。LR-Self 组和两个算法组用户对资源的好奇度和内在吸引程度评分也较高，主要原因是自底向上的推荐方法为用户提供了多样性和新奇性的资源。LR-Self 在流体验评价模块的较高评分说明资源自组织推荐策略的准确性和高效性。

在实时性评估模块，LR-Self 方法在交互灵活性和薄弱知识加强部分获得较高评价。主要是因为 LR-Self 算法利用环境感知模块，可以快速获取用户的实时偏好和偏好转移，为用户快速提供适应性的推荐资源。而且用户对资源的标注信息会实时地反馈到自组织环境中，触发符合用户偏好的资源向用户聚集，系统能及时将薄弱知识点对应的资源提供给用户。

在最后一项，LR-Self 推荐方法也获得较高的综合满意度评分。表明 LR-Self 在推荐结果的个性化、准确性实现，以及自适应和多样性实现上体现出较好的性能。

5）进化性能评价

资源个体的自组织行为引起资源之间结构的变化，同时伴随着系统熵值的变化。通过对系统熵值的评价和对系统进化过程的评价，评估 LR-Self 推荐方法的进化性能。

系统熵值评价：熵可以用来表示系统信息的一致性程度，系统熵值可以评价系统的稳定性。熵值已经被广泛应用到启发式算法的评价中。在个性化的学习推荐系统中，熵值为定量的方式衡量推荐结果的性能提供了可能。熵值越低表明学习资源推荐序列趋于稳定。对于 GA 推荐方法，信息熵可以通过每个基因的选择概率进行计算。MC 推荐算法的信息熵可以通过状态转移概率获取。在学习资源的自组织推荐过程中，最初信息传递较为频繁，用户进行移动和状态转换的概率值变化较大。当系统结构稳定时，信息传递频率放缓，即各个资源之间的位置相对固定，排序趋向有序和稳定。所以采用熵值作为衡量系统性能的判据，能够比较准确地反映出 LR-Self 的性能。

LR-Self 推荐策略中，信息熵 SE 的计算公式为

$$SE = -\sum_{i=1}^{n}\sum_{j=1}^{m}\log \Delta P_{l_i,l_j} \tag{10-11}$$

式中，$\log \Delta P_{l_i,l_j} = |P_{l_i,l_j}^{t} - P_{l_i,l_j}^{t-1}|$，$P_{l_i,l_j}^{t}$表示资源 l_i 和 l_j 在 t 时刻的相似度，其中 log() 函数的底通常取 2。N 表示资源的数量，m 是 l_i 在 SC 中的邻居数量。该公式通过衡量各个资源之间的相似度变化的幅度来计算系统的熵值。

表 10-12 给出了各组策略在第一次达到推荐稳态时系统的熵值和到达稳态时的进化时间。可以发现，自组织推荐策略达到稳态的速度远远快于启发式算法。此外，GA 和 MC 算法在大规模问题的推荐中计算时间显著增多，但自组织推荐策略的计算时间差异不显著。这表明，LR-Self 方法在大规模问题上具有明显的优势。平均熵的统计数据也表明，LR-Self 策略的熵显著低于 GA 和 MA 算法。在推荐问题的规模变大时，LR-Self 熵值没有明显的增加，反而呈下降趋势。结果表明，问题规模越大，LR-Self 的优势越明显。

表 10-12　算法组熵值比较

比较项	LR-Self		GA		MC	
	FM	SM	FM	SM	FM	SM
Ave time/s	0.071	0.073	2.15	4.69	2.27	3.98
Ave entropy	0.34	0.31	0.57	0.75	0.64	0.69

为了进一步分析自组织推荐策略的性能，对 LR-Self 在 FM 和 SM 中的熵值变化进行统计。抽取用户在整个学习区间的时间点计算系统熵值。结果记录到图 10-18 中。可以发现系统的熵值呈直线下降趋势，说明推荐环境内信息交换频率逐渐降低，系统结构的演化方向趋于稳定。另外，结构模块的熵值最初大于基础模块，但是在推荐过程中很快低于基础模块，最终达到稳态熵值的速度也比基础模块快，同样说明 LR-Self 在处理大规模问题时表现出良好的适应能力。

6）自组织界面评价

如图 10-19 所示，在 LR-Self 推荐中，用户被初始化成一个方块，位于环境的中央位置。候选学习对象用圆点表示。位置被初始化为随机放置在环境中，推荐开始之后，根据资源与用户的匹配规则计算匹配推荐度。为了观察资源自组织交互的过程，用颜色区分资源和用户之间的匹配度。匹配度越高，资源颜色与用户颜色越接近，资源在行为规则的指导下向用户方向移动。反之，则匹配度越低。

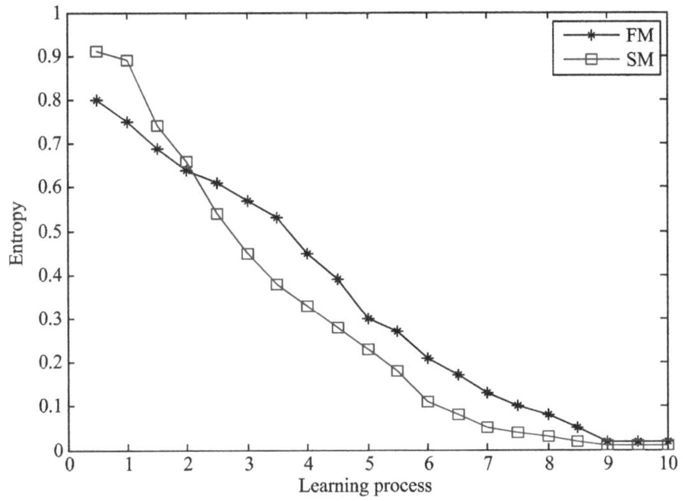

图 10-18　熵值变化

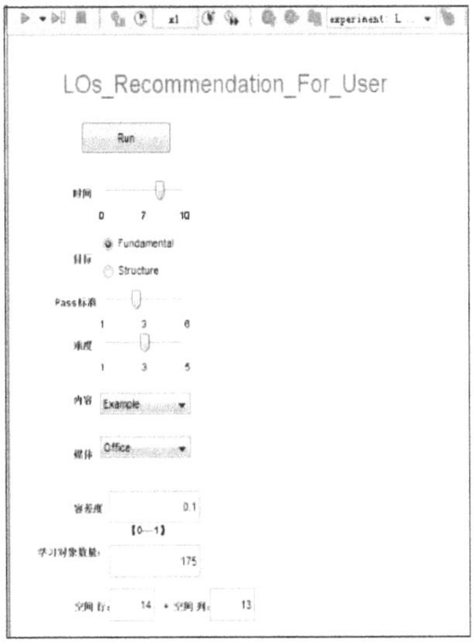

（a）参数设置

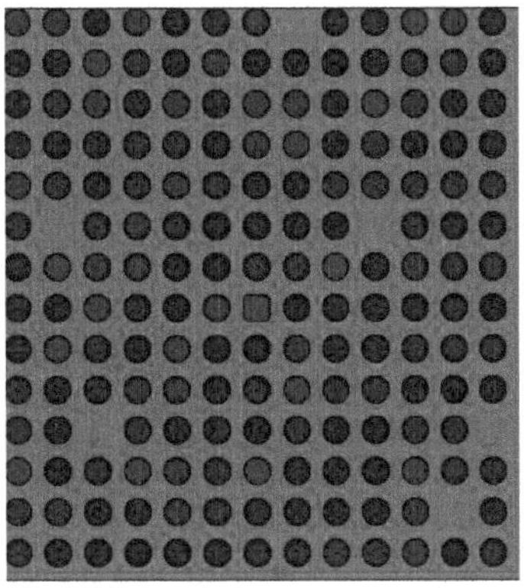

（b）初始状态

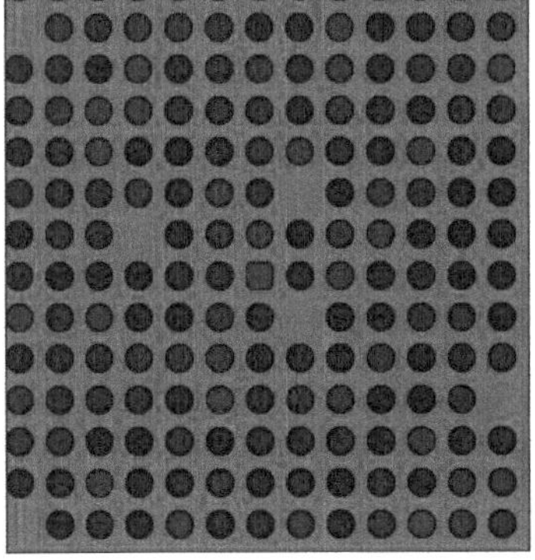

（c）中间状态

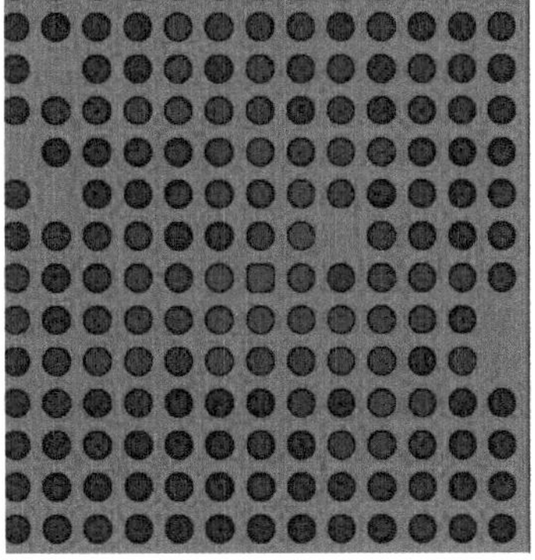

（d）稳定结构

图 10-19　基础模块资源自组织进化过程示意图（扫码查看彩色图片）

彩色图片

图10-19

图 10-19 和图 10-20 分别给出了在 FM 和 SM 两种规模下学习资源与用户之间的位置关系变化图。图 10-20（a）是参数预设界面；图 10-20（b）为资源的初始状态，学习资源随机散落在用户周围；图 10-20（c）为资源自组织的中间状态；与图 10-20（b）相比，越来越多与用户相似度高的资源靠近中央方块；图 10-20（d）为学习阶段中的资源稳定状态，此时，相似度高的学习资源以较高密度聚合在用户周围，但也有低相似度资源的出现，表明了该方法在得到较高个性化推荐的同时，保证了推荐结果的多样性。

彩色图片

图10-20

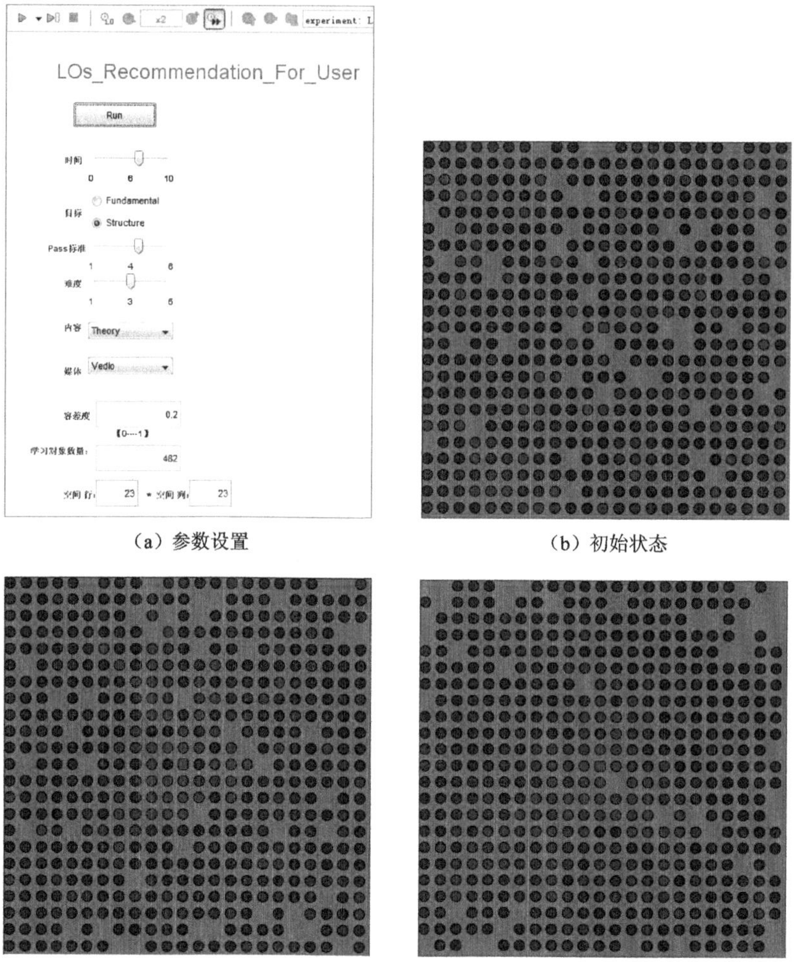

（a）参数设置　（b）初始状态

（c）中间状态　（d）稳定结构

图 10-20　结构模块资源自组织进化过程示意图（扫码查看彩色图片）

E-learning 中的用户和资源信息变化较快，用户需要在一定的时间阶段内获取预期的知识，同时要保持平滑的内在学习感受，这对推荐的适应性和多样性提出较高的要求。在基于学习资源自组织的 E-learning 推荐方法，将推荐系统视为复杂适应系统，用自组织理论模拟资源的交互行为进行推荐。将资源之间的关系融入面向用户的 CB 推荐机制中，削弱了由完全依赖用户的推荐策略带来的信息过载，自底向上和分布式的自组织推荐策略增加了推荐的多样性和自适应性。而且环境感知模块增加了推荐的自适应性和准确性。实验表明，所提的推荐算法在不降低推荐准确度的同时提高了推荐结果的多样性。算法适合求解

E-learning 推荐问题。另外，本节提出的方法还具有以下特点：

(1) 整个推荐过程是由用户学习行为触发、由资源个体自组织交互行为生成推荐结果。资源自组织的过程，以用户的偏好和实时行为作为依据，保证了推荐结果的个性化程度。

(2) 灵活性的特点。自组织方案不受编码码长的限制，求解机制摒弃交叉、变异或信息素累积寻优的思路，而是采用基于信息传递的协同操作完成，推荐方法比较灵活。

(3) 高效的特点。推荐采用信息分时传递、资源在局部范围进行交互自组织的方法，无须实时计算用户与所有资源的关系，降低了计算复杂度，推荐效率较高。

10.6　基于用户影响力的混合推荐方法

本节先给出基于用户模糊影响力的混合推荐方法的研究框架和算法特点，然后介绍用户影响力模型 LIM 的构成、基于直接模糊逻辑对 LIM 优化，以及基于用户自组织的用户聚类和基于 SPM 的推荐资源生成方法。

10.6.1　基于用户影响力推荐策略框架

图 10-21 给出了基于直觉模糊影响力的用户自组织方法的推荐框架，包含三个主要部分，分别是用户模块、推荐模块和交互模块。每个模块的功能如下：

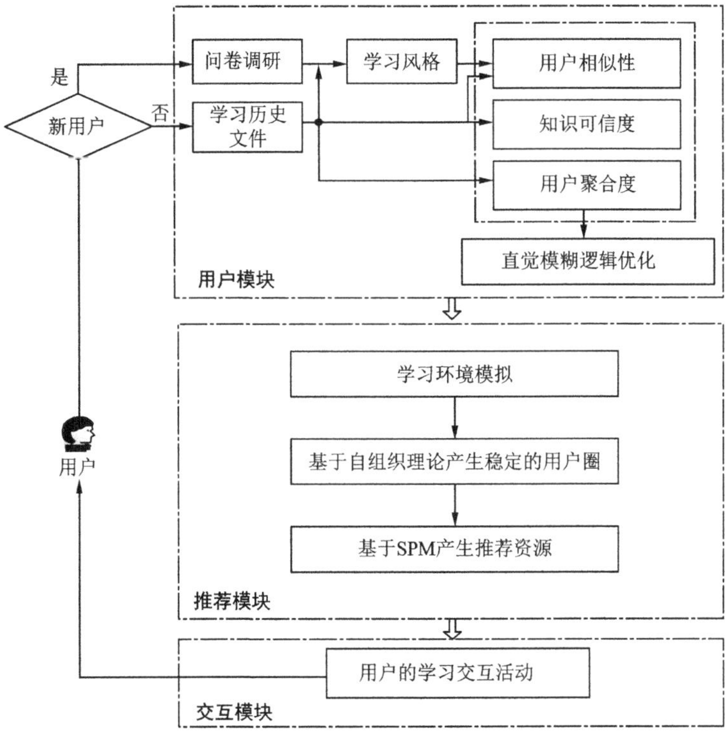

图 10-21　基于用户自组织的推荐系统框架

(1) 用户模块。给出了用户影响力模型 LIM 的构成和获取方法。LIM 包括个性相似度和文件相似度。前者是从学习风格的调查中获取，后者通过挖掘学习者的网络日志计算得出。后者是前者在学习过程中的有力补充；知识可信度主要通过分析学习者的得分和学习行为计算得出；用户聚合度是通过分析学习者现有的访问事务获取。在给出影响力模型后，应用直觉模糊逻辑方法对影响力模型进行优化。当没有评分信息或直接的用户关系时，该影响力模型仍然可用。

(2) 推荐模块。基于用户影响力模型，使用自组织推荐方法模拟用户之间的协同行为。基于 E-learning 学习过程的如下特征设计推荐模块：在真实的学习环境中，用户行为具有主观性，用户对资源的选取、对其他用户的关注以及对学习效果的评价在一定程度上结合了用户的主观意识。尽管面临评分信息稀缺的事实，大部分用户能够从他人处提取有用的信息，找到有助于提升他们学习能力和学习感受的用户圈。用户的聚类行为是由用户个体的信息传播决定的，而不是集中控制。所以，可以将用户系统视为复杂适应系统，应用自组织理论模拟用户之间的信息交互，得到用户的稳定聚类。然后挖掘推荐用户圈中成员的资源访问模式，应用 SPM 确定最终的推荐资源。

(3) 交互模块。当用户开始学习时，用户对资源的操作行为反映了用户的实时需求和偏好。根据学习者的活动（包括可能的标签行为）和偏好变化，用户的影响力也不断更新，因此会持续触发自组织推荐过程。当用户达到学习目标或想中断学习过程时，推荐系统停止工作。

10.6.2 基于影响力的用户建模

构建用户影响力模型的动机来自真实的学习场景：活跃用户愿意从那些与其偏好相似的、学习优秀的或被公众广泛认可的用户那里接受指导建议。该模型适用于具有冷启动和数据稀疏问题的推荐领域。

1. 用户相似度

在 CF 推荐中，用户相似度通常是通过用户-项目评分获取的。在没有有效的用户-项目评分时，利用用户的学习风格和学习文件获取用户之间的相似性。

1) 个性相似度

用户在偏好、能力和学习经验上相似称为个性相似。利用用户的学习风格和学习目标作为衡量相似性的依据。将用户 U 表示为 $U=\{CL,MP,FP,PU,AT,LF,AC,DC,HP,GP\}$。

考虑用户属性的差异性，采用三种方法计算相似度。对于以离散数值大小表示属性强度的元素，采用余弦相似度的方法计算，这些元素包括 CL、PU、AT、LF、AC、DC；对呈现序列模式的元素 MP、FP、HP，采用海明距离计算其相似性；对包含数字组合的元素，采用 Jaccard 系数法计算相似性，如 GP。将这三部分进行加权归一化得到用户 u_a 和 u_b 之间的相似性 S_{ab}。对于新用户，可以通过知识领域的测试和关于学习风格的调查问卷获取个体信息，计算用户的个性相似度。S_{ab} 的计算方法参考资源相似度计算方法。

2) 文件相似度

当用户开始学习时，通过分析用户对资源的获取情况计算用户的文件相似度。用 H 表示与用户学习文件相关的提取信息，$H=\{H_1,\cdots,H_7\}$。每一个元素的含义如下：

- $H_1=\{l_i \mid i\in[1,n]\}$。$H_1$ 表示用户访问的资源集合。l_i 表示资源集中的第 i 个资源。
- $H_2=\{m_1>\cdots>m_k\}$。H_2 表示用户当前访问的媒体偏好序列集，根据用户对特定媒体类型访问的频率降序排列。例如，在序列中排在第一位的媒体类型，表示用户在学习过程中最偏好的媒体类型。
- $H_3=\{f_1>\cdots>f_k\}$。H_3 表示用户当前访问的资源内容属性序列集，根据用户对某种内容属性访问的频率降序排列。
- H_4 表示用户访问资源的平均难度。资源的难度根据专家经验和其他用户的学习反馈进行标注。
- H_5 是用户完成某个特定知识模块的学习时间。
- H_6 是用户在完成某个特定知识模块后获得的分数。
- H_7 记录了用户使用标签的频次。$H_7=\{\mathrm{tt}_i \mid i\in[1,q]\}$。假定学习平台提供了 q 个标签，tt_i 表示用户使用第 i 个标签的次数。如果平台没有提供标签，此项可以忽略。

与个性相似度类似，用户 u_a 和 u_b 之间的相似性 H_{ab} 也可以用不同的相似度方法进行计算。

经过归一化处理后，用户之间的相似性 US_{ab} 为

$$\mathrm{US}_{ab}=\omega_1 S_{ab}+\omega_2 H_{ab} \tag{10-12}$$

式中，$\omega_1+\omega_2=1$。

2. 知识可信度

Guuth 等人指出得到较高测试分数或得到其他用户较高评分的学习者，可以更有效地帮助活跃用户访问重要和准确的学习资源，好的学习者总表现出较高的知识学习和获取能力。所以在没有明确的用户评分信息时，可以通过用户在学习中的记录评估用户的质量。本章用知识可信度 UC 评测用户知识值得信任的程度。UC 中每个项目的符号和含义见表 10-13。其中前两项指用户的全局可信度（分数）。通常，分数越高的用户其可信度就越高。第 3、4 项表示用户的学习效率。一般情况下，如果用户花较少的时间，或通过学习较少的资源就能达到学习目标，表示用户的学习效率越高。第 5、6 项表示用户的学习能力，用户的能力与出错率成反比，与用户单位时间内学习资源的数量成正比。用户的可信度构成均可以通过用户的访问日志获取。

表 10-13　知识可信度的组成

序　号	符　号	含　义
1	TC	用户在所有知识模块中平均分数的排名
2	MC	用户在特定模块中的平均分排名
3	LP	用户在所有模块中“分数/消耗时间”的排名
4	TP	用户在特定模块中回答测试问题的一次性成功率
5	EP	用户在回答高难度测试题中的分数排名
6	LU	用户在单位时间内学习资源的数量

UC 可以通过表 10-13 的 6 项元素进行归一化加权获取，公式为

$$\mathrm{UC}=\omega_1\mathrm{TC}'+\omega_2\mathrm{MC}'+\omega_3\mathrm{LP}'+\omega_4\mathrm{TP}'+\omega_5\mathrm{EP}'+\omega_6\mathrm{LU}' \tag{10-13}$$

式中，TC′、MC′、LP′、TP′、EP′、LU′是进行归一化后的数值，ω_i 为权重，$\sum_{i=1}^{6}\omega_i=1$，结合专家意见和经验值给定。UC 值越高，表示用户的知识可信度越高。

对于某一个目标用户 u_a，其被信任的程度可以通过以下公式进行计算：

$$\mathrm{CD}_a=\sum_{a'\in U(j)}\sum_{j\in C(i)}(G_{a,j}-G_{a',j})\cdot D_j \tag{10-14}$$

式中，$G_{a,j}$是用户 u_a 在概念 j 上的测试分数，$U(j)$是学习了概念 j 的、并且排除用户 u_a 后的所有用户，$C(i)$是整个知识模块的概念集。D_j 是概念 j 的难度系数。该公式将用户得分与其他用户的分数进行对比，进一步衡量用户被信任的程度。所以用户 u_a 的知识可信度可以更新为

$$\mathrm{UC}_a=\mathrm{UC}_a\cdot\mathrm{norm}(\mathrm{CD}_a) \tag{10-15}$$

如果一个活跃用户 u_a 的知识可信度为 UC_a，那么一个目标用户 u_b 对 u_a 施加的可信度影响力 UC_{ab}可以通过以下公式计算：

$$\mathrm{UC}_{ab}=\begin{cases}\mathrm{UC}_a\cdot\left(1+\dfrac{\mathrm{UC}_a-\mathrm{UC}_b}{\mathrm{UC}_a}\right), & \text{if } \mathrm{UC}_b>\mathrm{UC}_a\\[2ex] \mathrm{UC}_a\cdot\left(1-\dfrac{\mathrm{UC}_a-\mathrm{UC}_b}{\mathrm{UC}_b}\right), & \text{if } \mathrm{UC}_a>\mathrm{UC}_b\end{cases} \tag{10-16}$$

式（10-15）表明，当一个目标用户的可信度大于活跃用户时，目标用户对活跃用户施加较高的可信度影响力；反之，目标用户对活跃用户的可信度影响力降低。

3. 用户聚合度

为了避免活跃用户盲目和无目的的跟随行为，评估目标用户对其追随者施加的实际影响是很重要的。一般来说，在学习过程中，学习者倾向于听取那些被大众认可的用户给出的建议。提出用户聚合度 UA 的概念来描述一个目标用户被活跃用户认可的程度，见表 10-14。除了统计目标用户的追随者数量之外，更关注真正的追随者数量。真正追随者意味着关注目标用户的学习过程，并与其采取相同学习序列的用户，特别是在特定知识粒度下，与目标用户采用相同或近似的访问序列。

表 10-14　用户聚合度的构成

序　号	符　号	含　义
1	SF	在所有学习模块中，用户所有追随者的数量
2	TF	在与活跃用户知识模块重叠的领域，用户的追随者数量
3	TO	与活跃用户在学习目标 GP 中的知识点重叠比例
4	VT	在重叠模块，用户被访问的次数
5	FT	在重叠模块，用户被访问的时间
6	IC	在重叠模块，用户追随者的数量
7	FN	在重叠模块，用户真正追随者的数量

其中，有几个需要特别说明的元素：

● TO 表示目标用户所学的知识点与活跃用户学习目标知识点的重叠比例，比例越高，表示目标用户与活跃用户的匹配度越高。与该参数相关的阈值记为 T_{TO}。

● IC 中，只有隶属于目标用户的 SF、TF，而且 TO 超过阈值 T_{TO} 的用户才是有效追随者。

● FN 中的真正追随者是通过序列模式挖掘方法对目标用户和追随者的学习文件进行分析，当两者的学习行为满足一定相似度阈值时，称为真正的追随者。

每个用户的聚合度 UA 计算公式如下：

$$\mathrm{UA}=\omega_1\mathrm{SF}'+\omega_2\mathrm{TF}'+\omega_3\mathrm{TO}'+\omega_4\mathrm{VT}'+\omega_5\mathrm{FT}'+\omega_6\mathrm{IC}'+\omega_7\mathrm{FN}' \tag{10-17}$$

与 UC_{ab} 类似，如果一个活跃用户 u_a 的知识聚合度为 UA_a，那么一个目标用户 u_b 对 u_a 施加的聚合度影响力 UA_{ab} 可以通过以下公式计算：

$$\mathrm{UA}_{ab}=\begin{cases}\mathrm{UA}_a\cdot\left(1+\dfrac{\mathrm{UA}_a-\mathrm{UA}_b}{\mathrm{UC}_a}\right), & \text{if } \mathrm{UA}_b>\mathrm{UA}_a\\ \mathrm{UA}_a\cdot\left(1-\dfrac{\mathrm{UA}_a-\mathrm{UA}_b}{\mathrm{UA}_b}\right), & \text{if } \mathrm{UA}_a>\mathrm{UA}_b\end{cases} \tag{10-18}$$

10.6.3　基于直觉模糊逻辑的模型优化

在真实的社交网络中，活跃用户在选择其他用户时表现出直觉性特点，即对其他用户存在未知或不明确的选择倾向。为了提高用户模型的质量，需要对用户模型进一步优化。采用模糊集理论对用户影响力模型进行优化。模糊集理论最早由 Zadeh 提出，可以扩展描述外延不分明的“亦此亦彼”的模糊概念。模糊集理论中的隶属度表示对某一元素的支持度和反对度信息，不能表示未知度。Atanassov 提出了直觉模糊逻辑的概念，增加了一个新的属性参数——非隶属函数。非隶属函数可以描述“非此非彼”的“模糊概念”，它可以表示对某一个元素属于某一集合的未知度。直觉模糊逻辑可以更加准确细腻地刻画出客观世界的模糊性本质，得到众多研究者的推广研究和应用。直觉模糊逻辑在用户影响力传递的模糊信息表达上也更具优势。

直觉模糊逻辑的基本概念如下：

设 X 是一个给定论域，则 X 上的一个直觉模糊集 A 为：

$$A=\{<x,u_A(x),v_A(x)>\mid x\in X\} \tag{10-19}$$

其中，μ_A：$X\to[0,1]$，v_A：$X\to[0,1]$，$0\leqslant\mu_A(x)+v_A(x)\leqslant1$，$\forall x\in X$。隶属函数和非隶属函数分别表示 x 元素属于和不属于 A 的程度，$u_A(x),v_A(x)\in[0,1]$。对 X 中的每一个模糊集 A'，可以表示为如下的直觉模糊集：

$$A=\{<x,u_{A'}(x),1-u_{A'}(x)>\mid x\in X\} \tag{10-20}$$

定义 $\pi_A(x)$ 为：

$$\pi_A(x)=1-u_A(x)-v_A(x) \tag{10-21}$$

式中，$\pi_A(x)$称为A中x的直觉指数，它是x对A的犹豫程度的一种度量。

计算两个直觉模糊集的距离必须同时考虑$<u_i, v_i, \pi_i>$这三个参数。同样，在考虑具有直觉模糊特性的问题决策时也要考虑$<u_i, v_i, \pi_i>$这三个参数的影响。用户影响力模型包括三个部分，用户相似度、知识可信度和用户聚合度。用户在学习过程中对这三部分表现出不同的接受和需求程度。以隶属函数为例，一个初学者可能先关注高可信度的目标用户，但是当学习一段时间后，又转向关注具有高相似性的用户；一个追求流畅学习体验的用户同样关注具有高相似度的用户；但是学习能力较差的用户喜欢关注具有高聚合度的用户。与隶属关系类似，用户对影响力模型的三个组成部分也显示出不同的非隶属（拒绝）和直觉（犹豫）程度。应用直觉模糊逻辑的$<u_i, v_i, \pi_i>$，可以分别表示影响力模型中三个组成部分存在的不确定或模糊特征，获得更加准确的用户模型。

考虑到用户对LIM中三个组成部分的程度判断是基于学习过程的。首先通过问卷调查获取影响用户对LIM依赖程度的主要因素，并使用关联规则方法对E-learning教学平台反馈数据进行分析，挖掘用户属性变化与影响力模型之间的关系。影响用户对LIM的直觉模糊系数的主要因素列举如下：

（1）学习期望（learning expectation，LE）。LE意味着用户对学习过程和学习效果的主要期望。常见的LE有三种：流畅体验、自我挑战和快速学习。流畅体验指用户想顺利地实现他们的学习目标，因此喜欢寻找相似度高的目标用户；自我挑战是指用户想获得较大的能力提升，因此他们倾向于跟随具有高可信度的学习者；快速学习意味着用户想要尽快实现他们的目标，因此他们特别关注具有高聚合度的目标用户。

（2）学习阶段（learning stage，LS）。根据用户在该领域的学习经验，将LS定义为三个阶段：初学者、中级用户和资深用户。初学者指新用户，或所学习的资源数量低于学习该模块用户平均水平的用户；中级用户指所学的资源数量与该模块中所有用户的平均水平几乎相同的用户；资深用户是指所访问资源数量高于该模块中所有用户平均访问水平的用户。对于不同阶段的学习者来说，LIM的三个因素对他们呈现出不同的重要性。相似度对中级用户的影响最大，可信度对资深用户更为重要，聚合度对于初学者的帮助更大。

（3）学习能力（learning ability，LA）。LA指的是用户获取知识的能力。它包括低、中、高三种水平。低LA意味着用户习惯于被动地获取知识，因此他们专注于高相似度用户的帮助；中等LA意味着用户能够遵循大众化的学习路径，因此他们喜欢来自高聚合度目标用户的建议；高LA意味着用户有较强的自我学习能力。因此，他们会偏向于参考具有高可信度的目标用户。

表10-14是应用IFL优化LIM的一个样例。该样例中的活跃用户是一个渴望自我挑战、学习能力较强的中等用户。US、UC和UA被视为需要评测用户接纳程度的三个域，LR、LS和LA是用于评价用户对US、UC和UA依赖性的三个指标。基于灰色关联分析理论，使用直觉模糊正理想方案计算用户与US、UC和UA三个域的关联度，并将得到的关联度映射到LIM的每个因子的权重设置中。根据表10-15中的数据，得知该用户与US、UC和UA三个域的相关性分别为0.491、0.689、0.553。UC的权重最高，UA和US的权重越低。进行标准化后，US、UC和UA的权重可以设置为0.27、0.43、0.30。

表 10-15　直觉模糊逻辑参数举例

	LE	LS	LA
US	<0. 5,0. 3,0. 2>	<0. 8,0. 7,0. 1>	<0. 6,0. 2,0. 2>
UC	<0. 8,0. 1,0. 1>	<0. 7,0. 3,0. 2>	<0. 9,0. 05,0. 05>
UF	<0. 5,0. 3,0. 2>	<0. 6,0. 2,0. 1>	<0. 7,0. 2,0. 1>

10. 6. 4　SI-IFL 混合推荐算法实现

基于用户之间的影响力，用户间可以进行自发、自治的交互行为。应用自组织理论模拟用户之间的信息传递和移动，当生成稳定的用户结构后，再对活跃用户所在的用户圈进行分析，评估邻居用户的全局和局部影响力，应用序列模式挖掘算法生成最终的资源推荐列表。

1. 用户自组织行为建模

在 E-learning 学习过程中，活跃用户具有享受平滑学习感受和便捷的知识获取动机，从而表现出向高影响力目标用户靠拢的倾向。活跃用户与目标用户的交互行为可以在一定的范围和时间内持续传播。当用户结构稳定时，学习者可以建立有序有效的用户圈聚类。

为了更真实地模拟用户的行为，对用户之间的信息传递机制不进行预先定义任何的路径设置。与资源自组织的研究相同，将 E-learning 环境简化为社交网络的二维网格，并将用户随机分布在该二维网格中，聚类的数量不进行预先初始化。在图 10-22 中，红色填充的圆表示当前需要分析的活跃用户。活跃用户周围的有效邻居数目为 m，为了便于描述用户的自组织行为，假定用户的有效邻居为其周围规则矩形框内的用户，即图 10-22 所示由粗实线包围的邻居。

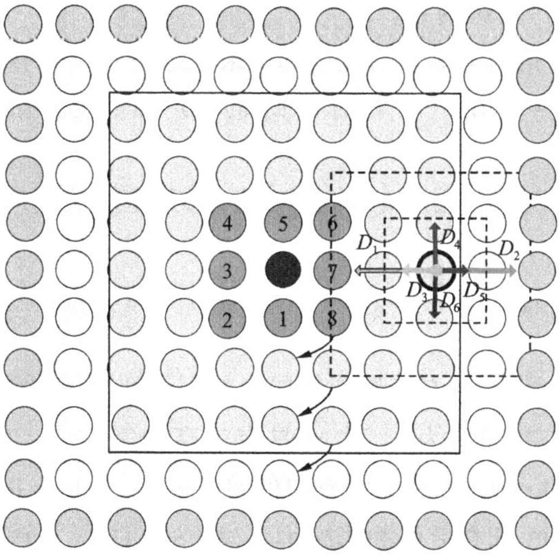

彩色图片

图10-22

图 10-22　用户自组织行为示意图（扫码查看彩色图片）

每一个活跃用户向周围邻居释放其需求偏好信息，收到信息的有效邻居评估他们对活跃用户的影响力，并根据行为规则做出相应的移动。进行移动的邻居用户变成活跃用户，他的行为又影响了其周围的邻居，从而引发信息增益形成协同操作。最后用户实体的活跃频度降低，用户群体的移动频度低于活跃值，系统趋于稳态。聚合在一起的用户形成相对稳定的用户圈聚类，即得到用户协同推荐的结果。下面给出了用户稳态结构的生成算法。

算法 5：用户自组织聚类算法

输入：用户的目标、风格和学习文件

输出：稳定的用户聚类

1：选定一个活跃用户 u_a，计算 u_a 与其有效邻居的影响力，得到 $\mathrm{Inf}_{a\max},\mathrm{Inf}_{a\min},\mathrm{Inf}_{ab},\mathrm{US}_{ab},\mathrm{UC}_{ab},\mathrm{UA}_{ab}$

2：for all $l_i, i\in[1,m]$

3：如果 $\mathrm{Inf}_{ab}\in\mathrm{Inf}^h$，那么 u_b 以概率 p_1 跨越一层向 u_a 移动。在图 10-22 中，以 D_1 表示该移动方向

4：如果 $\mathrm{Inf}_{ab}\in\mathrm{Inf}^l$，用户 u_b 以概率 p_2 跨越一层向远离 u_a 的方向移动。在图 10-22 中，以 D_2 表示该移动方向

5：如果 $\mathrm{Inf}_{ab}\in\mathrm{Inf}^m$，且至少满足 $\mathrm{US}_{ab}\in\mathrm{US}^h$、$\mathrm{UC}_{ab}\in\mathrm{UC}^h$、$\mathrm{UA}_{ab}\in\mathrm{UA}^h$ 中的两条，则用户 u_b 以概率 p_1 向靠近 u_a 方向移动一层。在图 10-22 中，以 D_3 表示该移动方向

6：如果 $\mathrm{Inf}_{ab}\in\mathrm{Inf}^m$，且仅满足 $\mathrm{US}_{ab}\in\mathrm{US}^h$、$\mathrm{UC}_{ab}\in\mathrm{UC}^h$、$\mathrm{UA}_{ab}\in\mathrm{UA}^h$ 中的一条，则用户 u_b 以概率 p_1 沿着当前所在用户层向 u_a 方向移动。在图 10-22 中，以 D_4 表示该移动方向

7：如果 $\mathrm{Inf}_{ab}\in\mathrm{Inf}^l$，且仅满足 $\mathrm{US}_{ab}\in\mathrm{US}^m$、$\mathrm{UC}_{ab}\in\mathrm{UC}^m$、$\mathrm{UA}_{ab}\in\mathrm{UA}^m$ 中的一条，则用户 u_b 以概率 p_2 向远离 u_a 的方向移动一层。在图 10-22 中，以 D_5 表示该移动方向

8：如果 $\mathrm{Inf}_{ab}\in\mathrm{Inf}^l$，且满足 $\mathrm{US}_{ab}\in\mathrm{US}^m$、$\mathrm{UC}_{ab}\in\mathrm{UC}^m$、$\mathrm{UA}_{ab}\in\mathrm{UA}^m$ 中的两条，则用户 u_b 以概率 p_2 沿着当前所在用户层向远离 u_a 方向移动。在图 10-22，以 D_6 表示该移动方向

9：否则，用户随机选择一个方向移动

10：endfor

11：更新活跃用户 u_a 的 m 个有效邻居，选择 u_a 的一个邻居作为新的活跃用户，将其更新为 u_a。如果系统的熵值大于 ET，转向 2，否则跳转到 12

12：输出稳定的用户聚类

假定 u_a 是活跃用户，u_b 是 u_a 的一个有效邻居。算法中的参数含义为：

- Inf_{ab}：用户 u_b 对 u_a 的影响力。
- $\mathrm{Inf}_{a\max}$，$\mathrm{Inf}_{a\min}$：u_a 的有效邻居对其施加的最大影响力和最小影响力。
- US_{ab}，UC_{ab}，UA_{ab}：为用户 u_b 相对于 u_a 的用户相似度、知识可信度和用户聚合度的值。
- $\mathrm{US}_{a\max}$，$\mathrm{UC}_{a\max}$，$\mathrm{UA}_{a\max}$：用户 u_a 的有效邻居对其施加的用户相似度、知识可信度和用户聚合度的最大值。
- $\mathrm{US}_{a\min}$，$\mathrm{UC}_{a\min}$，$\mathrm{UA}_{a\min}$：用户 u_a 的有效邻居对其施加的用户相似度、知识可信度和用户聚合度的最小值。
- ph，pl：用于定义用户 u_a 与其周围邻居影响阈值评价的参数。如果 $\mathrm{Inf}_{a\min}+(\mathrm{Inf}_{a\max}-\mathrm{Inf}_{a\min})\times\mathrm{ph}\leqslant\mathrm{Inf}_{ab}\leqslant\mathrm{Inf}_{a\max}$，则认为 u_a 对 u_b 具有较高的影响力，$\mathrm{Inf}_{ab}\in\mathrm{Inf}^{\mathrm{h}}$。如果 $\mathrm{Inf}_{ab}\leqslant\mathrm{Inf}_{a\min}+(\mathrm{Inf}_{a\max}-\mathrm{Inf}_{a\min})\times\mathrm{pl}$，则 u_a 对 u_b 具有较低的影响力，$\mathrm{Inf}_{ab}\in\mathrm{Inf}^{\mathrm{l}}$。否则，$u_a$ 对 u_b 具有适中的影响力，$\mathrm{Inf}_{ab}\in\mathrm{Inf}^{\mathrm{m}}$ 具有适中的影响力。对 US_{ab}，UC_{ab}，UA_{ab} 具有同样的定义，如 US^{h}、US^{l}、US^{m} 分别表示用户相似度的高、低、中区域。
- p_1 和 p_2 是用户的移动概率，指目标用户向活跃用户前向或后向移动的概率。前向指靠近活跃用户的方向，后向指远离活跃用户的方向。
- ET 是系统的熵值阈值，当系统的熵值小于 ET 时，认为系统是稳定的。

- tm 是在用户结构达到稳定时，活跃用户的有效邻居数量。

彩色图片

图10-23

在上述算法中，每一个用户都有机会通过信息传递响应活跃用户的需求。图 10-23 所示为用户进行自组织交互形成稳态结构的示意图。图中有 8 000 个用户，用三种颜色区别不同的用户群体。图 10-23（a）所示为用户的初始结构；图 10-23（b）所示为用户自组织的一个中间结构；图 10-23（c）所示为用户群体的一个稳态结构。

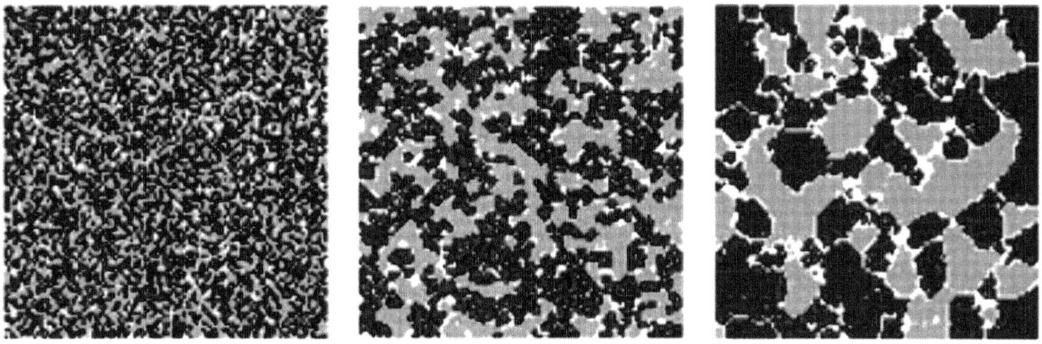

（a）初始状态　　（b）中间状态　　（c）稳定状态

图 10-23　用户自组织过程示意图（扫码查看彩色图片）

图 10-24 是图 10-23 中活跃用户所处的稳定用户圈，包含了 127 个用户，如果用户 u_b 和 u_a 之间存在从 u_b 指向 u_a 的有向线段，表示 u_b 对 u_a 的影响力大于 u_a 对 u_b 的影响力。

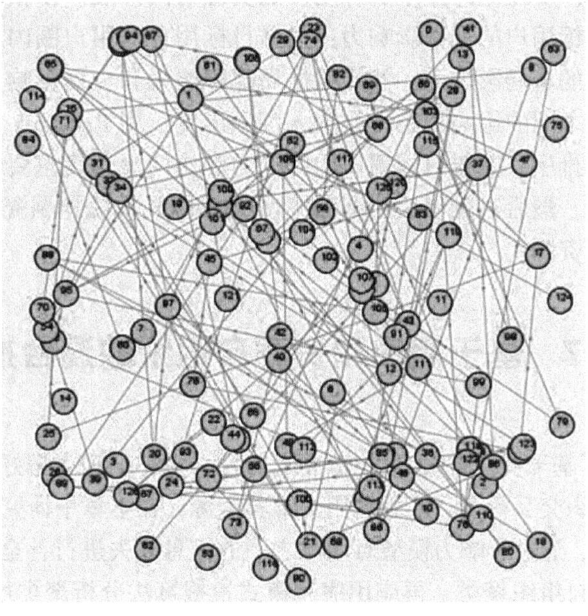

图 10-24　有效用户圈示例

2. 基于 SPM 的推荐算法

当形成稳定的用户圈后，使用基于 SPM 的方法为用户提供推荐。下面介绍使用 PrefixSpan 算法根据用户圈中的候选资源，为活跃用户提供最终的推荐资源和导航路径。PrefixSpan 是基于投影数据库挖掘序列频繁模式的算法，由于投影数据库一直在缩小，而且不需要生成候选序列，因此该算法在运行时间和空间上性能突出，适合应用到 E-learning 推荐系统中，快速地给出推荐资源。

在稳定的用户圈中，每一个成员与活跃用户的影响力作为推荐的局部参考，成员对圈中其他用户所施加的影响的平均值称为该用户的全局影响力，根据用户的局部影响力和全局影响力确定该成员的重要性。下面给出使用 PrefixSpan 算法进行资源推荐的步骤。

算法 6：基于 SPM 的资源推荐算法

输入：用户圈 $UL=\{u_a, u_1, u_2, \cdots, u_{n-1}\}$，$u_a$ 为活跃用户，其他为目标用户

用户圈中的影响力矩阵 Inf_{nn}

用户的学习资源集合，$LS=\{S_a, S_1, S_2, \cdots, S_{n-1}\}$，$S_i$ 指用户 u_i 访问的序列资源集合

输出：推荐资源序列

1：计算 UL 中目标用户对 u_a 的局部影响力 $Inf_{aj}, j\in[1, n-1]$。如 $Inf_{ij}=0.9$，$Inf_{jk}=0.8$，$Inf_{ik}=0$，那么 $Inf_{ik}=0.9\times 0.8$。更新后的影响力矩阵为 Inf'_{nn}

2：将目标用户对 u_a 的局部影响力值降序排列，产生目标用户排序 L_{seq}

3：根据 Inf_{nn} 计算 UL 中用户的全局影响力。将 Inf_{nn} 转换 R_{nn}。R_{nn} 为用户的一个访问关系矩阵，如果 $Inf_{ij}\neq 0$，则 $r_{ij}=1$，表示用户 u_j 对 u_i 有影响关系。应用 Pagerank 算法，根据 R_{nn} 计算每个用户的全局影响力。根据全局影响力的降序排列生成用户序列 L'_{seq}

4：根据 L_{seq} 和 L'_{seq} 的加权处理，生成用户的排序 UL′

5：根据序列 UL′对 LS 资源集合进行加权处理，应用 PrefixSpan 算法，挖掘资源的频繁序列模式

6：输出推荐资源序列

首先获取活跃用户所在用户圈中所有用户的资源访问列表。根据目标用户对活跃用户的影响力大小生成目标用户的局部影响力；根据目标用户对用户圈内所有其他用户的影响力大小生成目标用户的全局影响力。然后根据局部影响力和全局影响力对目标用户的重要性进行加权。将用户之间的影响关系转化为入度和出度，用 Pagerank 算法对目标用户的访问聚合度进行重要性排序。综合目标用户的影响力和访问聚合度重要性，更新目标用户访问资源列表的重要性。最后对加权后的资源序列使用 SPM 算法挖掘资源访问序列模式，为用户给出最终的推荐资源。

10.7 基于用户和资源自组织的混合推荐

在 10.5 中研究了基于资源自组织的 CB 推荐方法，用户的需求偏好和实时学习行为，触发了学习资源的自组织交互行为，从而为用户推荐资源；在本章中研究了基于直觉模糊影响力的用户自组织推荐，通过影响力模型对用户之间的信息缺失进行补全，根据影响力繁衍传播机制，实现用户的自组织聚类，再应用序列模式挖掘算法分析聚类用户的资源访问文件，为活跃用户推荐学习资源。本节将上述两种方法进行融合，设计级联式的混合推荐策略。

10.7.1 级联模式的混合推荐示意图

级联混合推荐是基于多种策略的严格分级混合，一个较弱的推荐方法产生的结果不能推翻一个更强的推荐结果的决策，但可以进行优化。级联混合推荐方法一般应用第二级推荐对第一级推荐的评分进行修正。图 10-25 显示了级联混合推荐的示意图。在第二阶段候

选集生成时，主要采用第一级的推荐方法；第二种方法在评分生成阶段对第一级推荐的资源评分进行优化，从而得到最终的预测评分进行推荐。根据 E-learning 推荐系统的特点，设计基于 LR-Self 和 SI-IFL 的级联混合推荐。

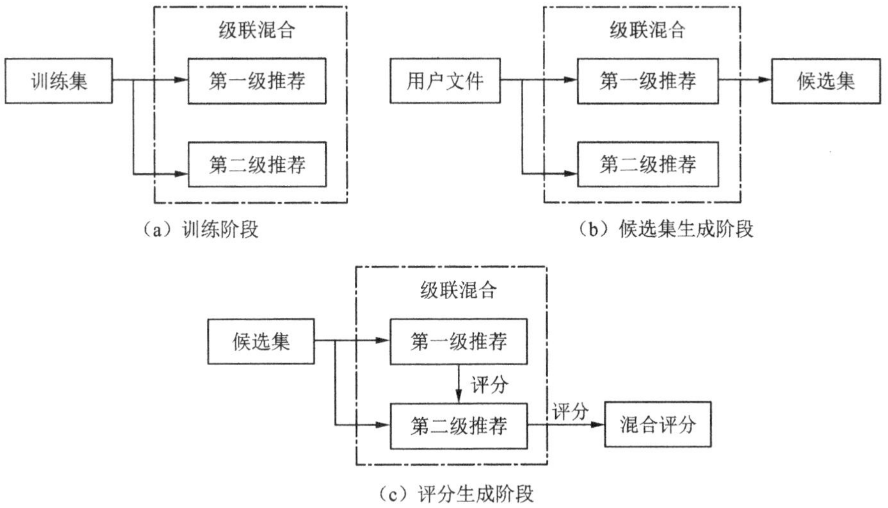

图 10-25　级联混合推荐方法示意图

10.7.2　以 CB 为主的级联混合推荐

以资源自组织为主、用户自组织为辅的混合推荐方法框图如图 10-26 所示。

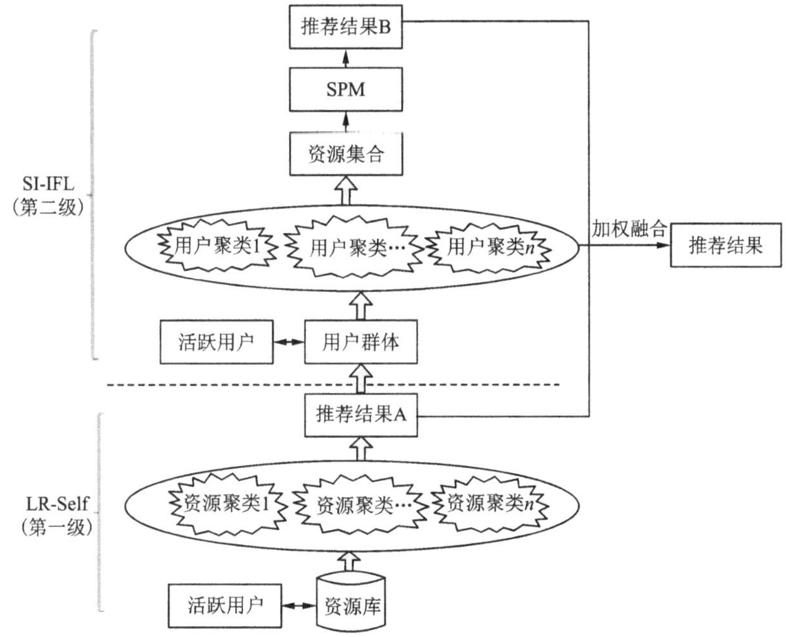

图 10-26　级联混合推荐 LRFirst

该推荐方法的步骤为：①根据用户的需求，刺激资源的自组织推荐行为，形成资源稳定聚类，生成推荐资源集 A；②分析推荐资源集 A 中有多少用户学习过该类资源，反推得到与活跃用户相似的用户群体；③对用户群体应用基于影响力的自组织推荐，再次得到推荐资源列表 B；④将 A 和 B 资源列表中的资源根据资源优先级和资源与用户的匹配度进行加权，输出最终的资源推荐列表。

10.7.3 以 CF 为主的级联混合推荐

图 10-27 是以基于用户影响力的协同过滤推荐为主的混合级联推荐示意图。

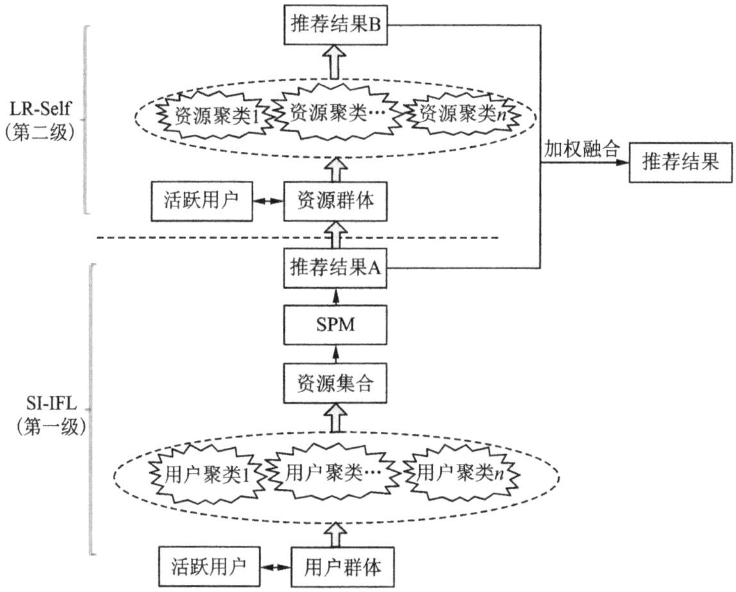

图 10-27 级联混合推荐 UserFirst

该推荐方法的步骤为：①计算活跃用户与其他用户的影响力值，根据影响力值进行用户的自组织推荐，形成稳定的用户圈，对用户圈中用户学习的资源序列进行数据挖掘，得到推荐序列 A；②将活跃用户置于资源群体 A 中，实施基于资源自组织的 CB 推荐，获得满足活跃用户需求的资源聚类，从而生成推荐结果 B；③将 A 和 B 资源列表中的资源按照排序和与用户的匹配度进行加权，输出最终的资源推荐列表。

10.8 实验与分析

1. 实验设置

将算法应用到 C 语言程序设计基础课程教学中。

1）实验数据

将高校春季开设的 C 语言程序设计课程作为学习资源数据。课程由五个模块构成，具体包括：基础模块（Fund），由运算符、表达式、输入输出构成；结构模块（Stru），由顺序结构、选择结构、循环结构构成；高级模块（Adva），由数组、函数、指针构成；进阶模块（Hard），由结构体、共用体、位运算、文件构成；竞赛模块（Comp），由针对计算机程序设计竞赛的知识点和题目构成。这五个模块提供的细粒度资源总数为 1 231。

课题组选取 8 个班级的学生进行教学实验。这 8 个班级的学生来自同一专业，从入学考试分数及其他课程的测验分数上分析，各个班级的整体学习能力和知识水平没有明显的差异。参与者的平均年龄是 18.6 岁，其中男生的比例为 74%。所有学生均完成了课程的学习，并参加了最后的期末考试。

实验分两个阶段完成，第一个阶段对前六个班在基础模块、结构模块和高级模块的学习数据展开评测，主要测试基于用户影响力自组织的 CF 推荐方法性能；第二个阶段主要对基于级联混合的推荐方法与基于资源自组织的 CB 以及基于用户影响力自组织的 CF 方法的性能比较，包括进阶模块和竞赛模块，以及第 7、第 8 个班级的所有学习模块，该阶段的实验安排见表 10-16 中以粗体表示。

表 10-16　实验方案分配

班级	第一阶段实验			第二阶段实验	
	Fund	Stru	Adva	Hard	Comp
1	Tra	SI-IFL	SI-IFL	**SI-IFL**	**SI-IFL**
2	Tra	SSC-IFL	SSC-IFL	**SI-IFL**	**SI-IFL**
3	Tra	SS-IFL	SS-FL	**SI-IFL**	**SI-IFL**
4	Tra	SI-FL	SI-FL	**LR-Self**	**LR-Self**
5	Tra	Prefix	Prefix	**LR-Self**	**LR-Self**
6	Tra	Top	Top	**LR-Self**	**LR-Self**
7	**LRFirst**	**LRFirst**	**LRFirst**	**LRFirst**	**LRFirst**
8	**UserFirst**	**UserFirst**	**UserFirst**	**UserFirst**	**UserFirst**

2）实验方案

C 语言程序设计基础是大一学生的必修课程，实验过程与学校的教学大纲和教学计划一致。在实验中，设计一个班级的全部学习过程和其他班级某些模块的学习过程不使用 E-learning 平台，即学生的学习依然遵循传统的课堂教学模式，采用 Tra 方法。

对其他班级的部分学习模块，采取 E-learning 学习平台教学，即用户通过在线学习平台访问教学资源，可以查看其他同学的学习状况，并允许用户匿名在线交流。实验中用到的具体推荐方法包括：SI-IFL 方法；基于相似度和可信度的自组织推荐（SSC-FL），该方法考虑相似度和可信度的影响力传播；基于相似度的直觉模糊自组织协同推荐方法（SS-IFL），该方法只考虑相似度传播；基于影响力的模糊自组织协同推荐方法（SI-FL），该方法考虑影响力的模糊集评判；基于 PrefixSpan 的推荐方法（Prefix）；基于影响力的 Top-N 推荐（Top）；基于资源自组织的 CB 推荐方法（LR-Self）；以资源自组织为主的混合级联方法（LRFirst）和以用户自组织为主的混合级联方法（UserFirst）。具体的实验方案见表 10-16。

3）推荐平台设计

用户实体的状态改变会触发邻居实体状态的改变。每个实体的状态变化又以一定的概率影响其周围的智能体，从而促使自组织行为的发生。图 10-28 给出用户及用户群的状态转换图。

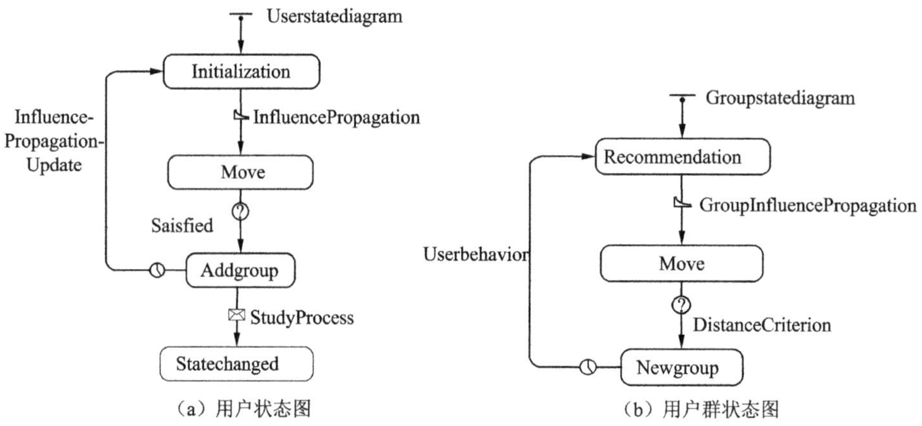

图 10-28　用户和用户群状态图

用户交互模块有以下功能：

(1) 参数预设。用户可以通过图 10-29 中的 ComboBox 选择学习模式，如自我练习、单元测验等。在左侧的列表框中，用户可以选择学习模块。根据用户的态度评测，预设了后台数据。允许用户利用右下角的 Parameter Settings 按钮，对需求、偏好和直觉模糊因素等参数进行微调。

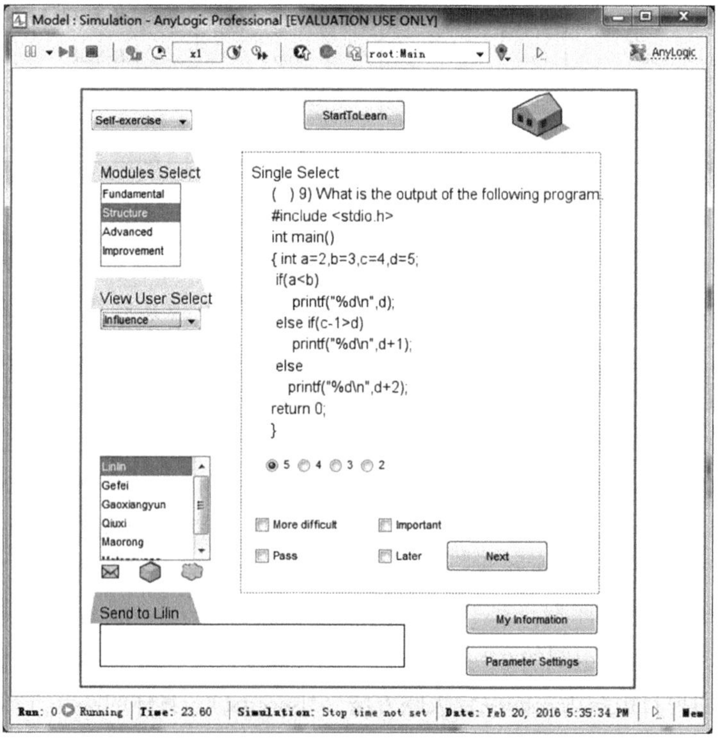

图 10-29　用户交互界面

(2) 交互设置。用户在学习过程中，可以利用交互界面对资源进行标注。如对学习资源进行难度标记或重要性标记，或标记待查的学习资源。用户也可以浏览其他用户的学习状态，进行关注或发起对话，保证了学习过程中的自适应与动态交互。用户可以通过“View User Select”选择查看其他用户的依据，如选择“Influence”，在下方列出当前 Influence 降序排列的用户。选择感兴趣的参考用户后，当前用户可以单击按钮关注该用户，也可以单击按钮，通过下方出现的信息传递文本框向选定用户发送信息。单击按钮，将列出选中用户在当前用户的学习模块下所学习的资源列表。

（3）用户群体网络呈现。在用户之间的自组织达到一个稳态之后。用户可以在自己的界面上观察所在的用户群。随着用户状态的改变，会触发新的自组织演变，直至达到一个新的稳态。

2. SI-IFL 推荐方法实验及讨论

本阶段的实验主要针对 SI-IFL、SSC-IFL、SS-IFL、SL-FL、Prefix、SI-Top 和 Tra 展开。首先通过模拟实验确定实验关键参数；然后评价推荐策略的推荐效率和有效性；其次通过系统的熵值变化评判推荐策略的稳定性；最后使用评测模块进行客观评价和用户体验值、满意度的主观评价。

1）学习成绩和访问资源分析

完成课程的最终测试后，得到各个组的以下数据：学生的平均成绩（Ave score）、通过阶段性考试的学生比例（PassP）、平均学习时间（Ave time）和学习者访问的资源占资源总数的比例（LosP），统计结果见表 10-17。

表 10-17　学习成绩和访问资源比较

数　据	SI-IFL	SSC-IFL	SS-IFL	SL-FL	Prefix	SI-Top
Ave score	82	82	81	79	76	80
PassP	90%	88%	85%	86%	81%	83%
Ave time	78. 2	85. 3	88. 1	89. 5	102. 1	92. 6
LosP	75%	81%	83%	80%	86%	91%

从表 10-17 可以看出，SI-IFL 方法在平均分数和通过率指标中表现更佳，表明用户可以在更短的时间内通过学习相对较少的资源完成学习过程。因此，SI-IFL 能够帮助学习者更快更有效地完成学习目标。将 SI-IFL 和 SI-FL 的结果进行比较，发现引入直觉模糊逻辑的 SI-IF 在完成率和学习效率上表现更好。SSC-IFL 组的结果略好于 SS-IFL，两组的结果均低于 SI-IFL 组。结果表明，考虑较多影响力因素时，推荐资源的效果更好。

2）学习体验评价

对用户主观学习感受的评测结果见表 10-18。

表 10-18　用户学习体验比较

项　目	内　容	SI-IFL	SSC-IFL	SS-IFL	SL-FL	Prefix	SI-Top	Tra
个性化实现评估	难度	3. 8	3. 6	3. 7	3. 3	3. 2	3. 4	3. 7
	媒体	3. 6	3. 7	3. 4	3. 6	3. 0	3. 8	4. 3
	内容	4. 2	4. 1	4. 0	3. 6	3. 4	3. 5	4. 4
	时间	4. 4	4. 3	4. 2	3. 9	4. 1	4. 1	3. 8

续上表

项　目	内　容	SI-IFL	SSC-IFL	SS-IFL	SL-FL	Prefix	SI-Top	Tra
流畅性体验评估	控制力	4.2	4.3	4.3	4.1	3.6	4.0	3.5
	吸引力	3.9	4.1	3.9	3.6	3.4	3.7	3.5
	惊奇度	3.7	3.5	3.2	3.0	3.1	3.3	2.6
	兴趣程度	4.0	3.8	3.8	3.3	3.8	3.7	3.3
推荐质量评估	有用性	4.4	4.0	3.7	3.5	3.3	3.7	3.3
	满意度	4.3	4.1	3.8	3.4	3.3	3.2	3.5

分析个性化实现的评估结果，Tra 组在媒体和内容匹配中给出的分数更高。然而，Tra 组用户在时间评估中得分较低。这表明尽管用户可以根据自己的喜好选择他们想要的资源，但是如果不能平衡考虑其他因素，他们需要花更多的时间来完成他们的学习。结果还表明，由于综合考虑用户的影响力，利用用户学习期望、学习阶段和学习能力等学习情境对影响力进行了直觉模糊评价，所提出的 SI-IFL 推荐策略可以为用户提供更准确的个性化学习资源。

通过流畅性体验评估的结果可以得知，SI-IFL 组对流畅学习体验的满意度较高，即推荐的资源可以满足学习者的个性化和多方面的需求，用户沉浸在学习过程中。SI-IFL 和 SSC-IFL 组在吸引力和好奇心方面也显著优于其他策略，这归因于自组织方法中所包含的随机性和概率机制。在 Tra 中，用户一般不会主动选取多样化的资源。

在推荐质量评估中，采用以用户为中心的推荐者评价框架来测试推荐资源的质量，例如，引入有用性和用户对推荐系统的满意度指标。结果表明，SI-IFL 方法具有较高的实用性，用户的满意度相对平稳。

表 10-18 的实验结果表明，SI-IFL 策略在个性化实现中得到了用户较高的认可，用户在流畅性体验和综合满意度方面也给出了较高的分数。主要原因是所提出的方法通过影响力模型可以平衡用户多样化、复杂的需求。基于影响力的用户模型提高了推荐的准确性和效率。用户模型中的直觉模糊逻辑和自组织的概率机制对于解决学习者行为中隐含的模糊和随机因素具有突出效果。应用 SPM 算法进行资源推荐也保证了推荐的个性化实现。

3）个性化评价

通过记录用户标记“More difficult”和“Later”的比例分析推荐系统的个性化实现程度。标注比例越低，表明用户的学习体验越好，如图 10-30 所示。

在图 10-30 标注比例的比较中，注意到 Prefix 和 Tra 组的标注比例较高。这是因为在传统的教学方法中，教师不能充分考虑每个学生的知识水平和学习偏好，用户被动地接受知识，因此容易出现厌烦情绪，用户表现出消极的标注行为。在 Prefix 组中，资源的序列访问模式是从现有用户日志中挖掘出来的，并非是针对活跃用户的，因此标记比例高于其他算法组。SI-Top 组比 Prefix 和 Tra 组有更好的结果，这表明引入用户影响力模型有助于提高推荐质量。SI-IFL、SSC-IFL 和 SS-IFL 的结果表明，如果考虑用户之间更多的影响因素，推荐结果的个性化程度加强。将 SI-IFL 和 SI-FL 的标注比例进行对比，发现直觉模糊逻辑能够保证用户更高的知识接受度。

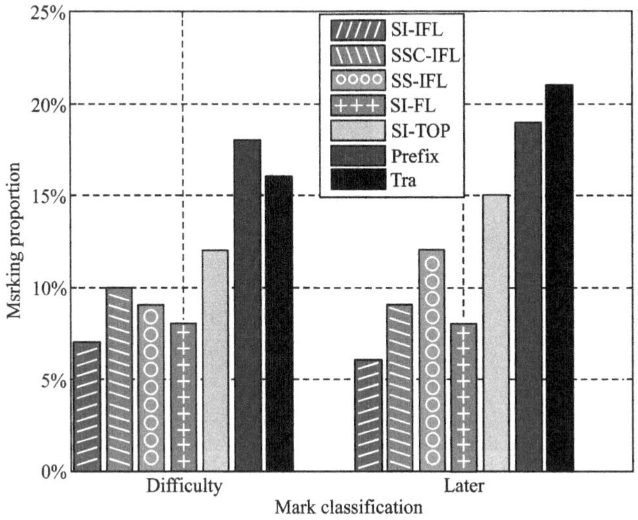

图 10-30　标注比例比较

4）多样性评价

通过分析推荐资源的分布获取多样性评价，特别是推荐资源与用户偏好的匹配程度和推荐资源属性的多样性。

（1）一致性评估

首先，关注推荐资源与用户偏好之间的一致性程度。以 CB 推荐方法给出 Top-N 推荐结果作为基本的比较数据，将推荐集命名为 CBD。即通过选择与用户需求和偏好最相似的 Top-N 资源获得 CBD。然后，对于本节实验算法给出的推荐集合 R，计算有多少 CBD 中的资源出现在 R 中。比例按下列公式计算：

$$\mathrm{sim}(R)=\sum_{i=1}^{N}\mathrm{sim}(i)/N \tag{10-22}$$

式中，N 是 R 中资源的数量，i 指 R 中的第 i 个资源，即 l_i。如果 $l_i\in R$，并且 $l_i\in \mathrm{CBD}$，$\mathrm{sim}(i)=1$，否则 $\mathrm{sim}(i)=0$。所以 $\mathrm{sim}(R)$ 值越高，表示推荐资源与 CBD 中资源的重叠比例越高。

统计结果如图 10-31 所示。所有推荐中都出现一定比例的不属于 CBD 的资源，Prefix 组与 CBD 资源集的一致性最高。SS-IFL、SI-FL、SSC-IFL 和 SI-IFL 组别呈现与 CBD 一致性的降序排列。可以看出，SI-IFL 在降低相似度一致性上表现出优异性能，一致性适当降低有助于解决信息过载问题。

（2）资源属性的多样性评估

通过分析推荐结果非集中式属性的出现来评估多样性，计算资源属性的多样性。

图 10-32 是对阶段性学习状态的多样性进行统计的平均值。值得注意的是，SI-IFL 在内容和难度方面的多样性比例较高。SI-IFL 也比不包含直觉模糊逻辑推荐策略的 SI-FL 显示出更高的多样性。

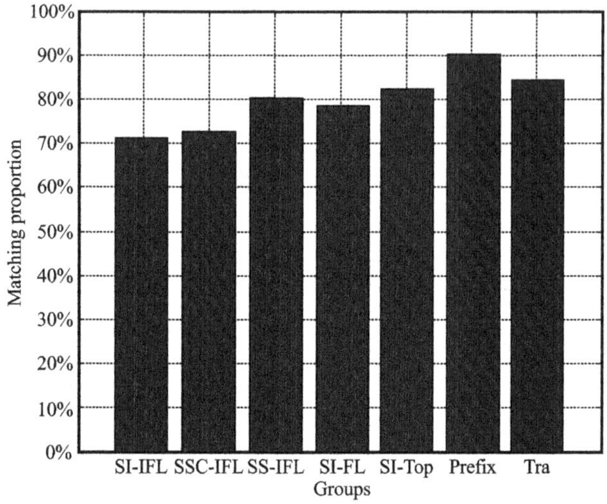

图 10-31　推荐资源与 CB 推荐的一致性比较

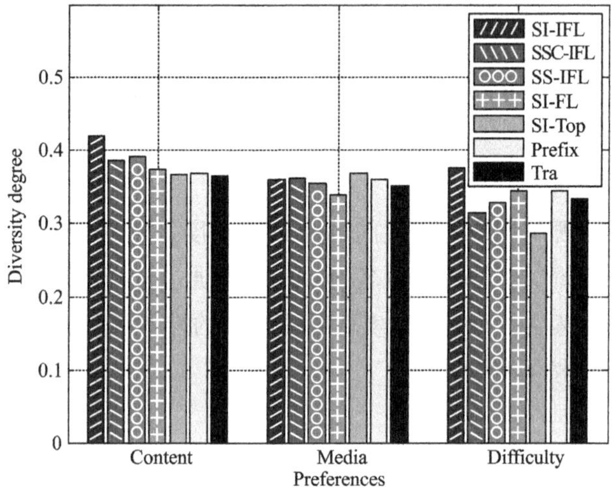

图 10-32　推荐资源属性的多样性评估

一般情况下，提高多样性通常以损失准确度为代价。结合个性化的实验结果，发现 SI-IFL 在不降低学习者个性化学习体验的前提下，仍然保持一定的多样性。其根本原因在于 IFL 和基于影响力的用户模型相结合，以及 SI-IFL 方法自底向上的自组织机制保证了推荐的多样性。而整个用户群体以活跃用户的需求为目标进行自组织，再利用 SPM 进行序列模式挖掘，保证了推荐的个性化实现。

5）系统熵值评估

在自组织的用户协同推荐过程中，开始的信息传递较为频繁，影响力的改变以及用户的状态改变较大。当系统结构稳定时，信息传递频率放缓，即各个用户之间的位置相对固定，排序已经趋向有序和稳定。所以采用熵值作为衡量用户自组织系统的性能，可以较为准确地反映出推荐方案的性能。系统平均熵值的计算公式为

$$S_{\text{entropy}} = -\sum_{i=1}^{n}\sum_{j=1}^{m} P_{u_i,u_j}\log \Delta P_{u_i,u_j} \tag{10-23}$$

式中，log() 函数的底取 2，P_{u_i,u_j}表示用户 u_i 和用户 u_j 之间直觉模糊影响力的变化率。n 表示用户的总数量，m 表示有效邻居的数量。

图 10-33 的熵值统计结果显示各组的系统熵显著降低。原因是信息传递在学习过程开始时更频繁，用户的影响力和位置的变化也是频繁的。当用户群体趋于稳定时，信息传递频率开始减慢，用户群体趋于有序和稳定。SI-IFL、SSC-IFL 和 SS-IFL 这三种策略的熵值表现出快速收敛的趋势，并且存在明显的波动。而 SI-FL 的熵曲线相对平滑。这表明，直觉模糊逻辑更准确地模拟用户的心理需求和关键学习情境，推荐资源的多样化程度较高，用户的状态变化比较频繁。

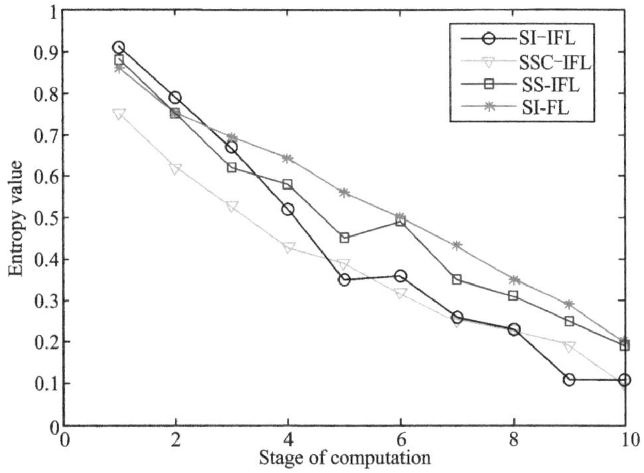

图 10-33　系统熵值比较

3. 级联混合推荐实验及分析

对于 LR-Self 推荐方法以及 SI-IFL 推荐方法构成的级联混合推荐，采用两种评估策略。第一种方法是先应用一种推荐策略进行在线推荐，如 LR-Self，得到为用户推荐的资源序列 A，然后对资源序列 A 应用 LRFirst 推荐方法中的第二步，进行 SI-IFL 推荐。这种评价策略称为“第二阶段离线级联推荐比较”。第二种方法是对表 10-15 中的第 7 和第 8 个班级，分别应用 LRFirst 和 UserFirst 两种混合推荐方法进行在线推荐，这种评价策略称为“在线级联混合推荐比较”。

1）第二阶段离线级联推荐比较

比较在线推荐的结果与增加第二阶段离线推荐后结果的一致性程度、多样性变化和个性化程度变化。为了便于比较，如果在线推荐的资源数目为 N，则对 N 个资源进行混合推荐的第二阶段离线推荐时，也选取 N 个推荐资源。

（1）推荐结果的一致性

假定第一阶段的在线推荐结果为 A，第二阶段的离线推荐结果为 B，计算 A 与 B 集合的一致性。一致性由三部分构成，一个是资源出现的比例，即 A 中有多少资源在 B 中也出现过；一部分是资源的推荐顺序，利用余弦相似性对两个推荐向量进行评测；最后一部分是资源的序列顺序，应用 SPM 算法进行序列模式挖掘，计算两个资源推荐列表中有多少相同的资源推荐序列。

对推荐结果进行归一化，得到表 10-19 所示的结果。可以发现使用基于用户自组织作为第一级推荐的级联推荐方法获得较高的一致性，而且候选资源数目较多的竞赛模块的一致性程度较高，推荐结果的稳定性较高。表明 SI-IFL 方法得到的用户群体质量较高，保证了与使用 LR-Self 所得到结果的一致性。以 LR-Self 为第一级推荐的级联方法一致性略低，而且候选资源较少的 Hard 模块一致性要高于竞赛模块。结果表明 LR-Self 的推荐结果对应的用户群体比较分散，即推荐列表中涉及的用户数目较多，在进行第二阶段的 SI-IFL 推荐时，又引入了较多的新资源。对比不同模块的实验结果，可以发现资源数量较少时，第一阶段推荐包含的用户群体相对集中。

表 10-19　离线级联混合推荐一致性比较

混合策略	Hard	Comp
SI-IFL（在线）/UserFirst（离线）	83.8%	85.3%
LR-Self（在线）/SI-IFL（离线）	74.9	70.2%

（2）推荐结果的适值和多样性比较

由于第二阶段级联推荐为离线推荐，所以分析级联混合推荐中两阶段推荐完成时刻 A 和 B 资源的适值（罚函数值）和多样性。适值和多样性实验结果见表 10-20。

表 10-20　离线级联推荐适值与多样性比较

推荐策略	Hard		Comp	
	适　值	多样性	适　值	多样性
SI-IFL	0.097	0.29	0.017	0.31
SI-IFL（在线）/UserFirst（离线）	0.081	0.30	0.011	0.32
LR-Self	0.064	0.29	0.059	0.27
LR-Self（在线）/LRFirst（离线）	0.052	0.34	0.046	0.31

通过对比，首先发现 LR-Self 的适值要高于 SI-IFL 组。在资源数量较多的 Comp 模块中，LR-Self 的适值表现更佳。这也说明了 LR-Self 方法的个性化实现程度较高。LR-Self 和 SI-IFL 组的多样性性能差别不大，在资源数量较大的 Comp 组中，SI-IFL 的性能略优于 LR-Self。

与级联混合推荐结果进行对比，以 SI-IFL 为第一阶段推荐的级联混合推荐方法适值罚函数下降明显，在个性化实现程度上有显著提高，多样性变化不大。以资源自组织为第一阶段推荐的级联混合推荐方法，针对个性化和多样性的表现均有显著提高，表明第二阶段的协同过滤推荐对前期推荐结果的优化效果明显。

2）在线级联混合推荐比较

将参与实验的第 7 和第 8 个班级，分别应用 LRFirst 和 UserFirst 推荐方法完成所有模块的学习。图 10-34 和图 10-35 是将推荐过程达到稳态的时间映射到 1 到 10 时刻，对每个学习模块进行适值和多样性的记录，取均值作为统计结果。

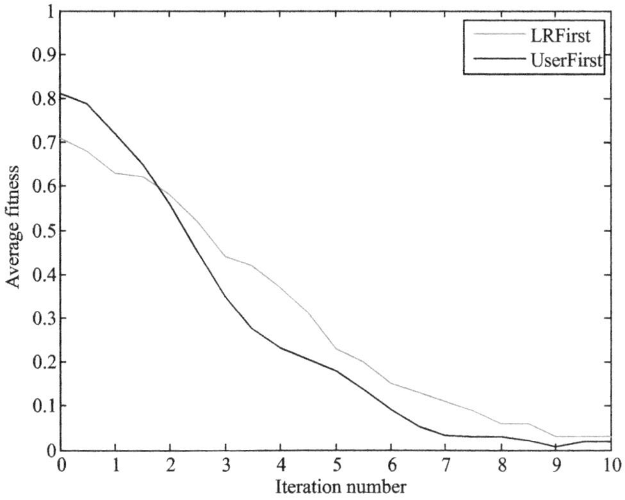

图 10-34　级联混合推荐方法的适值比较

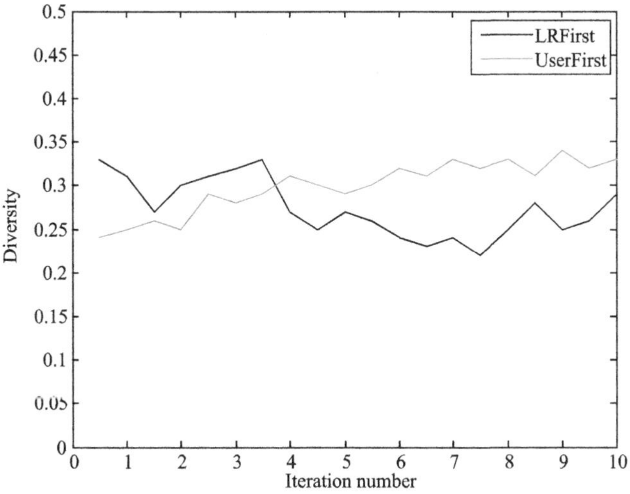

图 10-35　级联混合推荐方法的多样性比较

分析图 10-34 对适值的统计结果可知，以 LR-Self 为第一阶段推荐策略的混合推荐方法，适值呈稳定下降的趋势，以 SI-IFL 为第一阶段推荐的方法适值下降的时刻较早，斜率较快。表明 LR-Self 为第一级推荐的方法可以保证适值的收敛，第二级推荐对适值的影响不是特别明显。以 SI-IFL 为第一阶段推荐的混合方法，由于引入第二阶段推荐，适值下降较快。

图 10-35 对推荐结果多样性的评估。可以发现两种策略的多样性比较相近。UserFirst 组的多样性呈平稳上升的趋势，说明 LR-Self 进一步保证了推荐的多样性。LRFirst 的多样性在一个区域内有波动，最终呈上升趋势。

综合两种级联混合推荐的统计结果，可以发现在推荐初期，LRFirst 的适值和多样性指标较好，在推荐的后期，UserFirst 的性能要略优于 LRFirst。实验结果证明了 LR-Self 方法针对个性化和多样性两个指标表现出良好的性能。同时也表明 SI-IFL 推荐方法在解决信息过载和冷启动问题上具有优势。

虽然很多研究对 CF 中的数据稀疏问题展开研究，但是很少考虑如何解决 E-learning 中的数据缺乏问题，也导致 CF 在 E-learning 中的研究受限。本章首先提出用户影响力模型，通过对用户学习风格和历史学习文件的分析获取用户的影响力，解决了对评分或评论信息的依赖，同时考虑关键的学习情境，采用直觉模糊逻辑优化影响力模型；将推荐中的用户群体看作复杂适应系统，应用自组织理论模拟用户之间的信息交互，得到有效用户圈；最后对用户圈中的资源进行序列模式挖掘，为活跃用户给出推荐资源。实验结果表明，SI-IFL 的主要特点有：

（1）增加了 CF 推荐技术的适用性。影响力模型是不依赖评分信息，有效解决用户冷启动和资源冷启动问题，为 CF 推荐策略的实施提供了保障。而且自组织策略可以在较少的信息下刺激用户的自组织交互行为产生推荐，进一步提高了 SI-IFL 策略的适用性。

（2）提高了推荐结果的多样性和自适应性。自组织推荐策略是自底向上、分布式的。SI-IFL 方法不是完全面向活跃用户计算相似性，而是较多地利用了目标用户之间的潜在影响和关系，保证推荐结果具有较高的多样性和自适应性。

（3）推荐具有较高的准确性。用户影响力模型从三个维度评价目标用户的影响力，而且通过直觉模糊逻辑的引入，将更多的用户感受和学习情境融入用户模型中，提高了用户模型的有效性，从而保证了推荐的准确性。另外，基于 CF 的用户自组织策略与基于 SPM 的 CB 策略相结合，进一步保证了推荐的个性化实现。

本章还研究了将基于资源的自组织推荐和基于用户的自组织推荐相结合的混合推荐方法，设计两种推荐方法的级联式混合推荐，通过实验，表明了级联混合推荐方法在推荐的各个阶段表现出不同的优势，同时也验证了提出的两种基本算法的稳定性和在个性化、多样性以及自适应性上的良好性能。

第11章 推荐系统的托攻击检测

推荐系统在为用户提供个性化服务的同时，也面临着诸多安全问题。这些问题主要涉及数据隐私、恶意攻击和算法安全等方面。为了全面利用用户的行为特征、准确刻画社会化推荐系统中用户关系的传播，从而提高托攻击检测的准确度，本章提出了基于动态知识图谱的托攻击检测模型。针对社会化推荐网络具有开放性特征，给推荐网络的安全带来较大隐患。提出基于用户自治体的社交网络推荐安全检测方法，由于托攻击者在注入后无法产生用户行为，根据行为曲线的不同，聚类后将托攻击者群体进行剔除，保证推荐系统的安全性，提高推荐系统的准确性，避免热门产品的强制过度推荐。

11.1 推荐系统的安全性概述

11.1.1 推荐系统安全性概念

推荐系统的安全性概念主要涵盖对用户数据的保护、防止系统被恶意攻击以及确保推荐结果的公正性。首先，推荐系统需要确保用户数据的隐私性，采取加密和匿名化等技术手段来保护用户隐私。其次，推荐系统应具备抗攻击能力，如限制访问频率、用户鉴权等，以防止恶意攻击和滥用。最后，推荐系统应建立信任机制，确保推荐结果的公正性，避免被操纵或偏见影响。这些安全措施共同保障推荐系统为用户提供安全、可靠的服务。

推荐系统的安全性可以大致分为以下几个分类：

1. 隐私泄露问题

当用户使用推荐系统时，其个人信息可能会被系统滥用或不当使用，由此造成用户隐私泄露的风险。这包括用户的浏览记录、购买记录、个人偏好等敏感信息的泄露。

为解决这一问题，推荐系统可以采取技术手段如用户信息的匿名化处理、分布式的数据存储和计算方式，以及安全多方计算等密码学技术，以保护用户的隐私信息不被泄露。另外，为防止数据泄露，推荐系统可以采用加密算法对用户数据进行加密存储和传输。此外，通过引入区块链技术，可以保障数据的完整性和可信度，有效防止数据被篡改。

2. 数据篡改托攻击问题

在推荐系统中，有商家或用户使用不良营销手段，进行数据篡改，如恶意评分、刷单等。也有采用用户概貌注入攻击（托攻击技术），有目的地伪造、更改评分数据的恶意操作。

为解决这一问题，可以引入托攻击检测等反作弊机制，监测和识别异常行为。也可以设置信任机制，对商家或内容提供者进行信誉评估，排除信誉低下的商家或内容，确保推荐结果的公正性。

3. 系统架构安全性

推荐系统的系统架构安全性是确保推荐服务在提供准确和个性化推荐的同时，能够抵御各种潜在的安全威胁的重要部分。推荐系统架构安全性问题主要包括窃听、中断、修改、伪造数据等安全威胁。

针对上述问题，首先可以采取域名分流策略，即对于用户量较大的应用，采用域名分流的形式对推荐接口进行分流，提供对接口更好的保护功能。然后可以进行冗余备份，即在系统架构设计中考虑冗余备份，确保系统在出现单点故障时仍能正常运行。另外，可以定期对系统进行安全评估和漏洞扫描，确保系统的安全性得到持续保障。

4. 身份认证与权限控制

如果没有健全的用户权限管理机制，恶意用户可能会非法访问或篡改推荐系统中的数据。因此，推荐系统需要建立完善的用户权限管理机制，根据用户身份和权限进行访问控制，确保用户只能访问其具有权限的数据和功能。

例如，可以进行身份认证，对涉及账号密码、钱财等关键信息，服务器需要进行用户角色验证。还可以进行权限控制，即系统中的用户分为不同角色，如注册用户、商家、管理员用户等，需要对其权限进行控制。

11.1.2 推荐系统安全性研究意义

推荐系统的安全性对用户具有深远的影响，推荐系统安全性研究的意义在于确保推荐服务在为用户提供个性化、准确推荐的同时，能够抵御各种潜在的安全威胁，保护用户隐私和系统数据的安全。

1. 保护用户隐私

推荐系统通过分析用户的浏览、搜索、购买等行为数据来提供个性化推荐。这些行为数据涉及用户的隐私信息，如兴趣偏好、消费习惯等。安全性研究能够确保这些数据在收集、存储、处理和使用过程中不被泄露或滥用，保护用户的隐私权。

2. 提升系统可信度

一个有高度安全性的推荐系统能够防止恶意攻击者篡改推荐结果或注入虚假信息，确保推荐结果的准确性和公正性。当用户信任推荐系统时，他们更有可能接受系统推荐的商品、服务或内容，从而提高用户满意度和忠诚度，从而增加用户黏性。

3. 提升用户体验

一个安全的推荐系统能够为用户提供更加安全、可靠的服务体验。用户在使用推荐系统时，不用担心自己的隐私信息被泄露或滥用，也不必担心遇到欺诈行为。同时，这种安全性高的推荐系统能够为用户提供更加流畅、稳定的使用体验。

4. 避免经济损失

在电子商务领域，推荐系统对于促进商品销售和提高用户转化率具有重要作用。然而，如果推荐系统存在安全漏洞，可能导致恶意用户利用漏洞进行欺诈行为，如刷单、刷好评等，给商家带来经济损失。安全性研究能够及时发现并修复这些漏洞，降低经济损失风险。

5. 促进技术发展

安全性研究能够推动推荐系统技术的创新和发展。例如，研究如何有效保护用户隐私的同时提高推荐准确性，需要探索新的算法和技术手段。这些研究成果不仅能够提升推荐系统的性能，还能够为其他领域提供借鉴和参考。

推荐系统的安全性具有至关重要的影响。一个具有高度安全性的推荐系统能够保护用户隐私、建立用户信任、提高用户满意度和体验，同时降低欺诈风险并增强用户黏性。因此，开发者应高度重视推荐系统的安全性设计，并不断完善和提升系统的安全防护能力。

11.2　托攻击概述

11.2.1　托攻击概念与分类

在推荐系统中，托攻击（又称先令攻击、概貌注入攻击或推荐攻击）是一个重要的安全威胁，它是指恶意用户通过向推荐系统的评分系统中注入大量虚假用户概貌（即用户评分数据），以产生对其有利的推荐结果的行为。这种攻击的目标是改变推荐系统的结果，使得被攻击的商品或服务获得更多的曝光和推荐。

托攻击的主要工作原理包括：

（1）构造虚假概貌：恶意用户会构造虚假的用户概貌，这些概貌在评分模式、兴趣偏好等方面模仿正常用户，以伪装成正常用户。

（2）注入虚假评分：恶意用户会对其选定的目标项目（如商品、服务、内容等）给予偏离真实分数的评分，以达到其攻击目的。同时，他们还会对其他项目进行评分，以进一步伪装其虚假概貌。

（3）影响推荐结果：当推荐系统基于这些虚假的用户概貌进行推荐时，由于恶意用户的虚假评分，目标项目可能会被错误地推荐给其他用户，从而影响推荐结果的准确性和公正性。

在推荐攻击中，根据攻击用户概貌的各个组成部分的评分填充策略不同，对原始推荐系统的影响也不一样，很明显，影响越大则说明该评分填充策略越好，反之也一样，而不同的概貌评分填充策略代表着不同的攻击模型。标准攻击模型包括：随机攻击（random attack）、均值攻击（average attack）、流行攻击（bandwagon Attack）、分段攻击（segment attack）和样本攻击（sampling attack）。

- 随机攻击：恶意用户随机地给所有项目评分。
- 均值攻击：恶意用户给所有项目的评分都设为所有项目的平均评分。
- 流行攻击：恶意用户给流行项目（即评分高的项目）高分，给非流行项目低分。
- 分段攻击：恶意用户针对某一特定用户群体进行攻击，给该群体喜欢的项目高分，不喜欢的项目低分。

• 样本攻击：攻击者通过复制真实用户的评分数据，但针对特定的攻击目标项目（即希望攻击的项目）给予不同的评分。除了目标项目外，攻击者会复制真实用户的评分数据，包括选择项目和装填项目，以伪装成正常用户。

11.2.2 推荐中的托攻击研究现状

目前，主流的电商网站都会通过利用协同过滤算法的推荐系统来吸引顾客，并且对用户项目信息采取公开的策略。然而，由于算法产生推荐的机制，不足以抵抗外界的恶意攻击，一般来说，这样的攻击方式通常是针对推攻击（push attack）或核攻击（nuke attack）中的具体某个产品，后果是使推荐系统发生的推荐结果发生重大偏差甚至是损坏推荐系统的整体性能。

推荐系统如果利用了协同过滤技术容易受到外界恶意用户的攻击，因此，有研究者对推荐系统的安全性进行了相关研究。Dellarocas 等早在 2000 年时就讨论了欺诈行为与信誉报告系统，旨在构建出健壮性更强的在线信誉系统来识别欺诈行为。O'Mahony 等在 2002 年第一次提出了用户概貌植入攻击即托攻击的概念，他们认为推荐系统因为存在一些固有的漏洞，所以容易受到外界的攻击，并对此给出了一些具体建议。研究者一直在研究定义基于协同过滤的推荐系统可能受到的攻击、量化攻击执行成本及收益、攻击检测算法，最终目的是成功检测出外界的攻击来提高推荐系统的健壮性或针对已知的攻击提出更加健壮的推荐算法。此外，还有一些研究者正在关注托攻击和度量加入攻击用户后对原始推荐系统的影响。Mehta 和 Hofmann 研究了协同过滤算法的健壮性，他们通过智能邻居选择、关联规则、潜在语义分析、奇异值分解和矩阵分解的方法对算法的健壮性进行了回顾，指出这些方法不足以保证在外界攻击下推荐系统的安全性。Sandvig 等检测了协同过滤算法在聚类、降维、关联规则方法下的健壮性，他们采用主成分分析（principal component analysis，PCA）来提取主分量并利用 Apriori 算法产生推荐，根据研究显示，利用最近邻的思想相对于以模型为基础的算法抗攻击性能较差。有研究对托攻击、攻击检测和攻击评价指标进行了研究，描述了一些基本的攻击模型，如随机攻击、平均攻击、流行攻击以及分段攻击；回顾了一些通用的攻击检测算法并讨论了平均预测偏移和命中率等攻击强度评价指标。除此之外，有研究根据事先需要原始推荐系统知识的程度、攻击意图以及攻击程度对攻击类型进行了分类，在分析了攻击类型后，作者也描述了检测算法和评价指标，同时也研究了基于模型的、混合的以及基于信誉的推荐系统的抗攻击性。有学者列出了协同过滤算法健壮性研究中的一些重要问题，如攻击模型、检测算法、评估措施等。随后，他们探讨了攻击用户概貌，关注于攻击检测技术和提出一些健壮性的推荐算法。

与此同时，一些推荐攻击检测算法也相继被提出。有人基于统计过程控制（statistical process control）提出了一种攻击检测算法，但是该算法最大的缺陷是当攻击比例和填充比例较大时检测结果不是很准确。有研究基于信号处理原理提出了一种攻击检测算法，但该方法只能检测系统用户评分数据中的恶意噪声数据，而对于攻击用户概貌的检测精度却很低。Zhang 等人利用奇异值分解（singular value decomposition）技术得到一个低维线性模型，根据信任偏差（belief divergence）计算不同用户概貌之间的信任程度来检测攻击用户概貌。但实验证明该算法对平均攻击基本无效且其他攻击模型检测准确度不高。

国内一些学者对当前推荐系统的安全领域做了综述性研究，重点在于推荐攻击的一些相关定义、攻击模型以及攻击检测算法的一些现状研究。而在攻击检测算法研究方面，研究者都提出了相应的检测攻击用户概貌的算法，然而由于算法存在的种种缺陷，对攻击规模较小的概貌检测性能不好，并且算法设计时缺乏对现实场景的考虑，实用性不高。

由于推荐系统的开放性，托攻击用户可以向系统注入虚假分数和虚假社会关系。其中，关系托攻击用户通过与其他用户建立大量虚假关系来改变真实用户的社交关系，从而影响真实用户的选择，被攻击用户也会通过社交网络传播虚假关系的影响。托攻击有两种攻击方式，推攻击通过提高目标项目来影响推荐频率，而核攻击正好相反，通过减少目标项目来达到目的。如 2001 年，Sony Pictures 公司为了给用户推荐新发行的电影而伪造电影评论。这些做法不但侵害了消费者的利益，还影响了系统的公平性，久而久之会使所有参与者对系统的信任度降低。

11.2.3　社交网络中的关系托攻击

关系托攻击模型是专门针对社交网络的，关系攻击的模型分为随机关系攻击和流行关系攻击。这一类攻击针对的是社交网络本身，从而威胁社交网络的核心业务。例如，活跃在无线网络、电子投票等的女巫攻击模式中，托攻击者伪造多个身份以用于干扰社交网络的运行。另外，在社交媒体中，托攻击者通过注入虚假身份并与他人建立社交关系来传播虚假信息、提高自己的影响力，达到控制舆论导向的作用。

为了保护推荐网络的稳定性，托攻击问题从出现以来就一直受到国内外学者的广泛关注。目前托攻击检测方法可以分为有监督、无监督和半监督。在社交网络攻击检测当中，有监督的检测方法通过提取社交网络中用户的各种特征训练分类模型，例如，有研究提出一种诱捕方法来发现在线社交系统中的社交垃圾邮件发送者，从社交网络中收集垃圾邮件简档，并且进行分析，创建分类器来主动过滤掉现有的和新的托攻击者；无监督的检测方法主要利用社交网络的拓扑关系结合聚类方法，从而识别网络中的异常点，如有学者将每个帖子建模为一个节点，并且创建连接引用同一网址的任意两个节点的边，对托攻击者的日间活动模式采用聚类的方式进行检测；半监督的检测方法同时利用有标签数据与无标签数据对用户数据进行分类，有研究提出一种结合信任传播的半监督检测框架，建立一个在社交图上传播信任和不信任的排序模型，使用分类器选择排名靠前的用户和排名分数作为新的训练数据，并重新训练分类器，以对社交网络中的虚假用户进行检测。

托攻击严重影响了推荐系统的推荐质量，因此如何保障推荐系统不受托攻击的影响已经成为推荐网络安全领域的研究热点。

现有的针对关系攻击的检测方法很多。如有研究设计了一种无监督的垃圾邮件检测方案，称为 UNIK（unsupervised social network spam detection）。此方法专门针对女巫攻击进行防御，UNIK 不是直接检测托攻击者，而是通过利用社交图和用户连接图，故意将非托攻击者从网络中移除。垃圾邮件发送者不可以参与社交网络，因为垃圾邮件发送者很难说服非垃圾邮件发送者成为他们的朋友。但是此方法在私人社交网络以及关系网络范围较小的情况下很难检测到托攻击者，更适合在群体和大范围的关系攻击当中。有研究提出利用社交网络用户形成的用户关系网络探测社交网络中存在的垃圾链接攻击行为，利用对于用户关系网络结构的谱分析发现用户关系网络中存在的噪声结构，即用户异常关系的形成，以定位社交网络中发生的垃圾链接攻击行为。有研究定义电子商务用户的加权用户关系图模型，分析其谱特征，定位用户关系图中的异常关系结构，从而找出隐藏其后的大规模电商水军团体，并提出一种基于用户关系图模型定位大规模电商水军团体的算法。但是此算法需要提高利用关系特征定位电商水军的准确性和高效性。

11.3 基于用户自治体的托攻击检测方法

11.3.1 托攻击检测架构

动态知识图谱的托攻击检测方法整体框架如图 11-1 所示，分为两个步骤：①外部数据的输入，输入后对数据进行预处理，建立用户关系知识图谱。这里采用图形式存储数据，根据用户偏好、用户之间关系函数生成图数据。考虑随时间推移和事件发生时，用户关系发生动态变化，繁衍传播能力发生改变，构建动态知识图谱。②通过虚假关系托攻击者传播能力消逝特点以及托攻击者无法参加社交活动，进行层次聚类，生成可疑候选组。用图团体检测的聚类方式，对动态知识图谱处理后的可疑候选组进行分类，得到不同的用户群体，筛选出托攻击者，提高系统准确率和高效性。

彩色图片

图11-1

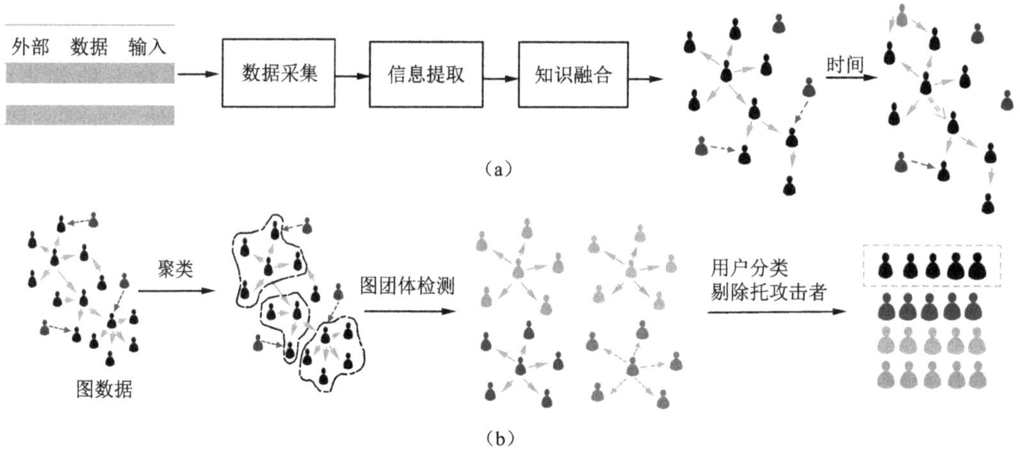

图 11-1 动态知识图谱的托攻击检测框架（扫码查看彩色图片）

11.3.2 基于社会传感器的用户模型

社会传感器可以进行数据采集、数据处理和数据反馈，社会传感器内部之间通过相互通信、合作、竞争等方式完成复杂工作。具有自主性、灵活性、协作能力等特点，可以独立完成工作，也具备团体合作能力，形成社会传感器网络。社会传感器与环境之间是双向传播的，在感知环境信息的同时也输出信息。

真实用户由于具有社会传感器的特性，在遇到突发事件时可以对事件做出相应的反应。托攻击者在注入时，会对真实用户产生一定的影响能力，在短时间内繁衍传播能力比较强烈。但是托攻击者不具备社会传感器的性质，在传播力消逝后，行为曲线几乎归于零状态，无法进行社交活动。同时，研究表明高信用的个体不会轻易模仿低信用个体的行为，即真实用户不会长时间与虚假用户产生社交。在现实社交过程当中，有一部分用户的社交关系很简单，对于突发事件的反应较弱，行为曲线变化较小，可以称为“僵尸用户”。图 11-2 所示为三类用户的行为折线图表示，红色折线代表托攻击者影响力传播曲线，蓝色折线是真实用户的行为表征，绿色折线为僵尸用户的行为表征。在托攻击者注入和突发事件发生时，真实用户反应很强烈，进行活跃社交活动，而僵尸用户的反应较为平缓，托攻击者在影响力消逝后，对于突发事件无法做出相应反应，行为曲线趋近于零，此时的托攻击者行为曲线与僵尸用户较为相似，在动态知识图谱形成后进行层次聚类时，可能会被统一归为可疑候选组。

在可疑候选组进行分类时，可根据攻击用户对于特定目标评分较高且较为集中，在突发事件发生时，不会做出反馈。历史浏览以及评论领域较为狭窄，浏览时间集中等行为特征，与僵尸用户进行区分。

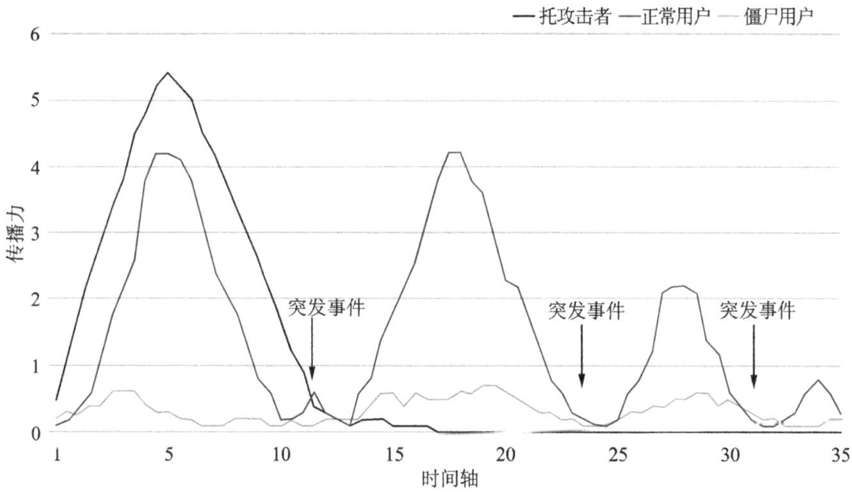

图 11-2　三类用户行为折线图（扫码查看彩色图片）

社会传感器的传播示意图如图 11-3 所示，最里层用户先受到突发事件影响或者由于时间不断推移，偏好行为改变。首先与 F1 圈的相关用户发生用户关系变化，之后 F1 相对应的 F2 圈用户产生信息反馈，但是 F2 受到的影响力显然比 F1 的变化弱很多，依此类推，对 F3 产生的变化微乎其微。这就是社会传感器对自身所处环境的影响力，及其繁衍传播能力。由于社会传感器实时反馈能力的存在，虽然影响力会变弱，但是其关系变化较为复杂，在遇到突发事件时会立刻产生相应变化。社交网络中的托攻击者与其他用户的关系是虚假建立的，为了目标商品的销售量，对建立虚假关系的用户产生影响，达到攻击目的，但是在较短时间内，这种影响会减弱甚至消失。在发生突发事件时，虚假用户不会发生相应变化，与真实用户的虚假关系权值始终处于设定值，不会发生改变。而且用户被影响之后，由于社会传感器的自治性，在一定时间会恢复自我的判断能力，从而产生抵抗性。托攻击者的影响能力消失之后，在不注入新的关系时，不会再次产生传播能力，并且自身也不会受到其他社会传感器的影响。

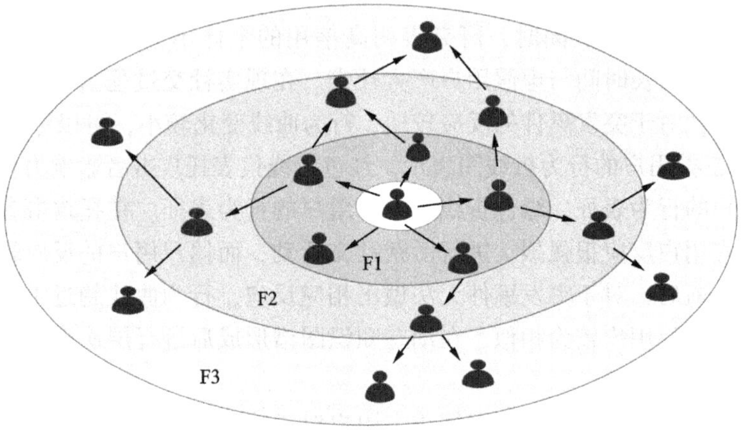

图 11-3 社会传感器的传播性

将社会化推荐网络中的用户定义为社会传感器。由于每个用户都是独立的个体，有着不同的个人偏好以及对事件不同的看法，在发生突发事件时，每个人对信息的处理能力不一样，也会产生不同的反馈，所以用户个体存在巨大的异构性。下面给出对用户属性、用户关系、用户关系传播的定义。

定义 11-1 用户-节点：将用户用 r 来表示，用户群体表示为 R，即

$$R=\{R_1,R_2,\cdots,R_n\} \tag{11-1}$$

$$R_i=\{r_{i_1},r_{i_2},r_{i_3},\cdots,r_{i_m}\} \tag{11-2}$$

$$r_{i_j}=\langle \mathrm{Ia} \mid \mathrm{Sa}\rangle \tag{11-3}$$

式中，R 表示全体用户群体，包括 n 个社会小群体，R_i 表示每一个社会小群体，包括 m 个单独用户，r 表示单个用户，即一个社会传感器。每个单独用户 r_{i_j} 的定义参数如式（11-3）所示，<Ia | Sa>分别表示<个体属性 | 社会属性>。属性是一对多关系和多对一关系的主要来源，个体属性 Ia 中包含 he（身高）、wi（体重）、ge（性别）、ag（年龄）、pr（职业属性），在创建用户简档时获取。社会属性 Sa 中包含 ac（活跃度）、fe（反馈性）、in（影响力）、ad（适应性）。对以上各参数进行归一化处理，数值区域为[0,5]。计算公式为

$$\mathrm{Ia}=w_1\mathrm{he}+w_2\mathrm{wi}+w_3\mathrm{ge}+w_4\mathrm{ag}+w_5\mathrm{pr} \tag{11-4}$$

$$\mathrm{Sa}=w_6\mathrm{ac}+w_7\mathrm{fe}+w_8\mathrm{in}+w_9\mathrm{ad} \tag{11-5}$$

式中，w_x 分别为权重比例，$\sum_{x=1}^{5} w_x=1$，$\sum_{x=6}^{9} w_x=1$，权值的大小根据相关领域需要进行调节。

其中个体属性通过用户填写信息获取，由于存在用户对网络信息安全性存疑，拒绝填写信息，会造成信息获取不全的现象，那么社会属性的获取显得尤为重要。社会属性的各个参数可以通过用户的浏览历史、评论数量和关注数量等来获取。活跃度的衡量通过用户对于项目的访问浏览记录、评论数量、点击量等实现；反馈性的衡量指标包括用户对社交事件（如被问询、被关注等）的响应、对于新项目的即时关注度、用户对于周围环境的输

出信息等；影响力的衡量通过其他用户对于此用户的趋同性来衡量，弱趋同性包括其他用户对该用户的评论数量、跟随度，强趋同性包括其他用户采取与该用户相同社交行为的比例，如购买相同的商品、转发相同的评论、跟随相同的用户等；适应性的衡量通过用户对突发事件的接受时间长短来实现，用户在一般情况下的行为曲线是趋于平滑的直线，在突发事件发生时，行为曲线异常，其归于平滑的时间长度体现了用户的适应性大小。适应性也表现了社会传感器对于环境的交互能力，用户与周围环境互相影响，互相改变，互相适应。

社会传感器的自身性能在日常社会交往中有所体现。比如在发生突发新闻事件时，用户 r_{i_j} 频繁浏览相关信息，并且对此事发表看法，则认为用户 r_{i_j} 活跃度较高。在购物平台购物时，会遇到被问询买过商品的体验，在发表商品看法时就是反馈性的体现。微博中拥有粉丝数量较多的用户 r_{i_j} 影响能力比较大，在转发事件发表自身看法时，其他用户会跟随此用户，看法产生一定的改变，粉丝之间会发生人际关系变化。在舆情发生时，用户在短时间内恢复正常社交活动，是由于社会传感器的适应性。

定义 11-2 用户个人偏好函数： 采集用户历史访问项目集合 $\mathrm{UH}=\{u_1,u_2,\cdots,u_i,\cdots,u_n\}$，$i\in[1,n]$，$n$ 表示有 n 个社会小群体，u_i 表示第 i 个群体的访问集合 $u_i=\{u_{r_{i_1}},u_{r_{i_2}},\cdots,u_{r_{i_m}}\}$，$m$ 表示在第 i 个群体中有 m 个单独用户。$u_{r_{i_1}}$ 表示用户 r_{i_1} 的访问列表，见表 11-1。

表 11-1　用户历史访问列表

序　号	符　号	含　义
1	IC	用户的追随者数量
2	NO	跟随的用户数量
3	NI	用户访问的项目数量
4	SN	用户访问同一领域项目数量
5	NC	用户的评论数量
6	TC	用户评论的时间
7	RO	其他用户对此用户的评分

IC′、NO′、NI′、SN′、NC′、TC′、RO′分别表示以上参数进行归一化处理以后的数值，值域为[0,1]。

对于任一用户 r_{i_j}，此用户的个人偏好函数定义为 Hob，即

$$\mathrm{Hob}_{r_{i_j}}=<\mathrm{CO},\mathrm{ST},\mathrm{DI}> \tag{11-6}$$

$$\mathrm{CO}=\exp\{\mathrm{ad}+\mathrm{Ia}+\mathrm{NO}'\} \tag{11-7}$$

$$\mathrm{ST}=\exp\{\mathrm{ac}+\mathrm{pr}+\mathrm{Ia}+\mathrm{Sa}+\mathrm{SN}'+\mathrm{TC}'+\mathrm{RO}'\} \tag{11-8}$$

$$\mathrm{DI}=\exp\{\mathrm{fe}+\mathrm{Sa}+\mathrm{NI}'+\mathrm{NC}'\} \tag{11-9}$$

$$\mathrm{Hob}_{r_{i_j}}=\gamma\{w_{10}\mathrm{CO}+w_{11}\mathrm{ST}+w_{12}\mathrm{DI}\} \tag{11-10}$$

式中，$\mathrm{Hob}_{r_{i_j}}$ 是个人偏好函数计算，下标表示 r_{i_j} 用户的个人偏好。CO 表示趋同性，ST 表示

稳定性，DI 表示方向性。对参数进行取指数函数，更好进行对比计算，$\sum_{x=10}^{12} w_x = 1$，γ 为评级参数，对用户偏好进行统一量级评估，值域为[0,1]。趋同性是用户之间相互参考对方偏好的现象，比如好朋友在进行商品购买时，可能会参考对方意见，一起购买，与社会传感器本身的性质有所区别，这里强调用户之间的相互跟随关系，是一对一的关系描述。稳定性是指真实用户的社交关系不会轻易发生改变，在发生突发事件时，用户关系会产生微小变化，但是亲密度很高的两个用户不会突然关系断裂，关系网络较为稳定。方向性是用户对用户之间的关系描述，用户 r_{1_1} 影响用户 r_{1_2}，但是 r_{1_2} 对 r_{1_1} 无影响，这是单向性关系，反之 r_{1_2} 对 r_{1_1} 也有影响就是双向性关系。

在社会环境中，每个人的关系都是复杂的网络结构，而不是托攻击者注入时建立的简单虚假用户关系。所以要通过计算用户关系描述函数，建立有权重的知识图谱结构，此处的权重是考虑以上所述因素，经过函数计算所得。在知识图谱的三元组关系中，每一条边的权值都表示用户与用户之间关系的紧密程度。

11.3.3 基于社会传感器的用户关系

社会传感器之间可以进行数据、信息、行为等交互，具有多种关系。本章将社交化网络中的用户模拟为社会传感器，对其之间的关系进行建模，形成带有权值函数的知识图谱关系网络。

在推荐系统中，用户所属群落会由于突发事件等因素发生改变，如用户 r_{1_1} 原本属于用户群体 R_1，但由于微博舆论事件发生，关注了某博主，则此用户 r_{1_1} 与博主所拥有的粉丝群体 R_2 会建立一定社交关系，将此用户变化表示为 $r_{1_1}^{T_1}$。图 11-4 给出了知识图谱的权值函数变化网络，是知识图谱对于突发事件和随时间推移而发生的相应变化，其权值根据用户关系的紧密程度发生不同大小的改变。

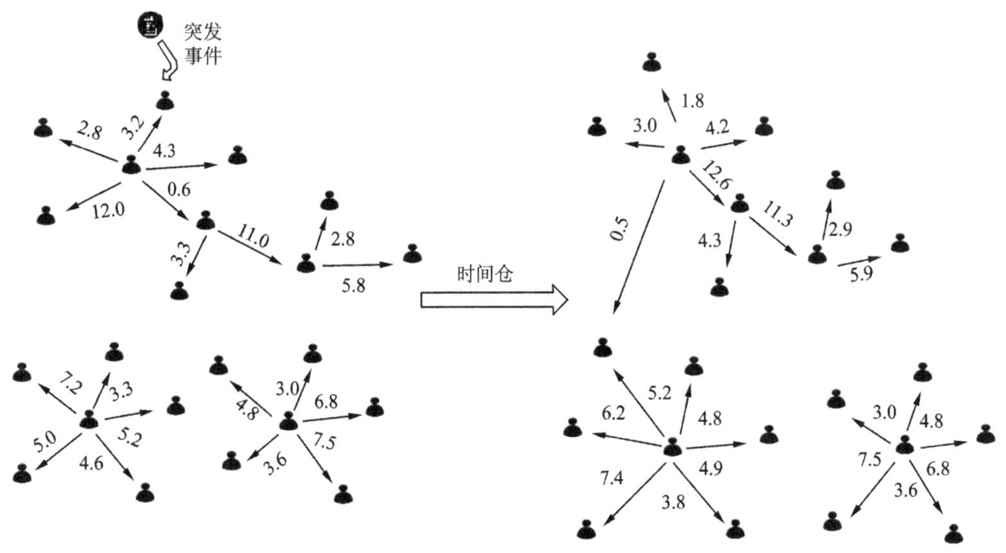

图 11-4 知识图谱权值函数变化

托攻击者在注入时，有时会注入用户简档，有时会对用户关系进行虚假构建，但是由于虚假用户不具备社会传感器的性质，用户关系权值函数不会发生改变，只会保持注入时的设置值，传播力会在短时间内消失，且不会再对环境做出双向反应。

定义 11-3 短时静态关系函数：定义受突发事件和时间等因素影响而改变的用户关系权值函数为 MW，即

$$\mathrm{MW}_{\mathrm{TI}_v}=\langle \mathrm{Hob}_{r_{i_j}},\mathrm{REC},\mathrm{CDL},\mathrm{SIM},\mathrm{IFL}\rangle \tag{11-11}$$

其中，对 TI_v 做如下定义：

$$\mathrm{TI}_v=(T_s+(j-1)\times d,T_s+j\times d) \tag{11-12}$$

$$d=\frac{K}{e+\Delta n+\Delta r} \tag{11-13}$$

具体地：

$$\mathrm{REC}=\frac{1}{|\mathrm{pr}-\check{\mathrm{pr}}|}+\frac{1}{|\mathrm{Hob}_{r_{i_j}}-\mathrm{Hob}_{r_{a_b}}|} \tag{11-14}$$

$$\mathrm{CDL}=\begin{cases}\dfrac{\mathrm{NC}'+\check{\mathrm{NC}}'}{2}+\dfrac{\mathrm{ST}+\check{\mathrm{ST}}}{2}\times\dfrac{1}{|\mathrm{ST}-\check{\mathrm{ST}}|^2}, & \text{if } |\mathrm{NC}'-\check{\mathrm{NC}}'|\in[0,1],|\mathrm{ST}-\check{\mathrm{ST}}|>1\\ \dfrac{\mathrm{NC}'+\check{\mathrm{NC}}'}{2}\times\dfrac{1}{|\mathrm{NC}'-\check{\mathrm{NC}}'|^2}+\dfrac{\mathrm{ST}+\check{\mathrm{ST}}}{2}, & \text{if } |\mathrm{NC}'-\check{\mathrm{NC}}'|>1,|\mathrm{ST}-\check{\mathrm{ST}}|\in[0,1]\\ \left(\dfrac{\mathrm{NC}'+\check{\mathrm{NC}}'}{2}+\dfrac{\mathrm{ST}+\check{\mathrm{ST}}}{2}\right)\times\dfrac{1}{|\mathrm{NC}'-\check{\mathrm{NC}}'|\times|\mathrm{ST}-\check{\mathrm{ST}}|}, & \text{if } |\mathrm{NC}'-\check{\mathrm{NC}}'|\in[0,1],|\mathrm{ST}-\check{\mathrm{ST}}|\in[0,1]\end{cases} \tag{11-15}$$

$$\mathrm{SIM}=\frac{1}{|\mathrm{SN}'-\check{\mathrm{SN}}'|}+\frac{1}{|\mathrm{Ia}-\check{\mathrm{Ia}}|} \tag{11-16}$$

$$\mathrm{IFL}=\begin{cases}\dfrac{\mathrm{IC}'+\check{\mathrm{IC}}'}{2}+\dfrac{\mathrm{RO}'+\check{\mathrm{RO}}'}{2}\times\dfrac{1}{|\mathrm{RO}'-\check{\mathrm{RO}}'|^2}, & \text{if } |\mathrm{IC}'-\check{\mathrm{IC}}'|\in[0,1],|\mathrm{RO}'-\check{\mathrm{RO}}'|>1\\ \dfrac{\mathrm{IC}'+\check{\mathrm{IC}}'}{2}\times\dfrac{1}{|\mathrm{IC}'-\check{\mathrm{IC}}'|^2}+\dfrac{\mathrm{RO}'+\check{\mathrm{RO}}'}{2}, & \text{if } |\mathrm{IC}'-\check{\mathrm{IC}}'|>1,|\mathrm{RO}'-\check{\mathrm{RO}}'|\in[0,1]\\ \left(\dfrac{\mathrm{IC}'+\check{\mathrm{IC}}'}{2}+\dfrac{\mathrm{RO}'+\check{\mathrm{RO}}'}{2}\right)\times\dfrac{1}{|\mathrm{RO}'-\check{\mathrm{RO}}'|\times|\mathrm{IC}'-\check{\mathrm{IC}}'|}, & \text{if } |\mathrm{IC}'-\check{\mathrm{IC}}'|\in[0,1],|\mathrm{RO}'-\check{\mathrm{RO}}'|\in[0,1]\end{cases} \tag{11-17}$$

$\mathrm{MW}_{\mathrm{TI}_v}$的值代表在 TI_v 时间段多因素权值的比重，v 为任意时间序列号。$\mathrm{MW}_{\mathrm{TI}_v}$函数值的大小和$\langle \mathrm{Hob}_{r_{i_j}},\mathrm{REC},\mathrm{CDL},\mathrm{SIM},\mathrm{IFL}\rangle$因素有关，分别表示在 TI_v 时刻下用户所对应的 $\mathrm{Hob}_{r_{i_j}}$（用户偏好函数）、REC（关联度）、CDL（可信度）、SIM（相似度）、IFL（影响力）。其中，定义动态时间间隔函数，间隔宽度 d 可以改变，其中在一定时间段内 e 表示突发事件数量，Δn 表示评论数量变化，Δr 表示关系变化，K 为计算参数。根据需要，改变检测频率，提高系统的准确性。

关联度是用户之间关系的密切程度，比如相互之间留言、评论、互相关注，发生突发事件时进行讨论，认为此用户群体之间的关联度相对较高。可信度是用户影响力的一种体现形式，有研究者提出一种激励节点间合作的进化博弈模型中，将基于信用的激励方法与进化博弈模型有效地结合起来。实验发现信用函数越大，异常节点传递信息的成功率越低。本章利用可信度函数实现托攻击检测。相似度是用户之间偏好等行为的相似程度，据研究好朋友之间的相似度比较高，其偏好类似，在突发事件发生时所做出的反应相似。影响力是在时间为 TI_v 时的用户影响能力，突发事件出现时，由于负面新闻等因素影响力产生巨大变化，需要检测每一时刻用户的影响力。

用户的关联度、可信度、相似度和影响力都会随事件和时间的改变而发生变化。随着微博等网上交流平台的发展，网络舆情的影响越来越大。社会传感器不仅会在发生事件时改变反馈信息，也会随着时间而改变偏好，所以在此检测方法中加入了可变时间窗口，使得数据库信息利用更加全面，得到托攻击者，结果的准确性得到保证。

定义 11-4 动态关系函数：对于任意用户 $r_{i_j} \in R_i$ 的用户关系变化函数定义为 URC，即

$$URC_{r_{i_j}} = |\exp(MW_{TI_{v-1}}) - \exp(MW_{TI_v})| \tag{11-18}$$

URC 的值与短时静态关系函数有关，计算TI_{v-1}和 TI_v 两时刻的 MW 值分别为 $MW_{TI_{v-1}}$、MW_{TI_v}，得到的变化值就是 URC 在 TI_v 时刻的动态关系，关系变化越大，用户越活跃，对事件的反应强烈，体现出了社会传感器对信息的反馈性，URC 越接近于 0，表示用户关系长时间保持不变。对用户不同时间段的 URC 评级，将用户群根据级别聚类。托攻击者在影响力消逝后的长时间内不会再对任何影响因素产生反应，其 URC 接近于 0 保持不变，无法参加社交活动，可将其归为可疑候选组。

定义 11-5 N 跳关系紧密度：目标用户和第一跳用户的关系紧密度定义为一跳接近度 F_1，即

$$F_1 = Cl(r_{1_1}; r_{1_2}^1, \cdots, r_{1_m}^1) \tag{11-19}$$

表示用户 r_{1_1}与第一跳的关系紧密度，$r_{1_2}^1, \cdots, r_{1_m}^1$表示与 r_{1_1} 相关的第一层用户。依此类推，可以定义 N 跳用户关系紧密度，即

$$F_n = Cl(r_{n_n}; r_{n_1}^n, \cdots, r_{n_m}^n) \tag{11-20}$$

表示用户 r_{n_n}与第 N 层级关系紧密度，$r_{n_1}^n, \cdots, r_{n_m}^n$表示与 r_{n_n}相关的第 N 层用户，F_n 的值越大表示紧密度越高，随层级向外扩展，F_n 的值逐渐趋近于零。

在描述用户本身属性和用户关系函数时，可以根据跳数定义减少计算量，在 $n-1$ 阶跳数用户 F_{n-1}已趋近于 0，则无须再计算第 n 阶用户的关系，因为密切度已不值得参考，可以减少计算量，提高算法运算效率。

11.3.4 动态知识图谱

在用户社交网络当中注入虚假用户后，托攻击者建立虚假关系对推荐系统进行攻击。由于虚假关系的建立，托攻击者在一开始注入时，会产生一定的传播影响力。但是托攻击者不具备社会传感器本身的性质，无法参与复杂社交活动，其传播性在短时间内消失后，对突发事件等不会做出任何反应。托攻击者的用户关系函数值是人为注入的固定值，不会

发生改变。图 11-5 所示白色用户为注入的虚假用户，与用户建立的关系是人为设定的。由于僵尸用户与托攻击者在传播力消逝后的行为较为相似，都不具备社会传感器的显著能力，故在知识图谱处理这类数据时统一归为可疑用户候选组。

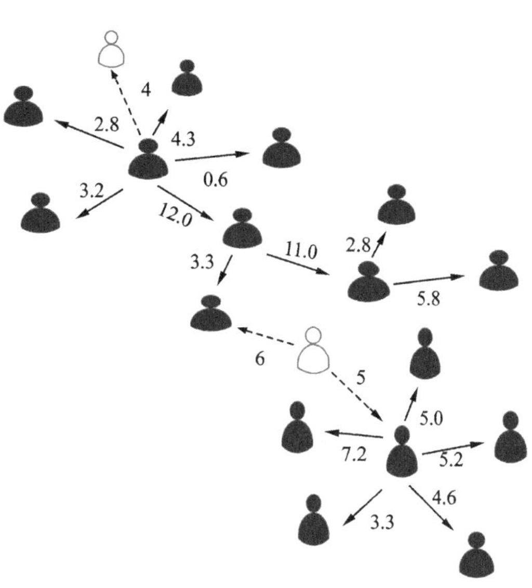

图 11-5　虚假用户关系

通常情况下，知识图谱 G 被认为是静态的，G 中包括（h_i,r_i,t_i）的三元组，其中 $i\in[1,N]$，N 表示 G 中知识的数量，h_i、t_i 分别表示由关系 r_i 所连接的头实体和尾实体。在本章中，关系指用户之间的人际交往。在静态的知识图谱中加入时间序列，即三元组中加入时间维度信息 t_s^i，此时的动态知识图谱 G_i 可以被表示为由四元组（h_i,r_i,t_i,t_s^i）构成的图结构。相较于静态知识图谱，动态知识图谱的用户关系是会发生变化的，在静态知识图谱当中，用户 r_{i_n}、r_{j_m}之间的关系仅为确定的同事或者朋友，而在动态知识图谱当中，用户 r_{i_n}、r_{j_m}之间的关系会随时间发生改变，如工作调动同事关系消失，由于突发事件朋友关系破裂等。利用动态知识图谱特征，本章考虑时间和突发事件因素，在没有突发事件时，采用固定时间窗口对用户关系进行检测，在发生突发事件时，时间窗口宽度 d 改变，对用户关系计算增加频繁度，即在短时间内多次对用户关系提取。动态知识图谱 G_i 的采集为各变化时间状态下的知识图谱 G_1，G_2，$\cdots G_T$，每个子知识图谱中包含大量在对应时间段内用户关系的相关信息，因此，动态知识图谱 G_i 可以表示为如下形式：

$$G_i=G_1\cup G_2\cup G_3\cdots G_\tau\cdots\cup G_T \tag{11-21}$$

本章构建的知识图谱中，用户的关系权值计算过程中加入了时间滑动窗口 TI_v，使得检测到的关系权值 MW_{TI_v}不断发生改变，用户关系图也发生变化。关系权值当中考虑的因素包含了社会传感器本身的属性 Ia、Sa，社会传感器之间的相互属性 MW_{TI_v} 以及社会传感器与环境的交互关系三方面。利用用户关系跳数简化算法计算量，减少计算时间成本。数据利用较为全面，形成了随时间动态变化的知识图谱，具有实时性。在发生突发事件等情况时，可以通过以上函数数值的变化情况，来判断用户的真实性，得到可疑候选组，保证系统的准确性。

11.3.5　图团体检测模型

由于僵尸用户和托攻击者的相似性，常常会造成较高的错检和漏检，对检测准确率造成影响。本章用图团体检测对可疑用户候选组进行细分，聚类托攻击组和僵尸用户群组。图团体检测是一种基于图的聚类方式。图聚类是图结构分类的无监督学习过程，它把图中相对连接紧密的节点及其相关的边分组形成一个可以用抽象节点表示的子图。

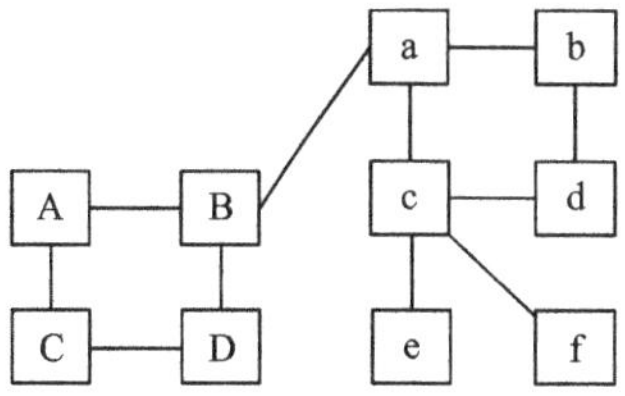

图 11-6　图团体检测

图团体检测方法可以对图结构进行直接聚类分析。在社交网络当中，如图 11-6 给出了图团体检测的说明，用户群体中

ABCD之间的关系比较密切，abcdef之间的关系比较密切，而两个用户群体之间的关系较为疏远，图团体检测算法的实现就是根据用户之间的密切关系，将数据划分成一个个集合。由于僵尸用户和托攻击者的相似性，常常会造成较高的错检和漏检，对检测准确率造成影响。本节用图团体检测对可疑用户候选组进行细分，聚类托攻击组和僵尸用户群组。

在图团体中，有顶点和边，一个图通常表示为 $g=(v,e,w)$ 。其中 v 是顶点的集合，e 是边的集合，$w:e\to r$ 是一个边权重函数，把一条边映射成一个实数域上的权重。如果一个图是无权图，那么每条边的权重就是 1。图聚类问题是把一个图 $g=(v,e,w)$ 划分为 k 个不相交的子图 $g_i=(v_i,e_i,w)$，$i=1,2,\cdots,k$。在本章所构建动态知识图谱中，存在多个图团体来表示用户之间的关系，将有多少个用户（顶点）与目标用户（顶点）相邻标记为 k，定义为用户（顶点）的度，模块性函数定义为

$$M=\frac{1}{2L}\sum_{i,j=1}^{N}\left(A_{r_{i_n}r_{j_m}}-\frac{k_{r_{i_n}}k_{r_{j_m}}}{2L}\right)\delta(c_{r_{i_n}},c_{r_{j_m}}) \tag{11-22}$$

式中，L 表示图所包含的边的数量也就是用户之间的关系，N 表示用户数量，$k_{r_{i_n}}$ 表示用户 r_{i_n} 的度，$A_{r_{i_n}r_{j_m}}$ 的值为邻接矩阵中的值，$c_{r_{i_n}}$ 表示用户 r_{i_n} 的聚类，M 是衡量图团体划分质量的一种标准，划分的越好，M 的值越大。δ 是克罗内函数，即

$$\delta_{ij}=\begin{cases}0, & \text{if } i\neq j\\ 1, & \text{if } i=j\end{cases} \tag{11-23}$$

此函数的逻辑为两参数相等就返回 1，不相等就返回 0。随机取用户 r_{i_n}、r_{j_m}，若其为同一聚类，则 $\delta(c_{r_{i_n}},c_{r_{j_m}})$ 返回 1，同时用户进行融合，计算 M 值，此时会产生模块性的差值 ΔM，之后取 ΔM 出现最大增长的两个聚类进行融合。若用户 r_{i_n}、r_{j_m} 不是同一聚类，则 $\delta(c_{r_{i_n}},c_{r_{j_m}})$ 返回 0，M 也为 0，不能进行融合，将继续随机取用户（顶点），直到所有顶点用户都被分组成了单个聚类团体为止。

在动态知识图谱检测数据后，对用户进行层次聚类，根据个人偏好 $\text{Hob}_{r_{i_j}}$ 以及用户之间的关系权值函数 MW_{TI_v} 计算欧式距离，进行聚类，产生可疑候选组，其中可能包括僵尸用户群体和托攻击者，利用图团体检测聚类方法，对用户群体再次进行聚类划分。僵尸用户虽然不活跃，但是可以参加社交活动，存在社交网络，而虚假用户无法进行社交活动，与真实用户的关系函数权值是固定值，只与个别用户存在设定关系，不存在社交网络。图 11-7 给出了具体的聚类方式，由于虚假用户（图中红色用户）被注入时，关系是虚假建立的，在影响力消逝后其关系不能灵活变化，并且不具备社会传感器的属性 Ia、Sa，不能引起用户关系变化，在动态知识图谱处理过程中将其标注为可疑候选组。在图团体检测的聚类过程中，托攻击者与群体关系较为疏远，不具备复杂网络结构，导致无法聚类到群体当中，被单独聚类出来。僵尸用户虽然不够活跃，但是可以进行社交活动，突发事件发生时会做出一定反馈，可以被聚类到群体当中。图中不同颜色的群体就是图结构在聚类后形成的聚类用户群落。将红色用户托攻击者在社会推荐系统运算时剔除，保证推荐结果的准确性。

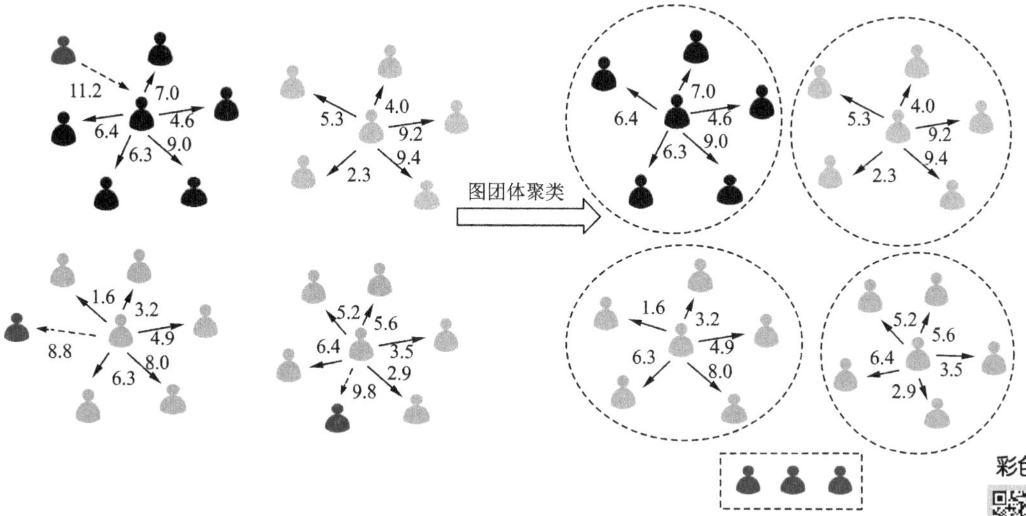

彩色图片

图11-7

图 11-7　图团体聚类（扫码查看彩色图片）

11.3.6　AOUSD 算法描述

根据社会传感器自身属性、用户权值函数等定义，给出了基于动态知识图谱的托攻击检测方法的算法，包括动态知识图谱和图团体检测两个算法。

1. 动态知识图谱算法描述

算法 1 主要由三部分组成：第一部分（第 1 行和第 2 行）对数据库用户关系的特征提取；第二部分（第 3~13 行）构建时间和事件窗口，计算动态变化的关系函数；第三部分（第 14~16 行）构建动态知识图谱，得到可疑候选组。

算法 1 的时间复杂度分析如下：用户关系特征提取的时间复杂度为 $O(|P|^2)$，构建时间和事件滑动窗口的时间复杂度为 $O(|P|^3)$，动态知识图谱构建和可疑候选组产生的时间复杂度为 $O(P|^2)$。因此，算法 1 的时间复杂度为 $O(|P|^2)+O(|P|^3)+O(|P|^2)\approx O(|P|^3)$。

算法 1：动态知识图谱算法

输入：用户档案 $UP=\{z_1,z_2,z_3,\cdots,z_i,\cdots,z_n\}$ 数据集；用户历史浏览数据集 $UH=\{u_1,u_2,u_3,\cdots,u_i,\cdots,u_n\}$。
输出：图结构数据包 G_d 及可疑候选组 S_g。
1：根据 UP 建立用户个体属性信息 Ia、Sa
2：根据 UH 提取用户的追随者、跟踪者、访问项目、评论等数量
3：$i=1$，$j=1$
4：for $r_{i_j}\in R_i$ do
5：　　计算用户 F_i 跳函数
6：if $F_i\in[0,0.3]$　then
7：　　跳转到步骤 14
8：else　do 计算用户个人偏好函数 $\text{Hob}_{r_{i_j}}$
9：插入动态时间滑动窗口 TI_v
10：计算短时静态关系函数 MW_{TI_v}
11：重复步骤 8、9、10，计算动态关系变化函数 $\text{URC}_{r_{i_j}}$
12：$i\leftarrow i+1$，$j\leftarrow j+1$
13：return　for

续上表

构建用户关系知识图谱 G_i

动态知识图谱融合 $G_d = G_1 \cup G_2 \cup G_3 \cdots G_\tau \cdots \cup G_T$

取 min {URC} 用户群，作为可疑候选项组 S_g

2. 图团体检测算法描述

算法 2 主要包括两个部分：第一部分（第 1~4 行）读取数据，计算动态知识图谱的图结构中的模块性 M；第二部分（第 5~10 行）计算模块性的改变 ΔM，产生聚类群体，剔除托攻击者。

算法 2 的时间复杂度分析如下：计算图结构模块性的时间复杂度为 $O(|P|^2)$，计算模块性的改变 ΔM 时间复杂度为 $O(|P|^3)$，所以算法 2 的时间复杂度为 $O(|P|^2)+O(|P|^3) \approx O(|P|^3)$。

算法 2：图团体检测算法

输入：动态知识图谱图结构数据 G_d。

输出：聚类用户群体 C_g 和托攻击者 S_g。

1：读取 G_d 数据

2：$i=1$，$j=1$

3：for $r_{i_j} \in R_i$ do

4：$M = \frac{1}{2L}\sum_{i,j=1}^{N}\left(A_{r_{i_n}r_{j_m}} - \frac{k_{r_{i_n}}k_{r_{j_m}}}{2L}\right)\delta(c_{r_{i_n}}, c_{r_{j_m}})$

5：选择两个聚类 $c_{r_{i_n}}$、$c_{r_{j_m}}$ 融合

6：计算模块性改变 ΔM

7：取两个 $\max\Delta M$ 的聚类进行融合

8：计算新的模块性 M_s

9：不断重复步骤 4、5、6、7、8

10：所有用户 r_{i_j} 都被聚类为止

11.4 实验与分析

本部分首先介绍仿真平台、实验的参数和界面设置，然后对托攻击者的检测进行仿真实验，对托攻击者影响能力的消逝，和短时间内托攻击者对真实用户的影响进行直观表示，给出了所提方法进行托攻击检测的效率和准确度。最后在亚马逊数据集上与其他模型对比，对实验结果进行分析比较。

1. 仿真页面设计

使用 Netlogo 可以通过指令来操纵仿真世界，用于观察仿真世界的变化情况。只要对各主体的属性和行为规则输入清晰的命令就能让仿真系统运行。Netlogo 中的每个主体都是一个可视化且具有自我行为的执行者，这就使得探究微观层面上的个体行为与宏观模式之间的联系成为可能，这些宏观模式是由许多个体之间的交互涌现出来的。Netlogo 可以应用于自然和社会科学的许多领域，包括生物和医学、物理和化学、数学和计算机科学，以及经济学和社会心理学等。如 SIR 网络病毒传播模型演示了病毒通过网络传播。

在托攻击者攻击用户关系网络时，每一个社会传感器都可以通过互相影响和环境的变化来改变自己的状态，使用多主体仿真软件——Netlogo 模型实现这一过程的模拟。仿真建模的目的主要是：

（1）观察社会传感器在社会环境中的活动产生的人际关系网络，作为社会传感器自治性等特点。

（2）观察用户权值函数对于托攻击者传播能力的影响效果。

（3）基于动态时间窗口函数，观察检测频率大小对托攻击者的传播能力、对用户关系网络结构的影响。

（4）观察托攻击者数量变化对用户传播能力的影响，并分析托攻击检测方法的查准率和查全率。

图 11-8 给出了仿真系统可视化界面图中仿真实验环境由按钮、世界、绘图三个界面组成，其中视图区域包含社会传感器社交网络视图和托攻击者传播能力绘图界面。

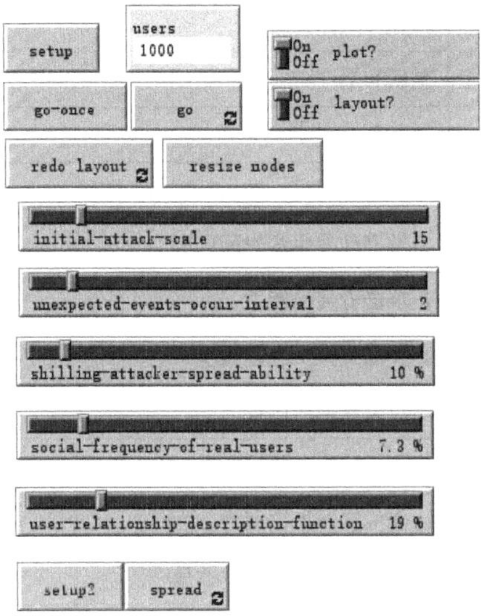

（a）系统按钮

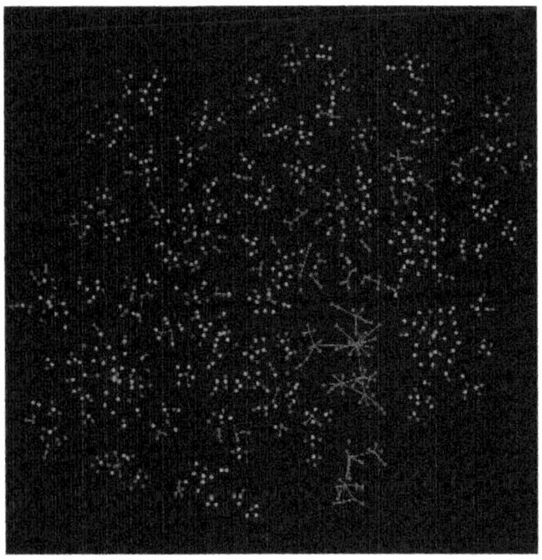

（b）系统世界

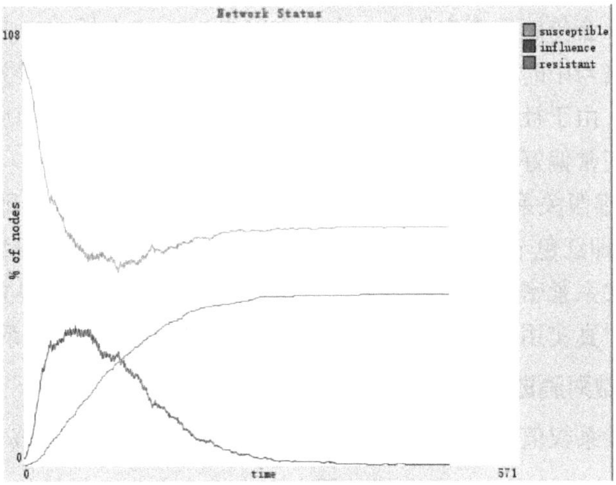

（c）系统绘图

彩色图片

图11-8

图 11-8　仿真系统可视化界面图（扫码查看彩色图片）

托攻击者的传播能力仿真世界由“xcor[-60,60]，ycor[-60,60]”的网络构成，通过节点颜色的变化来反映社会传感器和托攻击者的影响。设计组件的具体含义描述见表 11-2。

表 11-2　仿真实验信息表

种　类	名　称	含义描述
世界	用户所处社交环境	蓝色节点表示用户
		红色节点表示托攻击者和受影响用户
		灰色节点表示恢复真实用户
按钮	set up	初始化世界
	go once	运行一次程序
	go	运行程序
	set up2	初始化托攻击者
	spread	传播
	redo layout	重新布局
	resize nodes	调节节点大小
滑块	initial-attack-scale	初始攻击规模，注入托攻击者数量
	unexpected-events-occur-interval	突发事件发生的时间间隔
	shilling-attacker-spread-ability	托攻击者传播能力
	social-frequency-of-real-users	真实用户社交频繁程度
	user-relationship-description-function	用户关系描述函数
绘图	红色折线图（influence）	反应托攻击者传播能力
	灰色折线图（resistant）	社会传感器抵抗能力
	蓝色折线图（susceptible）	未被影响的真实用户数量
监视器	users	检测每一时刻社会传感器总体数量

蓝色节点代表社会传感器真实用户，在社交网络当中加入托攻击者（初始红色节点），托攻击者在加入网络当中时，会产生一定的传播影响力。使得注入时关系密切用户受到影响，变为异常用户。由于社会传感器的社会属性 Sa 中的适应性 ad 和反馈性 fe，异常用户在一定时间后恢复正常偏好和社交，用灰色节点来表示。

图 11-9 是注入虚假关系托攻击者的系统界面，设置社会传感器即蓝色节点为 1 000，注入 15 个托攻击者即红色节点。用户不断建立社交关系，形成社交网络，在网络中也可以观察到是分为很多关系紧密的用户群体，托攻击者与这些用户群体建立虚假关系，注入用户社交网络当中，对真实用户产生影响，从而达到托攻击者影响推荐系统的目的。

2. 动态权值函数对消逝时间影响

分别设置用户关系权值函数 MW_{TI_v}的值为 20%、30%、40%和 50%，得到图 11-10 所示 MW_{TI_v}对传播能力影响折线图。灰色曲线的缓和点坐标含义为：横轴代表托攻击者影响能力消逝的时间，纵轴代表抵抗托攻击者的能力。如图所示是用户关系描述对托攻击者抵抗力

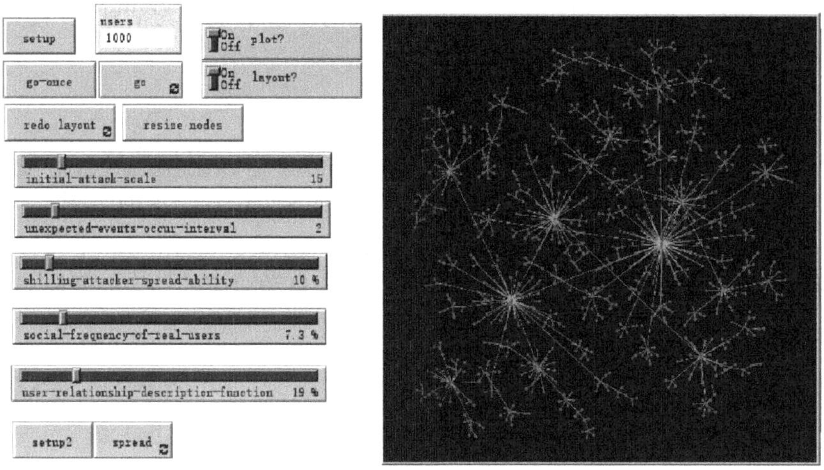

彩色图片

图11-9

图 11-9　注入托攻击者界面（扫码查看彩色图片）

的变化，图中的坐标分别为（142.6，36.7）、（137.2，46.3）、（110.5，49.2）、（82.2，56.0）。可以观察到横坐标的值依次减小，纵坐标的值依次增大。得到用户关系函数值越大，真实用户对于托攻击者的抵抗能力越强，相应的托攻击者的影响时间越短。

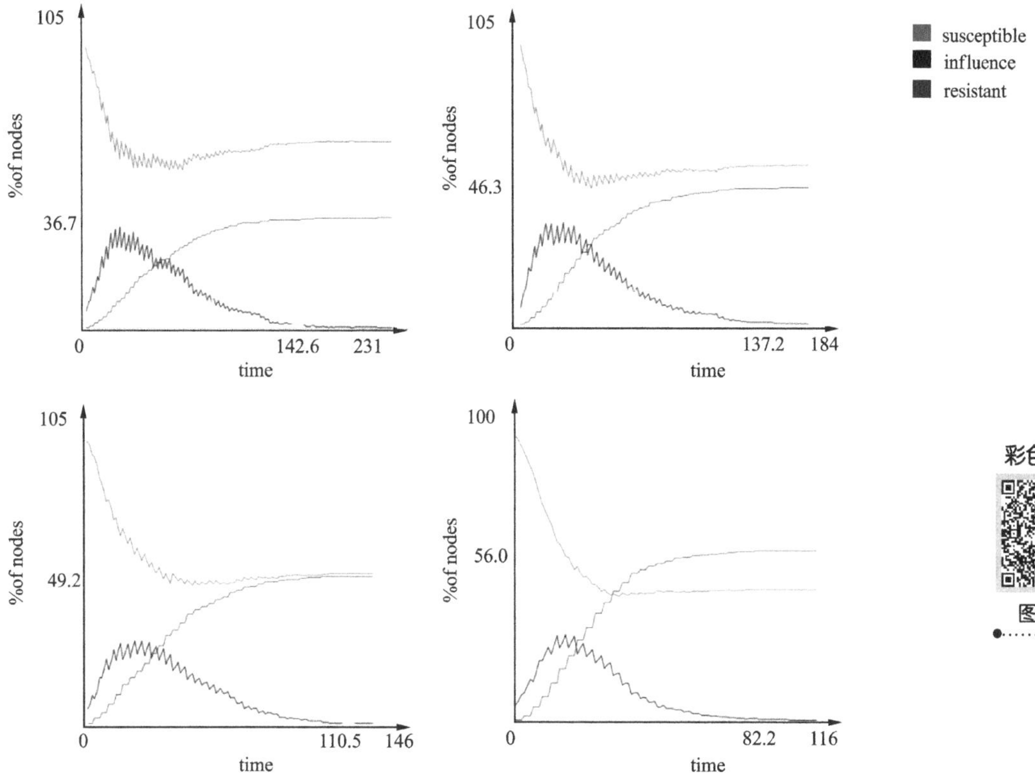

彩色图片

图11-10

图 11-10　MW_{TI_v} 对传播能力影响（扫码查看彩色图片）

社会传感器的趋同性使得在没有突发事件发生时，用户之间的跟随和关注关系较为稳定。当虚假关系托攻击者注入时，托攻击者无法参与正常模式下的社交活动，所以被识别出来剔除。真实用户之间的用户关系函数越大，说明社会活动较为活跃，可以更快速地将托攻击者辨别出来。

3. 动态时间滑动窗口对传播能力的影响

彩色图片

图11-11

时间窗口函数的宽度是可以根据突发事件、评论数量变化、关系变化而改变的，那么检测频率对于托攻击者影响力的消逝时间也有一定的影响，如图 11-11 所示，分别设置突发事件发生的时间间隔为 7、6、5、4、3、2，即突发事件的时间间隔越小，事件发生的频率就越高，此时系统自动对应的动态时间窗口的宽度 d 依次减小，检测频率依次增加。

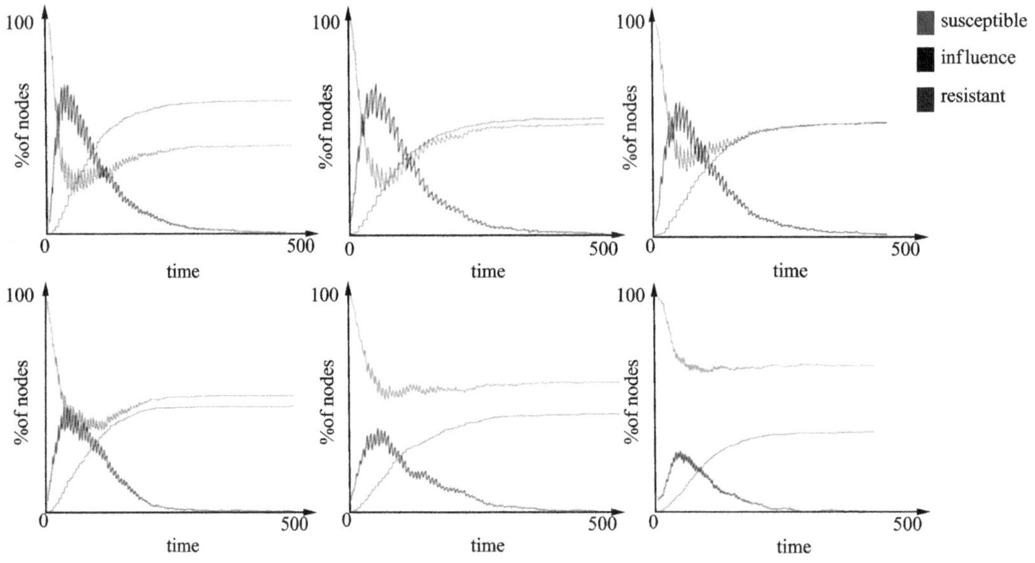

图 11-11　检测频率对传播能力影响（扫码查看彩色图片）

表 11-3 显示了传播能力顶点和时间的转折点，随检测频率的增加，灰色曲线缓平点的横纵坐标依次降低，传播能力消逝时间缩短。这意味着缩短了应急时间和应急能力。给定固定时间 $t=500$，计算每个时间间隔下托攻击者影响力的消逝速率，发现检测频率越快，消逝速率越高。红色曲线顶点纵坐标依次降低，传播能力依次减小。检测频率越高，托攻击者被及时检测出后剔除，传播能力的消逝时间也会减少。故在动态知识图谱中加入可变时间窗口函数对于检测效率的提高是有一定效果的。

表 11-3　折线顶点坐标

时间间隔	红色顶点坐标	灰色缓平点坐标	消逝速率
7	(43.0,67.6)	(282.1,58.1)	0.436
6	(39.0,63.6)	(247.7,50.8)	0.505
5	(38.0,54.7)	(207.0,48.2)	0.586
4	(29.3,45.3)	(186.0,46.6)	0.628
3	(23.6,35.6)	(144.1,42.4)	0.712
2	(17.6,24.9)	(121.0,34.8)	0.758

4. 托攻击者数量对影响力消逝时间的作用

灰色折线表示被影响的真实用户恢复原有偏好。图 11-12 所示为托攻击者数量对传播力的影响，设置真实用户为 1 000 人，托攻击者数量分别为 15 人、30 人、45 人、60 人、75 人和 90 人时的传播能力折线图。红色曲线的起始点表示托攻击者检测数量，最高点代表传播能力的强弱，纵坐标趋于零点表示传播能力消逝的时间，表 11-4 中给出了各个坐标值、准确率、召回率的值。随着托攻击者数量增加，红色曲线最高点纵坐标，也就是影响力高峰点由 14. 21 逐渐增加到 30. 3。此现象表明一次性注入托攻击者数量越大产生的影响力就越大。影响力消逝时间点由 129 逐渐增加至 170。求取其平均值为 $\bar{T}=\frac{129+144+141+162+153+170}{6}=150$，可以得到在相同条件下托攻击者的数量对于影响力消逝影响较小。由于真实用户具有社会传感器的属性，在一段时间的社交活动后，识别出不能进行社交活动的托攻击者，其影响力消逝。经过计算 F_1 的值均接近于 1，表明系统的准确率较高。

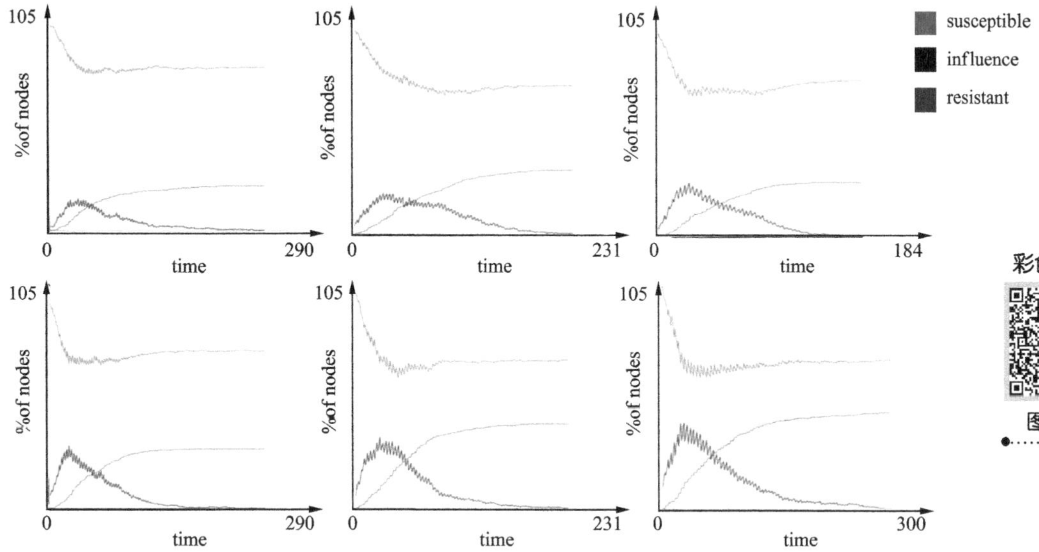

彩色图片

图11-12

图 11-12　托攻击者数量对传播力的影响（扫码查看彩色图片）

表 11-4　托攻击者数量对传播力影响参数

托攻击数量	影响力高峰点	影响力消逝时间点	FP	FN	P	R	F1
15	14. 21	129	2	1	0. 875	0. 933	0. 903
30	22. 65	144	1	2	0. 965	0. 933	0. 949
45	24. 4	141	6	1	0. 880	0. 978	0. 926
60	26. 9	162	4	6	0. 931	0. 900	0. 915
75	28. 4	153	2	1	0. 973	0. 986	0. 979
90	30. 3	170	2	4	0. 977	0. 956	0. 966

经过仿真模拟，证实了用户权值函数以及可变的时间间隔窗口函数对于托攻击的影响能力和检测效率有一定效果。用户关系权值函数 MW_{TI_v}，真实用户之间进行频繁社交，互

相之间积极反馈信息。这样对于托攻击者的虚假身份会容易辨别出来，真实用户不会跟随托攻击者，也不会与托攻击者进行社交互动，托攻击者的影响力由此消逝。用户关系权值函数值越大，表明用户间交互越多，托攻击者的影响力消逝越快。动态时间窗口函数 TI_j 中的宽度 d 与突发事件、评论数量变化、关系变化三方面有关，突发事件越频繁，动态时间窗口的 d 自动减小，使得检测频率增加。在检测到部分托攻击者后就剔除出推荐系统，这样就会使得托攻击者影响力减弱，消逝时间加快，更好地保护社交推荐系统。

采用 Amazon 数据集作为推荐系统的评分数据库进行实验，使用的对比检测算法有 GAGE、GADW、DeR-TIA。GAGE 是一种基于图嵌入的群体攻击检测方法，先通过分析用户的评分行为构建用户关系图，并利用图嵌入方法获得节点的低维向量表示，然后利用两次聚类识别出攻击群体。GADW 是一种学习网络中顶点潜在表示的新方法。这些潜在的表示在一个连续的向量空间中编码社会关系，社会表征是捕捉领域相似性和社区成员资格的顶点的潜在特征。DeR-TIA 是一种检测群托攻击的两阶段方法，首先使用 RDMA 和 DegSim 度量和 k-均值聚类算法获得一组可疑用户，然后使用目标项分析方法识别一组攻击用户。图 11-13 所示为各模型的查准率、召回率以及 F1 参数的对比。实验是在实验室的台式计算机上运行的，该计算机具有 8GB RAM、Intel Core i5-8250 CPU、Nvidia RTX 2070 GPUs，操作系统是 Windows 10，64 位，使用的软件是 Python 3. 6。

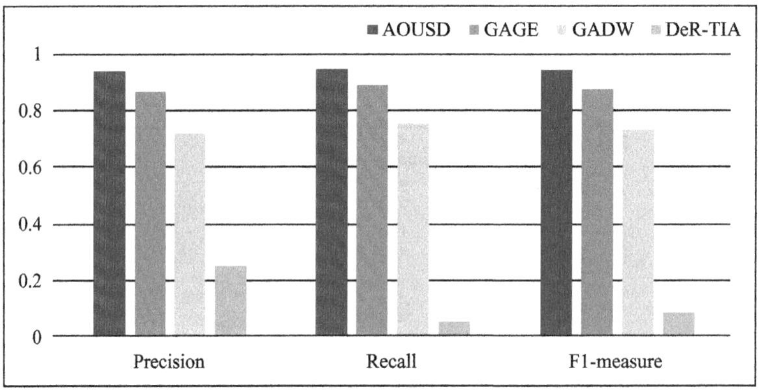

图 11-13 模型对比

由此可以得出，AOUSD 模型在准确率、召回率和 F1 方面比 GAGE、GADW、DeR-TIA 模型效果更好一些，这主要是由于考虑用户的自治传感器性质，加入时间可变因素，对于信息的采集更加灵活机动，并且利用两次聚类，将用户群体细致分类，得到托攻击者群体。

本章利用 Netlogo 仿真平台，证明用户关系权值函数值的变化以及动态时间窗口函数，对于托攻击者的传播繁衍能力有一定影响。进一步通过与其他检测方法的比较，AOUSD 在托攻击检测上显示了效率和有效性。因此，可以得出结论，所提出的基于用户自治传感器的安全检测方法所考虑的因素方向正确，对于托攻击的检测效率可观。

托攻击者的存在影响了推荐网络的安全，造成用户不好的体验。为了提高托攻击检测的准确性和灵活性，提出了社交推荐网络中基于用户自治传感器的安全检测方法。考虑社会传感器本身的自治性、用户之间的关系变化，在社交活动过程中形成动态知识图谱。加入可变的时间和事件滑动窗口，对检测频率进行调整，关注用户之间关系的变化，进行评级分类。并且在形成图结构之后采用图团体检测进行聚类，减少了托攻击者的误判率。实验表明可以通过社会传感器的属性、用户关系函数、时间窗口等因素，快速检测虚假关系托攻击者。本章中的 AOUSD 具有以下特点：

（1）利用社会传感器的内在属性，构建知识图谱，减少了对于用户历史评分等信息的依赖性。

（2）在静态知识图谱中加入可变时间和事件的滑动窗口，使得网络图随时间不断变化，更加具有实时性，信息利用全面。

（3）利用托攻击者注入时的虚假关系不能参与社交活动，随时间和事件发生传播能力消逝的特点，检测出托攻击者。

（4）动态知识图谱是白盒，增加了系统的可解释性，便于系统的优化设计。

参考文献

[1] 万珊珊，吕橙，郭志强，等. 计算思维导论 [M]. 2 版. 北京：机械工业出版社，2023.
[2] 万珊珊. E-learning 个性化学习资源推荐的关键技术研究 [D]. 北京：北京理工大学，2020.
[3] 陶玉婷. 机器学习与深度学习 [M]. 北京：电子工业出版社，2022.
[4] 王喆. 深度学习推荐系统 [M]. 北京：电子工业出版社，2020.
[5] 刘超慧，李玲玲. 基于机器学习的个性化推荐算法及应用 [M]. 北京：人民邮电出版社，2024.
[6] 刘宇. 图计算与推荐系统 [M]. 北京：机械工业出版社，2023.
[7] 韩家炜，坎伯，裴健. 数据挖掘：概念与技术（第 3 版）[M]. 范明，孟小峰，译. 北京：机械工业出版社，2022.